现代建筑材料科学

主　编　邱小林　周亦人
副主编　杨国喜　吴　浪　雷　斌

东南大学出版社
·南京·

内容简介

本书根据土木工程专业的培养要求编写而成。本书的指导思想不仅有利于学生学习知识,更注重培养学生的创新精神,提高分析、解决问题的能力,增强综合素质。

本书分为 13 章,包括绪论、建筑材料的基本性质、建筑钢材、无机气硬性胶凝材料、水泥、混凝土、建筑砂浆、砌筑材料、建筑防水材料、合成高分子材料、建筑装饰材料、建筑功能材料、现代建筑材料试验。各章均有学习指导、工程案例分析、现代建筑材料知识拓展、课后思考题。

本教材适合建筑类高等职业教育及应用型本科院校使用,与教材《建筑材料实验指导》配套使用效果会更好。此外,本书还可提供土木工程设计、施工、科研、管理和监理人员参考。

图书在版编目(CIP)数据

现代建筑材料科学 / 邱小林,周亦人主编. —南京:
东南大学出版社,2014.9 (2015.7 重印)
ISBN 978-7-5641-5183-6

Ⅰ.①现…　Ⅱ.①邱…②周…　Ⅲ.①建筑材料-高
等学校-教材　Ⅳ.①TU5

中国版本图书馆 CIP 数据核字(2014)第 205586 号

现代建筑材料科学

出版发行:东南大学出版社
社　　址:南京市四牌楼 2 号　邮编:210096
出 版 人:江建中
责任编辑:史建农　戴坚敏
网　　址:http://www.seupress.com
电子邮箱:press@seupress.com
经　　销:全国各地新华书店
印　　刷:南京京新印刷厂
开　　本:787mm × 1092mm　1/16
印　　张:17.5
字　　数:450 千字
版　　次:2014 年 9 月第 1 版
印　　次:2015 年 7 月第 2 次印刷
书　　号:ISBN 978 - 7 - 5641 - 5183 - 6
印　　数:3001—5000 册
定　　价:38.00 元

前　言

为适应建筑行业突飞猛进的发展需求,本书按照土木建筑类专业应用型本科人才的培养目标,适当考虑交通土建、工程管理等专业的教学要求,按照国家、行业的最新标准、规范进行编写。为达到应用型本科人才的培养目标,作者在教材建设、教学方法等方面进行了深入的探索与实践。教材的编写力求做到精简理论分析,突出工程应用。

建筑材料是一门重要的专业基础课,本书主要介绍建筑材料的基本性质、建筑钢材、无机硬性胶凝材料、水泥、混凝土、建筑砂浆、砌筑材料、建筑防水材料、合成高分子材料、建筑装饰材料、建筑功能材料、现代建筑材料试验等内容。由于建筑材料行业发展很快,新型材料不断涌现,相应的技术标准不断更新,这些则需在教学中不断充实。本书的相关试验部分详见配套教材《建筑材料实验指导》。

编写本教材的指导思想不仅是在内容上尽可能反映本学科国内外的新成就和我国的新标准、新规范,更重要的是紧密结合人才培养模式的改革,不仅要培养学生掌握有关的专业知识和基本技能,而且要培养其分析、解决问题的能力,培养创新精神,提高综合素质,实现"知识、能力、素质"的有机统一,科技与人文教育结合。本书具有如下特点:

(1) 每节均有工程案例分析,以引导学生理论联系实际,培养分析解决实际问题的能力。

(2) 每章后面设置有现代建筑材料知识拓展,并提出一些挑战性的问题,让学生思考讨论,以激发培养创新意识。

(3) 本书将实验作为重要的组成部分。其中提出了几项综合设计实验,其目的不仅是培养学生掌握基本的实验技能,更重要的是培养学生的综合素质和能力。

(4) 每章均有学习指导栏,指出了教学大纲所要求的教学目标,并提出学习建议;每章设置有课后思考题。

(5) 本书的内容适应拓宽后的土木工程专业的需要并尽可能反映本学科国内外的新成就和有关的新标准、新规范。

本书由邱小林、周亦人担任主编,杨国喜、吴浪、雷斌担任副主编。参编人员编写分工如下:邱小林编写第 1 章和第 2 章;杨国喜编写第 3、4、5 章;吴浪编写第 6、7、8 章;雷斌编写第 9、11、12 章;周亦人编写第 10、13 章。

本书在编写过程中得到了南昌大学建筑工程学院院长、博士生导师宋固全教授的指导和帮助,得到了东南大学出版社的大力支持和帮助,在此一并表示衷心感谢。

由于土木工程材料的品种繁多,新材料发展快,且各行业技术标准不完全一致,又限于编者水平,书中不当之处在所难免,敬请广大师生、读者提出宝贵意见。

编　者

2014 年 8 月

目　录

1　绪论 ……………………………………………………………………… 1

1.1　现代建筑材料的定义与分类 ……………………………………… 1

1.2　现代建筑材料在工程中的地位和作用 …………………………… 2

1.3　建筑材料的现状和发展方向 ……………………………………… 3

1.4　建筑材料的标准化 ………………………………………………… 4

1.5　本课程学习目的及要求 …………………………………………… 5

课后思考题 ……………………………………………………………… 5

2　建筑材料的基本性质 ………………………………………………… 6

2.1　材料的物理性质 …………………………………………………… 6

2.2　材料的力学性质 ………………………………………………… 15

2.3　材料的耐久性 …………………………………………………… 19

2.4　材料的组成、结构、构造及其对材料性质的影响 …………… 21

【现代建筑材料知识拓展】　月球上的建筑材料 ………………… 23

课后思考题 …………………………………………………………… 24

3　建筑钢材 ……………………………………………………………… 26

3.1　钢材的冶炼与分类 ……………………………………………… 26

3.2　建筑钢材的技术性质 …………………………………………… 28

3.3　钢材的组织和化学成分 ………………………………………… 33

3.4　钢材的冷加工强化、时效处理及热加工 ……………………… 35

3.5　建筑钢材的标准 ………………………………………………… 37

3.6　常用建筑钢材 …………………………………………………… 43

3.7　钢材的防锈与防火 ……………………………………………… 56

【现代建筑材料知识拓展】　钢结构建筑的防火、防袭击 ……… 57

课后思考题 …………………………………………………………… 58

4　无机气硬性胶凝材料 ………………………………………………… 60

4.1　石灰 ……………………………………………………………… 60

4.2　石膏 ……………………………………………………………… 65

4.3　其他气硬性胶凝材料 ·· 69

　　【现代建筑材料知识拓展】　菱苦土地面 ··· 71

　　课后思考题 ··· 72

5　水泥 ·· 73

5.1　通用硅酸盐水泥概述 ··· 73

5.2　硅酸盐水泥 ·· 80

5.3　掺混合材料的硅酸盐水泥 ·· 85

5.4　专用水泥和特性水泥 ··· 90

　　【现代建筑材料知识拓展】　新型无机胶凝材料——土聚水泥 ················· 96

　　课后思考题 ··· 97

6　混凝土 ·· 99

6.1　混凝土概述 ·· 99

6.2　普通混凝土的组成材料 ·· 101

6.3　普通混凝土的技术性质 ·· 118

6.4　混凝土质量控制与强度评定 ·· 128

6.5　普通混凝土的配合比设计 ··· 133

6.6　其他品种混凝土 ·· 146

　　【现代建筑材料知识拓展】　钢筋混凝土海水腐蚀与防治 ······················ 149

　　课后思考题 ·· 149

7　建筑砂浆 ·· 152

7.1　砌筑砂浆 ·· 152

7.2　砂浆的分类与用途 ··· 159

　　【现代建筑材料知识拓展】　保温砂浆的现状 ···································· 165

　　课后思考题 ·· 165

8　砌筑材料 ·· 166

8.1　砌墙砖 ·· 166

8.2　砌块 ··· 177

8.3　墙用板材 ··· 182

8.4　墙体保温和复合墙体 ·· 184

8.5　砌筑石材 ··· 186

　　【现代建筑材料知识拓展】　墙体材料革新与建筑节能 ························· 189

　　课后思考题 ·· 189

9　建筑防水材料 ·· 192

9.1　沥青 ··· 192

9.2　防水材料 ··· 197

【现代建筑材料知识拓展】沥青路面的再生技术 ……………………………………… 207

课后思考题 …………………………………………………………………………………… 208

10　合成高分子材料 ………………………………………………………………………… 210

10.1　建筑塑料 ……………………………………………………………………………… 210

10.2　建筑涂料 ……………………………………………………………………………… 216

10.3　胶粘剂 ………………………………………………………………………………… 220

【现代建筑材料知识拓展】既非玻璃亦非钢的玻璃钢 …………………………………… 222

课后思考题 …………………………………………………………………………………… 222

11　建筑装饰材料 …………………………………………………………………………… 223

11.1　木质装饰材料 ………………………………………………………………………… 223

11.2　建筑玻璃 ……………………………………………………………………………… 231

11.3　建筑陶瓷 ……………………………………………………………………………… 247

【现代建筑材料知识拓展】室内装修污染 ………………………………………………… 255

课后思考题 …………………………………………………………………………………… 256

12　建筑功能材料 …………………………………………………………………………… 259

12.1　绝热材料 ……………………………………………………………………………… 259

12.2　吸声与隔声材料 ……………………………………………………………………… 263

【现代建筑材料知识拓展】吸声混凝土 …………………………………………………… 267

课后思考题 …………………………………………………………………………………… 268

13　现代建筑材料试验 ……………………………………………………………………… 269

13.1　普通混凝土配合比设计试验 ………………………………………………………… 269

13.2　泵送混凝土配合比设计试验 ………………………………………………………… 270

13.3　热拌沥青混合料目标配合比设计试验 ……………………………………………… 271

参考文献 ……………………………………………………………………………………… 272

1 绪 论

本章共五节,本章的学习目标是:

(1) 熟悉建筑材料的定义与分类,以及建筑材料技术标准的种类。

(2) 了解建筑材料在工程中的地位与作用及建筑材料的发展趋势。

(3) 明确课程目的和基本要求。

本章的难点是掌握建筑材料的发展以及分类的标准。建议结合历史发展来记忆建筑材料的分类与发展,对于本课程,一定要严格按要求学习以达到学以致用的目的。

1.1 现代建筑材料的定义与分类

1.1.1 建筑材料的定义

建筑材料是用于建筑工程中所有材料的总称。按材料所使用的不同工程部位,一般可分为建筑材料和建筑装饰装修材料。建筑材料是指用于建筑工程且构成建筑物组成部分的材料,是建筑工程的物质基础。而建筑装饰装修材料主要指用于装饰工程的材料。本书主要讨论应用于建筑工程的建筑材料。

1.1.2 建筑材料的分类

建筑材料的种类繁多,且性能和组分各异,用途不同,可按多种方法进行分类。通常有以下几种分类方法:

1) 按化学成分分类

按建筑材料的化学成分,可分为无机材料、有机材料和复合材料三大类。见表 1-1。

表 1-1 建筑材料按化学成分分类

分 类			实 例
无机材料	金属材料	黑色金属	铁、钢及其合金等
		有色金属	铜、铝及其合金等

续表 1-1

分　类			实　例
无机材料	非金属材料	天然石材	砂、石及石材制品等
		烧土制品	烧结砖瓦、陶瓷制品等
		胶凝材料及制品	石灰、石膏及制品、水泥及混凝土制品、硅酸盐制品等
		玻璃	普通平板玻璃、装饰玻璃、特种玻璃等
		无机纤维材料	玻璃纤维、矿棉纤维、岩棉纤维等
有机材料		植物材料	木材、竹、植物纤维及制品等
		沥青类材料	石油沥青、煤沥青及制品等
		有机合成高分子材料	塑料、涂料等
复合材料		有机与无机非金属材料复合	聚合物混凝土、玻璃纤维增强塑料等
		金属与无机非金属材料复合	钢筋混凝土、钢纤维混凝土等
		金属与有机材料复合	PVC 钢板、有机涂层铝合金板等

2）按使用功能分类

根据建筑材料在建筑工程中的部位和使用功能，可分为结构材料、围护材料和功能材料三大类。

（1）结构材料　主要是指构成建筑物受力构件和结构所用的材料，如基础、梁、板、柱等所用的材料。这类材料的主要技术性能要求是强度和耐久性。目前所用的结构材料主要有砖、砌块、混凝土、钢筋混凝土、预应力钢筋混凝土及钢材等。

（2）围护材料　围护材料是用于建筑物围护结构的材料，如墙体、门窗、屋面等部位使用的材料。围护材料不仅应具有一定的强度和耐久性，同时还要求具有保温隔热或防水、隔声等性能。常用的围护材料有砖、砌块、混凝土和各种墙板、屋面板等。

（3）功能材料　功能材料主要是指满足各种功能要求所使用的材料，如防水材料、保温材料、吸声材料、隔声材料、采光材料、室内外装饰材料等。

1.2　现代建筑材料在工程中的地位和作用

（1）建筑材料是建筑工程的物质基础。一方面，不论是高楼大厦，还是普通临时建筑，都是由各种散体建筑材料经缜密设计和复杂施工而建成；另一方面，建筑材料在建筑工程中体现出的巨量性，形成了建筑材料在生产、运输、使用等方面与其他材料的不同。因此，作为一名建筑工程技术人员，无论是从事设计、施工还是管理工作，均必须掌握建筑材料的基本性能。

（2）建筑材料的发展赋予了建筑物以时代的特征和风格，中国古代的木结构宫廷建筑，西方古典石廊建筑，当代钢筋混凝土结构、钢结构超高层建筑，呈现出了鲜明的时代感。

（3）新型建筑材料的诞生推动了建筑结构设计方法和施工工艺的变化，而新的建筑结构设计方法和施工工艺又对建筑材料品种和质量提出了更高和多样化的要求。

（4）建筑材料的合理选用直接影响到建筑工程的造价和投资。建筑工程中，建筑材料的费用占土建工程总投资的 60% 左右，建筑材料的价格直接影响到建设投资。因此，对建筑材料特性的深入认识和了解，最大限度地发挥其效能，以达到经济效益最大化，具有非常重要的意义。

1.3 建筑材料的现状和发展方向

材料科学的发展标志着人类文明的进步。人类的历史也是按照生产工具所用材料的种类划分的，由史前的石器时代，经过青铜器时代、铁器时代，发展到今天的人工合成材料的时代，均标志着材料科学的进步。同样，建筑材料的发展也标志着建设事业的进步。高层建筑、大跨度结构、预应力结构、海洋工程等，无一不与建筑材料的发展紧密相连。

1.3.1 建筑材料的现状

从目前我国的建筑材料的现状发展来看，普通水泥、普通钢材、普通混凝土、普通防水材料仍是最主要的组成部分。这是因为这些材料有比较成熟的生产工艺和应用技术；使用性能尚能满足目前的消费需求。虽然近年来建筑材料工业有了长足的进步与发展，但与发达国家相比，还存在着品种少、质量档次低、生产和使用消耗大及浪费严重等问题。

1.3.2 建筑材料的发展方向

社会发展对建筑材料的发展提出了更高的要求，可持续发展理念已逐渐深入到建筑材料中，具有节能、环保、绿色和健康等特点的建筑材料应运而生。建筑材料正向着追求功能多样性、全寿命周期经济性以及可循环再生利用性等方向发展。

1）绿色健康建筑材料

绿色健康建材指的是具有对环境起到有益作用或对环境负荷很小的情况下，在使用过程中能满足舒适、健康功能的建筑材料。绿色健康材料首先要保证其在使用过程中是无害的，并在此基础上实现其净化及改善环境的功能。根据其作用，绿色健康材料可分为抗菌材料，净化空气材料，防噪音、防辐射材料和产生负离子材料。

2）节能建筑材料

建筑物节能是世界各国建筑学、建筑技术、材料学和相应空调技术研究的重点和方向。目前我国已经制定出台了相应的建筑节能设计标准，并对建筑物的能耗作出了相应的规定。建筑物的能耗是由室内环境所要求的温度与室外环境温度的差异造成的，因此有效降低建筑物的能耗主要有两种途径：一是改善室内采暖、空调设备的能耗效率；二是增强建筑物围护结构的保温隔热性能。从而使建筑节能材料广泛应用于建筑物的围护结构当中。

3）具有全寿命周期经济性的建筑材料

建筑材料全寿命周期经济性是指建筑材料从生产加工、运输、施工、使用到回收全寿命过程的总体经济效益，以最低的经济成本达到预期的功能。自重轻材料、高性能材料以及地产材料是目前的发展趋势。

4）具有可循环再生利用性的建筑材料

根据可持续发展要求，新型建筑材料的生产、使用及回收全过程都要考虑其对环境和资源的影响，实现材料的可循环再生利用。包括建筑废料及工业废料的利用，将成为建筑材料发展的重要方向。

1.4 建筑材料的标准化

产品标准化是现代工业发展的要求，是组织现代化大生产的重要手段，也是科学管理的重要组成部分。世界各国对材料的标准化都很重视，均制定了各自的标准。

与建筑材料生产、应用有关的标准包括产品标准和工程建设标准两类。产品标准是为了保证建筑材料产品的适用性，对该产品必须达到的某些或全部要求所制定的标准，这些标准一般包括产品规格、分类、技术要求、检验方法、验收规则、标志、运输和储存等方面的内容。工程建设标准是对工程建设中的勘察、规划、设计、施工、安装、验收等需要协调统一的事项所制定的标准，其中结构设计规范、施工验收规范中包含与建筑材料的选用相关的内容。

我国建筑材料的技术标准分为国家标准、行业标准、地方标准和企业标准四级。各级标准都有各自的代号，见表1-2。

表1-2 我国建筑材料各级技术标准代号

标准种类		代　号	表示方法（例）
1	国家标准	GB　国家强制性标准	
		GB/T　国家推荐性标准	
2	行业标准	JC　建材行业标准	由标准名称、部门代号、标准编号、颁布年份等组成。例如：国家强制性标准《通用硅酸盐水泥》（GB 175—2007）；国家推荐性标准《建筑用卵石、碎石》、《普通混凝土配合比设计规程》（JGJ 55—2011）
		JGJ　建设部行业标准	
		YB　冶金行业标准	
		JT　交通标准	
		SD　水电标准	
3	地方标准	DB　地方强制性标准	
		DB/T　地方推荐性标准	
4	企业标准	QB　企业标准指导本企业的生产	

建筑材料的技术标准,是产品质量的技术依据。对于生产企业,必须按标准生产合格的产品,同时,可促进企业改善管理,提高生产率,实现生产过程的合理化。对于使用部门,则应当按标准选用材料,可使设计和施工标准化,进而可加速施工进度,降低建筑造价。技术标准又是供需双方对产品质量进行验收的依据。

建筑材料的标准内容大致包括材料的质量要求和检验两大方面。由于有些标准的分工细,且相互渗透、联系,有时一种材料的检验要涉及多个标准和规范。

我国加入 WTO 后,采用和参考国际通用标准是加快我国建筑材料工业与国际接轨的重要措施,对促进建筑材料工业的科技进步、提高产品质量和标准化水平、扩大建筑材料的对外贸易具有重要作用。

常用的国际标准主要有:①美国材料与试验协会标准(ASTM),属于国际团体和公司标准;②联邦德国工业标准(DIN)、欧洲标准(EN),属于区域性国家标准;③日本工业标准(JIS),属于区域性国家标准;④英国标准(BS),属于区域性国家标准;⑤法国标准(NF),属于区域性国家标准;⑥国际标准化组织标准(ISO),属于国际性标准化组织的标准。

1.5 本课程学习目的及要求

建筑材料是土木工程类专业的专业基础课。它是以数学、力学、物理、化学等课程为基础,而又为学习建筑、结构、施工等后续专业课程提供建材基本知识,同时它还为今后从事工程实践和科学研究打下必要的专业基础。

在学习中应结合现行的技术标准,以建筑材料的性能及合理使用为中心,掌握事物的本质及内在联系。例如在学习某一材料的性质时,不能只满足甲乙丙丁的知道该材料具有哪些性质、有哪些表象,重要的是应该知道形成这些性质的外部条件、内在原因及这些性能之间的相互联系。对于同一类属的不同品种材料,不但要学习它们的共性,更重要的是要学习了解它们各自的特性和具备这些特性的原因。例如,学习各种水泥时,不但要知道它们都能在水中硬化等共性,更要注意它们各自质的区别及其反映在性能上的差异。一切材料的性能都不是固定不变的,在使用过程中,甚至在运输和储存过程中,它们的性能都会在一定程度上产生或多或少的变化,为了保证工程的耐久性和控制材料性能的劣化问题,我们必须研究引起变化的外界条件和材料本身的内在原因,从而掌握变化的规律,这对延长建筑物的使用年限具有十分重要的意义。

实验课是本课程的重要教学环节,其任务是验证基本理论,学习试验方法,培养科学研究能力和严谨缜密的科学态度。做实验时要认真严肃,一丝不苟,即使对一些操作简单的实验,也不应例外。要了解实验条件对实验结果的严重影响,并对实验结果作出正确的分析与判断。

课后思考题

1. 建筑材料主要有哪些分类?

2. 建筑材料的发展方向如何?

3. 本课程学习的要点有哪些?

2 建筑材料的基本性质

学习指导

本章共四节,本章的学习目的是:

(1) 了解建筑材料的基本组成、结构和构造及其与材料基本性质的关系。

(2) 熟练掌握建筑材料的基本力学性质。

(3) 掌握建筑材料的基本物理性质。

(4) 掌握建筑材料耐久性的基本概念。

本章的难点是材料的组成及其对材料性质的影响。建议通过学习了解材料科学的基本概念,理解材料的组成结构与性能的关系,及其在工程实践中的意义。

建筑物是由各种建筑材料建筑而成,这些材料在建筑物的各个部位要提供各种各样的作用,因此要求建筑材料必须具备相应的性质。如结构材料必须具备良好的力学性质;墙体材料应具备良好的保温隔热性能、隔声吸声性能;屋面材料应具备良好的抗渗防水性能;地面材料应具备良好的耐磨损性能等。一种建筑材料要具备哪些性质,要根据材料在建筑物中的功用和所处环境来决定。可见,建筑材料在使用过程中所体现的作用很复杂,而且它们之间又相互影响。对建筑材料的要求应当是严格的和多方面的,充分发挥建筑材料的正常服役性能,满足建筑结构的正常使用寿命。

一般而言,建筑材料的基本性质包括物理性质、化学性质、力学性质和耐久性,现分别讨论如下。

2.1 材料的物理性质

2.1.1 材料的密度、表观密度、体积密度、堆积密度

1) 密度

材料在绝对密实状态下,单位体积的质量称为密度。用公式表示如下:

$$\rho = \frac{m}{V} \tag{2-1}$$

式中:ρ——材料的密度(g/cm^3);

m——材料在干燥状态下的质量(g);

V——干燥材料在绝对密实状态下的体积(cm^3)。

材料在绝对密实状态下的体积是指不包括孔隙在内的固体物质部分的体积,也称实体积。在自然界中,绝大多数固体材料内部都存在孔隙,因此固体材料的总体积(V_0)应由固体物质部分体积(V)和孔隙体积(V_p)两部分组成,材料内部的孔隙又根据是否与外界相连通分为开口孔隙(浸渍时能被液体填充,其体积用 V_k 表示)和封闭孔隙(与外界不相连通,其体积用 V_b 表示)。固体材料的体积构成见图 2-1。

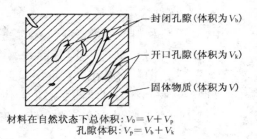

材料在自然状态下总体积:$V_0 = V + V_p$
孔隙体积:$V_p = V_b + V_k$

图 2-1 固体材料的体积构成

测定固体材料的密度时,须将材料磨成细粉(粒径小于 0.2 mm),经干燥后采用排开液体法测得固体物质部分体积。材料磨得越细,测得的密度值越精确。工程所使用的材料绝大部分是固体材料,但需要测定其密度的并不多。大多数材料,如拌制混凝土的砂、石等,一般直接采用排开液体的方法测定其体积——固体物质体积与封闭孔隙体积之和 ,此时测定的密度为材料的近似密度(又称为颗粒的视密度或表观密度)。

材料的表观密度,是材料在近似密度状态下单位体积的质量,可用 ρ_a 表示:

$$\rho_a = \frac{m}{V_a} \tag{2-2}$$

式中:ρ_a——材料的表观密度(g/cm^3);

m——材料在干燥状态下的质量(g);

V_a——干燥材料在近似密实状态下的体积 ($V_a = V + V_b$)(cm^3)。

2)体积密度

材料在自然状态下,单位体积的质量称为体积密度,俗称容重。用公式表示如下:

$$\rho_0 = \frac{m}{V_0} \tag{2-3}$$

式中:ρ_0——材料的体积密度(kg/m^3);

m——材料的质量(kg);

V_0——材料在自然状态下的体积(m^3)。

材料在自然状态下的体积是指材料的固体物质部分体积与材料内部所含全部孔隙体积之和,即 $V_0 = V + V_p$。对于外形规则的材料,其体积密度的测定只需测定其外形尺寸;对于外形不规则的材料,要采用排开液体法测定。在测定前,材料表面应用薄蜡密封,以防液体进入材料内部孔隙而影响测定值。

一定质量的材料,孔隙越多,则体积密度值越小;材料体积密度大小还与材料含水多少有关,含水越多,其值越大。通常所指的体积密度,是指干燥状态下的体积密度。

3)堆积密度

散粒状(粉状、粒状、纤维状)材料在自然堆积状态下,单位体积的质量称为堆积密度。用公式表示如下：

$$\rho_0' = \frac{m}{V_0'} \tag{2-4}$$

式中：ρ_0'——材料的堆积密度（kg/m³）；

m——散粒材料的质量（kg）；

V_0'——散粒材料在自然堆积状态下的体积，又称堆积体积（m³）。

散粒状材料在自然堆积状态下的体积（V_0'），是指含有孔隙在内的颗粒材料的总体积（V_0）与颗粒之间空隙体积（V_k'）之和。即：

$$V_0' = V_0 + V_k' \tag{2-5}$$

式中：V_0'——堆积体积（m³）；

V_0——材料在自然状态下的体积（m³）；

V_k'——颗粒之间空隙体积（m³）。

测定堆积密度时，采用一定容积的容器，将散粒状材料按规定方法装入容器中，测定材料质量，容器的容积即为材料的堆积体积。见图 2-2。

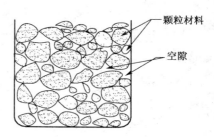

由于大多数材料或多或少含有一些孔隙，故一般材料的 $\rho > \rho_a > \rho_0 > \rho_0'$。

在建筑工程中，计算材料的用量、构件的自重、配料计算、确定材料堆放空间，以及材料运输时，需要用到材料的密度、表观密度、体积密度、堆积密度。常用建筑材料的密度、表观密度和堆积密度见表 2-1。

图 2-2　堆积体积示意图

表 2-1　常用建筑材料的密度、表观密度、堆积密度

材料名称	密度（kg/m³）	表观密度（kg/m³）	堆积密度（kg/m³）
钢材	7 800～7 900	7 850	—
花岗岩	2 700～3 000	2 500～2 800	—
石灰石	2 400～2 600	1 600～2 400	—
砂	2 500～2 600	—	1 400～1 700
水泥	2 800～3 100	—	1 100～1 300
普通玻璃	2 500～2 600	2 500～2 600	—
普通混凝土	—	2 000～2 800	—
碎石或卵石	2 600～2 900	2 500～2 850	1 400～1 700
松木	1 550～1 600	400～800	—
发泡塑料	—	20～50	—

2.1.2　材料的孔隙率与密实度

1）孔隙率

孔隙率是指材料内部孔隙体积占自然状态下总体积的百分率。用公式表示如下：

$$P = \frac{V_0 - V}{V_0} \times 100\% = \left(1 - \frac{V}{V_0}\right) \times 100\% = \left(1 - \frac{\rho_0}{\rho}\right) \times 100\% \tag{2-6}$$

孔隙率一般是通过试验确定的材料密度和体积密度求得。

孔隙按构造可分为开口孔隙和封闭孔隙两种；按尺寸的大小又可分为微孔、细孔和大孔三种。材料孔隙率大小、孔隙特征对材料的许多性质会产生一定影响，如材料的孔隙率较小，且连通孔较少，则材料的吸水性较小，强度较高，抗冻性和抗渗性较好，导热性较差，保温隔热性较好。

2）密实度

密实度是指材料内部固体物质的体积占总体积的百分率。反映材料体积内固体物质充实的程度。用公式表示如下：

$$D = \frac{V}{V_0} \times 100\% = \frac{\rho_0}{\rho} \times 100\% \tag{2-7}$$

材料的孔隙率与密实度的关系为：

$$P + D = 1 \tag{2-8}$$

材料的孔隙率与密实度是相互关联的性质，材料孔隙率的大小可直接反映材料的密实程度，孔隙率越大，则密实度越小。

2.1.3　材料的空隙率与填充率

1）空隙率

空隙率是指散粒材料（如砂、石等）颗粒之间的空隙体积占材料堆积体积的百分率。用公式表示如下：

$$P' = \frac{V'_0 - V_0}{V'_0} \times 100\% = \left(1 - \frac{V_0}{V'_0}\right) \times 100\% = \left(1 - \frac{\rho'_0}{\rho_0}\right) \times 100\% \tag{2-9}$$

2）填充率

填充率是指装在某一容器的散粒材料，其颗粒填充该容器的程度。用公式表示如下：

$$D' = \frac{V_0}{V'_0} \times 100\% = \frac{\rho'_0}{\rho_0} \times 100\% \tag{2-10}$$

散粒材料的空隙率与填充率的关系为：

$$P' + D' = 1 \tag{2-11}$$

空隙率与填充率也是相互关联的两个性质,空隙率的大小可直接反映散粒材料的颗粒之间相互填充的程度。散粒状材料,空隙率越大,则填充率越小。

在配制混凝土时,砂、石的空隙率是作为控制集料级配与计算混凝土砂率的重要依据。

2.1.4 材料与水有关的性质

1) 亲水性与憎水性

材料与水接触时,根据材料是否能被水润湿,可将其分为亲水性和憎水性两类。亲水性是指材料表面能被水润湿的性质;憎水性是指材料表面不能被水润湿的性质。

当材料与水在空气中接触时,将出现图 2-3 所示的两种情况。在材料、水、空气三相交点处,沿水滴的表面作切线,切线与水和材料接触面所成的夹角称为润湿角,用 θ 表示。当 θ 越小,表明材料越易被水润湿。一般认为,当 $\theta \leqslant 90°$ 时,如图 2-3(a)所示,材料表面吸附水分,能被水润湿,材料表现出亲水性;当 $\theta > 90°$ 时,如图 2-3(b)所示,则材料表面不易吸附水分,不能被水润湿,材料表现出憎水性。

(a)亲水性材料　　　　　　　　(b)憎水性材料

图 2-3　材料被水润湿示意图

亲水性材料易被水润湿,且水能通过毛细管作用而被吸入材料内部。憎水性材料则能阻止水分渗入毛细管中,从而降低材料的吸水性。建筑材料大多数为亲水性材料,如水泥、混凝土、砂、石、砖、木材等,只有少数材料为憎水性材料,如沥青、石蜡、某些塑料等。建筑工程中憎水性材料常被用作防水材料,或作为亲水性材料的覆面层,以提高其防水、防潮性能。

2) 吸水性

材料在水中吸收水分的性质称为吸水性。吸水性的大小用吸水率表示,吸水率有两种表示方法:质量吸水率和体积吸水率。

(1)质量吸水率　即材料在吸水饱和时,所吸收水分的质量占材料干燥质量的百分率。用公式表示如下:

$$W_{m} = \frac{m_{b} - m_{g}}{m_{g}} \times 100\% \qquad (2-12)$$

式中:W_{m}——材料的质量吸水率(%);

m_{b}——材料在饱和水状态下的质量(g);

m_{g}——材料在干燥状态下的质量(g)。

(2)体积吸水率　即材料在吸水饱和时,所吸收水分的体积占干燥材料总体积的百分率。用公式表示如下:

$$W_v = \frac{m_b - m_g}{V_0} \cdot \frac{1}{\rho_w} \times 100\% \tag{2-13}$$

式中：W_v——材料的体积吸水率（%）；

V_0——干燥材料的总体积（cm³）；

ρ_w——水的密度（g/cm³），在常温下水可取 $\rho_w = 1$ g/cm³。

土木工程中所用材料一般采用质量吸水率。质量吸水率与体积吸水率有下列关系：

$$W_v = W_m \cdot \rho_0 \tag{2-14}$$

式中：ρ_0——材料在干燥状态下的体积密度（g/cm³）。

常用的建筑材料，其吸水率一般采用质量吸水率表示。对于某些轻质材料，如加气混凝土、木材等，由于其质量吸水率往往超过 100%，一般采用体积吸水率表示。

材料吸水率的大小，不仅与材料的亲水性或憎水性有关，而且与材料的孔隙率和孔隙特征有关。材料所吸收的水分是通过开口孔隙吸入的。一般而言，孔隙率越大，开口孔隙越多，则材料的吸水率越大。但如果开口孔隙粗大，则不易存留水分，即使孔隙率较大，材料的吸水率也较小。另外，封闭孔隙水分不能进入，吸水率也较小。

各种材料的吸水率相差很大，如花岗岩等致密岩石的吸水率仅为 0.5%～0.7%，普通混凝土为 2%～3%，黏土砖为 8%～20%，而木材或其他轻质材料吸水率可大于 100%。

材料含水后，自重增加，强度降低，保温性能下降，抗冻性能变差，有时会发生明显的膨胀。

3）吸湿性

材料在潮湿空气中吸收水分的性质称为吸湿性。材料的吸湿性大小用含水率表示，用公式表示如下：

$$W_h = \frac{m_s - m_g}{m_g} \times 100\% \tag{2-15}$$

式中：W_h——材料的含水率（%）；

m_s——材料在吸湿状态下的质量（g）；

m_g——材料在干燥状态下的质量（g）。

材料的含水率随空气的温度、湿度变化而改变。材料既能在空气中吸收水分，又能向外界释放水分，当材料中的水分与空气的湿度达到平衡，此时的含水率就称为平衡含水率。一般情况下，材料的含水率多指平衡含水率。当材料内部孔隙吸水达到饱和时，此时材料的含水率等于吸水率。材料吸水后，会导致自重增加、保温隔热性能降低、强度和耐久性产生不同程度的下降。材料含水率的变化会引起体积的变化，影响使用。

4）耐水性

材料长期在饱和水作用下不破坏，强度也不显著降低的性质称为耐水性。材料耐水性用软化系数表示，用公式表示如下：

$$K_R = \frac{f_b}{f_g} \tag{2-16}$$

式中：K_R——材料的软化系数；

f_b——材料在吸水饱和状态下的抗压强度(MPa);

f_g——材料在干燥状态下的抗压强度(MPa)。

一般材料随着含水量的增加,会减弱其内部结合力,从而导致强度下降。如花岗岩长期浸泡在水中,强度会下降3%。普通黏土砖和木材受影响更为显著。

软化系数的大小反映材料在浸水饱和后强度降低的程度。材料被水浸湿后,强度一般会有所下降,因此软化系数在0~1之间。软化系数越小,说明材料吸水饱和后的强度降低越多,其耐水性越差。工程中将 $K_R>0.85$ 的材料称为耐水性材料。对于经常位于水中或潮湿环境中的重要结构的材料,必须选用 $K_R>0.85$ 耐水性材料;对于用于受潮较轻或次要结构的材料,其软化系数不宜小于0.75。

5) 抗渗性

材料抵抗压力水渗透的性质称为抗渗性。材料的抗渗性通常采用渗透系数表示。渗透系数是指一定厚度的材料,在单位压力水头作用下,单位时间内透过单位面积的水量,用公式表示如下:

$$K_s = \frac{Qd}{AtH} \qquad (2-17)$$

式中: K_s——材料的渗透系数(cm/h);

Q——透过材料试件的水量(cm^3);

d——材料试件的厚度(cm);

A——透水面积(cm^2);

t——透水时间(h);

H——静水压力水头(cm)。

渗透系数反映了材料抵抗压力水渗透的能力,渗透系数越大,则材料的抗渗性越差。

对于混凝土和砂浆,其抗渗性常采用抗渗等级表示。抗渗等级是以规定的试件,采用标准的试验方法测定试件所能承受的最大水压力来确定,以"Pn"表示,其中 n 为该材料所能承受的最大水压力(MPa)的10倍值。如P4、P6、P8、P10、P12等分别表示材料能承受0.4 MPa、0.6 MPa、0.8 MPa、1.0 MPa、1.2 MPa的水压力而不渗水。

材料抗渗性的大小,与其孔隙率和孔隙特征有关。材料中存在连通的孔隙,且孔隙率较大,水分容易渗入,故这种材料的抗渗性较差。孔隙率小的材料具有较好的抗渗性。封闭孔隙水分不能渗入,因此对于孔隙率虽然较大,但以封闭孔隙为主的材料,其抗渗性也较好。对于地下建筑、压力管道、水工构筑物等工程部位,因经常受到压力水的作用,要选择具有良好抗渗性的材料;作为防水材料,则要求其具有更高的抗渗性。

6) 抗冻性

材料在饱和水状态下,能经受多次冻融循环作用而不破坏,且强度也不显著降低的性质,称为抗冻性。材料的抗冻性用抗冻等级表示。抗冻等级是以规定的试件,在规定试验条件下,其强度降低不超过25%,且质量损失不超过5%时所能承受的最大的冻融循环次数来表示。用符号Fn表示,其中 n 即为最大冻融循环次数,如F50、F100、F150等,分别表示材料抵抗50次、100次、150次冻融循环,强度降低和质量损失均未超过规定的程度,测得的强度降低不超过其规定值。

材料抗冻等级的选择，是根据结构物的种类、使用要求、气候条件等来决定的。例如烧结普通砖、陶瓷面砖、轻混凝土等墙体材料，一般要求其抗冻等级为 F15 或 F25；用于桥梁和道路的混凝土为 F50、F100 或 F200，而水工结构高达 F500。

材料经受冻融循环作用而破坏，主要是因为材料内部孔隙中的水结冰所致。水结冰时体积要增大，若材料内部孔隙充满了水，则结冰产生的膨胀会对孔隙壁产生很大的应力，当此应力超过材料的抗拉强度时，孔壁将产生局部开裂；随着冻融循环次数的增加，材料逐渐被破坏。

材料抗冻性的好坏，取决于材料的孔隙率、孔隙的特征、吸水饱和程度和自身的抗拉强度。材料的变形能力大、强度高、软化系数大，则抗冻性较高。一般认为，软化系数小于 0.80 的材料，其抗冻性较差。在寒冷地区及寒冷环境中的建筑物或构筑物，必须要考虑所选择材料的抗冻性。抗冻性是评价材料耐久性的一个重要指标。

2.1.5 材料的热工性质

1）导热性

材料传导热量的性能称为导热性。材料的导热能力用导热系数表示，其物理意义是指单位厚度（1 m）的材料，当两个相对侧面温差为 1 K 时，在单位时间（1 s）内通过单位面积（1 m²）所传递的热量。其计算公式为：

$$\lambda = \frac{Qa}{At(T_2 - T_1)} \tag{2-18}$$

式中：λ——材料的导热系数［W/(m·K)］；

$\quad Q$——传导的热量(J)；

$\quad A$——热传导面积(m²)；

$\quad a$——材料厚度(m)；

$\quad t$——导热时间(s)；

$\quad T_2 - T_1$——材料两侧的温度差(K)。

影响材料导热性的因素与材料的成分、微观结构、孔隙率、孔隙特征、湿度、温度和热流方向等密切相关。

一般无机材料的导热系数大于有机材料；材料的孔隙率越大，导热系数越小；同类材料的导热系数随表观密度的减小而减小；微细而封闭孔隙组成的材料，其导热系数小，粗大而连通的孔隙组成的材料，其导热系数大；材料的含水率越大，导热系数越大；大多数建筑材料（金属除外）的导热系数随温度升高而增大。

各种材料的导热系数差别很大，大致在 0.029～3.5 W/(m·K)，如泡沫塑料导热系数为 0.035 W/(m·K)，而大理石导热系数为 3.5 W/(m·K)。工程中通常把导热系数小于 0.23 W/(m·K)的材料称为保温隔热材料。相关材料导热系数见表 2-2。

材料的导热系数愈小，绝热性能愈好，表示其保温隔热性能愈好。材料受潮或受冻后，绝热性能显著下降，其导热系数会大大提高。因此，绝热材料应经常处于干燥状态。

2）比热容

材料加热时吸收热量、冷却时放出热量的性质，称为热容量。热容量的大小用比热容 C 表

示。比热容是指单位重量(1 g)材料温度升高或降低 1 K 时,所吸收或放出的热量。其计算公式为:

$$C = \frac{Q}{m(T_2 - T_1)} \tag{2-19}$$

式中:C——材料的比热容[J/(g·K)];

$\quad\quad Q$——材料吸收或放出的热量(J);

$\quad\quad m$——材料的质量(g);

$\quad\quad T_2 - T_1$——材料受热或冷却后的温差(K)。

材料的比热容越大,本身能吸入或储存较多的热量,能在热流变动或采暖设备供热不均匀时缓和室内的温度波动,对保持室内温度稳定有良好的作用,并减少能耗。材料中比热容最大的是水,水的比热容 $C=4.19$ J/(g·K),因此蓄水的平屋顶能使室内冬暖夏凉,沿海地区的昼夜温差也较小。

材料的导热系数和比热容是对建筑物进行热工计算的重要参数。设计时应选用导热系数较小而热容量较大的土木工程材料,有利于保持建筑物室内温度的稳定性。同时,导热系数也是工业窑炉热工计算和确定冷藏保温隔热层厚度的重要数据。几种典型材料的导热系数和比热容指标如表 2-2 所示。

表 2-2　常用材料的导热系数和比热容

材　　料	导热系数 [W/(m·K)]	比热容 [J/(g·K)]	材　　料	导热系数 [W/(m·K)]	比热容 [J/(g·K)]
铜	370	0.38	松木(横纹—顺纹)	0.17～0.35	2.51
钢材	55	0.46	水	0.58	4.19
花岗岩	3.49	0.92	冰	2.20	2.05
普通混凝土	1.80	0.88	泡沫塑料	0.03	1.30
烧结普通砖	0.55	0.84	静止空气	0.023	1.00

3）耐燃性

材料对火焰和高温的抵抗能力,称为材料的耐燃性。建筑装饰材料的耐燃性能按照《建筑内部装修设计防火规范》(GB 50222—1995)的规定,分为不燃性(A)、难燃性(B1)、可燃性(B2)和易燃性(B3)四级。

(1) 不燃性(A)。在空气中受到火烧或高温作用时,不起火、不燃烧、不炭化的材料,如砖、天然石材、混凝土、砂浆、金属材料等。

(2) 难燃性(B1)。在空气中受到火烧或高温作用时,难起火、难燃烧、难炭化,当离开火源后燃烧或微烧立即停止的材料,如纸面石膏板、水泥石棉板、水泥刨花板等。

(3) 可燃性(B2)。在空气中受到火烧或高温作用时,立即起火或燃烧,且离开火源后仍继续燃烧或微烧的材料,如胶合板、纤维板、木材等。

(4) 易燃性(B3)。在空气中受到火烧或高温作用时,立即起火,并迅速燃烧,且离开火源后仍继续燃烧的材料,如部分未经阻燃处理的塑料、纤维织物等。

在装饰工程中,应根据建筑物的耐火等级和材料的使用部位,选用不同级别的耐燃材料。

4）耐火性

耐火性是指材料在火焰和高温作用下,保持其不被破坏、性能不明显下降的能力。材料的耐火性用耐火极限表示。耐火极限是指按规定方法,从材料受到火的作用起,直到材料失去支持能力、完整性被破坏或失去隔火作用的时间,以 h 或 min 计。

一般耐燃的材料不一定耐火,而耐火的材料一般都耐燃。如钢材是不燃烧材料,但其耐火极限仅有 0.25 h,故钢材虽为重要的建筑结构材料,但其耐火性却较差,使用时须进行防火处理。

5）耐急冷急热性

材料的耐急冷急热性又称为材料的耐热震性,指材料抵抗急冷急热交替作用保持其原有性质的能力。

当制品骤然受热(或受冷)发生膨胀(或收缩)时,因各部分变形互相受到制约而产生热应力。当热应力超过制品内部结合力时,制品就产生崩裂或剥落。制品的耐急冷急热性以实验方法测定。耐急冷急热性主要取决于耐火原料及其制品的热膨胀性、异热性和断裂韧性等,并与其组织结构、形状和尺寸有关。

许多无机非金属材料(如瓷砖、玻璃)在急冷急热交替作用下,易产生巨大的温度应力,引起爆裂破坏。

【工程案例分析 2-1】

加气混凝土砌块吸水分析

现象:某施工队原使用普通烧结黏土砖,后改为表观密度为 700 kg/m³ 的加气混凝土砌块。在抹灰前采用同样的方式往墙上浇水,发现原使用的普通烧结黏土砖易吸足水量,但加气混凝土砌块表面看来浇水不少,但实则吸水不多。

原因分析:加气混凝土砌块虽孔多,但其气孔大多数为"墨水瓶"结构,肚大口小,毛细管作用差,只有少数孔是水分蒸发形成的毛细孔。因此,吸水及导湿均较缓慢。材料的吸水性不仅要看孔的数量多少,还需要看孔的结构。

2.2 材料的力学性质

材料的力学性质是指材料受外力作用时的变形行为及抵抗变形和破坏的能力,通常包括强度、弹性、塑性、脆性、韧性、硬度、耐磨性等。它是选用建筑材料时首要考虑的基本性质。各种材料的力学性质是按照有关标准规定的方法和程序,用相应的试验设备和仪器测出的。

2.2.1 材料的强度及强度等级

1）材料的强度

材料在荷载(外力)作用下抵抗破坏的能力称为材料的强度。当材料受到外力作用时,其内部就产生应力,荷载增加,所产生的应力也相应增大,直至材料内部质点间结合力不足以抵抗所作用的外力时,材料即发生破坏。材料破坏时,达到应力极限,这个极限应力值就是材料的强度,又称极限强度。

强度的大小直接反映材料承受荷载能力的大小。由于荷载作用形式不同,材料的强度主要有抗压强度、抗拉强度、抗弯(抗折)强度及抗剪强度等。见表 2-3。

表 2-3　材料受力作用示意图及计算公式

强　度	受力示意图	计算公式	备　注
抗压强度 f_c(MPa)		$f_c = \dfrac{F}{A}$	F——破坏荷载(N); A——受荷面积(mm^2); l——跨度(mm); b——试件宽度(mm); h——试件高度(mm)
抗拉强度 f_t(MPa)		$f_t = \dfrac{F}{A}$	
抗剪强度 f_v(MPa)		$f_v = \dfrac{F}{A}$	
抗弯(抗折)强度 f_m(MPa)		$f_m = \dfrac{3Fl}{2bh^2}$	

试验测定的强度值除受材料本身的组成、结构、孔隙率大小等内在因素的影响外,还与试验条件有密切关系,如试件形状、尺寸、表面状态、含水率、环境温度及试验时加荷速度等。为了使测定的强度值准确且具有可比性,必须按规定的标准试验方法测定材料的强度。

2) 材料的强度等级

材料的强度等级是按照材料的主要强度指标划分的级别。掌握材料的强度等级,对合理选择材料,控制工程质量是十分重要的。如烧结普通砖按抗压强度分为 MU10~MU30 共五个强度等级;硅酸盐水泥按 28 天的抗压强度和抗折强度分为 42.5 级~62.5 级共三个强度等级;钢筋混凝土用的混凝土按其抗压强度分为 C15~C80 共十四个等级等。

材料的强度指的是材料的实测极限应力值,是唯一的;而每一强度等级则包含一系列实测强度。常用建筑材料的强度见表 2-4。

表 2-4　常用建筑材料的强度(MPa)

材　料	抗压强度	抗拉强度	抗弯强度
花岗岩	100~250	5~8	10~14
普通混凝土	7.5~60	1~4	2.0~8.0

续表 2-4

材　料	抗压强度	抗拉强度	抗弯强度
烧结普通砖	7.5～30	—	1.8～4.0
松木(顺纹)	30～50	80～120	60～100
钢材	235～1 800	235～1 800	—

对不同材料要进行强度大小的比较可采用比强度。比强度是指材料的强度与其体积密度之比。它是衡量材料轻质高强性能的重要指标。优质的结构材料,必须具有较高的比强度。几种主要材料的比强度见表 2-5。

表 2-5　几种主要材料的比强度

材　料	体积密度 ρ_0(kg/m³)	抗压强度 f_c(MPa)	比强度 f_c/ρ_0
低碳钢	7 850	420	0.054
松木(顺纹抗拉)	500	100	0.200
松木(顺纹抗压)	500	36	0.072
玻璃钢	2 000	450	0.225
烧结普通砖	1 700	10	0.006
普通混凝土	2 400	40	0.017

由表 2-5 数值可知,玻璃钢和木材是轻质高强的材料,普通混凝土是体积密度大而比强度相对较低的材料,所以努力促进普通混凝土——这一当代最重要的结构材料,向轻质、高强发展,是一项十分重要的工作。

2.2.2　材料的弹性与塑性

1) 材料的弹性

材料在外力作用下产生变形,若除去外力后变形随即消失并能完全恢复原来形状的性质,称为弹性。这种可恢复的变形称为弹性变形。

弹性变形属可逆变形,其数值大小与外力成正比,其比例系数 E 称为材料的弹性模量。材料在弹性变形范围内,弹性模量 E 为常数,其值等于应力 σ 与应变 ε 的比值,用下式表示:

$$E = \frac{\sigma}{\varepsilon} \tag{2-20}$$

式中:E ——材料的弹性模量(MPa);

　　　σ ——材料的应力(MPa);

　　　ε ——材料的应变,无量纲。

E 值是衡量材料抵抗变形能力的一个指标,E 越大,材料越不易变形。

2) 材料的塑性

材料在外力作用下产生变形,若除去外力后仍保持变形后的形状和尺寸,并且不产生裂缝的性质,称为塑性。不能消失(恢复)的变形称为塑性变形。塑性变形为不可逆变形,是永久变形。

实际上,纯弹性变形的材料是没有的。通常一些材料在受力不大时仅产生弹性变形,受力超过一定极限后即产生塑性变形。有些材料在受力时,当所受外力小于弹性极限时,仅产生弹性变形;而外力大于弹性极限后,则除了弹性变形外,还产生塑性变形,如低碳钢,其变形曲线如图 2-4(a)所示。有些材料在受力后,弹性变形和塑性变形同时产生,当外力取消后,弹性变形会恢复,而塑性变形不能消失,如普通混凝土,其变形曲线如图 2-4(b)所示。

图 2-4　弹塑性材料的变形曲线

2.2.3　材料的脆性与韧性

1) 材料的脆性

材料受外力作用,当外力达到一定限度时,材料发生突然破坏,且破坏时无明显塑性变形,这种性质称为脆性,具有脆性的材料称为脆性材料。脆性材料的抗压强度远大于其抗拉强度,因此其抵抗冲击荷载或震动作用的能力很差。建筑材料中大部分无机非金属材料均为脆性材料,如混凝土、玻璃、天然岩石、砖瓦、陶瓷等。

2) 材料的韧性

在冲击、振动荷载作用下,材料能够吸收较大的能量,同时也能产生一定的变形而不致破坏的性质,称为韧性或冲击韧性。具有这种性质的材料称为韧性材料。材料的韧性用冲击韧性指标 a_K 表示。冲击韧性指标是用带缺口的试件做冲击破坏试验时,断口处单位面积所吸收的能量。其计算公式为:

$$a_K = \frac{A_K}{A} \tag{2-21}$$

式中:a_K——材料的冲击韧性指标(J/mm^2);

A_K——试件破坏时所消耗的能量(J);

A——试件受力净截面积(mm^2)。

在建筑工程中,对于要求承受冲击荷载和有抗震要求的结构,如吊车梁、桥梁、路面等所用材料,均应具有较高的韧性。

2.2.4 材料的硬度与耐磨性

1）材料的硬度

硬度是指材料表面能抵抗其他较硬物体压入或刻划的能力。不同材料的硬度测定方法不同，通常采用的有刻划法和压入法两种。刻划法常用于测定天然矿物的硬度。矿物硬度分为10级（莫氏硬度），其递增的顺序为：滑石1，石膏2，方解石3，萤石4，磷灰石5，正长石6，石英7，黄玉8，刚玉9，金刚石10。钢材、木材及混凝土等的硬度常用压入法测定，例如布氏硬度。布氏硬度值是以压痕单位面积上所受压力来表示的。

材料的硬度愈大，则其耐磨性愈好，但不易加工。工程中有时也可用硬度来间接推算材料的强度，如回弹法测定混凝土强度实际上是用回弹仪测定混凝土表面硬度，间接推算混凝土强度。

2）材料的耐磨性

耐磨性是指材料表面抵抗磨损的能力。材料的耐磨性用磨损率表示，其计算公式为：

$$N = \frac{m_1 - m_2}{A} \tag{2-22}$$

式中：N——材料的磨损率（g/cm^2）；

m_1、m_2——分别为材料磨损前、后的质量（g）；

A——试件受磨面积（cm^2）。

材料的耐磨性与材料的组成成分、结构、强度、硬度等有关。在建筑工程中，用于踏步、台阶、地面等部位的材料，应具有较高的耐磨性。一般来说，强度较高且密实的材料，其硬度较大，耐磨性较好。

【**工程案例分析 2-2**】

测试强度与加荷载速度

现象：人们在测试混凝土等材料的强度时可观察到，对于同一试件，加荷载速度过快，所测值偏高。

原因分析：材料的强度除与其组成结构有关外，还与其测试条件有关，包括加荷载速度、温度、试件大小和形状等。当加荷载速度过快时，荷载的增长速度大于材料裂缝扩展速度，测出的数值就会偏高。为此，在材料的强度测试中，一般都规定其加荷载速度范围。

2.3 材料的耐久性

材料在使用过程中，能抵抗周围各种介质的侵蚀而不破坏，也不失去其原有性能的性质，称为耐久性。

影响材料耐久性的主要因素可归纳为内在因素和外在因素。

（1）内在因素主要包括材料的结构和构造性质、化学成分或组成性质等，它是造成材料耐久性下降的根本原因。当材料密实性较大时，耐久性通常较好；构造为开口贯通且孔隙较大的材料，耐久性通常较差；当材料的成分或组成易溶于水或其他液体，或易与其他物质产生化学反应时，材料的耐水性、耐蚀性等较差；无机矿物质脆性材料在温度剧变时，耐急冷急热性较差；晶体材料较同组成的非晶体材料的化学稳定性高；含不饱和键的有机材料，抗老化性较差。

（2）外在因素是指材料在使用过程中长期受到周围环境和各种自然因素的破坏作用，主要包括物理作用、化学作用、机械作用、生物作用和大气作用等。

① 物理作用。包括材料的干湿变化、温度变化及冻融变化等。这些变化可引起材料的收缩和膨胀，长期而反复作用会使材料逐渐破坏。

② 化学作用。包括酸、碱、盐等物质的水溶液及气体对材料的侵蚀作用，使材料的组成成分发生质的变化，而引起材料的破坏，如水泥石的化学侵蚀、钢材的锈蚀等。

③ 机械作用。包括冲击、疲劳荷载及各种气体、液体和固体引起的磨损或磨耗等。

④ 生物作用。包括菌类、昆虫等的侵害作用，导致材料发生腐朽、虫蛀等而破坏，如木材及植物纤维材料的腐烂等。

⑤ 大气作用。指在阳光、空气及辐射的作用下，材料逐渐老化、变质而破坏，如沥青、高分子材料的老化。

耐久性是材料的一项综合性质，因材料的组成和构造不同，其耐久性的内容也不同，所以无法用一个统一的指标去衡量所有材料的耐久性。如钢材的锈蚀破坏；石材、混凝土、砂浆、烧结普通黏土砖等无机非金属材料，主要是因冻融、风化、碳化、干湿变化等物理作用而破坏，当与水接触时，有可能因化学作用而破坏；沥青、塑料、橡胶等有机材料因老化而破坏。

在实际工程中，由于各种原因，建筑材料常会因耐久性不足而过早破坏，因此，耐久性是建筑材料的一项重要技术性质。只有深入了解并掌握建筑材料耐久性的本质，从材料本身、设计、施工、使用、维护等各方面共同努力，才能保证材料和结构的耐久性，延长建筑物的使用寿命。

【工程案例分析2-3】

水池壁崩塌

现象：某市自来水公司一号池建于山上，1980年1月交付使用，1989年6月20日池壁突然崩塌，造成39人死亡、6人受伤的特大事故。该水池贮存的是冷却水，输入池内水温达41℃。该水池为预应力装配式钢筋混凝土圆形结构，池壁由132块预制钢筋混凝土板拼装，接口处部分有水泥。板块间接缝处用细石混凝土二次浇筑，外绕钢丝，再喷射砂浆保温层，池内壁设计未作防渗层，只要求在接缝处向两侧各延伸5cm范围内刷两道素水泥浆。

原因分析：①池内水温高，增强了对池壁的腐蚀能力，导致池壁结构过早破损。②预制板接缝面未打毛，清洗不彻底，故部分留有泥土；且接缝混凝土振捣不实，部分有蜂窝麻面，其抗渗能力大大降低，使水分浸入池壁，并对钢丝产生电化学腐蚀。事实上，所有钢丝已严重锈蚀，有效截面减少，抗拉强度下降，以致断裂，使池壁倒塌。③设计方面亦存在考虑不周，且对钢丝严重锈蚀未能及时发现等问题。

2.4 材料的组成、结构、构造及其对材料性质的影响

建筑材料的性能受环境因素的影响固然很重要,但这些都是外因,外因要通过内因才起作用,所以对材料性质起决定作用的因素是其内因。所谓内部因素,是指材料的组成、结构、构造对材料性质的影响。

2.4.1 材料的组成及其对材料性质的影响

材料的组成是指材料的化学成分或矿物成分,它不仅影响着材料的化学性质,而且也是决定材料物理力学性质的重要因素。

1）化学组成

化学组成是指构成材料的化学元素及化合物的种类与数量。当材料处于某一环境中,材料与环境中的物质间必然要按化学变化规律发生作用。如混凝土受到酸、盐类物质的侵蚀作用,木材遇到火时的耐燃、耐火性能,钢材和其他金属材料的锈蚀等,都属于化学作用。材料在各种化学作用下表现出的性质都是由其化学组成所决定的。

2）矿物组成

这里的矿物是指无机非金属材料中具有特定的晶体结构、特定的物理力学性能的组织结构。矿物组成是指构成材料的矿物的种类和数量。某材料,如天然石材、无机胶凝材料,其矿物组成是决定其性质的主要因素。例如,硅酸盐水泥中,熟料矿物硅酸三钙含量高,则其硬化速度较快,强度较高。

从宏观组成层次讲,人工复合的材料如混凝土、建筑涂料等是由各种原材料配合而成的,因此影响这类材料性质的主要因素是其原材料的品质及配合比例。

2.4.2 材料的结构及其对性质的影响

1）宏观结构

材料的宏观结构是指可用肉眼观察到的外部和内部结构。建筑材料常见的结构形式有:密实结构、多孔结构、纤维结构、层状结构、散粒结构、纹理结构。

（1）密实结构 密实结构的材料内部基本上无孔隙,结构致密。这类材料的特点是强度和硬度较高,吸水性小,抗渗和抗冻性较好,耐磨性较好,绝热性差,如钢材、天然石材、玻璃钢等。

（2）多孔结构 多孔结构的材料其内部存在大体上呈均匀分布的、独立的或部分相通的孔隙,孔隙率较高,孔隙又有大孔和微孔之分。具有多孔结构的材料,其性质决定于孔隙的特征、多少、大小及分布情况。一般来说,这类材料的强度较低,抗渗性和抗冻性较差,绝热性较好,如加气混凝土、石膏制品、烧结普通砖等。

（3）纤维结构　纤维结构的材料内部组成有方向性,纵向较紧密而横向疏松,组织中存在着相当多的孔隙。这类材料的性质具有明显的方向性,一般平行纤维方向的强度较高,导热性较好,如木材、竹、玻璃纤维、石棉等。

（4）层状结构　层状结构的材料具有叠合结构,它是用胶结料将不同的片材或具有各向异性的片材胶合而成整体,其每一层的材料性质不同,但叠合成层状结构的材料后,可获得平面各向同性,更重要的是可以显著提高材料的强度、硬度、绝热或装饰等性质,扩大其使用范围,如胶合板、纸面石膏板、塑料贴面板等。

（5）散粒结构　散粒状结构是指呈松散颗粒状的材料,有密实颗粒与轻质多孔颗粒之分。前者如砂子、石子等,因其致密,强度高,适合做混凝土集料;后者如陶粒、膨胀珍珠岩等,因具多孔结构,适合做绝热材料。粒状结构的材料颗粒间存在大量的空隙,其空隙率主要取决于颗粒大小的搭配。用作混凝土集料时,要求紧密堆积,轻质多孔粒状材料用作保温填充料时,则希望空隙率大一些好。

（6）纹理结构　天然材料在生长或形成过程中,自然造成的天然纹理,如石材、大理石、花岗岩等板材,或人工制造材料时特意造成的纹理,如瓷质彩胎砖、人造花岗石板材等,这些天然或人工造成的纹理,使材料具有良好的装饰性。为了提高建筑材料的外观美,目前广泛采用仿真技术,已研制出多种纹理的装饰材料。

2）亚微观结构

亚微观结构是指用光学显微镜和一般扫描透射电子显微镜所能观察到的结构,是介于宏观和微观之间的结构。其尺度范围在 $10^{-3} \sim 10^{-9}$ m。材料的显微结构根据其尺度范围,还可以分为显微结构和纳米结构。其中,显微结构是指用光学显微镜所能观察到的结构,其尺度范围在 $10^{-3} \sim 10^{-7}$ m。土木工程材料的显微结构,应根据具体材料分类研究。对于水泥混凝土,通常是研究水泥石的孔隙及界面特性等结构;对于金属材料,通常是研究其金相结构,即晶界及晶粒尺寸等。对于木材,通常是研究木纤维、管胞、髓线等组织的结构。材料在显微结构层次上的差异对材料的性能有着显著的影响。例如,钢材的晶粒尺寸越小,钢材的强度越高。又如混凝土中毛细孔的数量减少、孔径减小,将使混凝土的强度和抗渗性等提高。因此,对于建筑材料而言,从显微结构层次上研究并改善材料的性能十分重要。

材料的纳米结构是指一般扫描透射电子显微镜所能观察到的结构。其尺度范围在 $10^{-7} \sim 10^{-9}$ m。材料的纳米结构是 20 世纪 80 年代末期引起人们广泛关注的一个尺度。其基本结构单元有团簇、纳米微粒、人造原子等。由于纳米微粒和纳米固体有小尺寸效应、表面界面效应等基本特性,使由纳米微粒组成的纳米材料有许多奇异的物理和化学性能,因而得到了迅速发展,在土木工程中也得到了应用,例如,磁性液体、纳米涂料等。通常胶体中的颗粒直径为 $1 \sim 100$ nm,其结构是典型的纳米结构。

3）微观结构

材料的微观结构是指物相的种类、形态、大小及其分布特征,它与材料的强度、硬度、弹塑性、熔点、导电性、导热性等重要性质有着密切的联系。建筑材料的使用状态均为固体,固体材料的相结构基本上可以分为晶体、非晶体两类,不同结构的材料,各具不同特性。

（1）晶体　构成晶体的质点(原子、离子、分子)是按一定的规则在空间呈有规律的排列。因此晶体具有一定的几何外形,显示各向异性。但实际应用的晶体材料,通常是由许多细小的晶粒杂乱排列组成,故晶体材料在宏观上显示为各向同性。

晶体内质点的相对密集程度和质点间的结合力,对晶体材料的性质有着重要的影响。例如在硅酸盐矿物材料(如陶瓷)的复杂晶体结构(基本单元为硅氧四面体)中,质点的相对密集程度不高,且质点间大多是以共价键联结,变性能力小,呈现脆性。

(2)非晶体 非晶体又称无定形物质,是相对晶体而言的。在非晶体中,组成物质的原子和分子之间的空间排列不呈现周期性和平移对称性,其结构完全不具有长程有序,只存在短程有序。非晶体包括玻璃体和凝胶等。

将熔融的物质进行迅速冷却(急冷),使其内部质点来不及作有规则的排列就凝固了,这时形成的物质结构即为玻璃体,又称无定形体。玻璃体无固定的几何外形,具有各向同性,破坏时也无清楚的解理面,加热时无固定熔点,只出现软化现象。同时,因玻璃体是在快速急冷下形成的,故内应力较大,具有明显的脆性,如玻璃等。

由于玻璃体在凝固时质点来不及作定向排列,质点间的能量只能以内能形式储存起来,因此玻璃体具有化学不稳定性,亦即存在化学潜能,在一定的条件下,易与其他物质发生化学反应。例如,粉煤灰、水淬粒化高炉矿渣、火山灰等均属玻璃体,常被大量用作硅酸盐水泥的掺合料,以改善水泥的性质。硅酸盐水泥水化会产生凝胶体。

2.4.3 材料的构造及其对性能的影响

材料的构造是指具有特定性质的材料结构单元间的互相组合搭配情况。"构造"这一概念与结构相比,更强调相同材料或不同材料间的搭配组合关系。如材料的孔隙、掩饰的层理、木材的纹理、疵病等,这些结构的特征、大小、尺寸及形态,决定了材料特有的一些性质。若孔隙是开口、细微且连通的,则材料吸水、吸湿、耐久性较差;若孔隙是封闭的,其吸水性会大大下降,抗渗性则提高。所以,对同种材料来讲,其构造越密实、越均匀,表观密度越大,则强度越高。

【工程案例分析2-4】

材料微观结构对性能的影响

现象:某工程灌浆材料采用水泥净浆,为了达到较好的施工性能,配合比中要加入硅粉,并对硅粉的化学组成和细度提出要求。但施工单位将硅粉误解为磨细石英粉,生产中加入的磨细石英粉的化学组成和细度均满足要求,仍造成在实际使用中效果不好,水泥浆体成分不均。

原因分析:硅粉又称硅灰,是硅铁厂烟尘中回收的副产品,其化学组成为 SiO_2,微观结构为表面光滑的玻璃体,能改善水泥净浆施工性能。磨细石英粉的化学组成也为 SiO_2,微观结构为晶体,表面粗糙,对水泥净浆的施工性能有副作用。硅粉和磨细石英粉虽然化学成分相同,但细度不同,微观结构不同,致使材料的性能差异明显。

【现代建筑材料知识拓展】

月球上的建筑材料

1969 年人类首次登上月球。人口增长,资源枯竭,月球很有可能成为若干年后人类地球以外的居住空间。人类如何在月球上建立自己的第二家园?

有专家认为,月球上可用来生产建筑材料的天然资源首推水泥和混凝土。从月球带回岩石的成分分析表明,月球岩石含丰富的氧化钙、氧化硅、氧化铝、氧化铁等,可直接煅烧生产与地球高铝水泥成分相近的胶凝材料。月球的岩石也可加工成碎石、碎砂,若解决水,则可在月球上生产水泥、混凝土。事情尽管令人鼓舞,但仍有不少问题,如月球表面为真空状态,混凝土浇筑有问题;又如月球的温度对水泥的水化硬化会有影响等。

请思考:在月球上采用什么建筑材料更为有利。

课后思考题

一、填空题

1. 材料的吸水性大小用_____表示,吸湿性大小用_____表示。

2. 材料与水接触时,按能否被水润湿,将材料分为_____和_____两大类。

3. 材料的抗冻性以材料在吸水饱和状态下所能抵抗的_____来表示。

4. 孔隙率越大,材料的导热系数越_____,其材料的绝热性能越_____。

5. 散粒材料的总体积是由固体体积、_____和_____组成。

6. 材料与水有关的性质有亲水性与憎水性、_____、_____、吸湿性、_____和_____。

7. 同种材料的孔隙率越_____,其强度越高。当材料的孔隙一定时,_____孔隙越多,材料的保温性能越好。

8. 在水中或长期处于潮湿状态下使用的材料,应考虑材料的_____性。

9. 当孔隙率相同时,分布均匀而细小的封闭孔隙含量愈大,则材料的吸水率_____、保温性能_____、耐久性_____。

10. 按材料的结构和构造的尺度范围,可分为三种:_____、_____和_____。

二、名词解释

1. 材料的孔隙率　　　2. 憎水性材料　　　3. 材料的弹性

4. 表观密度　　　5. 比热容

三、单项选择题

1. 材料在水中吸收水分的性质称为(　　)。

A. 吸水性　　　B. 吸湿性　　　C. 耐水性　　　D. 渗透性

2. 材料的耐水性用(　　)来表示。

A. 渗透系数　　　B. 抗冻性　　　C. 软化系数　　　D. 含水率

3. 评定钢材强度的基本指标是(　　)。

A. 抗压强度　　　B. 抗拉强度　　　C. 抗弯强度　　　D. 抗折强度

4. 某材料吸水饱和后重110 g,比干燥时重了10 g,此材料的吸水率等于(　　)。

A. 10%　　　B. 11.1%　　　C. 9.1%　　　D. 9.9%

5. 含水率为10%的砂220 g,其干燥后的重量是(　　)g。

A. 209　　　B. 209.52　　　C. 210　　　D. 200

6. 以下四种材料中属于憎水性材料的是(　　)。

A. 花岗岩　　　B. 木材　　　C. 石油沥青　　　D. 混凝土

7. 材料的抗渗标号为P6,说明该材料所能承受的最大水压力为(　　)。

A. 6 MPa B. 0.6 MPa C. 60 MPa D. 66 MPa

8. 对于同一种材料,密度、表观密度与堆积密度之间的关系是( )。

A. 密度>堆积密度>表观密度 B. 密度>表观密度>堆积密度

C. 堆积密度>密度>表观密度 D. 表观密度>堆积密度>密度

9. 当材料的孔隙率增大时,材料的( )一定降低。

A. 密度和表观密度 B. 抗冻性和抗渗性

C. 表观密度和强度 D. 憎水性和亲水性

10. 脆性材料的特征是( )。

A. 破坏前无明显变形 B. 抗压强度与抗拉强度均较高

C. 抗冲击破坏时吸收能量大 D. 受力破坏时,外力所做的功大

11. 一般而言,材料的导热系数是( )。

A. 金属材料>无机非金属材料>有机材料 B. 金属材料>有机材料>无机非金属材料

C. 金属材料<有机材料<无机非金属材料 D. 金属材料<无机非金属材料<有机材料

12. 材料的耐水性可用软化系数表示,软化系数是( )。

A. 吸水后的表观密度与干表观密度之比

B. 饱水状态的抗压强度与干燥状态的抗压强度之比

C. 饱水后的材料质量与干燥质量之比

D. 饱水后的材料体积与干燥体积之比

四、简述题

1. 某砖在干燥状态下的抗压强度为 20 MPa,当其在吸水饱和状态下抗压强度为 14 MPa,请问此砖是否适用于潮湿环境的建筑物?

2. 简述材料强度的概念及其影响强度测定的因素。

3. 试述材料的孔隙率和空隙率的概念与区别。

4. 简述材料导热系数的物理意义及影响因素。

5. 简述材料的耐久性与其应用价值间的关系,能否认为材料的耐久性越高越好?

6. 软化系数是反映材料什么性质的指标? 为何要控制这个指标?

7. 简述材料的亲水性与憎水性在建筑工程中的应用。

8. 影响材料抗渗性的因素有哪些? 如何改善材料的抗渗性?

9. 保温、隔热材料为什么要注意防潮、防冻?

10. 材料的孔隙率的大小和孔隙特征是如何影响密度、体积密度、抗渗性、抗冻性、导热性等性质的?

五、计算题

1. 某材料的体积密度为 1 820 kg/m³,孔隙率为 30%,试求该材料的密度。

2. 某岩石在气干、绝干、水饱和状态下测得的抗压强度分别为 172 MPa、178 MPa、168 MPa,该岩石可否用于水下工程。

3. 某一块状材料的全干质量为 100 g,自然状态体积为 40 cm³,绝对密实状态下的体积为 33 cm³,试求该材料的密度、体积密度和密实度。

4. 烧结普通砖的尺寸为 240 mm×115 mm×53 mm,已知其孔隙率为 37%,干燥质量为 2 487 g,浸水饱和质量为 2 984 g,试求该砖的体积密度、密度、质量吸水率。

3 建筑钢材

学习指导

本章共 7 节。本章的教学目标是：

（1）了解建筑钢材的化学成分及其对钢材性能的影响。

（2）熟悉掌握建筑钢材的力学性能（包括抗拉性能、冲击韧性、硬度、耐疲劳性）的意义、测定方法及影响因素。

（3）熟悉建筑钢材的强化机理及强化方法。

（4）掌握土木工程中常用的建筑钢材的分类及其选用原则。

本章的难点是钢材的抗拉性能、冲击韧性、硬度、耐疲劳性，以及微量组分对钢材性能的影响。建议在学习中联系钢材的组成结构来分析其性能，理解其应用。

建筑钢材主要是指所有用于钢结构中的型钢（圆钢、方钢、角钢、槽钢、工字钢、H 钢等）、钢板、钢管和用于钢筋混凝土中的钢筋、钢丝等。

建筑钢材具有强度高、硬度高、塑性韧性好的特点；并且品质均匀，易于冷、热加工，同时又与混凝土有良好的黏结性，因二者的线性膨胀系统接近，因此广泛应用于建筑工程中。

3.1 钢材的冶炼与分类

3.1.1 钢的冶炼

炼钢主要是以高炉炼成的生铁和直接还原炼铁法炼成的海绵铁以及废钢为原料，用不同的方法炼成钢。主要的炼钢方法有转炉炼钢法、平炉炼钢法、电弧炉炼钢法 3 类。

氧气转炉法炼钢是以熔融铁水为原料，由转炉顶部吹入高压纯氧去除杂质，冶炼时间短，约 30 min，钢质较好且成本低。

平炉法炼钢是以铁矿石、废钢、液态或固态生铁为原料，用煤气或重油为燃料，靠吹入空气或氧气及利用铁矿石或废钢中的氧使碳及杂质氧化。这种方法冶炼时间长，约 4～12 h，钢质好，但成本较高。

电弧炉炼钢是以生铁和废钢为原料，利用电能转变为热能来冶炼钢的一种方法。电弧炉熔炼温度高，而且温度可以自由调节，因此该法去除杂质干净，质量好，但能耗大，成本高。

经冶炼后的钢液须经过脱氧处理后才能铸锭，因钢冶炼后含有以 FeO 形式存在的氧，对钢质量产生影响。通常加入脱氧剂如锰铁、硅铁、铝等进行脱氧处理,将 FeO 中的氧去除,将铁还原出来。根据脱氧程度的不同,钢可分为沸腾钢、镇静钢、半镇静钢、特殊镇静钢四种。沸腾钢是加入锰铁进行脱氧且脱氧不完全的钢种。脱氧过程中产生大量的 CO 气体外逸,产生沸腾现象,故名沸腾钢。其致密程度较差,易偏析(钢中元素富集于某一区域的现象),强度和韧性较低。镇静钢是用硅铁、锰铁和铝为脱氧剂,脱氧较充分的钢种。其铸锭时平静入模,故称镇静钢。镇静钢结构致密,质量好,机械性能好,但成本较高。半镇静钢是脱氧程度和质量介于沸腾钢和镇静钢之间的钢。

3.1.2 钢的分类

根据国家标准《钢分类 第 1 部分:按化学成分分类》(GB/T 13304.1—2008)和《钢分类 第 2 部分:按主要质量等级和主要性能或使用特性的分类》(GB/T 13304.2—2008)的规定,钢材的主要分类方式如下:

1) 按化学成分类

(1) 碳素钢 化学成分主要是铁,其次是碳,故也称为碳钢或铁碳合金,其含碳量为 0.02%~2.06%。碳素钢除了铁、碳外还含有极少量的硅、锰和微量的硫、磷等元素。碳素钢按含碳量的多少又分为:低碳钢,含碳量小于 0.25%;中碳钢,含碳量为 0.25%~0.60%;高碳钢,含碳量大于 0.60%。低碳钢在土木工程中应用最广泛。

(2) 合金钢 合金钢是在炼钢过程中,为改善钢材的性能,特意加入某些合金元素而制得的一种钢。常用合金元素有硅、锰、钛、钒、铌、铬等。按合金元素含量不同分为:低合金钢,合金元素含量小于 5.0%;中合金钢,合金元素含量 5.0%~10%;高合金钢,合金元素含量大于 10%。低合金钢为土木工程中常用的主要钢种。

2) 按质量等级分类

按质量等级(S、P 等有害物质含量)分为普通钢、优质钢、高级优质钢、特级优质碳素钢。

3) 按成型方法分类

按成型方法分为锻钢、铸钢、热轧钢、冷拉钢。

4) 按用途分类

(1) 建筑及工程用钢 ①普通碳素结构钢;②低合金结构钢。

(2) 结构钢 ①机械制造用钢:a. 调质结构钢;b. 表面硬化结构钢,包括渗碳钢、氮钢、表面淬火用钢;c. 易切结构钢;d. 冷塑性成形用钢,包括冷冲压用钢、冷镦用钢。②弹簧。③轴承钢。

(3) 工具钢 ①碳素工具钢;②合金工具钢;③高速工具钢。

(4) 特殊性能钢 ①不锈耐酸钢;②耐热钢,包括抗氧化钢、热强钢、气阀钢;③电热合金钢;④耐磨钢;⑤低温用钢;⑥电工用钢。

(5) 专业用钢 ①桥梁用钢;②船舶用钢;③锅炉用钢;④压力容器用钢;⑤农机用钢。

5) 按冶炼方法分类

(1) 按炉种分为平炉钢、转炉钢、电炉钢。

(2) 按脱氧程度和浇注制度分:①沸腾钢,代号为 F;②半镇静钢,代号为 BZ;③镇静钢,代号为 Z;④特殊镇静钢,代号为 TZ。

【工程案例分析 3-1】

钢结构屋架倒塌

现象:某厂的钢结构屋架是用中碳钢焊接而成的,使用一段时间后,屋架坍塌。

原因分析:首先是因为钢材的选用不当,中碳钢的塑性和韧性比低碳钢差;且其焊接性能较差,焊接时钢材局部温度高,形成了热影响区,其塑性及韧性下降较多,较易产生裂纹。建筑上常用的主要钢种是普通碳素钢中的低碳钢和合金钢中的低合金高强度结构钢。

3.2 建筑钢材的技术性质

钢材的主要性能包括力学性能和工艺性能。钢材的力学性能主要包括抗拉性能、冲击韧性、硬度、耐疲劳性等。钢材应具有良好的工艺性能,以满足施工工艺的要求。冷弯、冷拉、冷拔及焊接性能是建筑钢材的重要工艺性能。

3.2.1 抗拉性能

抗拉性能是建筑钢材最主要的技术性能。通过拉伸试验可以测得屈服强度、抗拉强度和伸长率,这些是钢材的重要技术性能指标。建筑钢材的抗拉性能可用低碳钢受拉时的应力-应变图来阐明。低碳钢从受拉至拉断,分为以下四个阶段(如图 3-1)。

1) 弹性阶段

OA 为弹性阶段。在 OA 范围内,随着荷载的增加,应变随应力成正比增加。如卸去荷载,试件将恢复原状,表现为弹性变形,与 A 点相对应的应力为弹性极限,用 σ_p 表示。在这一范围内,应力与应变的比值为一常量,称为弹性模量,用 E 表示,即 $E = \sigma/\varepsilon$。弹性模量反映钢材的刚度,是钢材在受力条件下计算结构变形的重要指标。常用低碳钢的弹性模量 $E = 2.0 \times 10^5 \sim 2.1 \times 10^5$ MPa,弹性极限 $\sigma_p = 180 \sim 200$ MPa。

2) 屈服阶段

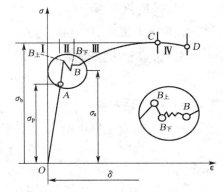

图 3-1 低碳钢受拉的应力-应变图

AB 为屈服阶段。在 AB 曲线范围内,应力与应变不成比例,开始产生塑性变形,应变增加的速度大于应力增长速度,钢材抵抗外力的能力发生"屈服"了。图中 $B_{上}$ 点是这一阶段应力最高点,称为屈服上限,$B_{下}$ 点为屈服下限。因 $B_{下}$ 比较稳定、易测,故一般以 $B_{下}$ 点对应的应力作为屈服点,用 σ_s 表示。常用低碳钢的 σ_s 为 195~300 MPa。钢材受力达屈服点后,变形即迅速发展,尽管尚未破坏但已不能满足使用要求,故设计中一般以屈服点作为强度取值依据。

3) 强化阶段

BC 为强化阶段。过 B 点后,抵抗塑性变形的能力又重新提高,变形发展速度比较快,随着应力的提高而增强。对应于最高点 C 的应力,称为抗拉强度,用 σ_b 表示。常用低碳钢的 σ_b 为 $385 \sim 520$ MPa。抗拉强度不能直接利用,但屈服点与抗拉强度的比值(即屈强比 σ_s / σ_b),能反映钢材的安全可靠程度和利用率。屈强比越小,表明材料的安全性和可靠性越高,结构越安全。但屈强比过小,则钢材有效利用率太低,造成浪费。国家标准规定,有抗震要求的钢筋混凝土工程,钢筋实测抗拉强度与实测屈服强度之比不小于 1.25(屈强比不大于 0.8),钢筋实测屈服强度与标准规定的屈服强度特征值之比不大于 1.30(超屈比)。

4) 颈缩阶段

CD 为颈缩阶段。过 C 点后,材料变形迅速增大,而应力反而下降。试件在拉断前,于薄弱处截面显著缩小,产生"颈缩现象",直至断裂。通过拉伸试验,除能检测钢材屈服强度和抗拉强度等强度指标外,还能检测出钢材的塑性。塑性表示钢材在外力作用下发生塑性变形而不破坏的能力,它是钢材的一个重要指标。钢材塑性用伸长率或断面收缩率表示。将拉断后的试件于断裂处对接在一起(如图 3-2),测得其断后标距 l_1。试件拉断后标距的伸长量与原始标距(l_0)的百分比称为伸长率(δ)。伸长率的计算公式如下:

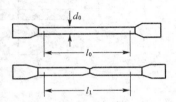

图 3-2　钢材拉伸试件示意图

$$\delta = \frac{l_1 - l_0}{l_0} \times 100\% \tag{3-1}$$

钢材拉伸时塑性变形在试件标距内的分布是不均匀的,颈缩处的伸长较大。所以原始标距(l_0)与直径(d_0)之比越大,颈缩处的伸长值在总伸长值中所占的比例就越小,计算出的伸长率(δ)也越小。通常钢材拉伸试件取 $l_0 = 5d_0$ 或 $l_0 = 10d_0$,对应的伸长率分别记为 δ_5 和 δ_{10},对于同一钢材,$\delta_5 > \delta_{10}$。测定试件拉断处的截面积(A_1)。试件拉断前后截面积的改变量与原始截面积(A_0)的百分比称为断面收缩率(φ)。断面收缩率的计算公式如下:

$$\varphi = \frac{A_0 - A_1}{A_0} \times 100\% \tag{3-2}$$

伸长率和断面收缩率都表示钢材断裂前经受塑性变形的能力。伸长率越大或者断面收缩率越高,表示钢材塑性越好。尽管结构是在钢的弹性范围内使用,但在应力集中处,其应力可能超过屈服点,此时产生一定的塑性变形,可使结构中的应力产生重分布,从而使结构免遭破坏。另外,钢材塑性大,则在塑性破坏前,有很明显的塑性变形和较长的变形持续时间,便于人们发现和补救问题,从而保证钢材在建筑上的安全使用,也有利于钢材加工成各种形式。

国家标准规定,有抗震要求的钢筋混凝土工程,钢筋的最大力总伸长率不小于 9%(均匀伸长率)。

最大力总伸长率 A_{gt} 的测试方法如下:选择 Y 和 V 两个标记,这两个标记之间的距离在拉伸试验之前至少应为 100 mm。两个标记都应当位于夹具离断裂点较远的一侧。两个标记离开夹具的距离都应不小于 20 mm 或钢筋公称直径 d(取二者之较大者);两个标记与断裂点之间的距离应不小于 50 mm。见图 3-3。在最大力作用下试样总伸长率 A_{gt}(%)为:

$$A_{gt} = \left[\frac{L - L_0}{L_0} + \frac{R_m}{E} \right] \times 100\%$$
(3-3)

式中：L——断裂后的距离（mm）；

L_0——试验前同样标记间的距离（mm）；

R_m——抗拉强度实测值（MPa）；

E——弹性模量，其值可取 2×10^5（MPa）。

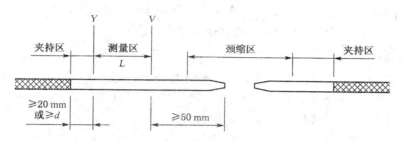

图 3-3　钢材拉伸试件

中碳钢与高碳钢（硬钢）拉伸时的应力-应变曲线与低碳钢不同，无明显屈服现象，伸长率小，断裂时呈脆性破坏，其应力-应变曲线如图 3-4 所示。这类钢材由于不能测定屈服点，规范规定以产生 0.2% 残余变形时的应力值作为名义屈服点，也称条件屈服点，用 $\sigma_{0.2}$ 表示。

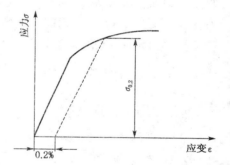

图 3-4　中碳钢与高碳钢（硬钢）的应力-应变曲线

3.2.2　冲击韧性

冲击韧性是指钢材抵抗冲击荷载作用的能力，用冲断试件所需能量的多少来表示。钢材的冲击韧性试验是采用中部加工有 V 形或 U 形缺口的标准弯曲试件，置于冲击机的支架上，试件非切槽的一侧对准冲击摆，如图 3-5 所示。当冲击摆从一定高度自由落下将试件冲断时，试件吸收的能量等于冲击摆所做的功，以缺口底部处单位面积上所消耗的功，即为冲击韧性指标。冲击韧性计算公式如下：

$$\alpha_k = \frac{mg(H - h)}{A}$$
(3-4)

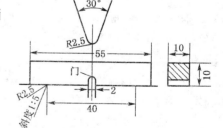

图 3-5　冲击韧性试验示意图

式中：α_k——冲击韧性（J/cm^2）；

m——摆锤质量（kg）；

H、h——分别为冲击前、后摆锤的高度（m）；

A——试件槽口处断面积（cm^2）。

α_k 值越大，冲击韧性越好，即其抵抗冲击作用的能力越强，脆性破坏的危险性越小。

影响钢材冲击韧性的因素很多，当钢材内硫、磷的含量高，脱氧不完全，存在化学偏析，含有非金属夹杂物及焊接形成的微裂纹，都会使钢材的冲击韧性显著下降。同时，环境温度对钢材的冲击韧性影响也很大。

试验表明,冲击韧性随温度的降低而下降,开始时下降缓慢,当达到一定温度范围时,突然下降很快而呈脆性。这种性质称为钢材的冷脆性,这时的温度称为脆性转变温度,如图 3-6 所示。脆性转变温度越低,钢材的低温冲击韧性越好。因此,在负温下使用的结构,应当选用脆性转变温度低于使用温度的钢材。脆性临界温度的测定较复杂,规范中通常是根据气温条件规定 $-20℃$ 或 $-40℃$ 的负温冲击值指标。

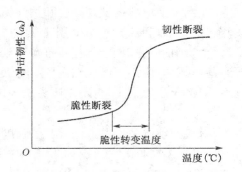

图 3-6　钢材的冲击韧性与温度的关系

冷加工时效处理也会使钢材的冲击韧性下降。钢材的时效是指钢材随时间的延长,钢材强度逐渐提高而塑性、韧性下降的现象。完成时效的过程可达数十年,但钢材如经过冷加工或使用中受振动和反复荷载作用,时效可迅速发展。因时效导致钢材性能改变的程度称为时效敏感性。时效敏感性大的钢材,经过时效后,冲击韧性的降低越显著。为了保证结构安全,对于承受动荷载的重要结构,应当选用时效敏感性小的钢材。

3.2.3　疲劳强度

钢材在交变荷载反复作用下,可在远小于抗拉强度的情况下突然破坏,这种破坏称为疲劳破坏。钢材的疲劳破坏指标用疲劳强度(或称疲劳极限)来表示,它是指试件在交变应力下,作用 $2×10^6$ 周次,不发生疲劳破坏的最大应力值。

钢材的疲劳破坏一般是由拉应力引起的,首先在局部开始形成细小裂纹,随后由于微裂纹尖端的应力集中而使其逐渐扩大,直至突然发生瞬时疲劳断裂。钢材内部的组织结构、成分偏析及其他缺陷,是决定其疲劳性能的主要因素。钢材的截面变化、表面质量及内应力大小等造成应力集中的因素,都与其疲劳极限有关。如钢筋焊接接头和表面微小的腐蚀缺陷,都可使疲劳极限显著降低。

疲劳破坏经常突然发生,因而有很大的危险性,往往造成严重事故。当疲劳条件与腐蚀环境同时出现时,可促使局部应力集中出现,大大增加了疲劳破坏的危险,在设计承受反复荷载且须进行疲劳验算的结构时,应当先了解所用钢材的疲劳强度。

3.2.4　硬度

钢材的硬度是指其表面抵抗硬物压入产生局部变形的能力。测定钢材硬度的方法有布氏法、洛氏法和维氏法等,建筑钢材常用布氏硬度表示,其代号为 HB。布氏法的测定原理是利用直径为 $D(mm)$ 的淬火钢球,以荷载 $P(N)$ 将其压入试件表面,经规定的持续时间后卸去荷载,得直径为 $d(mm)$ 的压痕,以压痕表面积 $A(mm^2)$ 除荷载 P,即得布氏硬度(HB)值,此值无量纲。图 3-7 是布氏硬度测定示意图。

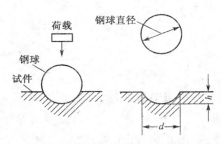

图 3-7　布氏硬度测定示意图

在测定前应根据试件厚度和估计的硬度范围,按试验方法的规定选定钢球直径、所加荷载及荷载持续时间。布氏法适用于HB<450 的钢材,测定时所得压痕直径应在$0.25D<d<0.6D$范围内,否则测定结果不准确。当被测材料硬度HB>450 时,钢球本身将发生较大变形,甚至破坏,应采用洛氏法测定其硬度。布氏法比较准确,但压痕较大,不适宜用于成品检验。而洛氏法压痕小,它是以压头压入试件的深度来表示硬度值的,常用于判断工件的热处理效果。

材料的硬度是材料弹性、塑性、强度等性能的综合反映。实验证明,碳素钢的HB 值与其抗拉强度σ_b之间存在较好的相关关系,当HB<175 时,$\sigma_b \approx 3.6HB$;当HB>175 时,$\sigma_b \approx 3.5HB$。根据这些关系,可以在钢结构原位上测出钢材的HB 值来估算钢材的抗拉强度。

3.2.5　工艺性能

钢材应具有良好的工艺性能,以满足施工工艺的要求。冷弯、冷拉、冷拔及焊接性能是建筑钢材的重要工艺性能。

1)冷弯性能

冷弯性能是指钢材在常温下承受弯曲变形的能力。钢材的冷弯性能以试验时的弯曲角度(α)和弯心直径(d)为指标表示,如图3-8 所示。

钢材冷弯试验时,用直径(或厚度)为a的试件,选用弯心直径$d=na$的弯头(n为自然数,其大小由试验标准来规定),弯曲到规定的角度(90°或180°)后,弯曲处若无裂纹、断裂及起层等现象,即认为冷弯试验合格。钢材的冷弯性能和其伸长率一样,也是表示钢材在静荷载条件下的塑性。但冷弯是钢材处于不利变形条件下的塑性,而伸长率是反映钢材在均匀变形下的塑性。故冷弯试验是一种比较严格的检验,它能揭示钢材内部组织的均匀性,以及存在内应力或夹杂物等缺陷的程度。在拉力试验中,这些缺陷常因塑性变形导致应力重分布而反映不出来。在工程实践中,冷弯试验还被用作检验钢材焊接质量的一种手段,能揭示焊件在受弯表面存在未熔合、微裂纹现象和夹杂物。

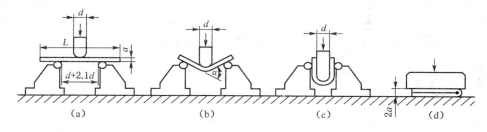

图3-8　冷弯性能试验示意图

2)焊接性能

建筑工程中,钢材间的连接90%以上采用焊接方式。因此,要求钢材应有良好的焊接性能。在焊接中,由于高温作用和焊接后急剧冷却作用,焊缝及其附近的过热区将发生晶体组织及结构变化,产生局部变形及内应力,使焊缝周围的钢材产生硬脆倾向,降低了焊接的质量。可焊性良好的钢材,焊缝处性质应尽可能与母材相同,焊接才牢固可靠。

钢材的化学成分、冶炼质量、冷加工、焊接工艺及焊条材料等都会影响焊接性能。含碳量小于0.25%的碳素钢具有良好的可焊性,含碳量大于0.3%时可焊性变差;硫、磷及气体杂质会使可焊性降低;加入过多的合金元素,也会降低可焊性。对于高碳钢和合金钢,为改善焊接质量,一般需要采用预热和焊后处理,以保证质量。

钢材焊接后必须取样进行焊接质量检验,一般包括拉伸试验,有些焊接种类还包括了弯曲试验,要求试验时试件的断裂不能发生在焊接处。同时,还要检查焊缝处有无裂纹、砂眼、咬肉和焊件变形等缺陷。

【工程案例分析 3-2】

高强螺栓拉断

现象:广东某国际展览中心包括展厅、会议中心和一栋16层的酒店,总建筑面积42 000 m²,1989年建成投入使用。1992年降大暴雨,其中4号展厅网架倒塌,在倒塌现场发现大量高强螺栓被拉断或折断,部分杆件有明显压屈,但未发现杆件拉断及明显颈缩现象,也未发现杆件焊缝拉开。另外,网架建成后多次发现积水现象,事故现场两排水口表面均有堵塞。

原因分析:首先是由于4号展厅除承担本身雨水外,还要承担会议中心屋面流下来的雨水。由于溢流口、雨水斗设置不合理,未能有效排水,导致网架积水超载。在此情况下,高强螺栓超过极限承载力而被拉断,高强螺栓安全度低于杆件安全度,其安全度不足。

【工程案例分析 3-3】

北海油田平台倾覆

现象:1980年3月27日,北海爱科菲斯科油田的A.L.基尔兰德号平台突然从水下深部传来一次震动,紧接着一声巨响,平台立即倾斜,短时间内翻于海中,致使123人丧生,造成巨大的经济损失。

原因分析:现代海洋钢结构如移动式钻井平台,特别是固定式桩基平台,在恶劣的海洋环境中受风浪和海流的长期反复作用和冲击振动;在严寒海域长期受冷水等随海潮对平台的冲击碰撞;另外,低温作用以及海水腐蚀介质的作用等都给钢结构平台带来极为不利的影响。突出问题就是海洋钢结构的脆性断裂和疲劳破坏。

上述事故的调查分析显示,事故原因是撑杆支座疲劳裂纹萌生、扩展,导致撑杆迅速断裂。由于撑杆断裂,使相邻5个支杆过载而破坏,接着所支撑的承重脚柱破坏,使平台在20 min内全部倾覆。

3.3 钢材的组织和化学成分

3.3.1 钢材的组织

建筑钢材属晶体材料,晶体结构中原子以金属键方式结合,形成晶粒,晶粒中的原子按照一定的规则排列。如纯铁在 910℃以下为体心立方晶格,称为 α-铁;910～1 390℃之间为面心立方晶格,称为 γ-铁。每个晶粒表现出的特点是各向异性,但由于许多晶粒是不规则聚集在一起的,因而宏观上表现出的性质为各向同性。

钢材的力学性质如强度、塑性、韧性等与晶格中的原子密集面、晶格中存在的各种缺陷、晶粒粗细、晶粒中溶入其他元素所形成的固溶体密切相关。

建筑钢材中的铁元素和碳元素在常温下有固溶体、化合物、机械混合物三种结合形式。工程上常用的碳素结构钢在常温下形成的基本组织为铁素体、渗碳体和珠光体。铁素体是碳溶于 α-铁中的固溶体,其含碳量少,强度较低,塑性好。渗碳体是铁碳化合物 Fe_3C,其含碳量高,强度高,性质硬脆,塑性较差。珠光体是铁素体和渗碳体形成的机械混合物,性质介于二者之间。

3.3.2 钢材的化学成分

钢材的性能主要取决于其中的化学成分。钢的化学成分主要是铁和碳,此外还有少量的硅、锰、硫、磷、氧等元素,这些元素的存在对钢材性能有不同的影响。

1) 碳(C)

碳是决定钢材性质的主要因素。含碳量在 0.8% 以下时,随含碳量的增加,钢的强度和硬度提高,塑性和韧性降低。但当含碳量大于 1.0% 时,随含碳量增加,钢的强度反而下降。含碳量增加,钢的焊接性能变差,尤其当含碳量大于 0.3% 时,钢的可焊性显著降低。含碳量对碳素结构钢性能的影响如图 3-9 所示。

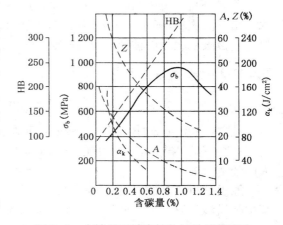

图 3-9 含碳量对碳素结构钢性能的影响

2) 有益元素

(1) 硅(Si) 硅含量在 1.0% 以下时,可提高钢的强度、疲劳极限、耐腐蚀性及抗氧化性,对塑性和韧性影响不大,但可焊性和冷加工性能有所影响。硅可作为合金元素,用以提高合金钢的强度。通常非合金钢中硅含量小于 0.50%;低合金钢含硅量 $\geq$0.50% 且 <0.90%;合金钢含硅量不小于 0.90%。

(2) 锰(Mn) 在炼钢过程中锰能起到脱氧去硫的作用,因而可降低钢的脆性,提高钢的强度和韧性。通常非合金钢中锰含量小于 1.00%;低合金钢含锰量 $\geq$1.00% 且 <1.40%;合金钢含锰量不小于 1.40%。

(3) 钒(V)、铌(Nb)、钛(Ti) 钒(V)、铌(Nb)、钛(Ti)都是炼钢的脱氧剂,也是常用的合金元素,适量加入钢中,可改善钢的组织,提高钢的强度和改善韧性。

3) 有害元素

(1) 硫(S) 硫引起钢材的"热脆性",会降低钢材的各种机械性能,使钢材的可焊性、冲击韧性、耐疲劳性和抗腐蚀性降低。建筑钢材的含硫量应尽可能减少,一般要求含硫量小于 0.050%。

（2）磷（P）　磷引起钢材的"冷脆性"，磷含量提高，钢材的强度、硬度、耐磨性和耐蚀性提高，塑性、韧性和可焊性显著下降。建筑用钢要求含磷量小于 0.045%。

（3）氧（O）　含氧量增加，使钢材的机械强度降低，塑性和韧性降低，促进时效，还能使热脆性增加，焊接性能变差。建筑钢材的含氧量应尽可能减少。

（4）氮（N）　氮使钢材的强度提高，塑性特别是韧性显著下降。氮会加剧钢的时效敏感性和冷脆性，使可焊性变差。

【工程案例分析 3-4】

钢结构运输廊道倒塌

现象：苏联时期某钢铁厂仓库运输廊道为钢结构，于某日倒塌。经检查，杆件发生断裂的位置在应力集中处节点附近的整块母材上，桁架腹板和弦杆所有安装焊接接头均未破坏；全部断口和拉断处都很新鲜，未发黑，无锈迹。所用钢材为苏联国家标准 CT.3 号沸腾钢。

原因分析：切取部分母材做化学成分分析，某碳、硫含量均超过苏联国家标准焊接结构所用 CT.3 号沸腾钢的碳硫含量规定，其中 55% 的沸腾钢中碳平均含量超过 0.22% 的标准规定，破坏发生部位附近含量达 0.308%，经组织研究亦证实了含碳量过高的化学分析；另外，其中 32% 的试样硫含量超过 0.055% 的标准规定，在折断部位硫含量达 0.1%。碳对钢的性能有重要影响。碳含量增加，钢的强度、硬度增高，而塑性和韧性降低，且增大钢的冷脆性，降低可焊性。而硫多数以 FeS 形式存在，是强度较低、较脆的夹杂物，受力易引起应力集中，降低钢的强度及疲劳强度，且对热加工和焊接不利，偏析亦严重。由于此钢材不易焊接，且使用的环境温度较低，这是导致工程质量事故的主要原因。

3.4　钢材的冷加工强化、时效处理及热加工

3.4.1　冷加工强化与时效处理的概念

将钢材于常温下进行冷拉、冷拔或冷轧，使之产生塑性变形，从而提高强度，但钢材的塑性和韧性会降低，这个过程称为冷加工强化处理。

将经过冷拉的钢筋，于常温下存放 15～20 d，或加热到 100～200℃ 并保持 2～3 h 后，则钢筋强度将进一步提高，这个过程称为时效处理。前者称为自然时效，后者称为人工时效。通常对强度较低的钢筋可采用自然时效，强度较高的钢筋则须采用人工时效。对钢材进行冷加工强化与时效处理的目的是提高钢材的屈服强度，以便节约钢材。

3.4.2　常见冷加工方法

建筑工地或预制构件厂常用的冷加工方法是冷拉和冷拔。

（1）冷拉。将热轧钢筋用冷拉设备进行张拉，拉伸至产生一定的塑性变形后，卸去荷载。冷拉参数的控制直接关系到冷拉效果和钢材质量。一般钢筋冷拉仅控制冷拉率，称为单控，对用作预应力的钢筋，须采用双控，即既控制冷拉应力，又控制冷拉率。冷拉时当拉至控制冷拉应力时可以不用达到控制冷拉率，反之钢筋则应降级使用。钢筋冷拉后，屈服强度可提高20%～30%，可节约钢材10%～20%。钢材经冷拉后屈服阶段缩短，伸长率降低，材质变硬。

（2）冷拔。将光圆钢筋通过硬质合金拔丝模孔强行拉拔。每次拉拔断面缩小应在10%以内。钢筋在冷拔过程中，不仅受拉，同时还受到挤压作用，因而冷拔的作用比纯冷拉作用强烈。经过一次或多次冷拔后的钢筋，表面光滑，屈服强度可提高40%～60%，但塑性大大降低，具有硬钢的性质。

3.4.3 钢材冷加工强化与时效处理的机理

钢筋经冷拉、时效后的力学性能变化规律，可从其拉伸试验的应力-应变图得到反映（如图3-10）。

（1）图中 OBCD 曲线为未冷拉，其含义是将钢筋原材一次性拉断，而不是指不拉伸。此时，钢筋的屈服点为 B 点。

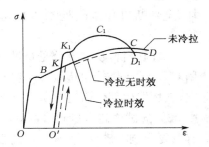

图 3-10 钢筋经冷拉时效后应力-
应变图的变化

（2）图中 O′KCD 曲线为冷拉无时效，其含义是将钢筋原材拉伸至超过屈服点但不超过抗拉强度（使之产生塑性变形）的某一点 K，卸去荷载，然后立即再将钢筋拉断。卸去荷载后，钢筋的应力-应变曲线沿 KO′ 恢复部分变形（弹性变形部分），保留 OO′ 残余变形。

通过冷拉无时效处理，钢筋的屈服点升高至 K 点，以后的应力-应变关系与原来曲线 KCD 相似。这表明钢筋经冷拉后，屈服强度得到提高，抗拉强度和塑性与钢筋原材基本相同。

（3）图中 O′$K_1C_1D_1$ 曲线为冷拉时效，其含义是将钢筋原材拉伸至超过屈服点但不超过抗拉强度（使之产生塑性变形）的某一点 K，卸去荷载，然后进行自然时效或人工时效，再将钢筋拉断。通过冷拉时效处理，钢筋的屈服点升高至 K_1 点，以后的应力-应变关系 $K_1C_1D_1$ 比原来曲线 KCD 短。这表明钢筋经冷拉时效后，屈服强度进一步提高，与钢筋原材相比，抗拉强度亦有所提高，塑性和韧性则相应降低。

钢材冷加工强化的原因是钢材经冷加工产生塑性变形后，塑性变形区域内的晶粒产生相对滑移，导致滑移面下的晶粒破碎，晶格歪曲畸变，滑移面变得凹凸不平，对晶粒进一步滑移起阻碍作用，亦即提高了抵抗外力的能力，故屈服强度得以提高。同时，冷加工强化后的钢材，由于塑性变形后滑移面减少，从而使其塑性降低，脆性增大，且变形中产生的内应力，使钢的弹性模量降低。

钢筋经冷拉后，一般屈服点可提高20%～25%，冷拔钢丝的屈服点可提高40%～60%，由此可适当减小钢筋混凝土结构设计截面，或减少混凝土中配筋数量，从而达到节约钢材的目的。钢筋冷拉还有利于简化施工工序。冷拉盘条钢筋可省去开盘和调直工序；冷拉直条钢筋则可与矫直、除锈等工序一并完成。

3.4.4　钢材的热处理

热处理是将钢材按一定温度加热、保温和冷却,从而获得所需性能的一种工艺过程。钢材的热处理一般在生产厂家进行。在施工现场,有时需对焊接件进行热处理。钢材热处理的方法有以下几种。

(1) 退火。将钢材加热到一定温度(一般为 723℃以上),保温后缓慢冷却(随炉冷却)的一种热处理工艺。退火能消除内应力,降低硬度,提高塑性,防止变形、开裂。

(2) 正火。正火是退火的一种特例。正火在空气中冷却,两者仅冷却速度不同。与退火相比,正火后钢材的硬度、强度较高,而塑性减小。

(3) 淬火。将钢材加热到一定温度(一般为 900℃以上),保持一定时间,立即放入水或油等冷却介质中快速冷却的一种热处理操作。淬火可提高钢材的强度和硬度,但钢材的塑性和韧性显著降低。

(4) 回火。将钢材加热到某一温度(150～650℃),保温后在空气中冷却的一种热处理工艺,通常和淬火是两道相连的热处理过程。回火可消除淬火产生的内应力,使钢材硬度降低,塑性和韧性得到一定提高。

【工程案例分析 3-5】

钢结构吊车梁发生裂纹

现象:某厂汽轮机车间吊车梁为钢结构,建成后质量检查发现有许多裂纹,分布于上、下翼缘最多,腹板处较少。裂纹深度经铲后,用深度计复测,大多数深为 1～2 mm,少量裂纹深达 3 mm。此批构件钢材杂质含量远低于国家标准规定,环境温度正常,工程尚未使用,构建运输安装过程未被撞击,裂纹部位远离焊接影响区。

原因分析:经研究,该厂在生产钢材时,由于片面追求速度,铸钢时刚浇好的钢锭仅冷却至 400～500℃就拆模,未检查与清理即送至升温轧钢,轧制时钢板温度还在 300℃以上,就送去结构加工厂下料制作,钢板冷至 50℃左右时,已有裂纹。即钢锭温差过大,导致钢材表面存在大量微裂纹,经加热轧压,裂纹不能闭合消失;由于钢锭是多边形,故轧制出的钢板上下两面有裂纹。另外,采购的钢板未发现裂纹也验证此原因分析。

3.5　建筑钢材的标准

3.5.1　碳素结构钢

1) 碳素结构钢的牌号

根据现行国家标准《碳素结构钢》(GB/T 700—2006)规定,碳素结构钢牌号由字母和数字组合而成,按顺序为:屈服点符号、屈服极限值、质量等级及脱氧程度。共有四个牌号:Q195、

Q215、Q235、Q275;按质量等级分为 A、B、C、D 四级;按脱氧程度分为沸腾钢(F)、镇静钢(Z)、半镇静钢(b)、特殊镇静钢(TZ)四类,Z 和 TZ 在钢号中可省略。例如,Q235-A 表示屈服极限为 235 MPa、质量等级为 A 的镇静钢。

2)主要技术标准

(1)各牌号钢的主要力学性质见表 3-1。冷弯性能应符合表 3-2 的要求。

表 3-1　碳素结构钢的拉伸性能

牌号	等级	拉伸试验												冲击试验(V 形缺口)	
		屈服强度[①](N/mm²)						抗拉强度[②](N/mm²)	断后伸长率 A%,不小于					温度(℃)	V 形冲击功(纵向)(J)
		厚度(直径)(mm)							厚度(或直径)(mm)						
		≤16	16～40	40～60	60～100	100～150	150～200		≤40	40～60	60～100	100～150	150～200		
Q195	—	195	185	—	—	—	—	315～430	33					—	—
Q215	A	215	205	195	185	175	165	335～450	31	30	29	27	26	—	—
	B													+20	27
Q235	A	235	225	215	215	195	185	370～500	26	25	24	22	21	—	—
	B													+20	27[③]
	C													0	
	D													20	
Q275	A	275	265	255	245	225	215	410～540	22	21	20	18	17	—	—
	B													+20	27
	C														
	D													20	

注:① Q195 的屈服强度值仅供参考,不作交货条件。
　　② 厚度大于 100 mm 的钢材抗拉强度下限允许降低 20 N/mm²,宽带钢(包括剪切钢板)抗拉强度上限不作交货条件。
　　③ 厚度小于 25 mm 的 Q235B 级钢材,如供方能保证冲击吸收功值合格,经需方同意,可不做检验。

表 3-2　碳素结构钢的冷弯性能

牌号	试样方向	冷弯试验 180°B＝2a	
		钢材厚度(或直径)(mm)	
		≤60	60～100
		弯心直径 d	
Q195	纵	0	—
	横	0.5a	

续表 3-2

牌号	试样方向	冷弯试验 $180°B=2a$	
		钢材厚度(或直径)(mm)	
		≤60	60～100
		弯心直径 d	
Q215	纵	$0.5a$	$1.5a$
	横	a	$2a$
Q235	纵	a	$2a$
	横	$1.5a$	$2.5a$
Q275	纵	$1.5a$	$2.5a$
	横	$2a$	$3a$

注:① B 为试样宽度,a 为试样厚度(或直径)。

　② 钢材厚度(或直径)大于 100 mm 时,弯曲试验由双方协商确定。

(2) 碳素结构钢的牌号和化学成分(熔炼分析)应符合表 3-3 中的规定。

表 3-3　碳素结构钢的牌号和化学成分(熔炼分析)

牌号	统一数字代号[①]	等级	厚度(或直径)(mm)	脱氧方法	化学成分(质量分数)%,不大于				
					C	Si	Mn	P	S
Q195	U11952	—	—	F、Z	0.12	0.30	0.50	0.035	0.040
Q215	U12152	A		F、Z	0.15	0.35	1.20	0.045	0.050
	U12155	B							0.045
Q235	U12352	A		F、Z	0.22	0.35	1.40	0.045	0.050
	U12355	B			0.20[②]				0.045
	U12358	C		Z	0.17			0.040	0.040
	U12359	D		TZ				0.035	0.035
Q275	U12752	A	—	F、Z	0.24	0.35	1.50	0.045	0.050
	U12755	B	≤40	Z	0.21			0.045	0.045
			>40		0.22				
	U12758	C		Z	0.20			0.040	0.040
	U12759	D		TZ				0.035	0.035

注:① 表中为镇静钢、特殊镇静钢牌号的统一数字,沸腾钢牌号的统一数字代号如下:Q195F—U11950,Q215AF—U12150,Q215BF—U12153,Q235AF—U12350,Q235BF—U12153,Q275AF—U12750。

　② 经需方同意,Q235B 的碳含量可不大于 0.22%。

从表 3-1、表 3-2 可看出:碳素结构钢随钢号递增而含碳量提高,强度提高,塑性和冷弯性能降低。

3）选用

碳素结构钢各钢号中 Q195、Q215 强度较低,塑性、韧性较好,易于冷加工和焊接,常用作铆钉、螺丝、铁丝等;Q235 强度较高,塑性、韧性也较好,可焊性较好,为建筑工程中主要钢号;Q275 强度高,塑性、韧性较差,可焊性较差,且不易冷弯,多用于机械零件,极少数用于混凝土配筋及钢结构或制作螺栓。同时,应根据工程结构的荷载情况、焊接情况及环境温度等因素来选择钢的质量等级和脱氧程度。如受振动荷载作用的重要焊接结构,处于计算温度低于 -20℃ 的环境下,宜选用质量等级为 D 的特种镇静钢。

3.5.2 低合金结构钢

工程上使用的钢材要求强度高,塑性好,且易于加工,碳素结构钢的性能不能完全满足工程的需要。在碳素结构钢基础上掺入少量(掺量小于 5%)的合金元素(如锰、钒、钛、铌、镍等)即成为低合金结构钢。

低合金钢与碳素钢相比,具有较高的强度,综合性能好,所以在相同使用条件下,可比碳素钢节省用钢 20%～30%,这对减轻结构自重十分有利。

低合金钢具有良好的塑性、韧性、可焊性、耐低温性及抗腐蚀等性能,有利于延长结构使用寿命。

低合金钢特别适用于高层建筑、大柱网结构和大跨度结构。

1）低合金结构钢的牌号

根据《低合金高强度结构钢》(GB/T 1591—2008)规定:低合金高强度结构钢按力学性能和化学成分分为 Q345、Q390、Q420、Q460、Q500、Q550、Q620、Q690 八个钢号,按硫、磷含量分 A、B、C、D、E 五个质量等级,其中 E 级质量最好。钢号按屈服点符号、屈服极限值和质量等级顺序排列。例如,Q420-B 的含义是:屈服极限为 420 MPa、质量等级为 B 的低合金高强度结构钢。

2）主要技术标准

低合金高强度结构钢的化学成分和力学性能见表 3-4 和表 3-5。

表 3-4　低合金高强度结构钢的化学成分

牌号	质量等级	C≤	Si≤	Mn≤	化学成分[①,②]（质量分数）（%）											
					P	S	Nb	V	Ti	Cr	Ni	Cu	N	Mo	B	Als
					≤											≥
Q345	A	0.20	0.50	1.70	0.035	0.035	0.07	0.15	0.20	0.30	0.50	0.30	0.012	0.10	—	—
	B				0.035	0.035										
	C				0.030	0.030										
	D	0.18			0.030	0.025										0.015
	E				0.025	0.020										

续表 3-4

牌号	质量等级	化学成分[①][②]（质量分数）（%）														
		C≤	Si≤	Mn≤	P	S	Nb	V	Ti	Cr	Ni	Cu	N	Mo	B	Als
							≤									≥
Q390	A	0.20	0.50	1.70	0.035	0.035	0.07	0.20	0.20	0.30	0.50	0.30	0.015	0.10	—	—
	B				0.035	0.035										
	C				0.030	0.030										
	D				0.030	0.025										0.015
	E				0.025	0.020										
Q420	A	0.20	0.50	1.70	0.035	0.035	0.07	0.20	0.20	0.30	0.80	0.30	0.015	0.20	—	—
	B				0.035	0.035										
	C				0.030	0.030										
	D				0.030	0.025										0.015
	E				0.025	0.020										
Q460	C	0.20	0.60	1.80	0.030	0.030	0.11	0.20	0.20	0.30	0.80	0.55	0.015	0.20	0.004	0.015
	D				0.030	0.025										
	E				0.025	0.020										
Q500	C	0.18	0.60	1.80	0.030	0.030	0.11	0.12	0.20	0.60	0.80	0.55	0.015	0.20	0.004	0.015
	D				0.030	0.025										
	E				0.025	0.020										
Q550	C	0.18	0.60	2.00	0.030	0.030	0.11	0.12	0.20	0.80	0.80	0.80	0.015	0.30	0.004	0.015
	D				0.030	0.025										
	E				0.025	0.020										
Q620	C	0.18	0.60	2.00	0.030	0.030	0.11	0.12	0.20	1.00	0.80	0.80	0.015	0.30	0.004	0.015
	D				0.030	0.025										
	E				0.025	0.020										
Q690	C	0.18	0.60	2.00	0.030	0.030	0.11	0.12	0.20	1.00	0.80	0.80	0.015	0.30	0.004	0.015
	D				0.030	0.025										
	E				0.025	0.020										

注：① 型材及棒材 P、S 含量可提高 0.005%，其中 A 级钢可为 0.045%。
　　② 当细化晶粒元素组合加入时，20(Nb+V+Ti)≤0.22%，20(Mo+Cr)≤0.30%。

表3-5 低合金高强度结构钢钢材的拉伸性能

牌号	质量等级	拉伸试验[①][②][③]																					
		以下公称厚度(直径,边长)(mm) 下屈服强度(MPa)									以下公称厚度(直径,边长)(mm) 下抗拉强度(MPa)							断后伸长率(%) 公称厚度(直径,边长)(mm)					
		≤16	>16~40	>40~63	>63~80	>80~100	>100~150	>150~200	>200~250	>250~400	≤40	>40~63	>63~80	>80~100	>100~150	>150~250	>250~400	≤40	>40~63	>63~100	>100~150	>150~250	>250~400
Q345	A	≥345	≥335	≥325	≥315	≥305	≥285	≥275	≥265	≥265	470~630	470~630	470~630	470~630	450~600	450~600	450~600	≥20	≥19	≥19	≥18	≥17	≥17
	B																						
	C																	≥21	≥20	≥20	≥19	≥18	
	D																						
	E																						
Q390	A	≥390	≥370	≥350	≥330	≥330	≥310	—	—	—	490~650	490~650	490~650	490~650	470~620	—	—	≥20	≥19	≥19	≥18	—	—
	B																						
	C																						
	D																						
	E																						
Q420	A	≥420	≥400	≥380	≥360	≥360	≥340	—	—	—	520~680	520~680	520~680	520~680	500~650	—	—	≥19	≥18	≥18	≥18	—	—
	B																						
	C																						
	D																						
	E																						
Q460	C	≥460	≥440	≥420	≥400	≥400	≥380	—	—	—	550~720	550~720	550~720	550~720	530~700	—	—	≥17	≥16	≥16	≥16	—	—
	D																						
	E																						
Q500	C	≥500	≥480	≥470	≥450	≥440	—	—	—	—	610~770	600~760	590~750	540~730				≥17	≥17	≥17	—	—	—
	D																						
	E																						
Q550	C	≥550	≥530	≥520	≥500	≥490	—	—	—	—	670~830	620~810	600~790	590~780				≥16	≥16	≥16	—	—	—
	D																						
	E																						

续表 3-5

牌号	质量等级	拉伸试验①②③																							
		以下公称厚度(直径,边长)(mm) 下屈服强度(MPa)									以下公称厚度(直径,边长)(mm) 下抗拉强度(MPa)							断后伸长率(%) 公称厚度(直径,边长)(mm)					
		≤16	>16~40	>40~63	>63~80	>80~100	>100~150	>150~200	>200~250	>250~400	≤40	>40~63	>63~80	>80~100	>100~150	>150~250	>250~400	≤40	>40~63	>63~100	>100~150	>150~250	>250~400
Q620	C D E	≥620	≥600	≥590	≥570						710~880	690~880	670~860					≥15	≥15	≥15			
Q690	C D E	≥690	≥670	≥660	≥640						770~940	750~920	730~900					≥14	≥14	≥14			

注：① 当屈服不明显时,可测量 $R_{p0.2}$ 代替屈服强度。
② 宽度不小于 600 mm 的扁平材,拉伸试验取横向试样;宽度小于 600 mm 的扁平材、型材及棒材取纵向试样,断后伸长率最小值相应提高 1%(绝对值)。
③ 厚度大于 250~400 mm 的数值适用于扁平材。

3) 选用

Q345、Q390,综合力学性能好,焊接性能、冷热加工性能和耐蚀性能均好,C、D、E 级钢具有良好的低温韧性。主要用于工程中承受较高荷载的焊接结构。Q420、Q460,强度高,特别是在热处理后有较高的综合力学性能。主要用于大型工程结构及要求强度高、荷载大的轻型结构。

3.6 常用建筑钢材

钢筋是建筑工程中用途最多、用量最大的钢材品种。常用的有热轧钢筋、冷拉钢筋、热处理钢筋、冷轧带肋钢筋、冷拔低碳钢丝和钢绞线等。

3.6.1 热轧钢筋

1) 热轧光圆钢筋

热轧光圆钢筋(Hot Rolled Plain Bars)是经热轧成型并自然冷却,横截面通常为圆形,表面光滑的成品光圆钢筋。热轧光圆钢筋 分为 HPB235、HPB300 两种,其公称直径范围为 6~22 mm,推荐的公称直径为 6,8,10,12,16,20。HPB300 质量稳定,塑性好,易成型,目前正在替代 HPB235 钢筋应用于建筑工程中。但热轧光圆钢筋的屈服强度较低,不宜用于结构中的受力钢筋。

表 3-6 热轧光圆钢筋的牌号构成及意义

类别	牌号	牌号构成	英文字母含义
热轧光圆钢筋	HPB235	由 HPB+屈服强度特征值构成	HPB—热轧光圆钢筋的英文(Hot Rolled Plain Bars)缩写
	HPB300		

热轧光圆钢筋牌号及化学成分应符合表 3-7 的规定。

表 3-7 热轧光圆钢筋的牌号及化学成分

牌号	化学成分(质量分数)(%) 不大于				
	C	Si	Mn	P	S
HPB235	0.22	0.30	0.65	0.045	0.050
HPB300	0.25	0.55	1.50		

热轧光圆钢筋的屈服强度 R_{eL}、抗拉强度 R_m、断后伸长率 A、最大力总伸长率 A_{gt} 应符合表 3-8 的规定,并作为交货检验的最小保证值(A、A_{gt} 可任选测一个,但有争议时,A_{gt} 作为仲裁检验)。

表 3-8 热轧光圆钢筋的力学性能指标

牌号	R_{eL}(MPa)	R_m(MPa)	A(%)	A_{gt}(%)	冷弯试验 180° d—弯芯直径 a—钢筋公称直径
	不小于				
HPB235	235	370	25.0	10.0	$d=a$
HPB300	300	420			

2)热轧带肋钢筋

热轧带肋钢筋(Hot Rolled Ribbed Bars)是横截面为圆形,且表面通常有两条纵肋和沿长度方向均匀分布的横肋的钢筋。按横肋的纵截面形状分为月牙肋钢筋和等高肋钢筋。其外形见图 3-11。热轧带肋钢筋分为 HRB335、HRB400、HRB500、HRBF335、HRBF400、HRBF500 六种,HRBF 表示细晶粒热轧钢筋,是在热轧过程中,通过控轧和控冷工艺形成的细晶粒钢筋,其金相组织主要是铁素体加珠光体,不得有影响使用性能的其他组织存在,晶粒度不粗于 9 级。公称直径范围为 6~50 mm,常见的钢筋公称直径为 6 mm、8 mm、10 mm、12 mm、16 mm、20 mm、25 mm、32 mm、40 mm、50 mm。HRB335 钢筋因强度较低,目前正在被建筑工程淘汰;HRB400 强度较高,塑性、可焊性好,在钢筋混凝土结构中作受力筋及构造筋的主要用筋;HRB500 强度高,塑性、韧性有保证,但可焊性较差,常用作预应力钢筋。细化晶粒的钢筋通常钢材牌号中带 E,主要用于有抗震要求的钢筋混凝土结构工程。

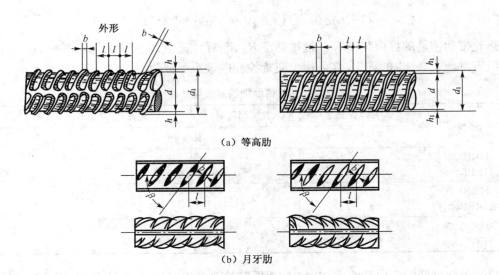

(a) 等高肋

(b) 月牙肋

图 3-11 热轧带肋钢筋的外形

表 3-9 热轧带肋钢筋的牌号构成及意义

类别	牌号	牌号构成	英文字母含义
普通热轧钢筋	HRB335	由 HRB＋屈服强度特征值构成	H-Hot Rolled R-Ribbed B-Bars F-Fine
普通热轧钢筋	HRB400	由 HRB＋屈服强度特征值构成	H-Hot Rolled R-Ribbed B-Bars F-Fine
普通热轧钢筋	HRB500	由 HRB＋屈服强度特征值构成	H-Hot Rolled R-Ribbed B-Bars F-Fine
细晶粒热轧钢筋	HRBF335	由 HRBF＋屈服强度特征值构成	H-Hot Rolled R-Ribbed B-Bars F-Fine
细晶粒热轧钢筋	HRBF400	由 HRBF＋屈服强度特征值构成	H-Hot Rolled R-Ribbed B-Bars F-Fine
细晶粒热轧钢筋	HRBF500	由 HRBF＋屈服强度特征值构成	H-Hot Rolled R-Ribbed B-Bars F-Fine

热轧带肋钢筋牌号及化学成分和碳当量应符合表3-10的规定。根据需要,钢中还可加入V、Nb、Ti 等元素。

表 3-10 热轧带肋钢筋牌号及化学成分和碳当量

牌号	化学成分(质量分数)(％)不大于					
	C	Si	Mn	P	S	Ceq
HRB335	0.25	0.80	1.60	0.045	0.045	0.52
HRBF335	0.25	0.80	1.60	0.045	0.045	0.52
HRB400	0.25	0.80	1.60	0.045	0.045	0.54
HRBF400	0.25	0.80	1.60	0.045	0.045	0.54
HRB500	0.25	0.80	1.60	0.045	0.045	0.55
HRBF500	0.25	0.80	1.60	0.045	0.045	0.55

碳当量 Ceq(百分比)值可按下式计算:

$$Ceq = C + Mn/6 + (Cr + V + Mo)/5 + (Cu + Ni)/15$$

热轧带肋钢筋的屈服强度 R_{eL}、抗拉强度 R_m、断后伸长率 A、最大力总伸长率 A_{gt} 力学性能特征值应符合表 3-11 的规定,并可作为交货检验的最小保证值。

表 3-11 热轧带肋钢筋的力学性能指标

牌号	R_{eL}(MPa)	R_m(MPa)	A(%)	A_{gt}(%)
	不小于			
HRB335 HRBF335	335	455	17	7.5
HRB400 HRBF400	400	540	16	
HRB500 HRBF500	500	630	15	

热轧带肋钢筋的弯曲性能应按表 3-12 规定的弯芯直径弯曲 180° 后,钢筋的受弯曲部位表面不得产生裂纹。

表 3-12 热轧带肋钢筋的公称直径与弯芯直径关系表(mm)

牌号	公称直径 d	弯芯直径
HRB335 HRBF335	6~25	3d
	28~40	4d
	>40~50	5d
HRB400 HRBF400	6~25	4d
	28~40	5d
	>40~50	6d
HRB500 HRBF500	6~25	6d
	28~40	7d
	>40~50	8d

热轧带肋钢筋的反向弯曲性能应根据需方要求,进行反向弯曲性能试验。反向弯曲试验的弯芯直径比弯曲试验相应增加一个钢筋公称直径。反向弯曲试验:先正向弯曲 90° 后再反向弯曲 20°。两个弯曲角度均应在去载之前测量。经反向弯曲试验后,钢筋受弯曲部位表面不得产生裂纹。

3.6.2 冷轧带肋钢筋

冷轧带肋钢筋是由热轧圆盘条经冷轧后,在其表面带有沿长度方向均匀分布的三面或两面横肋的钢筋。

冷轧带肋钢筋的牌号由 CRB 和钢筋的抗拉强度最小值构成。C、R、B 分别为冷轧(Cold Rolled)、带肋(Ribbed)、钢筋(Bars)三个词的英文首位字母。冷轧带肋钢筋分为 CRB550、

CRB650、CRB800、CRB970 四个牌号。其中,CRB550 为普通钢筋混凝土用的钢筋,其他牌号为预应力混凝土用的钢筋。CRB550 钢筋的公称直径范围为 4～12 mm。CRB650 以上的牌号钢筋的公称直径为 4 mm、5 mm、6 mm。其力学性能和工艺性能应符合国家标准:冷轧带肋钢筋的力学性能和工艺性能指标《GB 13788—2008》,见表 3-13 的要求。

当进行弯曲试验时,受弯曲部位表面不得产生裂纹。反复弯曲试验的弯曲半径应符合表 3-14 中的规定。

表 3-13　冷轧带肋钢筋的力学性能和工艺性能

牌号	$R_{p0.2}$(MPa) 不小于	R_m(MPa) 不小于	伸长率(%)不小于		弯曲试验 180°	反复弯曲次数	应力松弛初始应力应相当于公称抗拉强度的70%
			$A_{11.3}$	A_{100}			1 000 h 松弛率(%)不大于
CRB550	500	550	8.0	—	$D=3d$	—	—
CRB650	585	650	—	4.0	—	3	8
CRB800	720	800	—	4.0	—	3	8
CRB970	875	970	—	4.0	—	3	8

注:表中 D 为弯心直径;d 为钢筋公称直径。

表 3-14　反复弯曲试验的弯曲半径(mm)

钢筋公称直径	4	5	6
弯曲半径	10	15	15

3.6.3　冷轧扭钢筋

冷轧扭钢筋(Cold-Rolled and Twisted Bars),低碳钢热轧圆盘条经专用钢筋冷轧扭机调直、冷轧并冷扭(或冷滚)一次成型具有规定截面形式和相应节距的连续螺旋状钢筋。

冷轧扭钢筋按其截面形状不同分为三种类型:近似矩形截面为Ⅰ型;近似正方形截面为Ⅱ型;近似圆形截面为Ⅲ型。冷轧扭钢筋按其强度级别不同分为 550 级和 650 级两级。

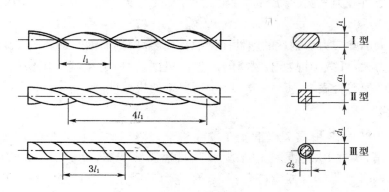

图 3-12　冷轧扭钢筋示意图

冷轧扭钢筋的标记由产品名称代号、强度级别代号、标志代号、主参数代号以及类型代号组成。例如,冷轧扭钢筋550级Ⅱ型,标志直径10 rnm,标记为:CTB550ϕ^T10-Ⅱ。

冷轧扭钢筋力学性能和工艺性能应符合表3-15的规定。

表 3-15　冷轧扭钢筋力学性能和工艺性能

强度级别	型号	抗拉强度 σ_b(MPa)	伸长率 A(%)	180°弯曲试验 (弯心直径=3d)	应力松弛率(%)	
					10 h	1 000 h
CTB550	Ⅰ	≥550	$A_{11.3}$≥4.5	受弯曲部位钢筋表面不得产生裂纹	—	—
	Ⅱ	≥550	A≥10		—	—
CTB650	Ⅲ	≥550	A≥12		—	—
	Ⅲ	≥650	A_{100}≥4		≤5	≤8

注:① d 为冷轧扭钢筋标志直径。

② A、$A_{11.3}$分别表示以标距 5.65 $\sqrt{S_0}$、11.3 $\sqrt{S_0}$(S_0 为试样原始截面面积)的试样拉断伸长率,A_{100}表示以标距 100 mm 的试样拉断伸长率。

3.6.4　预应力钢丝、钢绞线

预应力筋除了上面冷轧带肋钢筋中提到的 CRB650、CRB800、CRB970 和热处理钢筋外,根据《混凝土结构工程施工质量验收规范》(GB 50204—2011)规定,还有钢丝、钢绞线等。

1)钢丝

预应力筋混凝土用钢丝为高强度钢丝,使用优质碳素结构钢经冷拔或再经回火等工艺处理制成。其强度高,柔性好,适用于大跨度屋架、吊车梁等大型构件及 V 形折板等,使用钢丝可节省钢材,施工方便,安全可靠,但成本较高。

预应力钢丝按加工状态分为冷拉钢丝和消除应力钢丝两类。

消除应力钢丝按松弛性能又分为低松弛级钢丝和普通松弛级钢丝,其代号为:冷拉钢丝——WCD;低松弛级钢丝——WLR;普通松弛级钢丝——WNR。

钢丝按外形可分为光圆、螺旋肋、刻痕三种,其代号为:光圆钢丝——P;螺旋肋钢丝——H;刻痕钢丝——I。

经低温回火消除应力后钢丝的塑性比冷拉钢丝要高,刻痕钢丝是经压痕轧制而成,刻痕后与混凝土握裹力大,可减少混凝土裂缝的产生。根据《预应力混凝土用钢丝》(GB/T 5223—2002),上述钢丝应符合表 3-16~表 3-18 中所要求的机械性能。

2)钢绞线

钢绞线是用 2 根、3 根或 7 根钢丝在绞线机上,经绞捻后,再经低温回火处理而成。钢绞线具有强度高、柔性好、与混凝土黏结力好、易锚固等特点,主要用于大跨度、重荷载的预应力混凝土结构。其力学性能应符合标准《预应力混凝土用钢绞线》(GB/T 5224—2003)。见表 3-19~表 3-21。

表 3-16　冷拉钢丝的力学性能

公称直径 d(mm)	抗拉强度 σ_b(MPa) 不小于	规定非比例伸长应力 $\sigma_{0.2}$(MPa) 不小于	最大力下总伸长率 ($L_0=200$ mm) δ_{gt}(%) 不小于	弯曲次数 (次/180°) 不小于	断面收缩率 φ(%)	弯曲半径 R(mm)	每 210 mm 扭距的扭转次数 n 不小于	初始应力相当于 70% 公称抗拉强度时,1 000 h 后应力松弛率 r(%)不大于
3.00	1 470	1 100		4	—	7.5	—	
4.00	1 570	1 180		4		10	8	
5.00	1 670	1 250		4	35	15	8	
6.00	1 470	1 100	1.5	5		15	7	8
7.00	1 570	1 180		5	30	20	6	
8.00	1 670	1 250		5		20	5	

表 3-17　消除应力光圆及螺旋肋钢丝的力学性能

公称直径 d(mm)	抗拉强度 σ_b(MPa) 不小于	规定非比例伸长应力 $\sigma_{0.2}$(MPa)不小于		最大力下总伸长率 ($L_0=200$ mm) δ_{gt}(%) 不小于	弯曲次数 (次/180°) 不小于	弯曲半径 R(mm)	应力松弛性能		
		WLR	WNR				初始应力相当于公称抗拉强度百分数(%)	1 000 h 后应力松弛率 r(%)不大于	
								WLR	WNR
								对所有规格	
4.00	1 470	1 290	1 250		3	10			
4.80	1 570	1 380	1 330		4	15	60	1.0	4.5
5.00	1 670	1 470	1 410		4	15			
6.00	1 470	1 290	1 250	3.5	4	15			
6.25	1 570	1 380	1 330		4	20	70	2.0	8
7.00	1 670	1 470	1 410		4	20			
8.00	1 470	1 290	1 250		4	20			
9.00	1 570	1 380	1 330		4	25	80	4.5	12
10.00	1 470	1 290	1 250		4	25			
12.00					4	30			

表 3-18　消除应力的刻痕钢丝的力学性能

公称直径 d(mm)	抗拉强度 σ_b(MPa) 不小于	规定非比例伸长应力 $\sigma_{0.2}$(MPa) 不小于		最大力下总伸长率 ($L_0=200$ mm) δ_{gt}(%) 不小于	弯曲次数 (次/180°) 不小于	弯曲半径 R(mm)	应力松弛性能		
		WLR	WNR				初始应力相当于公称抗拉强度百分数(%)	1000 h 后应力松弛率 r(%) 不大于	
								WLR	WNR
							对所有规格		
≤5.00	1 470	1 290	1 250	3.5	3	15	60	1.5	4.5
	1 570	1 380	1 330						
	1 670	1 470	1 410						
	1 770	1 560	1 500				70	2.5	8
	1 860	1 640	1 580						
>5.00	1 470	1 290	1 250			20	80	4.5	12
	1 570	1 380	1 330						
	1 670	1 470	1 410						
	1 770	1 560	1 500						

表 3-19　1×2 结构钢绞线尺寸及力学性能

钢绞线结构	钢绞线公称直径 (mm)	抗拉强度 (MPa)	整根钢绞线的最大力 (kN) 不小于	规定非比例延伸力 $F_{p0.2}$ (kN) 不小于	最大力总伸长率($L_0 \geq 400$ mm) (%)	应力松弛性能	
						初始负荷相当于公称最大力的百分数(%)	1000 h 后应力松弛率 (%) 不大于
						对所有规格	
1×2	5.00	1 570	15.4	13.9	3.5	60	1.0
		1 720	16.9	15.2			
		1 860	18.3	16.5			
		1 960	19.2	17.3			
	5.80	1 570	20.7	18.6			
		1 720	22.7	20.4			
		1 860	24.6	22.1			
		1 960	25.9	23.3			
	8.00	1 470	36.9	33.2		70	2.5
		1 570	39.4	35.5			
		1 720	43.2	38.9			
		1 860	46.7	42.0			
		1 960	49.2	44.3			

续表 3-19

钢绞线结构	钢绞线公称直径（mm）	抗拉强度（MPa）	整根钢绞线的最大力（kN）不小于	规定非比例延伸力 $F_{p0.2}$（kN）不小于	最大力总伸长率（$L_0 \geqslant$ 400 mm）（%）	应力松弛性能	
						初始负荷相当于公称最大力的百分数（%）	1 000 h 后应力松弛率（%）不大于
						对所有规格	
1×2	10.00	1 470	57.8	52.0		80	4.5
		1 570	61.7	55.5			
		1 720	67.6	60.8			
		1 860	73.1	65.8			
		1 960	77.0	69.3			
	12.00	1 470	83.1	74.8			
		1 570	88.7	79.8			
		1 720	97.2	87.5			
		1 860	105	94.5			

注：规定非比例延伸力 $F_{p0.2}$ 值不小于整根钢绞线公称最大力 F_m 的 90%。

表 3-20　1×3 结构钢绞线尺寸及力学性能

钢绞线结构	钢绞线公称直径（mm）	抗拉强度（MPa）	整根钢绞线的最大力（kN）不小于	规定非比例延伸力 $F_{p0.2}$（kN）不小于	最大力总伸长率（$L_0 \geqslant$ 400 mm）（%）	应力松弛性能	
						初始负荷相当于公称最大力的百分数（%）	1 000 h 后应力松弛率（%）不大于
						对所有规格	
1×3	6.20	1 570	31.1	28.0		60	1.0
		1 720	34.1	30.7			
		1 860	36.8	33.1			
		1 960	38.8	34.9			
	6.50	1 570	33.3	30.0			
		1 720	36.5	32.9			
		1 860	39.4	35.5			
		1 960	41.6	37.4			
	8.60	1 470	55.4	49.9	3.5	70	2.5
		1 570	59.2	53.3			
		1 720	64.8	58.3			
		1 860	70.1	63.1			
		1 960	73.9	66.5			

续表 3-20

钢绞线结构	钢绞线公称直径（mm）	抗拉强度（MPa）	整根钢绞线的最大力（kN）不小于	规定非比例延伸力 $F_{p0.2}$（kN）不小于	最大力总伸长率($L_0 \geqslant$ 400 mm)（%）	应力松弛性能	
						初始负荷相当于公称最大力的百分数（%）	1 000 h 后应力松弛率（%）不大于
						对所有规格	
1×3	8.74	1 570	60.6	54.5		80	4.5
		1 670	64.5	58.1			
		1 860	71.8	64.6			
	10.80	1 470	86.6	77.9			
		1 570	92.5	83.3			
		1 720	101	90.9			
		1 860	110	99.0			
		1 960	115	104			
	12.90	1 470	125	113			
		1 570	133	120			
		1 720	146	131			
		1 860	158	142			
		1 960	166	149			
1×3 I	8.74	1 570	60.6	54.5			
		1 670	64.5	58.1			
		1 860	71.8	64.6			

注：规定非比例延伸力 $F_{p0.2}$ 值不小于整根钢绞线公称最大力 F_m 的 90%。

表 3-21 1×7 结构钢绞线尺寸及力学性能

钢绞线结构	钢绞线公称直径（mm）	抗拉强度（MPa）	整根钢绞线的最大力（kN）不小于	规定非比例延伸力 $F_{p0.2}$（kN）不小于	最大力总伸长率($L_0 \geqslant$ 400 mm)（%）	应力松弛性能	
						初始负荷相当于公称最大力的百分数（%）	1 000 h 后应力松弛率（%）不大于
							对所有规格
1×7	9.50	1 720	94.3	84.9			
		1 860	102	91.8			
		1 960	107	96.3			
	11.10	1 570	128	115			
		1 720	138	124			
		1 860	145	131			

续表 3-21

钢绞线结构	钢绞线公称直径（mm）	抗拉强度（MPa）	整根钢绞线的最大力（kN）不小于	规定非比例延伸力 $F_{p0.2}$（kN）不小于	最大力总伸长率($L_0\geqslant$ 400 mm)（%）	应力松弛性能	
						初始负荷相当于公称最大力的百分数（%）	1 000 h 后应力松弛率（%）不大于
						对所有规格	
1×7	12.70	1 720	170	153	3.5	60	1.0
		1 860	184	166			
		1 960	193	174			
	15.20	1 470	206	185		70	2.5
		1 570	220	198			
		1 670	234	211			
		1 720	241	217			
		1 860	260	234			
		1 960	274	247			
	15.70	1 770	266	239			
		1 860	279	251			
	17.80	1 720	327	294		80	4.5
		1 860	353	318			
(1×7)C	12.70	1 860	208	187			
	15.20	1 820	300	270			
	18.00	1 720	384	346			

注：规定非比例延伸力 $F_{p0.2}$ 值不小于整根钢绞线公称最大力 F_m 的 90%。

预应力混凝土钢线与钢绞线具有强度高、柔性好、无接头等优点，且质量稳定，安全可靠，施工时不需冷拉及焊接，主要用作大跨度桥梁、屋架、吊车梁、薄腹梁、电杆、轨枕等预应力钢筋。

3.6.5　钢结构用钢材

钢结构用钢材主要是热轧成型的钢板和型钢等；薄壁轻型钢结构中主要采用薄壁型钢、圆钢和小角钢；钢材所用的母材主要是普通碳素结构钢和低合金高强度结构钢。

1）热轧型钢

钢结构常用型钢有工字钢、H 型钢、T 型钢、Z 型钢、槽钢、等边角钢和不等边角钢等。图 3-13 为几种常用热轧型钢示意图。型钢由于截面形式合理，材料在截面上的分布对受力最为有利，且构件间连接方便，所以它是钢结构中采用的主要钢材。

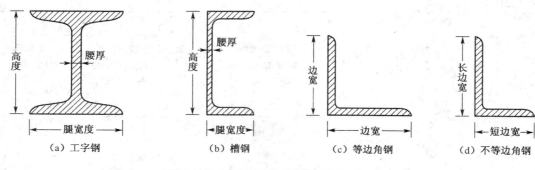

图 3-13　几种常用热轧型钢截面示意图

钢结构用钢的钢种和钢号,主要根据结构与构件的重要性、荷载的性质(静载或动载)、连接方法(焊接、铆接或螺栓连接)、工作条件(环境温度及介质)等因素来选择。

工字钢广泛应用于各种建筑结构和桥梁,主要用于承受横向弯曲(腹板平面内受弯)的杆件,但不宜单独用作轴心受压构件或双向弯曲的构件。与工字钢相比,H 型钢优化了截面的分布,有翼缘宽、侧向刚度大、抗弯能力强、翼缘两表面相互平行、连接构造方便、省劳力、重量轻、节省钢材等优点,常用于承载力大、截面稳定性好的大型建筑。其中宽翼缘和中翼缘 H 型钢适用于钢柱等轴心受压构件,窄翼缘 H 型钢适用于钢梁等受弯构件。槽钢可用做承受轴向力的杆件、承受横向弯曲的梁以及联系杆件,主要用于建筑结构、车辆制造等。

角钢主要用做承受轴向力的杆件和支撑杆件,也可作为受力构件之间的连接零件。

2) 钢板

钢板有热轧钢板和冷轧钢板之分,按厚度可分为厚板(厚度＞4 mm)和薄板(厚度≤4 mm)两种。厚板用热轧方式生产,材质按使用要求相应选取;薄板用热轧或冷轧方式均可生产,冷轧钢板一般质量较好,性能优良,但其成本高,土木工程中使用的薄钢板多为热轧型。

钢板的钢种主要是碳素钢,某些重型结构、大跨度桥梁等也采用低合金钢。厚板主要用于结构,薄板主要用于屋面板、楼板和墙板等。在钢结构中,单块钢板不能独立工作,必须用几块板组合成工字形、箱形等结构来承受荷载。

3) 钢管

按照生产工艺,钢结构所用钢管分为热轧无缝钢管和焊接钢管两大类。

(1) 热轧无缝钢管

以优质碳素钢和低合金结构钢为原材料,多采用热轧-冷拔联合工艺生产,也可用冷轧方式生产,但后者成本高昂。主要用于压力管道和一些特定的钢结构。

(2) 焊接钢管

采用优质或普通碳素钢钢板卷焊而成,表面镀锌或不镀锌(视使用而定)。按其焊缝形式有直缝电焊钢管和螺旋焊钢管,适用于各种结构、输送管道等用途。焊接钢管成本较低,容易加工,但多数情况下抗压性能较差。在土木工程中,钢管多用于制作桁架、塔桅、钢管混凝土等,广泛应用于高层建筑、厂房柱、塔柱、压力管道等工程中。

① 建筑结构用冷弯矩形钢管(JG/T 178—2005)

建筑结构用冷弯矩形钢管指采用冷轧或热轧钢带,经连续辊式冷弯及高频直缝焊接生产形成的矩形钢管。成型方式包括直接成方和先圆后方。冷弯矩形钢管以冷加工状态交货。如有特殊要求,由供需双方协商确定。

按产品截面形状分为冷弯正方形钢管、冷弯长方形钢管。按产品屈服强度等级分为235、345、390。按产品性能和质量要求等级分为:较高级Ⅰ级,在提供原料的化学性能和产品的机械性能前提下,还必须保证原料的碳当量,产品的低温冲击性能、疲劳性能及焊缝无损检测可作为协议条款;普通级Ⅱ级,仅提供原料的化学性能和机械性能。

按产品成型方式分为:直接成方(方变方),以 Z 表示;先圆后方(圆变方),以 X 表示。

冷弯矩形钢管用的标记由原料钢种牌号、长×宽×壁厚、产品等级、成型方式、产品标准号五部分组成。例如,原料钢种牌号为 Q235B,产品截面尺寸是 500 mm×400 mm×16 mm,产品性能和质量要求等级达到Ⅰ级,采用直接成方成型方式制造的冷弯矩形钢管标记为:Q235B-500×400×16(Ⅰ/Z)-JG/T 178—2005。

② 结构用高频焊接薄壁 H 型钢(JG/T 137—2007)

结构用高频焊接薄壁 H 型钢包括普通高频焊接薄壁 H 型钢和卷边高频焊接薄壁 H 型钢两种。前者是由三条平直钢带经连续高频焊接而成的,截面形式为工字形的型钢;后者是上下翼缘冷弯成"C"形,其余形式与普通高频焊接薄壁 H 型钢相同的型钢。

普通高频焊接薄壁 H 型钢的标记由代号 LH、截面高度×翼缘宽度×腹板厚度×翼缘厚度组成。例如,截面高度为 200 mm,翼缘宽度为 100 mm、腹板厚度为 3.2 mm、翼缘厚度为 4.0 mm 的普通高频焊接薄壁 H 型钢表示为 LH200×100×3.2×4.5。卷边高频焊接薄壁 H 型钢的标记由代号 CLH、截面高度×翼缘宽度×翼缘卷边高度×腹板厚度×翼缘厚度组成。例如,截面高度为 200 mm、翼缘宽度为 100 mm、卷边高度为 25 mm、腹板及翼缘厚度均为 3.2 mm 的卷边高频焊接薄壁 H 型钢表示为 CLH200×100×25×3.2×3.2。

【工程案例分析3-6】

韩国汉城大桥倒塌

现象:1994 年 10 月 21 日,韩国汉城汉江圣水大桥中段 50 m 长的桥体像刀切一样坠入江中,造成多人死亡。该桥由韩国最大的建筑公司之一的东亚建设产业公司于 1979 年建成。

原因分析:事故原因调查团经过 5 个多月的各种试验和研究,于次年 4 月 2 日提出了事故报告。事故原因主要有两个方面:一是东亚建筑公司没有按图纸施工,在施工中偷工减料,利用疲劳性能很差的劣质钢材,这是事故的直接原因。二是当时韩国缩短工期及汉城市政当局在交通管理上疏漏。设计负载限制为 32 t,建成后交通流量逐年增加,超常负荷,倒塌时负载为 43.2 t。

3.7 钢材的防锈与防火

3.7.1 钢材的防锈

1) 钢材的锈蚀

钢材的锈蚀是指钢的表面与周围介质发生化学作用或电化学作用而遭到侵蚀并破坏的现象。钢材锈蚀的主要影响因素有环境湿度、侵蚀性介质的性质及数量、钢材材质及表面状况等。根据钢材与环境介质作用的机理,锈蚀可分为化学锈蚀和电化学锈蚀两类。

(1) 化学锈蚀　化学锈蚀是指钢材直接与周围介质发生化学反应而产生的锈蚀。这种锈蚀多数是氧化作用使钢材表面形成疏松的铁氧化物。在常温下,钢材表面形成一薄层钝化能力很弱的氧化保护膜,它疏松,易破裂,有害介质可进一步渗入而发生反应,造成锈蚀。在干燥环境下,化学锈蚀速度缓慢,但在温度和湿度较大的情况下,这种锈蚀进展加快。

(2) 电化学锈蚀　电化学锈蚀是指钢材与电解质溶液接触而产生电流,形成微电池而引起的锈蚀。钢材本身含有铁、碳等多种成分,在表面介质作用下,各成分的电极电位不同,形成许多微电池。在潮湿空气中,钢材表面将覆盖一层薄的水膜。在阳极区,铁被氧化成 Fe^{2+} 离子进入水膜。因为水中溶有来自空气中的氧,故在阴极区氧将被还原为 OH^- 离子,两者结合成为不溶于水的 $Fe(OH)_2$,并进一步氧化成为疏松易剥落的红棕色铁锈 $Fe(OH)_3$。电化学锈蚀是建筑钢材在存放和使用中发生锈蚀的主要形式。

钢材锈蚀后,受力面积减小,承载能力下降。在钢筋混凝土中,因钢筋锈蚀会引起钢筋混凝土顺筋开裂。

2) 钢材锈蚀的防止

钢材的锈蚀既有内因(材质),又有外因(环境介质作用),因此要防止或减少钢材的锈蚀必须从钢材本身的易腐蚀性,隔离环境中的侵蚀性介质或改变钢材表面状况方面入手。

(1) 表面刷漆　表面刷漆是钢结构防止锈蚀的常用方法。刷漆通常有底漆、中间漆和面漆三道。底漆要求有较好的附着力和防锈能力,常用的有红丹、环氧富锌漆、云母氧化铁和铁红环氧底漆等。中间漆为防锈漆,常用的有红丹、铁红等。面漆要求有较好的牢度和耐候性,能保护底漆不受损伤或风化,常用的有灰铅、醇酸磁漆和酚醛磁漆等。

钢材表面涂刷漆时,一般为一道底漆、一道中间漆和两道面漆。要求高时可增加一道中间漆或面漆。使用防锈涂料时,应注意钢构件表面的除锈,注意底漆、中间漆和面漆的匹配。

(2) 表面镀金属　用耐腐蚀性好的金属,以电镀或喷镀的方法覆盖在钢材的表面,提高钢材的耐腐蚀能力。常用的方法有镀锌(如白铁皮)、镀锡(如马口铁)、镀铜和镀铬等。

(3) 制成合金钢　钢材的化学成分对耐锈蚀性有很大影响,如在钢中加入少量的铜、铬、镍、钼等合金元素,制成不锈钢。这种钢既有致密的表面防腐保护,提高了耐锈蚀能力,同时又有良好的焊接性能。

(4) 混凝土中钢筋的防腐　为了防止混凝土中钢筋锈蚀,应保证混凝土的密实度以及钢筋外侧混凝土保护层的厚度;控制混凝土中最大水胶比及最小水泥用量;在二氧化碳浓度高的工业区采用硅酸盐水泥或普通硅酸盐水泥;限制氯盐外加剂的掺加量和保证混凝土一定的碱度;对于预应力混凝土,应禁止使用含氯盐的骨料和外加剂。另外,也可采用环氧涂层钢筋、混凝土表面喷涂、阴极保护等辅助措施。

3.7.2 钢材的防火

钢是不燃性材料,但并不表明钢材能耐火。温度在 200℃ 以内,钢材的性能基本不变;超过 300℃,弹性模量、屈服点均开始显著下降,应变急剧增大;到达 600℃ 时,钢材基本失去承载能力。试验表明:无保护层时钢柱和钢屋架的耐火极限只有 0.25 h,而裸露钢梁的耐火极限只有 0.15 h。所以,没有防火保护层的钢结构不能够抵抗火灾。为了克服钢结构耐火性差的特点,可采用下列保护方法:

(1) 涂覆钢结构防火涂料 防火涂料分为膨胀型和非膨胀型两种。膨胀型(薄型)防火涂料的涂层厚度一般为 2～7 mm,附着力较强。因膨胀型防火涂料内含膨胀组分,遇火后会膨胀增厚 5～10 倍,形成多孔结构,阻隔火焰和热量,起到良好的隔热防火作用,可使构件的耐火极限达到 0.5～1.5 h。非膨胀型(厚型)防火涂料的涂层厚度一般为 8～50 mm,密度小,强度低,喷涂后需再用装饰面层隔护,耐火极限可达 0.5～3.0 h。

(2) 包封法处理 即用耐火的保温材料将钢结构包封起来。常用的包封材料有石膏板、硅酸钙板、蛭石岩板、珍珠岩板、矿棉板等,可通过黏结剂或钢钉、钢箍等固定在钢板上。

(3) 水冷却法 水冷却法,即对空心钢柱,可在其内部充水保证钢结构冷却。也可给钢柱加做箱形外套,在套内注入水,火灾时,由于钢柱受水的保护而升温减慢。

【工程案例分析 3-7】

广东某斜拉桥拉索腐蚀失效

现象:广东某斜拉桥竣工于 1989 年。1995 年 5 月,其中一条拉索突然坠落,经检验,确认其他拉索的钢丝已受不同程度的腐蚀,该桥最后全部更换新拉索。

原因分析:对坠落的拉索进行研究,钢丝的腐蚀程度由上而下逐渐增加,且与所灌注的水泥浆体的情况有明显的对应关系。其中锈蚀严重部分钢丝的表面多已不存在镀锌层,露出了钢基体,有明显的点腐蚀形貌。该部分水泥浆体未凝结。

拉索钢丝所受的腐蚀原因是所灌注的水泥浆体不凝结,产生电化学腐蚀;而水泥浆体所含一定量的 Cl^- 及钢丝在拉应力的作用下更加速了此锈蚀过程。水泥浆体不凝结的原因是:该拉索所灌注的水泥浆产生离析,含一定浓度 FDN 减水剂的大水灰比水泥浆体富集于拉索上部,在密闭的条件下,造成浆体长时间不凝结。

【现代建筑材料知识拓展】

钢结构建筑的防火、防袭击

钢结构建筑有许多优点,与钢筋混凝土相比,有更好的抗震、防腐、耐久、环保和节能效果;可实现框架的轻量化和构件的大型化,施工亦较为简便。但同时也存在不少缺点,其中较突出的一点是防火问题。美国纽约的世贸大厦为钢结构,2001 年 9 月 11 日被恐怖分子袭击而倒塌,这给人们提出了钢结构防火、防袭击破坏的新课题。一些钢结构建筑原已考虑到防火问题,为此在钢材表面涂防火涂料层,以延缓钢结构构件温度升高至临界屈服或破坏温度的时间,提高结构的耐火极限和建筑物的防火等级,同时兼备减少热损失、节能的作用。但已涂覆防火涂料的世贸大厦遇袭后短时间即坍塌。故解决此问题不应该仅仅着眼于防火涂料的改进,从发散思维的角度还可考虑钢材本身的性能改进,如通过与无机非金属材料的复合,提高钢结构材料本身的防火等方面的能力。还可设想研究材料或结构本身的自灭火性能,或者考虑如何综合多因素选用建筑材料,以增强重要建筑的防火、防袭击的能力等。

课后思考题

一、填空题

1. 钢材按炼钢过程中脱氧程度不同可分为 _____、_____、_____ 和 _____ 四大类。

2. 钢材的主要性能包括 _____ 性能和 _____ 性能。

3. 低碳钢从开始受力至拉断可分为四个阶段:_____、_____、_____ 和 _____。

4. 碳素结构钢的牌号由代表屈服点字母 _____、_____、_____ 和 _____ 四部分构成。

5. 热轧钢筋根据表面形状分为 _____ 和 _____。

6. 冷弯检验是:按规定的 _____ 和 _____ 进行弯曲后,检查试件弯曲处外面及侧面不发生断裂、裂缝或起层,即认为冷弯性能合格。

二、名词解释

1. 钢的低温冷脆性　　　　2. 钢的时效处理　　　　3. 冷加工

4. 屈强比　　　　　　　　5. 钢的冲击韧性

三、单项选择题

1. 钢材中(　　)的含量过高,将导致其热脆现象发生。

A. 碳　　　　　　　B. 磷　　　　　　　C. 硫　　　　　　　D. 氮

2. 对同一种钢材,原始标距越长其伸长率就(　　)。

A. 越大　　　　　　B. 越小　　　　　　C. 不变　　　　　　D. 不一定

3. 钢材随着含碳量的增加,其(　　)降低。

A. 抗拉强度　　　　B. 硬度　　　　　　C. 塑性　　　　　　D. 屈服强度

4. 伸长率是衡量钢材的(　　)指标。

A. 弹性　　　　　　B. 塑性　　　　　　C. 脆性　　　　　　D. 硬度

5. 结构设计时,碳素钢以(　　)作为设计计算取值的依据。

A. 弹性极限　　　　B. 屈服强度　　　　C. 抗拉强度　　　　D. 比例极限

6. 钢材经冷加工后,性能会发生显著变化,但不会发生(　　)变化。

A. 强度提高　　　　B. 塑性增大　　　　C. 变硬　　　　　　D. 变脆

7. 建筑工程中所用的钢绞线一般采用(　　)钢材为原料加工而成。

A. 普通碳素结构钢　　　　　　　　　B. 优质碳素结构钢

C. 普通低合金结构钢   D. 普通中合金钢

8. 钢材表面锈蚀的主要原因是(　　)。

A. 钢材本身含有杂质   B. 表面不平,经冷加工后存在内应力

C. 有外部电解质作用   D. 电化学作用

四、简述题

1. 什么是建筑钢材? 钢的冶炼方法主要有哪几种? 冶炼方法不同,性能上有何影响?

2. 按脱氧程度不同,钢材分为哪几类? 各有何特点?

3. 建筑钢材的主要技术性能有哪些? 低碳钢在拉伸过程中可分成几个阶段? 各阶段的特点如何?

4. 何谓钢材的冷加工和时效? 对钢材的性能有何影响? 为什么?

5. 钢材的化学成分对钢材的力学性能有何影响?

6. 碳素结构钢有几个牌号? 举例说明碳素结构钢牌号的含义。

7. 与碳素结构钢相比,低合金高强度结构钢有何优点? 低合金高强度结构钢的牌号怎样表示? 试举例说明。

8. 热轧带肋钢筋根据什么分出等级? 共分几级? 牌号如何表示?

9. 钢材腐蚀的原因是什么?

10. 钢材为何要做防火处理?

五、计算题

有一钢筋试件,直径为 25 mm,原始标距为 125 mm,做拉伸试验,屈服点荷载为 201.0 kN,最大荷载为 250.3 kN,拉断后测得断后标距长为 138 mm,求该钢筋的屈服强度、抗拉强度及断后伸长率。

4 无机气硬性胶凝材料

本章共 3 节。本章的学习目标是：

（1）掌握石灰的品种、技术要求、主要性质及应用，理解石灰的熟化与凝结硬化原理，了解石灰的原料和生产工艺。

（2）理解石膏的凝结与硬化原理，掌握石膏的主要性质、应用及质量要求。

（3）掌握水玻璃的硬化、主要性质及应用，理解水玻璃的硬化原理，了解水玻璃的生产工艺。

本章的难点是对各种无机气硬性胶凝材料的凝结与硬化机理的理解，我们应通过熟悉胶凝材料的相应性质以及组成构造来分析它的机理。

胶凝材料是指具有一定的机械强度并经过一系列物理作用、化学作用，能将散粒状或块状材料黏结成整体的材料。根据胶凝材料的化学组成，可将其分为无机胶凝材料和有机胶凝材料。如下所示：

$$胶凝材料\begin{cases} 有机胶凝材料：沥青，各种树脂 \\ 无机胶凝材料\begin{cases} 气硬性：石灰，石膏，水玻璃，菱苦土 \\ 水硬性：各种水泥 \end{cases} \end{cases}$$

有机胶凝材料是以天然的化合物或合成的有机高分子化合物为基本成分的胶凝材料，常用的有沥青、各种合成树脂等。

无机胶凝材料是以无机化合物为基本成分的胶凝材料，根据其凝结硬化条件的不同，又可分为气硬性和水硬性两类。

气硬性胶凝材料只能在空气中硬化，也只能在空气中保持并发展其强度。常用的气硬性胶凝材料有石膏、石灰、水玻璃等。气硬性胶凝材料一般只适用于干燥环境中，而不宜用于潮湿环境，更不可以用于水中。

水硬性胶凝材料既能在空气中，还能更好地在水中硬化、保持并继续发展其强度。常用的水硬性胶凝材料包括各种水泥。水硬性胶凝材料既适用于干燥环境，又适用于潮湿环境或水下工程。

4.1 石灰

石灰是最早使用的矿物胶凝材料之一。石灰是不同化学成分和物理形态的生石灰、消石

灰、水硬性石灰的统称。水硬性石灰是以泥质石灰石为原料,经高温煅烧后所得的产品,除含
CaO 外,还含有一定量的 MgO、硅酸二钙、铝酸三钙等成分而具有水硬性。建筑工程中的石灰
通常指气硬性石灰。由于原材料资源丰富,生产工艺简单,成本低廉,石灰在建筑工程中的应
用很广。

4.1.1 生石灰的生产

生石灰是以碳酸钙为主要成分的石灰石、白垩等为原料,在低于烧结温度下煅烧所得的产
物,其主要成分是氧化钙。煅烧反应如下:

$$CaCO_3 \xrightarrow{900 \sim 1\,000℃} CaO + CO_2$$

石灰生产中为了使 $CaCO_3$ 能充分分解生成 CaO,必须提高温度,但煅烧温度过高过低,
或煅烧时间过长过短,都会影响烧成生石灰的质量。由于煅烧的不均匀性,在所烧成的正
火石灰中,或多或少的都存在少量的欠火石灰(煅烧温度过低或煅烧时间过短而生成)和过
火石灰(煅烧温度过高或煅烧时间过长而生成)。欠火石灰中 CaO 的含量低,会降低石灰的
质量等级和利用率;过火石灰结构密实,熟化极其缓慢,当这种未充分熟化的石灰抹灰后,
会吸收空气中大量的水蒸气,继续熟化,体积膨胀,致使墙面砂浆隆起、开裂,严重影响工程
质量。

4.1.2 生石灰的熟化

生石灰的熟化(又称消化或消解)是指生石灰与水发生化学反应生成熟石灰的过程。其反
应式如下:

$$CaO + H_2O \longrightarrow Ca(OH)_2 + 64.9\,J$$

生石灰遇水反应剧烈,同时放出大量的热。生石灰的熟化反应为放热反应,在最初 1 h 所
放出的热量几乎是硅酸盐水泥 1 d 放热量的 9 倍。

生石灰熟化后体积膨胀 1~2.5 倍。块状生石灰熟化后体积膨胀,产生的膨胀压力致使石
灰块自动分散成为粉末,应用此法可将块状生石灰加工成为消石灰粉。

生石灰熟化的方法有淋灰法和化灰法。淋灰法就是在生石灰中均匀加入 70% 左右的水
(理论值为 31.2%)便可得到颗粒细小、分散的熟石灰粉。工地上调制熟石灰粉时,每堆放半
米高的生石灰块,淋 60%~80% 的水,再堆放,再淋,使之成粉且不结块为止。目前,多用机械
方法将生石灰熟化为熟石灰粉。化灰法是在生石灰中加入适量的水(约为块灰质量的 2.5~3
倍),得到的浆体称为石灰乳,石灰乳沉淀后除去表层多余水分后得到的膏状物称为石灰膏。
调制石灰膏通常在化灰池和储灰坑完成。

熟化后的石灰在使用前必须进行“陈伏”。这是因为生石灰中存在着过火石灰。为了消除
过火石灰的危害,生石灰在使用前应提前化灰,使石灰浆在灰坑中储存两周以上,以使生石灰
得到充分熟化,这一过程称为“陈伏”。陈伏期间,为了防止石灰碳化,应在其表面保留一定厚

度的水层,用以隔绝空气。

4.1.3 石灰的硬化

石灰的硬化速度很缓慢,且硬化体强度很低。石灰浆体在空气中逐渐硬化,主要是干燥结晶和碳化这两个过程同时进行来完成的。

1) 干燥结晶作用

石灰浆体中的游离水分逐渐蒸发,$Ca(OH)_2$逐渐从饱和溶液中结晶析出,形成结晶结构网,从而获得一定的强度。

2) 碳化作用

$Ca(OH)_2$与空气中的CO_2和H_2O发生化学反应,生成碳酸钙,并释放出水分,使强度提高。其反应式如下:

$$Ca(OH)_2 + CO_2 + nH_2O \longrightarrow CaCO_3 + (n+1)H_2O$$

石灰的硬化主要依靠结晶作用,而结晶作用又主要依靠水分蒸发速度。由于自然界中水分的蒸发速度是有限的,因此石灰的硬化速度很缓慢。

4.1.4 石灰的品种及技术要求

石灰的品种很多,通常有以下两种分类方法:

1) 按石灰中氧化镁的含量分类

(1) 生石灰可分为钙质生石灰(MgO 含量≤5%)和镁质生石灰(MgO 含量>5%)。镁质生石灰的熟化速度较慢,但硬化后其强度较高。生石灰的质量是以石灰中活性氧化钙和氧化镁含量高低,过火石灰和欠火石灰及其他杂质含量的多少作为主要指标来评价其质量优劣的。根据建材行业标准(JC/T 479—2013 和 JC/T 480—2013),将建筑生石灰和建筑生石灰粉划分三个等级,具体指标见表4-1、表4-2。

表4-1 建筑生石灰技术指标

项 目	钙质石灰			镁质石灰		
	优等品	一等品	合格品	优等品	一等品	合格品
CaO+MgO 含量不小于(%)	90	85	80	85	80	75
未消化残渣含量(5 mm 圆孔筛筛余)不大于(%)	5	10	15	5	10	15
CO_2 含量不大于(%)	5	7	9	6	8	10
产浆量不小于(L/kg)	2.8	2.3	2.0	2.8	2.3	2.0

表 4-2 建筑生石灰粉技术指标

项 目		钙质石灰粉			镁质石灰粉		
		优等品	一等品	合格品	优等品	一等品	合格品
CaO＋MgO 含量不小于(%)		85	80	75	80	75	70
CO$_2$ 含量不大于(%)		7	9	11	8	10	12
细度	0.90 mm 筛筛余(%)不大于	0.2	0.5	1.5	0.2	0.5	1.5
	0.125 mm 筛筛余(%)不大于	7.0	12.0	18.0	7.0	12.0	18.0

（2）建筑消石灰（熟石灰）粉按氧化镁含量分为钙质消石灰粉、镁质消石灰粉和白云石消石灰粉，其分类界限见表 4-3。

表 4-3 建筑消石灰粉按氧化镁含量的分类界限

品种名称	MgO 指标
钙质消石灰粉	MgO≤4%
镁质消石灰粉	MgO 4%～24%
白云石消石灰粉	MgO 25%～30%

熟化石灰粉的品质与有效物质和水分的相对含量及细度有关，熟石灰粉颗粒愈细，有效成分愈多，其品质愈好。建筑消石灰粉的质量按《建筑消石灰粉》(JC/T 479—2013)规定也可分为三个等级，具体指标见表 4-4。

表 4-4 建筑消石灰粉的技术指标

项 目		钙质消石灰粉			镁质消石灰粉			白云石消石灰粉		
		优等品	一等品	合格品	优等品	一等品	合格品	优等品	一等品	合格品
CaO＋MgO 含量不小于(%)		70	65	60	65	60	55	65	60	55
游离水(%)		0.4～2								
体积安定性		合格	合格	—	合格	合格	—	合格	合格	—
细度	0.90 mm 筛筛余(%)不大于	0	0	0.5	0	0	0.5	0	0	0.5
	0.125 mm 筛筛余(%)不大于	3	10	15	3	10	15	3	10	15

2）按加工方法分类

（1）块灰　直接高温煅烧所得的块状生石灰，其主要成分是 CaO。块灰是所有石灰品种中最传统的一个品种。

（2）磨细生石灰粉　将块灰破碎、磨细并包装成袋的生石灰粉。它克服了一般生石灰熟化时间较长，且在使用前必须陈伏等缺点，在使用前不用提前熟化，直接加水即可使用，不需进行陈伏。使用磨细生石灰粉不仅能提高施工效率，节约场地，改善施工环境，加快硬化速度，而且还可以提高石灰的利用率。但其缺点是成本高，且不易储存。其技术指标见表 4-2 所示。

（3）消石灰粉　由生石灰加适量水充分消化所得的粉末，主要成分是 Ca(OH)$_2$，其技指标见表 4-4 所示。

(4) 石灰膏　消石灰和一定量的水组成的具有一定稠度的膏状物,其主要成分是 $Ca(OH)_2$ 和 H_2O。

(5) 石灰乳　生石灰加入大量水熟化而成的一种乳状液,主要成分是 $Ca(OH)_2$ 和 H_2O。

4.1.5　石灰的主要技术性质

(1) 良好的保水性。石灰具有较强的保水性(即材料保持水分不泌出的能力)。这是由于生石灰熟化为石灰浆时,氢氧化钙粒子呈胶体分散状态。其颗粒极细,直径约为 $1~\mu m$,颗粒表面吸附一层较厚的水膜。由于粒子数量很多,其总表面积很大,这是它保水性良好的主要原因。利用这一性质,将其掺入水泥砂浆中,配合成混合砂浆,克服了水泥砂浆容易泌水的缺点。

(2) 凝结硬化慢、强度低。由于空气中的 CO_2 含量低,而且碳化后形成的碳酸钙硬壳阻止 CO_2 向内部渗透,也阻止水分向外蒸发,结果使 $CaCO_3$ 和 $Ca(OH)_2$ 结晶体生成量少且缓慢。已硬化的石灰强度很低。如 1∶3 的石灰砂浆 28 d 的强度只有 $0.2\sim0.5$ MPa。

(3) 吸湿性强。生石灰吸湿性强,保水性好,是传统的干燥剂。

(4) 体积收缩大。石灰浆体凝结硬化过程中蒸发大量水分,由于硬化石灰中的毛细管失水收缩,引起体积收缩,使制品开裂。因此,石灰不宜单独用来制作建筑构件及制品。

(5) 耐水性差。若石灰浆体尚未硬化之前就处于潮湿环境中,由于石灰中水分不能蒸发出去,则其硬化停止;若是已硬化的石灰,长期受潮或受水浸泡,则由于 $Ca(OH)_2$ 易溶于水,会使已硬化的石灰溃散。因此,石灰不宜用于潮湿环境及易受水浸泡的部位。

(6) 化学稳定性差。石灰是碱性材料,与酸性物质接触时容易发生化学反应,生成新物质。因此,石灰及含石灰的材料长期处在潮湿空气中,容易与二氧化碳作用生成碳酸钙,即"碳化"。石灰材料还容易遭受酸性介质的腐蚀。

4.1.6　石灰的应用

石灰是建筑工程中面广量大的建筑材料之一,其常见的用途如下:

(1) 广泛用于建筑室内粉刷。石灰乳是一种廉价的涂料,且施工方便,颜色洁白,能为室内增白添亮,因此在建筑中应用十分广泛。

(2) 用于配制建筑砂浆。石灰和砂或麻刀、纸筋配制成石灰砂浆、麻刀灰、纸筋灰,主要用于内墙、顶棚的抹面砂浆。石灰与水泥和砂可配制成混合砂浆,主要用于墙体砌筑或抹面。

(3) 配制三合土和灰土。三合土是采用生石灰粉(或消石灰粉)、黏土和砂子按 1∶2∶3 的比例,再加水拌和,经夯实后而成。灰土是用生石灰粉和黏土按 1∶(2~4) 的比例加水拌和,经夯实后而成。经夯实后的三合土和灰土广泛应用于建筑物的基础、路面或地面垫层。三合土和灰土经强力夯打之后,其密实度大大提高,且黏土颗粒表面少量的活性 SiO_2 和 Al_2O_3 与石灰发生化学反应,生成水化硅酸钙和水化铝酸钙等不溶于水的水化产物,因而具有一定的抗压强度、耐水性和相当高的抗渗能力。

(4) 制作碳化石灰板。碳化石灰板是将磨细生石灰、纤维状填料(如玻璃纤维等)或轻质骨料(如矿渣等)经搅拌、成型,然后人工碳化而成的一种轻质板材。这种板材能锯、刨、钉,适宜用作非承重内墙板、天花板等。

（5）生产硅酸盐制品。以石灰和硅质材料（如石英砂、粉煤灰等）为原料，加水拌和，经成型，蒸养或蒸压处理等工序而制成的建筑材料，统称为硅酸盐制品。如粉煤灰砖、灰砂砖、加气混凝土砌块等。

（6）配制无熟料水泥。将具有一定活性的混合材料，按适当比例与石灰配合，经共同磨细，可得到水硬性的胶凝材料，即为无熟料水泥。

4.1.7 石灰的储存

生石灰具有很强的吸湿性，在空气中放置太久，会吸收空气中的水分，消化成消石灰粉而失去胶凝能力。因此储存生石灰时，一定要注意防潮防水，而且存期不宜过长。另外，生石灰熟化时会释放大量的热，且体积膨胀，故在储存和运输生石灰时，还应注意将生石灰与易燃易爆物品分开保管，以免引起火灾和爆炸。

【工程案例分析4-1】

石灰砂浆层拱起开裂

现象：某住宅使用石灰厂处理的下脚石灰作粉刷。数月后粉刷层多处向外拱起，还看见一些裂缝。

原因分析：石灰厂处理的下脚石灰往往含有过烧的氧化钙或较高的氧化镁，其水化速度慢于正常的石灰。这些过烧的氧化钙或氧化镁在已经水化硬化的石灰砂浆缓慢水化，体积膨胀，就会导致砂浆层拱起和开裂。

4.2 石膏

石膏是我国一种应用历史悠久的气硬性胶凝材料。石膏及石膏制品具有许多优良性能，如轻质、高强、隔热、耐火、吸声、容易加工、形体饱满、线条清晰、表面光滑等，因此是建筑室内工程常用的装饰材料。特别是近年来在建筑中广泛采用框架轻板结构，作为轻质板材主要品种之一的石膏板受到普遍重视，其生产和应用都得到迅速发展。生产石膏胶凝材料的原料有二水石膏和天然无水石膏以及来自化学工业的各种副产物化学石膏。

4.2.1 石膏的生产与品种

石膏的主要生产过程是由天然二水石膏（或称生石膏）经过破碎、煅烧和磨细而制成的。天然石膏矿，因其主要化学成分为 $CaSO_4 \cdot 2H_2O$，又由于其质地较软，也被称为软石膏。将二水石膏在不同的压力和温度下煅烧，可以得到结构和性质均不同的下列品种的石膏产品。

1）建筑石膏和模型石膏

建筑石膏是将二水石膏（生石膏）加热至107～170℃时，部分结晶水脱出后得到半水石膏

（熟石膏），再经磨细得到粉状的建筑中常用的石膏品种，故称"建筑石膏"。

反应式如下：

$$CaSO_4 \cdot 2H_2O \xrightarrow{107\sim170℃} \beta-CaSO_4 \cdot \frac{1}{2}H_2O + \frac{3}{2}H_2O$$

将这种常压下的建筑石膏称为β型半水石膏。若在上述条件下煅烧一等或二等的半水石膏，然后磨得更细些，这种类型半水石膏称为模型石膏，是建筑装饰制品的主要原料。

2）高强度石膏

将二水石膏在0.13 MPa、124℃的压蒸锅内蒸压脱水，则生成比β型半水石膏晶体粗大的α型半水石膏，称为高强度石膏。由于高强度石膏晶体粗大，比表面小，调成可塑性浆体时需水量（35％～45％）仅为建筑石膏需求量的一半，因此硬化后具有较高的密实度和强度。其3 h的抗压强度可达9～24 MPa，其抗拉强度也很高，7 d的抗压强度可达15～39 MPa。高强度石膏的密度为2.6～2.8 g/cm³。高强度石膏可以用于室内抹灰，制作装饰制品和石膏板。若掺入防水剂可制成高强度抗水石膏，在潮湿环境中使用。

石膏的品种很多，主要有建筑石膏、模型石膏、高强度石膏、粉刷石膏等，但是在建筑装饰工程中用量最多、运用最广的是建筑石膏。

4.2.2 石膏的凝结与硬化

建筑石膏加水拌和后，起初形成均匀的石膏浆体，很快石膏浆体失去塑性，但是强度很低，此过程称为石膏的凝结，然后浆体开始产生强度，并逐渐发展，此过程称为石膏的硬化。反应式如下：

$$CaSO_4 \cdot \frac{1}{2}H_2O + \frac{3}{2}H_2O \longrightarrow CaSO_4 \cdot 2H_2O$$

其凝结硬化过程的机理如下：半水石膏遇水后发生溶解，并生成不稳定的过饱和溶液，溶液中的半水石膏经过水化成为二水石膏。由于二水石膏在水中的溶解度（20℃为2.05 g/L）较半水石膏的溶解度（20℃为8.16 g/L）小得多，所以二水石膏溶液会很快达到过饱和，因此很快析出胶体微粒并且不断转变为晶体。由于二水石膏的析出便破坏了原来半水石膏溶解的平衡状态，这时半水石膏会进一步溶解，以补偿二水石膏析晶而在液相中减少的硫酸钙含量。如此不断地进行半水石膏的溶解和二水石膏的析出，直到半水石膏完全水化为止。与此同时，由于浆体中自由水因水化和蒸发逐渐减少，浆体变稠，失去塑性。以后水化物晶体继续增长，直至完全干燥，强度发展到最大值，达到石膏的硬化。建筑石膏凝结硬化过程见图4-1。

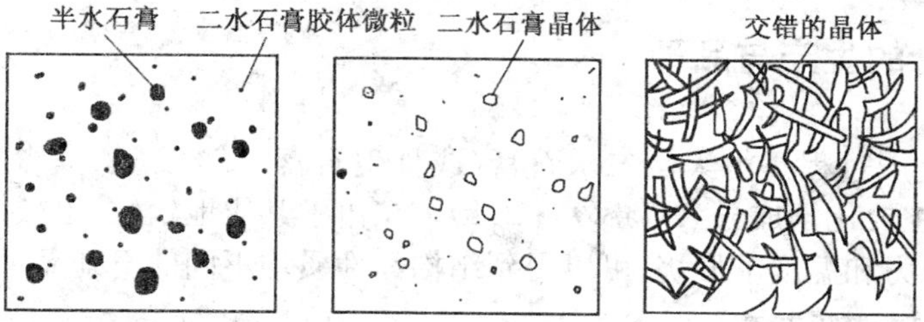

图 4-1 建筑石膏的凝结与硬化示意图

4.2.3 石膏的技术要求

1）组分

建筑石膏组成中 β 型半水硫酸钙（$\beta - CaSO_4 \cdot \frac{1}{2}H_2O$）的含量（质量分数）应不小于 60.0%。

2）物理性能

建筑石膏呈洁白色粉末状，其技术要求主要有细度、凝结时间和强度。根据国家标准 GB/T 9776—2008，建筑石膏分为 3.0、2.0 和 1.6 三个等级。建筑石膏技术要求的具体指标见表 4-5。

表 4-5　建筑石膏等级标准

等级	细度（0.2 mm 方孔筛筛余）（%）	凝结时间（min）		2 h 强度（MPa）	
		初凝	终凝	抗折	抗压
3.0				≥3.0	≥6.0
2.0	≤10	≥3	≤30	≥2.0	≥4.0
1.6				≥1.6	≥3.0

4.2.4 石膏的技术性质

（1）凝结硬化快。建筑石膏的初凝和终凝时间很短，加水后 3 min 即开始凝结，终凝不超过 30 min，在室温自然干燥条件下，约 1 周时间可完全硬化。为施工方便，常掺加适量缓凝剂，如硼砂、纸浆废液、骨胶、皮胶等。

（2）孔隙率大，表观密度小，保温、吸声性能好。建筑石膏水化反应的理论需水量仅为其质量的 18.6%，但施工中为了保证浆体有必要的流动性，其加水量常达 60%～80%，多余水分蒸发后，将形成大量孔隙，硬化体的孔隙率可达 50%～60%。由于硬化体的多孔结构特点，而使建筑石膏制品具有表观密度小、质轻、保温隔热性能好和吸声性强等优点。

（3）具有一定的调湿性。由于多孔结构的特点，石膏制品的热容量大、吸湿性强，当室内温度变化时，由于制品的"呼吸"作用，使环境温度、湿度能得到一定的调节。

（4）耐水性、抗冻性差。石膏是气硬性胶凝材料，吸水性大。长期在潮湿环境中，其晶体粒子间的结合力会削弱，直至溶解，因此不耐水、不抗冻。

（5）凝固时体积微膨胀。建筑石膏在凝结硬化时具有微膨胀性，其体积膨胀率为 0.05%～0.15%。这种特性可使成型的石膏制品表面光滑、轮廓清晰、线角饱满、尺寸准确，干燥时不产生收缩裂缝。

（6）防火性好。二水石膏遇火后，结晶水蒸发，形成蒸汽幕，可阻止火势蔓延，起到防火作用。但建筑石膏不宜长期在 65℃ 以上的高温部位使用，以免二水石膏缓慢脱水分解而降低强度。

4.2.5 石膏的应用

不同品种的石膏性质各异,用途也不一样。二水石膏可以作石膏工业的原料,水泥的调节剂等;煅烧的硬石膏可用来浇筑地板和制造人造大理石,也可以作为水泥的原料;建筑石膏(半水石膏)在建筑工程中可用作室内抹灰、粉刷、油漆打底等材料,还可以制造建筑装饰制品、石膏板,以及水泥原料中的调凝剂和激发剂。此处重点学习建筑石膏的应用。

1)室内抹灰及粉刷

将建筑石膏加水调成浆体,用作室内粉刷材料。石膏浆中还可以掺入部分石灰,或将建筑石膏加水、砂拌和成石膏砂浆,用于室内抹灰或作为油漆打底使用。石膏砂浆隔热保温性能好,热容量大,吸湿性大,因此能够调节室内温度和湿度,使其保持均衡状态,给人以舒适感。粉刷后表面光滑,细腻,洁白美观。这种抹灰墙面还具有绝热、阻火、吸声以及施工方便、凝结硬化快、黏结牢固等特点,所以称其为室内高级粉刷和抹灰材料。石膏抹灰的墙面及顶棚,可以直接涂刷油漆及粘贴墙纸。

2)建筑装饰制品

以模型石膏为主要原料,掺加少量纤维增强材料和胶料,加水搅拌成石膏浆体。将浆体注入各种各样的金属(或玻璃)模具中,就获得了花样、形状不同的石膏装饰制品。如平板、多孔板、花纹板、浮雕板等。石膏装饰板具有色彩鲜艳、品种多样、造型美观、施工方便等优点,是公用建筑物和顶棚常用的装饰制品。

3)石膏板

近年来随着框架轻板结构的发展,石膏板的生产和应用也迅速地发展起来。石膏板具有轻质、隔热保温、吸声、不燃以及施工方便等性能。除此之外,还具有原料来源广泛、燃料消耗低、设备简单、生产周期短等优点。常见的石膏板主要有纸面石膏板、纤维石膏板和空心石膏板。另外,新型石膏板材也不断地涌现。

4)石膏墙体材料

石膏墙体材料主要有纸面石膏板、纤维石膏板、空心石膏板和石膏砌块等。

4.2.6 建筑石膏及其制品的储运

建筑石膏在储运过程中,应防止受潮及混入杂物。储存期不宜超过三个月,超过三个月,强度将降低 30% 左右,超过储存期限的石膏应重新进行质量检验,以确定其等级。

储存板材时应按不同品种、规格及等级在室内分类、水平堆放,底层用垫条与地面隔开,堆高不超过 300 mm。在储存和运输过程中,应防止板材受潮和碰损。

【**工程案例分析 4-2**】

石膏饰条粘贴失效

现象:某工人用建筑石膏粉加水,拌成一桶石膏浆,用来在光滑的天花板上直接粘贴石膏饰条,前后半小时完工。几天后,最后粘贴的两条石膏饰条突然坠落。

原因分析:厨房、厕所、浴室等处一般较潮湿,普通石膏制品具有较强的吸湿性和吸水性,在潮湿的环境中,晶体间的黏结力削弱,强度下降、变形,而且还会发霉。

建筑石膏一般不宜在潮湿和温度过高的环境中使用。欲提高其耐水性,可在建筑石膏中掺入一定量的水泥或其他含活性 SiO_2、Al_2O_3 及 CaO 的材料,如粉煤灰、石灰等。掺入有机防水剂亦可改善石膏制品的耐水性。

4.3 其他气硬性胶凝材料

水玻璃俗称"泡花碱",属于气硬性胶凝材料,在建筑工程中常用来配制水玻璃胶泥和水玻璃砂浆、水玻璃混凝土,以及单独使用水玻璃为主要原料配制涂料。水玻璃在防酸工程和耐热工程中的应用甚为广泛。

4.3.1 水玻璃

1) 水玻璃的组成与生产

(1) 水玻璃的组成

水玻璃是一种无色或淡黄、青灰色的透明或半透明的黏稠液体,是一种能溶于水的碱金属硅酸盐,其化学通式为:$R_2O \cdot nSiO_2$。建筑工程中最常用的水玻璃是硅酸钠水玻璃($Na_2O \cdot nSiO_2$,简称钠水玻璃)和硅酸钾水玻璃($K_2O \cdot nSiO_2$,简称钾水玻璃)。最常用的钠水玻璃的生产方法有湿法和干法两种。

水玻璃的模数指硅酸钠中氧化硅和氧化钠的分数之比 ,一般在 1.5～3.5 之间。固体水玻璃在水中溶解的难易随模数而定,模数为 1 时能溶解于常温的水中,模数加大,则只能在热水中溶解;当模数大于 3 时,要在 4 个大气压以上的蒸汽中才能溶解于水。低模数水玻璃的晶体组分较多,黏结能力较差。模数愈高,胶体组分相对增多,黏结能力、强度、耐酸性和耐热性愈高,但难溶于水,不易稀释,不便施工。

液体水玻璃因所含杂质不同而呈青灰色、绿色或微黄色,无色透明的液体水玻璃最好。液体水玻璃可以与水按任意比例混合成不同溶度(或比重)的溶液。同一模数的液体水玻璃,其溶度越稠,则密度越大,黏结力越强,常用水玻璃的密度为 1 300～1 500 kg/m³。在液体水玻璃中加入尿素,在不改变其黏度的情况下可提高其黏结力 25% 左右。

(2) 水玻璃的生产

制造水玻璃的方法很多,大体分为湿制法和干制法两种。它的主要原料是以含 SiO_2 为主的石英岩、石英砂、砂岩、无定形硅石及硅藻土和含 Na_2O 为主的纯碱(Na_2CO_3)、小苏打、硫酸钠(Na_2SO_4)及苛性钠($NaOH$)等。湿制法生产硅酸钠水玻璃是根据石英砂能在高温烧碱中溶解生成硅酸钠的原理进行的。干制法生产是根据纯碱(Na_2CO_3)与石英砂(SiO_2)在高温(1 350℃)熔融状态下反应后生成硅酸钠的原理进行的。

2）水玻璃的硬化

液体水玻璃会吸收空气中的二氧化碳，发生如下反应：

$$Na_2O \cdot nSiO_2 + CO_2 + mH_2O \longrightarrow nSiO_2 \cdot mH_2O + Na_2CO_3$$

上述反应析出无定形二氧化硅凝胶，并逐渐干燥而硬化。这个过程进行得很慢，为了加速硬化，常加入氟硅酸钠（Na_2SiF_6）作为促硬剂，促使硅酸凝胶加速析出，其反应如下：

$$2(Na_2O \cdot nSiO_2) + Na_2SiF_6 + mH_2O \longrightarrow (2n+1)SiO_2 \cdot mH_2O + 6NaF$$

氟硅酸钠的适宜用量为水玻璃质量的 12%～15%，如果用量太少，不但硬化速度缓慢，强度降低，而且未经反应的水玻璃易溶于水，因而耐水性差。但如果用量过多，又会引起凝结速度过快，使施工困难，而且硬化渗水性大，强度也低。加入适量氟硅酸钠的水玻璃 7 d 基本可达到最高强度。

3）水玻璃的性质

（1）黏结力和强度较高。水玻璃硬化后的主要成分为硅凝胶和固体，比表面积大，因而具有较高的黏结力。但水玻璃自身质量、配合料性能及施工养护对强度有显著影响。

（2）耐酸性好。可以抵抗除氢氟酸（HF）、热磷酸和高级脂肪酸以外的几乎所有无机和有机酸。

（3）耐热性好。硬化后形成的二氧化硅网状骨架，在高温下强度下降很小，当采用耐热耐火骨料配制水玻璃砂浆和混凝土时，耐热度可达 1 000 ℃。因此，水玻璃混凝土的耐热度，也可以理解为主要取决于骨料的耐热度。

（4）不耐水。水玻璃再加入氟硅酸钠后仍不能完全硬化，仍然有一定量 $Na_2O \cdot nSiO_2$。由于 $Na_2O \cdot nSiO_2$ 可溶于水，所以水玻璃硬化后不耐水。

（5）不耐碱。硬化后水玻璃中的 $Na_2O \cdot nSiO_2$ 和 SiO_2 均可溶于碱，因而水玻璃不耐碱。

4）水玻璃的应用

水玻璃具有黏结和成膜性好、不燃烧、不易腐蚀、价格便宜、原料易得等优点，多用于建筑涂料、胶结材料及防腐、耐酸材料。

（1）提高抗风化能力。水玻璃溶液涂刷或浸渍材料后，能渗入缝隙和孔隙中，固化的硅凝胶能堵塞毛细孔通道，提高材料的密度和强度，从而提高材料的抗风化能力。但水玻璃不得用来涂刷或浸渍石膏制品。因为水玻璃与石膏反应生成硫酸钠（Na_2SO_4），在制品孔隙内结晶膨胀，导致石膏制品开裂破坏。

（2）加固土壤。将水玻璃与氯化钙溶液交替注入土壤中，两种溶液迅速反应生成硅胶和硅酸钙凝胶，起到胶结和填充孔隙的作用，使土壤的强度和承载能力提高。常用于粉土、砂土和填土的地基加固，称为双液注浆。

（3）配制速凝防水剂。水玻璃可与多种矾配制成速凝防水剂，用于堵漏、填缝等局部抢修。这种多矾防水剂的凝结速度很快，一般为几分钟，其中四矾防水剂不超过 1 min，故工地上使用时必须做到即配即用。

（4）配制耐酸胶凝。耐酸胶凝是用水玻璃和耐酸粉料（常用石英粉）配制而成。与耐酸砂浆和混凝土一样，主要用于有耐酸要求的工程，如硫酸池等。

（5）配制耐热砂浆。水玻璃胶凝主要用于耐火材料的砌筑和修补。水玻璃耐热砂浆和混凝土主要用于高炉基础和其他有耐热要求的结构部位。

（6）防腐工程应用。改性水玻璃耐酸泥是耐酸腐蚀重要材料，主要特性是耐酸、耐温、密实抗渗、价格低廉、使用方便，可拌和成耐酸胶泥、耐酸砂浆和耐酸混凝土，适用于化工、冶金、电力、煤炭、纺织等部门各种结构的防腐蚀工程，是防酸建筑结构储酸池、耐酸地坪以及耐酸表面砌筑的理想材料。

4.3.2 菱苦土

菱苦土，又称镁质胶凝材料或氯氧镁水泥，其主要成分为 MgO。菱苦土硬化后的主要产物为 $x\text{Mg(OH)}_2 \cdot y\text{MgCl}_2 \cdot z\text{H}_2\text{O}$，其吸湿性大，耐水性差，遇水或吸湿后易产生翘曲变形，表面泛霜，且强度大大降低。因此，菱苦土制品不宜用于潮湿环境。

使用玻璃纤维增强的菱苦土制品具有很高的抗折强度和抗冲击能力，其主要产品为玻璃纤维增强菱苦土波瓦。

【工程案例分析 4-3】

水玻璃与铝合金窗表面的斑迹

现象：在某些建筑物的室内墙面装修过程中可以观察到，使用以水玻璃为成膜物质的腻子作为底层涂料，施工过程往往会散落到铝合金窗上，造成了铝合金窗外表形成有损美观的斑迹。

原因分析：一方面铝合金制品不耐酸碱，而另一方面水玻璃呈强碱性。当含碱涂料与铝合金接触时，引起铝合金窗表面发生腐蚀反应：

$$\text{Al}_2\text{O}_3 + 2\text{Na(OH)} = 2\text{NaAlO}_2 + \text{H}_2\text{O}$$

$$2\text{Al} + 2\text{H}_2\text{O} + 2\text{NaOH} = 2\text{NaAlO}_2 + 3\text{H}_2\uparrow$$

从而使铝合金表面锈蚀而形成斑迹。

【现代建筑材料知识拓展】

菱苦土地面

菱苦土地面是用菱苦土、锯末、滑石粉和矿物颜料干拌均匀后，加入氯化镁溶液调制成胶泥，铺抹压光，硬化稳定后，用磨光机磨光打蜡而成。菱苦土地面易于清洁，有一定弹性，热工性能好，适用于有清洁、弹性要求的房间。由于这种地面不耐水，也不耐高温，因此，不宜用于经常有水存留及地面温度经常处在 35℃ 以上的房间。

菱苦土楼地面是用菱苦土、锯木屑和氯化镁溶液等拌合料铺设而成的。菱苦土楼地面可铺设成单层或双层。单层楼地面厚度一般为 12～15 mm，双层楼地面的面层厚度一般为 8～10 mm，下层厚度一般为 12～15 mm。为使菱苦土面层表面美观、耐磨、光滑，可在面层拌合料中掺入适量的颜料、砂（石屑）和滑石粉。其拌合料用氯化镁溶液拌制。菱苦土面层达到一定强度后还要进行磨光、涂油、打蜡抛光。

课后思考题

一、填空题

1. 石灰石的主要成分是_____，生石灰的主要成分是_____，消石灰的主要成分是_____。

2. 石灰的凝结硬化过程主要包括_____和_____两个过程。

3. 建筑石膏凝结硬化的速度_____，硬化后孔隙率_____，强度_____，导热系数_____，耐水性_____，体积有_____。

4. 水玻璃 $Na_2O \cdot nSiO_2$ 中的 n 称为_____，该值越大，水玻璃黏性越_____。

二、单项选择题

1. （　　）属于水硬性胶凝材料。

A. 石灰　　　　　　B. 水泥　　　　　　C. 石膏　　　　　　D. 沥青

2. 建筑石灰熟化时进行陈伏的目的是（　　）。

A. 消除过火石灰的危害　　　　　　B. 使 $Ca(OH)_2$ 结晶与碳化

C. 消除欠火石灰的危害　　　　　　D. 减少熟化产生的热量并增加产量

3. 石灰不适用于（　　）。

A. 基础垫层　　　　　　　　　　　B. 抹面砂浆

C. 砌筑砂浆　　　　　　　　　　　D. 屋面防水隔热层

4. 石膏制品抗火性好的主要原因是（　　）。

A. 制品内部孔隙率大　　　　　　　B. 含有大量结晶水

C. 吸水性强　　　　　　　　　　　D. 硬化快

三、名词解释

1. 石灰土　　　2. 三合土　　　3. 石灰的陈伏　　　4. 建筑石膏

5. 高强石膏　　　6. 水玻璃模数　　　7. 菱苦土

四、简答题

1. 什么是胶凝材料、气硬性胶凝材料、水硬性胶凝材料？

2. 生石膏和建筑石膏的成分分别是什么？石膏浆体是如何凝结硬化的？

3. 为什么说建筑石膏是功能性较好的建筑材料？

4. 建筑石灰按加工方法不同可分为哪几种？它们的主要化学成分各是什么？

5. 什么是欠火石灰和过火石灰？它们对石灰的使用有什么影响？

6. 试从石灰浆体硬化原理来分析石灰为什么是气硬性胶凝材料。

7. 石灰是气硬性胶凝材料，耐水性较差，但为什么拌制的灰土、三合土却具有一定的耐水性？

5

水 泥

本章是重点章,共 4 节。本章的学习目标是:

(1) 掌握通用硅酸盐水泥的基本概念和分类、组分与组成材料以及技术要求。

(2) 理解通用硅酸盐水泥的凝结硬化机理。

(3) 掌握通用硅酸盐水泥的腐蚀机理、特性及应用。

本章的难点是硅酸盐水泥熟料的矿物组成及性能特点,重点是几种通用硅酸盐水泥的性能特点和选用原则。

水泥品种繁多,建议学习中以硅酸盐水泥为点,搞清楚此点后拓展至其他通用硅酸盐水泥,再拓展至其他特性水泥和专用水泥,采用点面结合、对比的学习方法。

水泥是水硬性胶凝材料的通称。凡细磨材料与水混合后成为塑性浆体,经一系列物理、化学作用形成坚硬的石状体,并能将砂石等散粒状材料胶结成为整体的水硬性胶凝材料,统称为水泥。

水泥是建筑工程中最重要的建筑材料之一。随着我国现代化建设的高速发展,水泥的应用越来越广泛。不仅大量应用于工业与民用建筑,而且广泛应用于公路、铁路、水利电力、海港和国防等工程中。

水泥品种繁多。按主要水硬性物质,水泥可分为硅酸盐水泥、铝酸盐水泥、硫铝酸盐水泥、铁铝酸盐水泥、氟铝酸盐水泥等系列,其中以硅酸盐系列水泥的应用最广。硅酸盐系列水泥按用途和性能,又可将其划分为通用水泥、专用水泥和特性水泥三大类。

通用水泥是指用于一般土木工程的水泥,主要包括硅酸盐水泥、普通硅酸盐水泥、矿渣硅酸盐水泥、火山灰质硅酸盐水泥、粉煤灰硅酸盐水泥、复合硅酸盐水泥六大品种。专用水泥是指具有专门用途的水泥,如道路水泥、大坝水泥、砌筑水泥等。特性水泥是指在某方面具有突出性能的水泥,如膨胀硅酸盐水泥、快硬硅酸盐水泥、白色硅酸盐水泥、低热硅酸盐水泥和抗硫酸盐硅酸盐水泥等。

5.1 通用硅酸盐水泥概述

通用硅酸盐水泥按混合材料的品种和掺量分为硅酸盐水泥、普通硅酸盐水泥、矿渣硅酸盐水泥、火山灰质硅酸盐水泥、粉煤灰硅酸盐水泥和复合硅酸盐水泥。

5.1.1 通用硅酸盐水泥生产

通用硅酸盐水泥的生产原料主要是石灰质原料和黏土质原料。石灰质原料主要提供 CaO,它可以采用石灰石、白垩、石灰质凝灰岩等。黏土质原料主要提供 SiO_2、Al_2O_3 及少量 Fe_2O_3,它可以采用黏土、黄土、页岩、泥岩及河泥等。为了弥补黏土中 Fe_2O_3 含量之不足,需加入铁矿粉、黄铁矿渣等。

通用硅酸盐水泥生产工艺可概括为"两磨一烧"。即:原材料按比例混合磨细而得到生料;生料煅烧成为熟料;熟料加石膏、混合材料经磨细即生产成为通用硅酸盐水泥。见图 5-1。

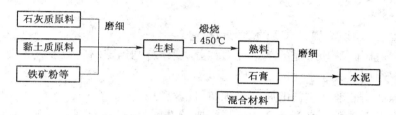

图 5-1 硅酸盐水泥生产的主要工艺流程

5.1.2 通用硅酸盐水泥的组分与组成材料

1) 组分

通用硅酸盐水泥的组分应符合表 5-1 的规定。

表 5-1 通用硅酸盐水泥的组分(%)

品种	代号	组分				
		熟料＋石膏	粒化高炉矿渣	火山灰质混合材料	粉煤灰	石灰石
硅酸盐水泥	P·I	100	—	—	—	—
	P·II	≥95	≤5	—	—	—
		≥95	—	—	—	≤5
普通硅酸盐水泥	P·O	≥80 且＜95	>5 且≤20			
矿渣硅酸盐水泥	P·S·A	≥50 且＜80	>20 且≤50	—	—	—
	P·S·B	≥30 且＜50	>50 且≤70	—	—	—
火山灰质硅酸盐水泥	P·P	≥60 且＜80	—	>20 且≤40	—	—
粉煤灰硅酸盐水泥	P·F	≥60 且＜80	—	—	>20 且≤40	—
复合硅酸盐水泥	P·C	≥50 且＜80	>20 且≤50			

2）组成材料

通用硅酸盐水泥由硅酸盐水泥熟料、石膏和混合材料等组成。

（1）硅酸盐水泥熟料

硅酸盐水泥熟料是由主要含 CaO、SiO_2、Al_2O_3、Fe_2O_3 的原料，按适当比例磨成细粉成为生料，生料经煅烧至部分熔融，得到以硅酸钙为主要矿物成分的水硬性胶凝物质。其中硅酸钙矿物含量不小于 66％，氧化钙和氧化硅质量比不小于 2.0。

生料在煅烧过程中，首先是石灰石和黏土分别分解出 CaO、SiO_2、Al_2O_3、Fe_2O_3，然后在 800～1 200℃的温度范围内相互反应，经过一系列的中间反应过程后，生成硅酸二钙（$2CaO \cdot SiO_2$）、铝酸三钙（$3CaO \cdot Al_2O_3$）、铁铝酸四钙（$4CaO \cdot Al_2O_3 \cdot Fe_2O_3$），在 1 400～1 450℃的温度范围内，硅酸二钙又与 CaO 在熔融状态下发生反应生成硅酸三钙（$3CaO \cdot SiO_2$）。这些经过反应形成的化合物——硅酸三钙、硅酸二钙、铝酸三钙、铁铝酸四钙，统称为硅酸盐水泥熟料的矿物组成。

硅酸盐水泥熟料四种矿物组成的名称、分子式、简写代号和含量范围如下：

硅酸三钙　$3CaO \cdot SiO_2$，简写为 C_3S，含量 37％～60％；

硅酸二钙　$2CaO \cdot SiO_2$，简写为 C_2S，含量 15％～37％；

铝酸三钙　$3CaO \cdot Al_2O_3$，简写为 C_3A，含量 7％～15％；

铁铝酸四钙　$4CaO \cdot Al_2O_3 \cdot Fe_2O_3$，简写为 C_4AF，含量 10％～18％。

以上主要四种熟料矿物单独与水作用时的特性见表5-2。

表 5-2　硅酸盐水泥熟料矿物与水作用的特性

名　　称	硅酸三钙	硅酸二钙	铝酸三钙	铁铝酸四钙
凝结硬化速度	快	慢	最快	快
水化放热量	大	小	最大	中
早期强度	高	低	低	中
后期强度	高	高	低	低
耐腐蚀性	差	好	最差	中

水泥中各熟料矿物的含量，决定着水泥某一方面的性能。改变熟料矿物组成之间的比例，水泥的性质就会发生相应的变化。如提高硅酸三钙的相对含量，就可以制得高强水泥和早强水泥；提高硅酸二钙的相对含量，同时适当降低硅酸三钙与铝酸三钙的相对含量，即可制得低热水泥或中热水泥。

（2）石膏

石膏在通用硅酸盐水泥中起调节凝结时间的作用，如天然石膏、工业副产石膏。

天然石膏应符合 GB/T 5483—2008 中规定的 G 类或 M 类二级（含）以上的石膏或混合石膏。

工业副产石膏是以硫酸钙为主要成分的工业副产物，采用前应经过试验证明其对水泥性能是无害的。

（3）混合材料

在生产水泥时，为改善水泥性能，调节强度等级，提高产量，降低生产成本，扩大其应用范围，而加到水泥中去的人工的或天然的矿物材料，称为水泥混合材料。水泥混合材料按其性能可分为活性混合材料和非活性混合材料两大类。

① 活性混合材料

活性混合材料是指具有火山灰特性或潜在水硬性的矿物材料。常温下能与氢氧化钙和水发生水化反应,生成水硬性水化产物,并能逐渐凝结硬化产生强度的混合材料。

在水泥生产中,常用的这类材料主要有符合 GB/T 203—2008、GB/T 18046—2008、GB/T 1596—2005、GB/T 2847—2005 标准要求的粒化高炉矿渣、粉煤灰、火山灰质混合材料。它们与水调和后,本身不会硬化或硬化极为缓慢,强度很低。但在氢氧化钙溶液中,就会发生显著的水化,而且在饱和氢氧化钙溶液中水化更快。

A. 粒化高炉矿渣　炼铁高炉的熔融矿渣,经急速冷却而成的松软颗粒即为粒化高炉矿渣。急冷一般采用水淬的方法进行,故又称为水淬高炉矿渣。颗粒直径一般为 0.5～5 mm。粒化高炉矿渣中的活性成分主要为 CaO、Al_2O_3、SiO_2,通常约占总量的 90% 以上,另外还有少量的 MgO、FeO 和一些硫化物等,本身具有弱水硬性。

B. 火山灰质混合材料　主要成分为活性 SiO_2、Al_2O_3,一般是以玻璃体形式存在,当遇到石灰质材料(CaO)时,会与之发生化学反应生成水硬性凝胶。具有这种特性的材料除火山灰外,还有其他天然的矿物材料(如凝灰岩、浮石、硅藻土等)和人工的矿物材料(如烧黏土、煤矸石灰渣、粉煤灰及硅灰等)。

C. 粉煤灰　从主要的化学活性成分来看,粉煤灰属于火山灰质混合材料。粉煤灰是火力发电厂的废料。煤粉燃烧以后形成质量很轻的煤灰,如果煤灰随着尾气被排放到空气中,会造成严重污染,因此尾气在排放之前须经过一个水洗的过程,洗下来的煤灰就称为粉煤灰。粉煤灰经骤然冷却而成,它的颗粒直径一般为 0.001～0.05 mm,呈玻璃态实心或空心的球状颗粒。粉煤灰的主要化学成分是活性 SiO_2、Al_2O_3。

② 非活性混合材料

磨细的石英砂、石灰石、黏土、慢冷矿渣及各种废渣等属于非活性混合材料。它们与水泥成分不起化学作用或化学作用很小,非活性混合材料掺入硅酸盐水泥中仅起提高水泥产量和降低水泥强度、减少水化热等作用。当采用高强度等级水泥拌制强度较低的砂浆或混凝土时,可掺入非活性混合材料以代替部分水泥,起到降低成本及改善砂浆或混凝土和易性的作用。

5.1.3　技术要求

1) 化学指标

(1) 化学组成。化学指标应符合表 5-3 规定。

表 5-3　通用硅酸盐水泥的化学指标(%)

品种	代号	不溶物	烧失量	三氧化硫	氧化镁	氯离子
硅酸盐水泥	P·Ⅰ	≤0.75	≤3.0	≤3.5	≤5.0①	≤0.06③
	P·Ⅱ	≤1.50	≤3.5			
普通硅酸盐水泥	P·O	—	≤5.0			
矿渣硅酸盐水泥	P·S·A	—	—	≤4.0	≤6.0②	—
	P·S·B				—	

续表 5-3

品种	代号	不溶物	烧失量	三氧化硫	氧化镁	氯离子
火山灰质硅酸盐水泥	P·P	—	—			
粉煤灰硅酸盐水泥	P·F	—	—	≤3.5	≤6.0②	≤0.06③
复合硅酸盐水泥	P·C	—	—			

注：① 如果水泥压蒸试验合格，则水泥中氧化镁的含量允许放宽至 6.0%。
　　② 如果水泥中氧化镁的含量大于 6.0%，需进行水泥压蒸安定性试验并合格。
　　③ 当有更低要求时，该指标由买卖双方协商确定。

（2）碱含量（选择性指标）。水泥中碱含量按 $Na_2O+0.658K_2O$ 计算值表示。若使用活性骨料，用户要求提供低碱水泥时，水泥中的碱含量应不大于 0.60% 或由买卖双方协商确定。

2）物理指标

（1）凝结时间

水泥从加水开始到失去流动性，即从可塑性状态发展到固体状态所需要的时间称为凝结时间。凝结时间又分为初凝时间和终凝时间。初凝时间是指从水泥加水拌和起到水泥浆开始失去塑性所需的时间；终凝时间是从水泥加水拌和时起到水泥浆完全失去可塑性，并开始具有强度所需的时间。

水泥的凝结时间在施工中有重要意义。初凝时间不宜过早是为了有足够的时间对混凝土进行搅拌、运输、浇注和振捣；终凝时间不宜过长是为了使混凝土尽快硬化，产生强度，以便尽快拆去模板，提高模板周转率。

（2）体积安定性

水泥凝结硬化过程中，体积变化是否均匀适当的性质称为体积安定性。一般来说，硅酸盐水泥在凝结硬化过程中体积略有收缩，这些收缩绝大部分是在硬化之前完成的，因此水泥石（包括混凝土和砂浆）的体积变化比较均匀适当，即体积安定性良好。如果水泥中某些成分的化学反应不能在硬化前完成而在硬化后进行，并伴随体积不均匀的变化便会在已硬化的水泥石内部产生内应力，达到一定程度时会使水泥石开裂，从而引起工程质量事故，即体积安定性不良。

引起水泥安定性不良的原因有很多，主要有以下三种：熟料中所含的游离氧化钙过多、熟料中所含的游离氧化镁过多或掺入的石膏过多。

熟料中所含的游离氧化钙或氧化镁都是过烧的，熟化很慢，在水泥硬化后才进行熟化，这是一个体积膨胀的化学反应，固相体积分别增大到 1.98 倍和 2.48 倍，引起不均匀的体积变化，使水泥石开裂。

$$CaO + H_2O \longrightarrow Ca(OH)_2$$

$$MgO + H_2O \longrightarrow Mg(OH)_2$$

当石膏掺量过多时，在水泥硬化后，它还会继续与固态的水化铝酸钙反应生成高硫型水化硫铝酸钙，体积约增大 2.22 倍，也会引起水泥石开裂。

国家标准规定：由游离 CaO 过多引起的水泥体积安定性不良可用沸煮法（雷氏法和试饼法）检验，在有争议时以雷氏法为准。由于游离 MgO 的水化作用比游离 CaO 更加缓慢，所以必须用压蒸法才能检验出它的危害作用。石膏的危害则需长期浸在常温水中才能发现。

（3）强度

水泥作为胶凝材料，强度是它最重要的性质之一，也是划分强度等级的依据。水泥强度一般是指水泥胶砂试件单位面积上所能承受的最大外力，根据外力作用方式的不同，把水泥强度分为抗压强度、抗折强度、抗拉强度等，这些强度之间既有内在的联系又有很大的区别。水泥的抗压强度最高，一般是抗拉强度的 10～20 倍，实际建筑结构中主要是利用水泥的抗压强度较高的特点。

硅酸盐水泥的强度主要取决于四种熟料矿物的比例和水泥细度，此外还和试验方法、试验条件、养护龄期有关。

国家标准规定：将水泥、标准砂和水按规定比例（水泥：标准砂：水＝1：3：0.5），用规定方法制成规格为 40 mm×40 mm×160 mm 的标准试件，在标准条件（1 d 内为 20±1℃、相对湿度 90％以上的养护箱中，1 d 后放入 20℃±1℃的水中）下养护，测定其 3 d 和 28 d 龄期时的抗折强度和抗压强度。根据 3 d 和 28 d 时的抗折强度和抗压强度划分硅酸盐水泥的强度等级，并按照 3 d 强度的大小分为普通型和早强型（用 R 表示）。

（4）细度（选择性指标）

水泥细度是指水泥颗粒粗细的程度。

水泥与水的反应从水泥颗粒表面开始，逐渐深入到颗粒内部。水泥颗粒越细，其比表面积越大，与水的接触面积越多，水化反应进行得越快和越充分。一般认为，粒径小于 40 μm 的水泥颗粒才具有较高的活性，大于 90 μm 的颗粒则几乎接近惰性。因此，水泥的细度对水泥的性质有很大影响。通常水泥越细，凝结硬化越快，强度（特别是早期强度）越高，收缩也增大。但水泥越细，越易吸收空气中水分而受潮形成絮凝团，反而会使水泥活性降低。此外，提高水泥的细度要增加粉磨时的能耗，降低粉磨设备的生产率，增加成本。

国家标准规定：硅酸盐水泥和普通硅酸盐水泥的细度采用比表面积测定仪（勃氏法），矿渣硅酸盐水泥、火山灰质硅酸盐水泥、粉煤灰硅酸盐水泥和复合硅酸盐水泥的细度采用 80 μm 方孔筛或 45 μm 方孔筛的筛余表示。

（5）水化热

水泥在水化过程中放出的热称为水化热。水化放热量和放热速度不仅取决于水泥的矿物组成，而且还与水泥细度、水泥中掺混合材料及外加剂的品种、数量等有关。硅酸盐水泥水化放热量大部分在早期放出，以后逐渐减少。

大型基础、水坝、桥墩等大体积混凝土构筑物，由于水化热聚集在内部不易散热，内部温度常上升到 50～60℃以上，内外温度差引起的应力，可使混凝土产生裂缝，因此水化热对大体积混凝土是有害因素。在大体积混凝土工程中，不宜采用硅酸盐水泥这类水化热较高的水泥品种。

5.1.4 水泥的储运与验收

1）质量评定

通用硅酸盐水泥性能中，凡化学指标中任一项及凝结时间、强度、体积安定性中的任一项不符合标准规定的指标时都为不合格品。

2）储运与包装

水泥储运方式主要有散装和袋装。散装水泥从出厂、运输、储存到使用，直接通过专用工具进行,发展散装水泥具有较好的经济效益和社会效益。袋装水泥一般采用 50 kg 包装袋的形式。国家标准规定:袋装水泥每袋净含量 50 kg,且不得少于标志质量的 98%,随机抽取 20 袋总净质量不得少于 1 000 kg。水泥的包装和标志在国家标准中都作了明确的规定:水泥袋上应清楚标明产品名称,代号,净含量,强度等级,生产许可证编号,生产者名称和地址,出厂编号,执行标准号,包装年、月、日等。外包装上印刷体的颜色也作了具体规定,如硅酸盐水泥和普通水泥的印刷采用红色,矿渣水泥采用绿色,火山灰和粉煤灰水泥采用黑色。

水泥进场后的保管应注意以下问题:

(1) 不同生产厂家、不同品种、强度等级和不同出厂日期的水泥应分开堆放,不得混存混放,更不能混合使用。

(2) 水泥的吸湿性大,在储存和保管时必须注意防潮防水。临时存放的水泥要做好上盖下垫:必要时盖上塑料薄膜或防雨布,要垫高存放,离地面或墙面至少 200 mm 以上。

(3) 存放袋装水泥,堆垛不宜太高,一般以 10 袋为宜。太高会使底层水泥过重而造成袋包装破裂,使水泥受潮结块。如果储存期较短或场地太狭窄,堆垛可以适当加高,但最多不宜超过 15 袋。

(4) 水泥储存时要合理安排库内出入通道和堆垛位置,以使水泥能够实行先进先出的发放原则。避免部分水泥因长期积压在不易运出的角落里,造成受潮而变质。

(5) 水泥储存期不宜过长,以免受潮变质或引起强度降低。储存期按出厂日期起算,一般水泥为三个月,铝酸盐水泥为两个月,快硬水泥和快凝快硬水泥为一个月。水泥超过储存期必须重新检验,根据检验的结果决定是否继续使用或降低强度等级使用。

水泥在储存过程中易吸收空气中的水分而受潮,水泥受潮以后多出现结块现象,而且烧失量增加,强度降低。对水泥受潮程度的鉴别和处理方法见表 5-4。

表 5-4　受潮水泥的简易鉴别和处理方法

受潮程度	水泥外观	手 感	强度降低	处理方法
轻微受潮	水泥新鲜,有流动性,肉眼观察完全呈细粉	用手捻碾无硬粒	强度降低不超过 5%	使用不改变
开始受潮	水泥凝有小球粒,但易散成粉末	用手捻碾无硬粒	强度降低 5%~10%	用于要求不严格的工程部位
受潮加重	水泥细度变粗,有大量小球粒和松块	用手捻碾,球粒可成细粉,无硬粒	强度降低 15%~20%	将松块压成粉末,降低强度用于要求不严格的工程部位
受潮较重	水泥结成粒块,有少量硬块,但硬块较松,容易击碎	用手捻碾,不能变成粉末,有硬粒	强度降低 30%~50%	用筛子筛去硬粒、硬块,降低强度用于要求较低的工程部位
严重受潮	水泥中有许多硬粒、硬块,难以压碎	用手捻碾不动	强度降低 50% 以上	不能用于工程中

【工程案例分析 5-1】

挡墙开裂与水泥的选用

现象:某大体积的混凝土工程,浇筑两周后拆模,发现挡墙有多道贯穿型的纵向裂纹。该工程使用某立窑水泥厂生产的 42.5 Ⅱ 型硅酸盐水泥,其熟料矿物组成如下:

C_3S	C_2S	C_3A	C_4AF
61%	14%	14%	11%

原因分析:由于该工程所使用的水泥 C_3A 和 C_3S 含量高,导致该水泥的水化热高,且在浇筑混凝土中,混凝土的整体温度高,以后混凝土温度随环境温度下降,混凝土产生冷缩,造成混凝土贯穿型的纵向裂缝。

5.2　硅酸盐水泥

按国家标准《通用硅酸盐水泥》(GB 175—2007)规定:凡由硅酸盐水泥熟料、0～5%石灰石或粒化高炉矿渣、适量石膏磨细制成的水硬性胶凝材料,称为硅酸盐水泥(即国外通称的波特兰水泥)。硅酸盐水泥分为两种类型,不掺混合材料的称为 I 型硅酸盐水泥,代号为 P·I。在硅酸盐水泥粉磨时掺加不超过水泥质量5%的石灰石或粒化高炉矿渣混合材料的称为 II 型硅酸盐水泥,代号为 P·II。

5.2.1　硅酸盐水泥的水化、凝结与硬化

1)硅酸盐水泥的水化

水泥加水拌和后,水泥颗粒分散于水中并与水发生水化反应,生成水化产物并放出热量。其反应式如下:

$$2(3CaO \cdot SiO_2) + 6H_2O \longrightarrow 3CaO \cdot 2SiO_2 \cdot 3H_2O + 3Ca(OH)_2$$
　　　　　　　　　　　　　　　(水化硅酸钙凝胶)　　(氢氧化钙晶体)

$$2(2CaO \cdot SiO_2) + 4H_2O \longrightarrow 3CaO \cdot 2SiO_2 \cdot 3H_2O + Ca(OH)_2$$

$$3CaO \cdot Al_2O_3 + 6H_2O \longrightarrow 3CaO \cdot Al_2O_3 \cdot 6H_2O$$
　　　　　　　　　　　　　　　　　(水化铝酸钙晶体)

$$4CaO \cdot Al_2O_3 \cdot Fe_2O_3 + 7H_2O \longrightarrow 3CaO \cdot Al_2O_3 \cdot 6H_2O + CaO \cdot Fe_2O_3 \cdot H_2O$$
　　　　　　　　　　　　　　　　　　　　　　(水化铁酸钙凝胶)

$$3CaO \cdot Al_2O_3 \cdot 6H_2O + 3(CaSO_4 \cdot 2H_2O) + 19H_2O \longrightarrow 3CaO \cdot Al_2O_3 \cdot 3CaSO_4 \cdot 31H_2O$$
　　　　　　　　　　　　　　　　　　　　　　　(高硫型水化硫铝酸钙晶体)

硅酸盐水泥与水作用后,生成的主要水化物有:水化硅酸钙凝胶(分子式简写为 C—S—H)、水化铁酸钙凝胶、氢氧化钙、水化铝酸钙和高硫型水化硫铝酸钙晶体。在充分水化的水泥石中,C—S—H 凝胶约占 70%,Ca(OH)$_2$ 约占 20%,钙矾石(AF_t)和单硫型水化硫铝酸钙(AF_m)约占 7%。

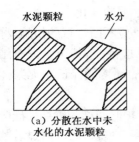

（a）分散在水中未
水化的水泥颗粒

（b）在水泥颗粒表面
形成水化物膜层

（c）膜层长大并出现
网状构造（凝胶）

（d）水化物逐步发展，
填充毛细孔

图 5-2　水泥凝结硬化过程示意图

2）硅酸盐水泥的凝结与硬化

水和水泥接触后，水泥颗粒表面的水泥熟料先溶解于水，然后与水反应，或水泥熟料在固态直接与水反应，生成相应的水化产物，水化产物先溶解于水。在水化初期，水化产物不多，水泥颗粒之间还是分离着的，水泥浆具有可塑性。随着时间的推移，水泥颗粒不断水化，新生水化产物不断增多，使水泥颗粒间的空隙逐渐缩小，并逐渐接近，以至相互接触，形成凝聚结构。凝聚结构的形成，使水泥浆开始失去可塑性，这就是水泥的"初凝"。

随着以上过程的不断进行，固态的水化产物不断增多，颗粒间的接触点数目增加，结晶体和凝胶体互相贯穿形成的凝聚-结晶网状结构不断加强。而固相颗粒之间的空隙（毛细孔）不断减小，结构逐渐紧密，使水泥浆体完全失去可塑性，水泥表现为"终凝"。之后水泥石进入硬化阶段。进入硬化阶段后，水泥的水化速度逐渐减慢，水化产物随时间的增长而逐渐增加，扩展到毛细孔中，使结构更趋致密，强度逐渐提高。

硬化后的水泥浆体称为水泥石，主要由凝胶体、晶体、未水化的水泥熟料颗粒、毛细孔及游离水分等组成。

3）凝结过程中的快凝现象

水泥在使用中，有时会发生不正常的快凝现象，有假凝和瞬凝两种。假凝是指水泥与水拌和几分钟后就发生的、没有明显放热的凝固现象。而瞬凝是指水泥与水拌和后立刻出现的、有明显放热现象的快凝现象。

假凝出现后可不再加水，而是将已凝固的水泥浆继续搅拌，便可恢复塑性，对强度无明显影响，水泥可继续使用。而瞬凝出现后，水泥浆体在大量放热的情况下很快凝结成为一种很粗糙且和易性差的拌合物，严重降低水泥的强度，影响水泥的正常使用。

产生快凝现象的原因主要是水泥中的石膏在磨细过程中脱水造成假凝，或者水泥中未掺石膏或石膏掺量不足导致水泥产生瞬凝。

4）影响水泥凝结硬化的因素

（1）矿物组成。熟料各矿物的水化特性是不同的，它们相对含量的变化，将导致不同的凝结硬化特性。比如当水泥中 C_3A 含量高时，水化速度快，但强度不高；而 C_2S 含量高时，水化速率慢，早期强度低，后期强度高。

（2）细度。水泥颗粒细，比表面积增加，与水反应的机会增多，水化加快，从而加速水泥的凝结、硬化，提高早期强度。

（3）拌和水量。水泥水化反应理论用水量约占水泥质量的 23%。加水太少，水化反应不能充分进行;加水太多,难以形成网状构造的凝胶体,延缓甚至不能使水泥浆硬化。

（4）养护温度和湿度。保持合适的环境温度和湿度,使水泥水化反应不断进行的措施,称为养护。水泥的水化反应随温度升高,反应加快。负温条件下,水化反应停止,甚至水泥石结构有冻坏的可能。水泥水化反应必须在潮湿的环境中才能进行,潮湿的环境能保证水泥浆体中的水分不蒸发,水化反应得以维持。

（5）龄期。从水泥加水拌和之日起至实测性能之日止,所经历的养护时间称为龄期。硅酸盐水泥早期强度增长较快,后期逐渐减慢。水泥加水后,起初 3～7 d 强度发展快,28 d 后显著减慢。但是,只要维持适当的温度和湿度,水泥强度在几个月、几年,甚至几十年后还会持续增长。

5.2.2 水泥石的腐蚀与防止

硅酸盐水泥硬化后,在通常使用条件下具有较好的耐久性。但在某些腐蚀性液体或气体介质中,会逐渐受到腐蚀而导致破坏,强度下降以致全部崩溃,这种现象就称为水泥石的腐蚀。

1）水泥石的腐蚀

（1）软水侵蚀（溶出性侵蚀）

当水泥石长期处于软水中,最先溶出的是氢氧化钙。在静水及无水压的情况下,由于周围的水易被溶出的氢氧化钙所饱和,使溶解作用中止,所以溶出仅限于表层,影响不大。但在流水及压力水作用下,氢氧化钙会不断溶解流失,而且,由于氢氧化钙浓度的继续降低,还会引起其他水化产物的分解溶蚀,使水泥石结构遭受进一步的破坏。

（2）盐类腐蚀

① 硫酸盐及氯盐腐蚀（膨胀型腐蚀）。硫酸盐腐蚀为膨胀性化学腐蚀。在海水、湖水、沼泽水、地下水、某些工业污水中常含钠、钾、铵等硫酸盐,它们与水泥石中的氢氧化钙起化学反应生成硫酸钙,硫酸钙又继续与水泥石中的水化铝酸钙作用,生成比原来体积增加 2.22 倍的高硫型水化硫铝酸钙（即钙矾石）,而产生较大体积膨胀,对水泥石起极大的破坏作用。

$$3CaO \cdot Al_2O_3 \cdot 6H_2O + 3(CaSO_4 \cdot 2H_2O) + 19H_2O \longrightarrow 3CaO \cdot Al_2O_3 \cdot 3CaSO_4 \cdot 31H_2O$$

高硫型水化硫铝酸钙呈针状晶体,通常称为"水泥杆菌"。

氯盐会对水泥石尤其是钢筋产生严重锈蚀。这里主要介绍氯盐对水泥石的影响。氯盐进入水泥石主要有两种途径:一是施工过程中掺加氯盐外加剂如氯化钙等或在拌合水中含有氯盐成分而混入;另一种是由于环境中所含氯盐渗透到水泥石中,如工业中的氯及氯化钙污染地区、沿海地区、盐湖地带等。氯盐腐蚀机理是由于 $NaCl$ 和 $CaCl_2$ 等氯盐同水泥中的水化铝酸钙作用生成膨胀型复盐,使已硬化的水泥石破坏,其反应式如下:

$$3CaO \cdot Al_2O_3 \cdot 6H_2O + CaCl_2 + 4H_2O \longrightarrow 3CaO \cdot Al_2O_3 \cdot CaCl_2 \cdot 10H_2O$$

② 镁盐腐蚀（双重腐蚀）。在海水及地下水中,常含大量的镁盐,主要是硫酸镁和氯化镁,它们与水泥石中的氢氧化钙发生化学反应:

$$MgSO_4 + Ca(OH)_2 + 2H_2O \longrightarrow CaSO_4 \cdot 2H_2O + Mg(OH)_2$$

$$MgCl_2 + Ca(OH)_2 \longrightarrow CaCl_2 + Mg(OH)_2$$

生成的氢氧化镁松软而且无胶凝能力,氯化钙易溶于水,二水石膏则引起硫酸盐的破坏作用。因此,镁盐腐蚀属于双重腐蚀,腐蚀特别严重。

（3）酸类腐蚀（溶解性腐蚀）

① 碳酸腐蚀。在工业污水、地下水中常溶解有较多的二氧化碳,对水泥石会产生腐蚀作用,二氧化碳与水泥石中的氢氧化钙作用生成碳酸钙:

$$Ca(OH)_2 + CO_2 + H_2O \longrightarrow CaCO_3 \downarrow + 2H_2O$$

碳酸钙再与含碳酸的水作用转变成重碳酸钙而易溶于水:

$$CaCO_3 + CO_2 + H_2O \longrightarrow Ca(HCO_3)_2$$

该水化反应是可逆反应。当水中含有较多的碳酸,并超过平衡浓度,则反应向正反应方向进行。因此水泥石中的 $Ca(OH)_2$ 通过转变为易溶的重碳酸钙而溶失,从而使水泥石结构破坏。同时,$Ca(OH)_2$ 浓度的降低又会导致其他水化产物的分解,进一步加剧腐蚀破坏作用。

② 一般酸性腐蚀。在工业废水、地下水、沼泽水中常含无机酸和有机酸,工业窑炉中的烟气常含有氧化硫,遇水后即生成亚硫酸。各种酸类对水泥石都有不同程度的腐蚀作用。它们与水泥石中的氢氧化钙作用后生成的化合物,或者易溶于水,或者体积膨胀,导致水泥石破坏。腐蚀作用最快的是无机酸中的盐酸、氢氟酸、硝酸、硫酸和有机酸中的醋酸、蚁酸和乳酸。其反应式如下:

$$Ca(OH)_2 + HCl \longrightarrow CaCl_2 + 2H_2O$$
$$Ca(OH)_2 + H_2SO_4 \longrightarrow CaSO_4 \cdot 2H_2O$$

酸性水对水泥石的腐蚀的强弱取决于水中氢离子浓度,pH 值越小,氢离子浓度越高,腐蚀就越强烈。

（4）强碱腐蚀

碱类溶液如浓度不大时一般对水泥石是无害的。但铝酸盐含量较高的硅酸盐水泥遇到强碱（如氢氧化钠）作用后也会破坏。氢氧化钠与水泥熟料中未水化的铝酸盐作用,生成易溶于水的铝酸钠,其反应式如下:

$$3CaO \cdot Al_2O_3 + 6NaOH \longrightarrow 3Na_2O \cdot Al_2O_3 + 3Ca(OH)_2$$

当水泥石被氢氧化钠浸透后又在空气中干燥,与空气中的二氧化碳作用而生成碳酸钠,碳酸钠在水泥石毛细孔中结晶沉积,而使水泥石胀裂。

除上述腐蚀类型外,对水泥石有腐蚀作用的还有一些其他物质,如糖、氨盐、动物脂肪、含环烷酸的石油产品等。

综上所述,引起水泥石腐蚀的原因主要有两方面:一是外因,即有腐蚀性介质存在的外界环境因素;二是内因,即水泥石中存在的易腐蚀物质,如氢氧化钙、水化铝酸钙等。水泥石本身不密实,存在毛细孔通道,侵蚀性介质会进入其内部,从而产生破坏。

2）防止水泥石腐蚀的措施

根据以上对腐蚀原因的分析,在工程中要防止水泥石的腐蚀,可采用下列措施:

（1）根据所处环境的侵蚀性介质的特点,合理选用水泥品种。对处于软水中的建筑部位,应选用水化产物中氢氧化钙含量较少的水泥,这样可提高其对软水等侵蚀作用的抵抗能力;而对处于有硫酸盐腐蚀的建筑部位,则应选用铝酸三钙含量低于 5% 的抗硫酸盐水泥。水泥中掺入活性混合材料,可大大提高其对多种腐蚀性介质的抵抗作用。

(2) 提高水泥石的密实程度。提高水泥石的密实程度,可大大减少侵蚀性介质渗入内部。在实际工程中,提高混凝土或砂浆密实度有各种措施,如合理设计混凝土配合比,降低水灰比,选择质量符合要求的集料或掺入外加剂,以及改善施工方法等。另外,在混凝土或砂浆表面进行碳化或氟硅酸处理,生成难溶的碳酸钙外壳,或氟化钙及硅胶薄膜,也可以起到减少腐蚀性介质渗入,提高水泥石抵抗腐蚀的能力。

(3) 加做保护层。当侵蚀作用较强时,可在混凝土及砂浆表面加做耐腐蚀性高且不透水的保护层,一般可用耐酸石料、耐酸陶瓷、玻璃、塑料、沥青等材料,以避免腐蚀性介质与水泥石直接接触。

5.2.3 硅酸盐水泥的技术要求

(1) 不溶物和烧失量。硅酸盐水泥的不溶物和烧失量指标见表 5-3 化学成分要求。

(2) 碱含量。硅酸盐水泥中的碱含量应不大于 0.60% 或由买卖双方协商确定。

(3) 细度。硅酸盐水泥的细度用比表面积表示,其比表面积应不小于 300 m^2/kg。

(4) 凝结时间。硅酸盐水泥的初凝时间不得早于 45 min,终凝时间不得迟于 390 min。

(5) 体积安定性。硅酸盐水泥由于 CaO 引起的体积安定性不良采用沸煮法(雷氏法和试饼法)检验,在有争议时以雷氏法为准。由于 MgO 的危害作用引起的体积安定性不良,要求 MgO 的含量不得超过 5.0%,如经压蒸安定性检验合格,允许放宽到 6.0%;由于石膏的危害作用引起的体积安定性不良,要求 SO_3 的含量不得超过 3.5%。

(6) 强度。硅酸盐水泥按 3 d 和 28 d 抗压、抗折强度的值划分为 42.5(R)、52.5(R)、62.5(R)三个强度等级,各强度等级、各龄期强度值不得低于表 5-5 要求。

表 5-5 硅酸盐水泥各强度等级、各龄期强度值

强度等级	抗压强度(MPa),$\geqslant$		抗折强度(MPa),$\geqslant$	
	3 d	28 d	3 d	28 d
42.5	17.0	42.5	3.5	6.5
42.5R	22.0	42.5	4.0	6.5
52.5	23.0	52.5	4.0	7.0
52.5R	27.0	52.5	5.0	7.0
62.5	28.0	62.5	5.0	8.0
62.5R	32.0	62.5	5.5	8.0

5.2.4 硅酸盐水泥的特性及应用

(1) 凝结硬化快、强度高。硅酸盐水泥凝结硬化快、强度高,尤其是早期强度增长率大,特

别适合早期强度要求高的工程,高强混凝土和预应力混凝土工程。

(2) 水化热高。硅酸盐水泥 C_3S、C_3A 含量高,早期放热量大,放热速度快,利于冬季施工,但不宜用于大体积混凝土工程。

(3) 抗冻性好。硅酸盐水泥强度高,且拌合物不易发生泌水现象,硬化后的水泥石密实度大,所以抗冻性较好,适用于严寒地区受反复冻融的混凝土工程。

(4) 碱度高,抗碳化能力强。硅酸盐水泥硬化后的水泥石含有较高的 $Ca(OH)_2$,显示出强碱性,钢筋在碱性环境中表面生成钝化膜,可保护钢筋免受锈蚀,可保持几十年不生锈。由于空气中的 CO_2 与水泥石中的 $Ca(OH)_2$ 会发生碳化反应生成 $CaCO_3$,使水泥石逐渐由碱性转变为中性,当这种转变达到钢筋附近时,钢筋失去碱性保护作用而发生锈蚀,表面疏松膨胀,造成钢筋混凝土构件破坏。因此,钢筋混凝土构件的使用寿命一般取决于水泥的抗碳化能力。硅酸盐水泥碱性强且密实度高,抗碳化能力强,所以特别适用于重要的钢筋混凝土结构和预应力混凝土工程。

(5) 干缩小。硅酸盐水泥在硬化时形成大量的水化硅酸钙凝胶体,使水泥石结构密实,游离水分少,不易产生干缩裂纹,可用于干燥环境的混凝土工程。

(6) 耐磨性好。硅酸盐水泥强度高,耐磨性好,且干缩小,适用于路面和地面工程。

(7) 耐侵蚀性差。硅酸盐水泥中 $Ca(OH)_2$、$3CaO \cdot Al_2O_3 \cdot 6H_2O$ 含量高,易于受软水、酸类和盐类侵蚀,不宜用于流动水、压力水、酸类、盐类侵蚀工程。

(8) 耐热性差。水泥石结构在温度为 $250℃$ 时开始脱水,强度下降,$700℃$ 以上完全破坏,不宜用于耐热混凝土工程。

(9) 湿热养护效果差。硅酸盐水泥在常规养护条件下硬化快、强度高。但在蒸汽养护条件下,其抗压强度往往低于未经蒸养的 $28\,d$ 抗压强度。

【工程案例分析 5-2】

水泥的假凝现象

现象:某工地使用某厂生产的硅酸盐水泥,加水拌和后,水泥浆体在短时间内迅速凝结。后经剧烈搅拌,水泥浆体又恢复塑性,随后过 $3\,h$ 才凝结。

原因分析:此为水泥的假凝现象。假凝是指水泥的一种不正常的早期固化或过早变硬现象。假凝与快凝不同,前者放热量甚微,且经剧烈搅拌后浆体可恢复塑性,并达到正常凝结,对强度无不利影响。假凝现象与很多因素有关,一般认为主要是由于水泥粉磨细时磨的温度较高,使二水石膏脱水成半水石膏的缘故。当水泥拌水后,半水石膏迅速水化为二水石膏,形成针状结晶网状结构,从而引起浆体固化。另外,某些含碱较高的水泥,硫酸钾与二水石膏生成钾石膏迅速长大,也会造成假凝。

5.3 掺混合材料的硅酸盐水泥

凡在硅酸盐水泥熟料中,掺入一定量的混合材料和石膏,共同细磨制成的水硬性胶凝材料，均属掺混合材料的硅酸盐水泥。掺混合材料的硅酸盐水泥品种很多，主要有普通硅酸盐水泥、矿渣硅酸盐水泥、火山灰质硅酸盐水泥、粉煤灰硅酸盐水泥、复合硅酸盐水泥等。

5.3.1　活性混合材料的作用

磨细的活性混合材料，它们与水调和后，本身不会硬化或硬化极为缓慢。但在氢氧化钙溶液中会发生显著水化。其水化反应式为：

$$xCa(OH)_2 + SiO_2 + mH_2O \longrightarrow xCaO \cdot SiO_2 \cdot nH_2O$$

$$yCa(OH)_2 + Al_2O_3 + mH_2O \longrightarrow yCa(OH)_2 \cdot Al_2O_3 \cdot nH_2O$$

生成的水化硅酸钙和水化铝酸钙是具有水硬性的水化物，当有石膏存在时，水化铝酸钙还可以和石膏进一步反应生成水硬性产物水化硫铝酸钙。式中 x、y 值决定于混合材料的种类、石灰和活性氧化硅及活性氧化铝的比例、环境温度以及作用所持续的时间等，一般为 1 或稍大；n 值一般为 $1\sim2.5$。

当活性混合材料掺入硅酸盐水泥中与水拌和后，首先的反应是硅酸盐水泥熟料水化，生成氢氧化钙。然后，它与掺入的石膏作为活性混合材料的激发剂，产生前述的反应（称二次反应）。二次反应的速度较慢，受温度影响敏感。温度高，水化加快，强度增长迅速；反之，水化减慢，强度增长缓慢。

可以看出，活性混合材料的活性是在氢氧化钙和石膏作用下才激发出来的，故称它们为活性混合材料的激发剂，前者称为碱性激发剂，后者称为硫酸盐激发剂。

5.3.2　普通硅酸盐水泥

凡由硅酸盐水泥熟料、6％～15％混合材料、适量石膏磨细制成的水硬性胶凝材料，称为普通硅酸盐水泥（简称普通水泥），代号 P·O。掺活性混合材料时，最大掺量不得超过 15％，其中允许用不超过水泥质量 5％的窑灰或不超过水泥质量 10％的非活性混合材料来代替；掺非活性混合材料时，最大掺量不得超过水泥质量的 10％。

1）普通硅酸盐水泥的技术要求

普通硅酸盐水泥按照国家标准《通用硅酸盐水泥》（GB 175—2007）的规定：

（1）不溶物、烧失量及碱含量。不溶物不作要求，烧失量≤5％，碱含量≤0.6％。

（2）细度：与硅酸盐水泥要求相同，比表面积应不小于 300 m^2/kg。

（3）凝结时间：初凝时间不得早于 45 min，终凝时间不得迟于 600 min。

（4）体积安定性：与硅酸盐水泥要求相同。

（5）强度与强度等级：普通水泥按规定龄期的抗压强度和抗折强度划分为 42.5（R）、52.5（R）两个强度等级，各强度等级水泥的各龄期强度不得低于表 5-6 中的数值。

表 5-6 普通硅酸盐水泥各龄期的强度要求

强度等级	抗压强度（MPa）		抗折强度（MPa）	
	3 d	28 d	3 d	28 d
42.5	17.0	42.5	3.5	6.5
42.5R	22.0	42.5	4.0	6.5
52.5	23.0	52.5	4.0	7.0
52.5R	27.0	52.5	5.0	7.0

2）普通硅酸盐水泥的特性及应用

普通硅酸盐水泥的组成与硅酸盐水泥非常相似，因此其性能也与硅酸盐水泥相近。但由于掺入的混合材料量相对较多，与硅酸盐水泥相比，其早期硬化速度稍慢，3 d 的抗压强度稍低，抗冻性与耐磨性能也稍差。在应用范围方面，与硅酸盐水泥也相同，广泛用于各种混凝土或钢筋混凝土工程，是我国主要水泥品种之一。

5.3.3 矿渣、粉煤灰、火山灰、复合硅酸盐水泥

凡由硅酸盐水泥熟料和粒化高炉矿渣、适量石膏磨细制成的水硬性胶凝材料，称为矿渣硅酸盐水泥（简称矿渣水泥），代号 P·S。水泥中粒化高炉矿渣掺加量按质量百分比计为20％～70％。允许用石灰石、窑灰、粉煤灰和火山灰质混合材料中的一种材料代替矿渣，代替数量不得超过水泥质量的 8％，替代后水泥中粒化高炉矿渣不得少于 20％。

凡由硅酸盐水泥熟料和火山灰质混合材料、适量石膏磨细制成的水硬性胶凝材料，称为火山灰质硅酸盐水泥（简称火山灰水泥），代号 P·P。水泥中火山灰质混合材料掺加量按质量百分比计为 20％～50％。

凡由硅酸盐水泥熟料和粉煤灰、适量石膏磨细制成的水硬性胶凝材料，称为粉煤灰硅酸盐水泥（简称粉煤灰水泥），代号 P·F。水泥中粉煤灰掺加量按质量百分比计为20％～40％。

凡由硅酸盐水泥、两种或两种以上规定的混合材料、适量石膏磨细制成的水硬性胶凝材料，称为复合硅酸盐水泥（简称复合水泥），代号 P·C。水泥中混合材料总掺加量按质量百分比应大于 15％，不超过 50％。允许用不超过 8％的窑灰。

1）矿渣、粉煤灰、火山灰、复合硅酸盐水泥的技术要求

矿渣、粉煤灰、火山灰、复合水泥按照国家标准《通用硅酸盐水泥》(GB 175—2007)的规定：

（1）不溶物、烧失量及碱含量：不溶物、烧失量不做要求，碱含量≤0.6％。

（2）细度：矿渣、粉煤灰、火山灰、复合硅酸盐水泥的细度以筛余百分率表示，80 μm 方孔筛筛余百分率≤10％或 45 μm 方孔筛筛余百分率≤30％。

（3）凝结时间：初凝时间不得早于 45 min，终凝时间不得迟于 600 min。

（4）体积安定性：与普通硅酸盐水泥要求相同，其中矿渣硅酸盐水泥的 SO_3 含量要求不大于 4.0％。

（5）强度与强度等级：普通水泥按规定龄期的抗压强度和抗折强度划分为 32.5（R）、42.5（R）、52.5（R）三个强度等级，各强度等级水泥的各龄期强度不得低于表 5-7 中的数值。

表 5-7　矿渣、火山灰、粉煤灰及复合水泥的强度要求

强度等级	抗 压 强 度		抗 折 强 度	
	3 d	28 d	3 d	28 d
32.5	≥10.0	≥32.5	≥2.5	≥5.5
32.5R	≥15.0		≥3.5	
42.5	≥15.0	≥42.5	≥3.5	≥6.5
42.5R	≥19.0		≥4.0	
52.5	≥21.0	≥52.5	≥4.0	≥7.0
52.5R	≥23.0		≥4.5	

2）矿渣、粉煤灰、火山灰、复合硅酸盐水泥的特性及应用

与普通硅酸盐水泥相比，矿渣、粉煤灰、火山灰、复合硅酸盐水泥的共同特性和各自特性如下：

（1）共性

① 密度较小。硅酸盐水泥、普通水泥的密度范围一般在 3.05～3.20 g/cm³ 之间，掺较多活性混合材料的硅酸盐水泥，由于活性混合材料的密度较小，密度一般为 2.7～3.1 g/cm³。

② 早期强度比较低，后期强度增长较快。掺较多活性混合材料的硅酸盐水泥中水泥熟料含量相对较少，加水拌和后，首先是熟料矿物的水化，熟料水化以后析出的氢氧化钙作为碱性激发剂激发活性混合材料水化，生成水化硅酸钙、水化硫铝酸钙等水化产物。早期熟料少，水化产物少，后期二次水化产物多，因此早期强度较低。后期由于二次水化的不断进行，水化产物不断增多，使得后期强度发展较快。

③ 适合蒸汽养护。掺较多活性混合材料的硅酸盐水泥水化温度降低时水化速度明显减弱，强度发展慢。提高养护温度可以促进活性混合材料的水化，提高早期强度，且对后期强度影响不大。而硅酸盐水泥或普通水泥，蒸汽养护可提高早期强度，但后期强度要受到影响，通常 28 d 强度要比标准养护条件下的低。这是因为在高温下这两种水泥水化速度过快，短期内生成大量的水化产物，对后期水泥熟料颗粒的水化起了一定的阻碍作用。

④ 水化热低。由于这几种水泥掺入了大量混合材料，水泥熟料含量相对较少，放热量大的 C_3A、C_3S 相对较少。因此水化热小且放热缓慢，适合于大体积混凝土施工。

⑤ 耐腐蚀性好。由于熟料少，水化以后生成的 $Ca(OH)_2$ 晶体少，且混合材料二次水化还与 $Ca(OH)_2$ 发生反应，进一步降低 $Ca(OH)_2$ 含量，因此，抵抗海水、软水及硫酸盐腐蚀性介质的作用增强。

⑥ 抗冻性、耐磨性差。抗冻性、耐磨性不如硅酸盐水泥和普通硅酸盐水泥。

（2）个性

① 矿渣水泥：保水性、抗渗性、抗冻性差，耐热性好，适合于耐热工程。

② 火山灰水泥：易吸水，易反应，结构致密，抗渗性、耐水性好。

③ 粉煤灰水泥：需水量少，抗裂性好，适合于大体积混凝土和地下工程。

④ 复合水泥：多种掺合料取长补短，应注明复合材质。

通用硅酸盐水泥六大品种是建筑工程中的常用水泥，它们的主要性能与应用列于表 5-8、表 5-9。

表5-8 通用硅酸盐水泥的成分与特性

水泥品种	主要成分	特 性	
		优 点	缺 点
硅酸盐水泥	以硅酸盐水泥熟料为主,0～5％的石灰石或粒化高炉矿渣	(1) 凝结硬化快,强度高 (2) 抗冻性好,耐磨性和不透水性强	(1) 水化热大 (2) 耐腐蚀性能差 (3) 耐热性较差
普通水泥	硅酸盐水泥熟料、5％～20％的混合材料,或非活性混合材料10％以下	与硅酸盐水泥相比,性能基本相同,仅有以下改变: (1) 早期强度增进率略有减少 (2) 抗冻性、耐磨性稍有下降 (3) 抗硫酸盐腐蚀能力有所增强	
矿渣水泥	硅酸盐水泥熟料、20％～70％的粒化高炉矿渣	(1) 水化热较小 (2) 抗硫酸盐腐蚀性能较好 (3) 耐热性较好	(1) 早期强度较低,后期强度增长较快 (2) 抗冻性差
火山灰水泥	硅酸盐水泥熟料、20％～40％的火山灰质混合材料	抗渗性较好,耐热性不及矿渣水泥,其他优点同矿渣硅酸盐水泥	缺点同矿渣水泥
粉煤灰水泥	硅酸盐水泥熟料、20％～40％的粉煤灰	(1) 干缩性较小 (2) 抗裂性较好 (3) 其他优点同矿渣水泥	缺点同矿渣水泥
复合水泥	硅酸盐水泥熟料、20％～50％的两种或两种以上混合材料	3 d龄期强度高于矿渣水泥,其他优点同矿渣水泥	缺点同矿渣水泥

表5-9 通用硅酸盐水泥的应用范围

	混凝土工程特点或所处环境条件	优先选用	可以使用	不宜使用
普通混凝土	1. 在普通气候环境中的混凝土	普通水泥	矿渣水泥 火山灰水泥 粉煤灰水泥 复合水泥	
	2. 在干燥环境中的混凝土	普通水泥	矿渣水泥	火山灰水泥 粉煤灰水泥
	3. 在高湿度环境中或永远处在水下的混凝土	矿渣水泥	普通水泥 火山灰水泥 粉煤灰水泥 复合水泥	
	4. 厚大体积的混凝土	粉煤灰水泥 矿渣水泥 火山灰水泥 复合水泥	普通水泥	硅酸盐水泥 快硬硅酸盐水泥

续表 5-9

混凝土工程特点或所处环境条件		优先选用	可以使用	不宜使用
有特殊要求的混凝土	1. 要求快硬的混凝土	快硬硅酸盐水泥、硅酸盐水泥	普通水泥	矿渣水泥 火山灰水泥 粉煤灰水泥 复合水泥
	2. 高强(大于C40)的混凝土	硅酸盐水泥	普通水泥 矿渣水泥	火山灰水泥 粉煤灰水泥
	3. 严寒地区的露天混凝土,寒冷地区处在水位升降范围内的混凝土	普通水泥	矿渣水泥 (强度等级>32.5)	火山灰水泥 粉煤灰水泥
	4. 严寒地区处在水位升降范围内的混凝土	普通水泥 (强度等级>42.5)		矿渣水泥 火山灰水泥 粉煤灰水泥 复合水泥
	5. 有抗渗性要求的混凝土	普通水泥 火山灰水泥		矿渣水泥
	6. 有耐磨性要求的混凝土	硅酸盐水泥 普通水泥	矿渣水泥 (强度等级>32.5)	火山灰水泥 粉煤灰水泥
	7. 受侵蚀性介质作用的混凝土	矿渣水泥 火山灰水泥 粉煤灰水泥 复合水泥		硅酸盐水泥

注:蒸汽养护时用的水泥品种,宜根据具体条件通过试验确定。

【工程案例分析 5-3】

水泥凝结时间前后变化

现象:某立窑水泥厂生产的普通水泥游离氧化钙含量较高,加水拌和后初凝时间仅40 min,本属于废品。但放置1个月后,凝结时间又恢复正常,而强度下降。

原因分析:该立窑水泥厂的普通硅酸盐水泥游离氧化钙含量较高,该氧化钙大部分的煅烧温度较低。加水拌和后,水与氧化钙迅速反应生成氢氧化钙,并放出水化热,使浆体的温度升高,加速了其他熟料矿物的水化速度,从而产生了较多的水化产物,形成了凝聚-结晶网结构,所以短时间凝结。

水泥放置一段时间后,吸收了空气中的水汽,大部分氧化钙生成氢氧化钙,或进一步与空气中的二氧化碳反应,生成碳酸钙。故此时加入拌合水后,不会再出现原来的水泥浆体温度升高、水化速度过快、凝结时间过短的现象。但其他水泥熟料矿物也会和空气中的水汽反应,部分产生结团、结块,使强度下降。

5.4 专用水泥和特性水泥

随着现代化建设工程项目的增多,通用水泥的性能已不能完全满足各类工程的需要,因此，一些具有特殊性能（如快硬性、膨胀性、装饰性等）的水泥应运而生。本节主要介绍铝酸盐水泥、快硬水泥、明矾石膨胀水泥、道路硅酸盐水泥、砌筑水泥和白色硅酸盐水泥。

5.4.1 铝酸盐水泥

铝酸盐水泥是以石灰石和矾土为主要原料，配制成适当成分的生料，烧至全部或部分熔融所得以铝酸钙为主要矿物的熟料，经磨细制成的水硬性胶凝材料，代号 CA。由于熟料中氧化铝含量大于 50%，因此又称高铝水泥。它是一种快硬、高强、耐腐蚀、耐热的水泥。

1）铝酸盐水泥的组成

（1）化学组成

铝酸盐水泥熟料的主要化学成分为氧化钙、氧化铝、氧化硅，还有少量的氧化铁及氧化镁、氧化钛等。铝酸盐水泥按 Al_2O_3 含量分为四类，如表 5-10 所示。

表 5-10　铝酸盐水泥的分类（%）

类型	Al_2O_3	SiO_2	Fe_2O_3	$R_2O(Na_2O+0.658K_2O)$	S	Cl
CA-50	≥50，<60	≤8.0	≤2.5	≤0.4	≤0.1	≤0.1
CA-60	≥60，<68	≤5.0	≤2.0			
CA-70	≥68，<77	≤1.0	≤0.7			
CA-80	≥77	≤0.5	≤0.5			

氧化铝和氧化钙是保证熟料中形成铝酸钙的基本成分。若氧化铝过低，熟料中会出现高碱性铝酸钙使水泥速凝，强度下降。氧化硅可以使生料均匀烧结，加速矿物生成，但含量过多，会使早强性能下降。氧化铁含量过多将使熟料水化凝结加快而强度降低。

（2）铝酸盐水泥的矿物组成

铝酸盐水泥的矿物组成主要有铝酸一钙、二铝酸一钙、硅铝酸二钙、七铝酸十二钙，还有少量的硅酸二钙，其各自与水作用时的特点见表 5-11。质量优良的铝酸盐水泥，其矿物组成一般是以铝酸一钙和二铝酸一钙为主。

表 5-11　铝酸盐水泥矿物水化反应特点

矿物名称	化学成分	简式	特　性
铝酸一钙	$CaO \cdot Al_2O_3$	CA	硬化快，早期强度高，后期增长率不高
二铝酸一钙	$CaO \cdot 2Al_2O_3$	CA_2	硬化慢，早期强度低，后期强度高
硅铝酸二钙	$2CaO \cdot Al_2O_3 \cdot SiO_2$	C_2AS	活性很差，惰性矿物
七铝酸十二钙	$12CaO \cdot 7Al_2O_3$	$C_{12}A_7$	凝结迅速，强度不高

2）铝酸盐水泥的技术要求

（1）细度：比表面积不小于 300 m^2/kg 或 45 μm 筛筛余量不大于 20%，由供需双方商定，在无约定的情况下发生争议时以比表面积为准。

（2）凝结时间:要求见表 5-12。

表 5-12　铝酸盐水泥凝结时间

水泥类型	凝结时间	
	初凝时间(min),不小于	终凝时间(h),不大于
CA-50、CA-70 、CA-80	30	6
CA-60	60	18

（3）强度等级:各类型铝酸盐水泥的不同龄期强度值不得低于表 5-13 的规定。

表 5-13　铝酸盐水泥的强度要求

类型	抗压强度(MPa)				抗折强度(MPa)			
	6 h	1 d	3 d	28 d	6 h	1 d	3 d	28 d
CA-50	20	40	50	—	3.0	5.5	6.5	—
CA-60	—	20	45	85	—	2.5	5.0	10.0
CA-70	—	30	40	—	—	5.0	6.0	—
CA-80	—	25	30	—	—	4.0	5.0	—

3）铝酸盐水泥的性质及应用

（1）快硬早强、高温下后期强度下降。由于铝酸盐水泥硬化快、早期强度高,适用于紧急抢修工程及有早强要求的特殊工程。但是铝酸盐水泥硬化后产生的密实度较大的 CAH_{10} 和 C_2AH_8 在较高温度下(大于 25℃)晶形会转变,形成水化铝酸三钙 C_3AH_6,碱度很高,孔隙很多,在湿热条件下更为剧烈,使强度降低,甚至引起结构破坏。因此,铝酸盐水泥不宜在高温、高湿环境及长期承载的结构工程中使用。

（2）水化热高,放热快。铝酸盐水泥 1 d 可放出水化热总量的 70%~80%,而硅酸盐水泥放出同样热量则需要 7 d,如此集中的水化放热作用使铝酸盐水泥适合低温季节,特别是寒冷地区的冬季施工混凝土工程,但不适于大体积混凝土工程。

（3）耐热性强。从铝酸盐水泥的水化特性上看,铝酸盐水泥不宜在温度高于 30℃ 的环境下施工和长期使用,但高于 900℃ 的环境下可用于配制耐热混凝土。这是由于温度在 700℃ 时,铝酸盐水泥与骨料之间便发生固相反应,烧结结合代替了水化结合,即瓷性胶结代替了水硬胶结,这种烧结结合作用随温度的升高而更加明显。因此,铝酸盐水泥可作为耐热混凝土的胶结材料,配制 1 200~1 400℃ 的耐热混凝土和砂浆,用于窑炉衬砖等。

（4）耐腐蚀性强。铝酸盐水泥水化时不生成 $Ca(OH)_2$,而水泥石结构又很致密,因此适用于耐酸和抗硫酸盐腐蚀要求的工程。

值得注意的是,在施工过程中,铝酸盐水泥不得与硅酸盐水泥、石灰等能析出 $Ca(OH)_2$ 的胶凝材料混合使用,否则会引起瞬凝现象,使施工无法进行,强度大大降低。铝酸盐水泥也不得与未硬化的硅酸盐水泥混凝土接触使用。

5.4.2　快硬水泥

1）快硬硅酸盐水泥

凡由硅酸盐水泥熟料和适量石膏磨细制成的，以 3 d 抗压强度表示强度等级的水硬性胶凝材料，称为快硬硅酸盐水泥，简称快硬水泥。

快硬水泥的生产过程与硅酸盐水泥基本相同，快硬的特性主要依靠合理设计矿物组成及控制生产工艺条件。组成上，熟料矿物中硅酸三钙和铝酸三钙含量较高。通常前者的含量为 50%～60%，后者为 8%～14%，两者总量不小于 60%～65%。石膏的掺量也适当增加（可达 8%）。快硬水泥从工艺上提高了水泥的粉磨细度，一般控制在 330～450 m²/kg。

快硬水泥的初凝不得早于 45 min，终凝时间不迟于 10 h；安定性（沸煮法检验）必须合格；强度等级以 3 d 抗压强度表示，分为 325、375 和 425 三个等级，各强度等级水泥各龄期强度不得低于表 5-14 的规定。

表 5-14　快硬水泥的强度要求

强度等级	抗压强度（MPa）			抗折强度（MPa）		
	1 d	3 d	28 d	1 d	3 d	28 d
325	15.0	32.5	52.5	3.5	5.0	7.2
375	17.0	37.5	57.5	4.0	6.0	7.6
425	19.0	42.5	62.5	4.5	6.4	8.0

快硬水泥具有硬化快、早期强度高、水化热高、抗冻性好、耐腐蚀性差的特性，因此适用于紧急抢修工程、早期强度要求高的工程及冬季施工工程，但不适合大体积混凝土工程和有腐蚀介质的混凝土工程。

2）快硬硫铝酸盐水泥

快硬硫铝酸盐水泥是硫铝酸盐水泥的一种，是以适当成分的生料，经煅烧所得以无水硫铝酸钙和硅酸二钙为主要矿物成分的硫铝酸盐水泥熟料，加入适量石膏和少量的石灰石，磨细制成的具有早期强度高的水硬性胶凝材料。

快硬硫铝酸盐水泥的技术要求：细度为比表面积不小于 350 m²/kg；初凝时间不大于 25 min，终凝时间不小于 180 min；以 3 d 抗压强度分为 42.5、52.5、62.5、72.5 四个强度等级，各强度等级水泥各龄期的强度不得低于表 5-15 的规定。

表 5-15　快硬硫铝酸盐水泥强度要求

强度等级	抗压强度（MPa）			抗折强度（MPa）		
	1 d	3 d	28 d	1 d	3 d	28 d
42.5	30.0	42.5	45.0	6.0	6.5	7.0
52.5	40.0	52.5	55.0	6.5	7.0	7.5
62.5	50.0	62.5	65.0	7.0	7.5	8.0
72.5	55.0	72.5	75.0	7.5	8.0	8.5

快硬硫铝酸盐水泥具有早期强度高、抗硫酸盐腐蚀能力强、抗渗性好、水化热大、耐热性差的特点,因此适用于冬季施工、抢修、修补及有硫酸盐腐蚀的工程。

5.4.3 明矾石膨胀水泥

以硅酸盐水泥熟料为主,铝质熟料、石膏和粒化高炉矿渣(或粉煤灰),按适当比例磨细制成的,具有膨胀性能的水硬性胶凝材料,称为明矾石膨胀水泥。

明矾石膨胀水泥主要用于补偿收缩混凝土结构工程,防渗抗裂混凝土工程,补强和防渗抹面工程,大口径混凝土排水管以及接缝、梁柱和管道接头,固接机器底座和地脚螺栓等。

5.4.4 道路硅酸盐水泥

国家标准《道路硅酸盐水泥》(GB 13693—2005)规定,由道路硅酸盐水泥熟料,适量石膏,或加入规范规定的混合材料,磨细制成的水硬性胶凝材料,称为道路硅酸盐水泥(简称道路水泥),代号 P·R。

1) 道路硅酸盐水泥熟料的要求

道路硅酸盐水泥熟料要求铝酸三钙($3CaO \cdot Al_2O_3$)的含量不超过 5.0%;铁铝酸四钙($4CaO \cdot Al_2O_3 \cdot Fe_2O_3$)的含量不低于 16.0%;游离氧化钙($CaO$)的含量,旋窑生产应不大于 1.0%,立窑生产应不大于 1.8%。

2) 技术要求

水泥的比表面积一般控制在 300~450 cm^2/kg;初凝时间不得早于 1.5 h,终凝时间不得迟于 10 h;体积安定性用沸煮法检验必须合格;28 d 干缩率不得大于 0.10%;磨损量不得大于 3.00 kg/m^2。强度分为 32.5、42.5 和 52.5 三个强度等级,各强度等级水泥各龄期的强度不得低于表 5-16 规定的数值。

表 5-16 道路水泥各龄期强度值

强度等级	抗压强度(MPa)		抗折强度(MPa)	
	3 d	28 d	3 d	28 d
32.5	16.0	32.5	3.5	6.5
42.5	21.0	42.5	4.0	7.0
52.5	26.0	52.5	5.0	7.5

3) 性质与应用

道路水泥是一种早期强度高(尤其是抗折强度高)、耐磨性好、干缩性小、抗冲击性好、抗冻性和抗硫酸性比较好的专用水泥,它适用于道路路面、机场道面、城市广场等工程。

5.4.5 砌筑水泥

凡由一种或一种以上的水泥混合材料,加入适量硅酸盐水泥熟料和石膏,经磨细制成的和易性较好的水硬性胶凝材料,称为砌筑水泥,代号 M。

水泥中混合材料掺加量按质量百分比计大于 50%,允许掺入适量的石灰石或窑灰。

1)技术要求

按照《砌筑水泥》(GB/T 3183—2003)规定,砌筑水泥的细度为 80 μm 方孔筛筛余不大于 10%;初凝时间不早于 60 min,终凝时间不得迟于 12 h;沸煮法检验安定性必须合格;保水率应不低于 80%;砌筑水泥分为 12.5、22.5 两个强度等级,各强度等级水泥各龄期的强度不得低于表 5-17 规定的数值。

表 5-17　砌筑水泥强度要求

强度等级	抗压强度(MPa)		抗折强度(MPa)	
	7 d	28 d	7 d	28 d
12.5	7.0	12.5	1.5	3.0
22.5	10.0	22.5	2.0	4.0

2)性质与应用

砌筑水泥是低强度水泥,硬化慢,但和易性好,特别适合配制砂浆,也可用于基础垫层混凝土或蒸养混凝土砌块等,不能应用于结构混凝土。

5.4.6　白色及彩色硅酸盐水泥

1)白色硅酸盐水泥

由氧化铁含量很少的白色硅酸盐水泥熟料,加入适量石膏,经磨细制成的水硬性胶凝材料,称为白色硅酸盐水泥(简称白水泥),代号 P·W。磨细时可加入 5% 以内的石灰石或窑灰。

(1)白水泥生产原理

白水泥与通用硅酸盐水泥的主要区别在于着色的铁含量少,因而色白。通用硅酸盐水泥熟料呈灰色,其主要原因是由于氧化铁含量相对较高,达到 3%~4%,而白水泥熟料中氧化铁含量仅 0.35%~0.4%。白水泥系采用含极少量着色物质的原料,如纯净的高岭土、纯石英砂、纯石灰石或白垩等,在较高温度(1 500~1 600℃)烧成以硅酸盐为主要成分的熟料。为了保持其白度,在煅烧、粉磨和运输时均应防止着色物质混入,常采用天然气、煤气或重油作燃料,在球磨机中用硅质石材或坚硬的白色陶瓷作为衬板及研磨体。

(2)白水泥的技术要求

白水泥的很多技术性质与普通水泥相同,按照国家标准《白色硅酸盐水泥》(GB/T 2015—2005)规定:①三氧化硫含量不大于 3.5%;②细度为 80 μm 方孔筛筛余百分率不大于 10%;③初凝时间不得早于 45 min,终凝时间不得迟于 10 h;④体积安定性用沸煮法检验必须合格;⑤白水泥的白度值不低于 87;⑥白水泥按规定龄期的抗压强度和抗折强度划分为 32.5、42.5、52.5 三个强度等级,各龄期的强度值不得低于表 5-18 中的要求。

表 5-18　白水泥各强度等级、各龄期的强度值

强度等级	抗压强度（MPa）		抗折强度（MPa）	
	3 d	28 d	3 d	28 d
32.5	12.0	32.5	3.0	6.0
42.5	17.0	42.5	3.5	6.5
52.5	22.0	52.5	4.0	7.0

2）彩色硅酸盐水泥

彩色硅酸盐水泥，简称彩色水泥。按其生产方法可分为两类：一类是在白水泥的生料中加入少量金属氧化物，直接烧成彩色水泥熟料，然后再加入适量石膏磨细制成；另一类是采用白色硅酸盐水泥熟料、适量石膏和耐碱矿物颜料共同磨细而制成。

耐碱矿物颜料对水泥不起有害作用，常用的有氧化铁（红、黄、褐、黑色）、氧化锰（褐、黑色）、氧化铬（绿色）、赭石（赭色）、群青（蓝色）以及普鲁士红等。

还有一种配制简单的彩色水泥，可将颜料直接与水泥粉混合而成。但这种彩色水泥颜料用量大，且色泽也不易均匀。

白色和彩色硅酸盐水泥，主要用于建筑物内外的表面装饰工程中，如地面、楼面、楼梯、墙、柱及台阶等。可做成水泥拉毛、彩色砂浆、水磨石、水刷石、斩假石等饰面，也可用于雕塑及装饰部件或制品。使用白色或彩色硅酸盐水泥时，应以彩色大理石、石灰石、白云石等彩色石子或石屑和石英砂作粗细骨料。制作方法可以在工地现场浇制，也可以在工厂预制。

【工程案例分析 5-4】

膨胀水泥与膨胀剂的应用

硅酸盐水泥水化收缩，会产生裂缝。为此，引入膨胀组分如明矾石、石灰等以补偿收缩，或产生自应力。因为大批量生产的膨胀水泥调节不同需求的膨胀量较困难，为适应不同工程的需求，又发展为膨胀剂，如我国较著名的 U 型膨胀剂（UEA）。

我国驻孟加拉国大使馆 1991 年 2 月正式开工，1992 年 6 月竣工，被评为使馆建设"优质样板"工程。孟加拉国是世界暴风雨灾害中心区，年降雨量 2 000～3 000 mm，雨期长达 6 个月，使馆区地势低洼，暴雨后地面积水深达 500 mm。在该使馆工程，楼板、公寓、地下室、室外游泳池、观赏池的混凝土中采用 UEA 膨胀剂防水混凝土，抗渗标号 S8。用内渗法，UEA 的用量为水泥用量的 12%，经长时间使用未发现混凝土收缩裂缝，使用效果好。膨胀剂的应用除需正确选用品种、配比外，还需采取合理养护等一系列技术措施。

【现代建筑材料知识拓展】

新型无机胶凝材料——土聚水泥

土聚水泥（Geopolymaric Cement）是近年发展起来的新型无机胶凝材料。它以含高岭石的黏土为原料，经较低温度煅烧，转变为无定形结构的变高岭石，而具有较高的火山灰活性。经碱性激活剂及促进剂的作用，硅铝氧化物经历了一个由解聚到再聚合的过程，形成类似地壳

中一些天然矿物的铝硅酸盐网络状结构。一般条件下,土聚水泥聚合反应后生成无定形的硅铝酸盐化合物;在较高温度下,可生成类沸石型的微晶体结构,如方钠石、方沸石等,形成独特的笼形结构。

土聚水泥主要力学性能指标优于玻璃和水泥,可与陶瓷、钢等金属材料媲美,且具有较强的耐磨性能和良好的耐久性。其耐火耐热性能优于传统水泥,隔热效果好。且与集料界面结合紧密,不会出现硅酸盐水泥与集料之间高含 $Ca(OH)_2$ 等粗大结晶的过渡区,体积稳定性好,化学收缩小,水化热低,生成能耗低。特别是土聚水泥能有效固定几乎所有有毒离子,有利于处理和利用各种工业废弃物。

课后思考题

一、填空题

1. 硅酸盐水泥熟料的主要矿物组成为_____、_____、_____和铁铝酸四钙。

2. 水泥的凝结时间包括_____时间和_____时间。

3. 普通硅酸盐水泥的初凝时间为_____,终凝时间为_____。

4. 常用的活性混合材料的种类有_____、_____、_____。

5. 水泥石的腐蚀主要有_____、_____和_____的侵蚀。

6. 在硅酸盐水泥中掺入适量的石膏,其目的是对水泥起_____作用。

7. 矿渣水泥与硅酸盐水泥相比,其早期强度_____,水化热_____,抗蚀性_____,抗冻性_____。

二、单项选择题

1. 水泥颗粒愈细,凝结硬化速度越( ),早期强度越( )。

   A. 快、低   B. 慢、高   C. 快、高   D. 慢、低

2. 硅酸盐水泥的主要强度组成是( )。

   A. 硅酸三钙、硅酸二钙   B. 硅酸三钙、铝酸三钙
   C. 硅酸二钙、铝酸三钙   D. 铝酸三钙、铁铝酸四钙

3. 规范规定,普通硅酸盐水泥的终凝时间不得大于( )。

   A. 6.0 h   B. 6.5 h   C. 10 h   D. 12 h

4. 提高水泥熟料中( )的含量,可制得高强度等级的硅酸盐水泥。

   A. C_2S B. C_3S C. C_3A D. C_4AF

5. 道路硅酸盐水泥的特点是( )。

   A. 抗压强度高   B. 抗折强度高   C. 抗压强度低   D. 抗折强度低

6. 水泥胶砂强度试验时测得 28 d 抗压破坏荷载分别为 61 kN、63 kN、57 kN、58 kN、61 kN、51 kN,则该水泥 28 d 的胶砂强度为( )。

   A. 36.6 MPa   B. 36.5 MPa   C. 37.0 MPa   D. 37.5 MPa

7. 大体积混凝土施工应选用( )。

   A. 硅酸盐水泥   B. 矿渣水泥
   C. 铝酸盐水泥   D. 快硬硅酸盐水泥

8. 最适宜在低温环境下施工的水泥是( )。

   A. 硅酸盐水泥   B. 复合水泥   C. 火山灰水泥   D. 矿渣水泥

三、名词解释

1. 水泥的凝结时间　　2. 水泥的细度　　　3. 硅酸盐水泥
4. 水泥体积安定性　　5. 水泥石的腐蚀。

四、简答题

1. 硅酸盐水泥熟料的主要矿物组成有哪些？它们加水后各表现出什么性质？

2. 硅酸盐水泥的水化产物有哪些？它们的性质各是什么？

3. 制造硅酸盐水泥时，为什么必须掺入适量石膏？石膏掺量太少或太多时将产生什么情况？

4. 有甲、乙两厂生产的硅酸盐水泥熟料，其矿物组成如下：

生产厂	熟料矿物组成（%）			
	硅酸三钙	硅酸二钙	铝酸三钙	铁铝酸四钙
甲厂	52	21	10	17
乙厂	45	30	7	18

若用上述两厂熟料分别制成硅酸盐水泥，试分析比较它们的强度增长情况和水化热等性质有何差异，并简述理由。

5. 为什么要规定水泥的凝结时间？什么是初凝时间和终凝时间？

6. 什么是水泥的体积安定性？产生安定性不良的原因是什么？

7. 为什么生产硅酸盐水泥时掺入适量石膏对水泥无腐蚀作用，而水泥石处在硫酸盐的环境介质中则易受腐蚀？

8. 什么是活性混合材料和非活性混合材料？它们掺入硅酸盐水泥中各起什么作用？活性混合材料产生水硬性的条件是什么？

9. 某工地仓库存有白色粉末状材料，可能为磨细生石灰，也可能是建筑石膏或白色水泥，可用什么简易办法来辨认？

10. 在下列混凝土工程中，试分别选用合适的水泥品种，并说明选用的理由。

(1) 低温季节施工的，中等强度的现浇楼板、梁、柱。

(2) 采用蒸汽养护的混凝土预制构件。

(3) 紧急抢修工程。

(4) 大体积混凝土工程。

(5) 有硫酸盐腐蚀的地下工程。

(6) 热工窑炉基础工程。

(7) 大跨度预应力混凝土工程。

(8) 有抗渗要求的混凝土工程。

6

混　凝　土

本章是重点章,共 6 节。本章的学习目标是:

(1) 理解混凝土对各组成材料的要求,混凝土的主要技术性质及其影响因素。

(2) 能熟练进行混凝土原材料、混凝土拌合物及硬化混凝土技术指标的检测。

(3) 能熟练进行普通混凝土配合比设计。

(4) 能熟练进行混凝土强度评定。

(5) 了解混凝土技术的新进展以及现在研究的方向。

本章的难点是混凝土的耐久性和普通混凝土的配合比设计。本章的每个知识点均有工程案例分析,建议通过工程案例的分析学习,进一步理解相关的知识,并提高自己分析问题、解决问题的能力。

6.1　混凝土概述

由胶凝材料、细骨料、粗骨料、水以及必要时掺入的外加剂、掺合料,按适当比例配合,经均匀拌和、密实成型及养护硬化而成的具有一定强度和耐久性的人造石材,称为混凝土。由于组成混凝土的胶凝材料、细骨料和粗骨料的品种很多,因此混凝土的种类繁多。

6.1.1　混凝土的分类

1) 按胶凝材料分类

混凝土按所用胶凝材料分为水泥混凝土、石膏混凝土、水玻璃混凝土、硅酸盐混凝土、沥青混凝土、聚合物水泥混凝土、聚合物浸渍混凝土等。

2) 按表观密度分类

(1) 重混凝土。重混凝土是指表观密度大于 $2\,600\,\text{kg/m}^3$ 的混凝土,一般采用密度很大的重质骨料,如重晶石、铁矿石、钢屑等配制而成,具有防射线、耐磨等功能。

(2) 普通混凝土。普通混凝土是指表观密度为 $1\,950\sim2\,500\,\text{kg/m}^3$,以水泥为胶凝材料,以天然砂石为骨料配制而成的混凝土。普通混凝土是建筑工程中应用最广、用量最大的混凝土,主要用作建筑工程的承重结构材料。

（3）轻混凝土。轻混凝土是指表观密度小于 1 950 kg/m³ 的混凝土。轻混凝土按组成材料可分为轻骨料混凝土、多孔混凝土、大孔混凝土三类,按用途可分为结构用、保温用和结构兼保温用混凝土。

3）按用途分类

混凝土按其用途可分为结构混凝土、防水混凝土、耐热混凝土、道路混凝土、耐酸混凝土、装饰混凝土、大体积混凝土、膨胀混凝土、防辐射混凝土等。

4）按生产工艺和施工方法分类

混凝土按其生产工艺可分为预拌混凝土（商品混凝土）和现场拌制混凝土;按其施工方法可分为泵送混凝土、喷射混凝土、碾压混凝土、离心混凝土、挤压混凝土、真空吸水混凝土等。

5）按强度分类

混凝土按其强度高低可分为普通混凝土、高强混凝土和超高强混凝土。普通混凝土的强度等级一般在 C60 级以下;高强混凝土的强度等级大于或等于 C60 级;超高强混凝土的抗压强度在 100 MPa 以上。

6.1.2 混凝土的特点

1）优点

（1）原料资源丰富,造价低廉。普通混凝土组成材料中,按体积计算约 70% 以上为天然砂、石子,因此可就地取材,降低了成本。

（2）良好的可塑性。可以根据需要浇注成任意形状的构件,即混凝土具有良好的可加工性。

（3）配制灵活,适应性强。按照工程要求和使用环境的不同,不需要采取更多的工艺措施,只需改变混凝土各组成材料的品种和比例,就能配制出不同品种和技术性能的混凝土。

（4）抗压强度高。混凝土硬化后的强度可达 100 MPa 以上,是一种较好的结构材料。

（5）能和钢筋协同工作。混凝土与钢筋有着牢固的握裹力,且两者线膨胀系数大致相同,复合而成钢筋混凝土能互补优劣,混凝土强度得到增强,而混凝土对钢筋还有良好的保护作用,大大拓宽了混凝土的应用范围。

（6）耐久性好。性能良好的混凝土具有很高的抗冻性、抗渗性及耐腐蚀性等,通常能使用几十年,甚至数百年。混凝土一般不需维护和保养,即使需要也很简单,故日常维修费很低。

（7）耐火性好。普通混凝土的耐火性远比木材、塑料和钢材好,可耐数小时的高温作用而仍保持其力学性能,有利于及时扑救火灾。

（8）装饰性好。如果混凝土施工时采取适当的工艺方法和措施,在其表面形成一定的造型、线型、质感或色泽,就可使混凝土展现出独特的装饰效果。

2）缺点

（1）自重大。混凝土的表观密度大约为 2 400 kg/m³,造成在建筑工程中形成肥梁、胖柱、厚基础的现象,对高层、大跨度建筑不利,不利于提高有效承载能力,也给施工安装带来一定困难。

（2）抗拉强度低。混凝土是一种脆性材料,抗拉强度约为抗压强度的 $1/10\sim1/20$,因此受拉易产生脆性破坏。

（3）硬化较缓慢,生产周期长。混凝土浇筑成型受气候(温度、湿度)影响,同时需要较长时间养护才能达到一定的强度。

（4）导热系数大,保温隔热性能差。普通混凝土的导热系数约为 $1.4\,W/(m\cdot K)$,是砖的两倍,保温隔热性能差。

此外,混凝土的质量受原材料质量、施工工艺、施工人员、施工条件和气温的变化等方面的影响因素较多,难以得到精确控制。但随着混凝土技术的不断发展,混凝土的不足正在不断被克服。

6.1.3 混凝土的发展趋向

混凝土虽只有 180 多年的历史,但它的发展很快,尤其近半个多世纪以来发展更加迅速。根据维基百科的数据,2013 年全球水泥产量 40.2 亿 t,中国占 24.1 亿 t,按 1 t 水泥可以生产 $2.5\sim3\,m^3$ 混凝土计算,则 24.1 亿 t 水泥可生产 60 亿～72 亿 m^3 混凝土,即使所产水泥只有 30％用于生产混凝土,其量也是非常可观的。根据发展趋势及资源、能源等情况,可预测今后世界混凝土产量还将进一步提高。

自 1824 年发明了波特兰水泥之后,1830 年前后就有了混凝土问世,1867 年又出现了钢筋混凝土。混凝土和钢筋混凝土的出现,是世界工程材料的重要变革,特别是钢筋混凝土的诞生,它极大地扩展了混凝土的使用范围,因而被誉为是对混凝土的第一次革命。20 世纪 30 年代又制成了预应力钢筋混凝土,它被称为是混凝土的第二次重大革命。50 年代出现了自应力混凝土,而 70 年代出现的混凝土外加剂,特别是减水剂的应用,可使混凝土的强度很容易达到 60 MPa 以上,同时给混凝土改性提供了很好的手段,为此被公认为混凝土应用史上的第三次革命。80 年代后,各国的混凝土研究者均转向深入进行混凝土的理论研究和新产品的开发,一致认定混凝土不仅是 20 世纪使用最广、最重要的土木工程材料,并预言 21 世纪水泥混凝土仍将在众多的工程材料中遥居领先地位。

为了适应将来的建筑向高层、超高层、大跨度发展,以及人类要向地下和海洋开发,混凝土今后的发展方向是快硬、高强、轻质、高耐久性、多功能、节能。例如,美国混凝土协会 ACI2000 委员会曾设想,今后美国常用混凝土强度将为 135 MPa,如果需要,在技术上可使混凝土强度达 400 MPa;将能建造出高度为 600～900 m 的超高层建筑,以及跨度达 500～600 m 的桥梁。所有这些,均说明了未来社会对混凝土的需求必然大大超过今天的规模。社会的巨大需求还将促进混凝土施工的进一步机械化,促进混凝土质量更进一步优化。将来的混凝土研究工作无疑将放在有关混凝土复合材料的机理和应用方面。随着施工和管理的现代化,期望未来混凝土对于形形色色的工程建设会有更好的适用性。

6.2 普通混凝土的组成材料

普通混凝土是以水泥、砂、石子、水以及必要时掺入的外加剂、掺合料为原料,经搅拌、成型、养护、硬化而成的一种人造石材。其中,砂、石称为骨料,主要起骨架作用,砂子填充石子的空隙,砂、石构成的坚硬骨架可抑制由于水泥浆硬化和水泥石干缩而产生的收缩。水泥与水形成水泥浆,水泥浆包裹在骨料表面并填充其空隙。在混凝土硬化前,水泥浆主要起润滑作用,赋予混凝土拌合物一定的流动性,以便于施工;水泥浆硬化后主要起胶结作用,将砂、石骨料胶结成为一个坚实的整体,并使混凝土具有一定的强度。

6.2.1　水泥

水泥是混凝土中重要的组成材料,且价格相对较贵。配制混凝土时,水泥的选择直接关系到混凝土的耐久性和经济性,其主要包括品种和强度等级的选择。

1）品种的选择

配制普通混凝土的水泥品种,应根据混凝土的工程特点及所处的环境条件,结合水泥的性能,且考虑当地生产的水泥品种情况等,进行合理地选择,这样不仅可以保证工程质量,而且可以降低成本。水泥品种的选择参考表5-9。

2）强度等级的选择

水泥强度等级应根据混凝土设计强度等级进行选择。原则上,水泥的强度等级应与混凝土的强度等级相适应,即配制高强度等级的混凝土选用高强度等级水泥,配制低强度等级的混凝土选用低强度等级水泥。对于一般的混凝土,水泥强度等级宜为混凝土强度等级的1.5～2.0倍。配制高强混凝土时,水泥强度等级为混凝土强度等级的1倍左右。

当用低强度等级水泥配制较高强度等级混凝土时,水泥用量过大,水胶比过小而使拌合物流动性差,造成施工困难,不易成型密实,不但不经济,而且显著增加混凝土的水化热和干缩。

当用高强度等级的水泥配制较低强度等级的混凝土时,水泥用量偏小,水胶比偏大,混凝土拌合物的和易性与耐久性较差。为了保证混凝土的和易性、耐久性,可以掺入一定数量的掺合料,如粉煤灰,但掺量必须经过试验确定。

6.2.2　细骨料

砂是混凝土中的细骨料,是指粒径在4.75 mm以下的颗粒。砂按产源分为天然砂和机制砂两大类。

天然砂是指自然生成的,经人工开采和筛分的粒径小于4.75 mm的岩石颗粒,包括河砂、湖砂、山砂、淡化海砂,但不包括软质、风化的岩石颗粒。山砂和海砂含杂质较多,拌制的混凝土质量较差。河砂颗粒坚硬、含杂质较少,拌制的混凝土质量较好,在工程中应用普遍。

机制砂是指经除土处理,经机械破碎、筛分制成的,粒径小于4.75 mm的岩石、矿山尾矿或工业废渣颗粒,但不包括软质、风化的颗粒,俗称人工砂。

砂按照技术要求,分为Ⅰ类、Ⅱ类、Ⅲ类。

建设用砂的一般要求:用矿山尾矿、工业废渣生产的机制砂有害物质除应符合规定外,还应符合我国环保和安全相关标准和规范,不应对人体、生物、环境及混凝土、砂浆性能产生有害影响；砂的放射性应符合规范《建筑材料放射性核素限量》(GB 6566)的规定。

建设用砂的技术要求有下列几个方面：

1）颗粒级配和粗细程度

砂的颗粒级配是指各粒级的砂按比例搭配的情况。粗细程度是指各粒级的砂搭配在一起后的平均粗细程度。

颗粒级配较好的砂，颗粒之间搭配适当，大颗粒之间的空隙由小一级颗粒填充，这样颗粒之间逐级填充，能使砂的空隙率达到最小，从而达到节约水泥的目的；或者在水泥用量一定的情况下可提高混凝土拌合物的和易性。总的来说，砂颗粒越粗，其总表面积较小，包裹砂颗粒表面的水泥浆数量可减少，也可达到节约水泥的目的；或者在水泥用量一定的情况下可提高混凝土拌合物的和易性。因此，在选择砂时，既要考虑砂的级配，又要考虑砂的粗细程度。

砂的颗粒级配和粗细程度采用筛分法测定。筛分试验采用的标准砂筛，由七个标准筛及底盘组成，筛孔尺寸分别为 9.50 mm、4.75 mm、2.36 mm、1.18 mm、0.60 mm、0.30 mm 和 0.15 mm。称取烘干至恒量的砂 500 g，将砂倒入按筛孔尺寸从大到小排列的标准砂筛中，按规定方法进行筛分后，称量各号筛的筛余量，分别计算出各号筛的分计筛余百分率和累计筛余百分率，具体计算方法见表 6-1。

表 6-1 分计筛余百分率和累计筛余百分率的计算

筛孔尺寸(mm)	筛余量(g)	分计筛余百分率(%)	累计筛余百分率(%)
4.75	m_1	a_1	$A_1 = a_1$
2.36	m_2	a_2	$A_2 = a_1 + a_2$
1.18	m_3	a_3	$A_3 = a_1 + a_2 + a_3$
0.60	m_4	a_4	$A_4 = a_1 + a_2 + a_3 + a_4$
0.30	m_5	a_5	$A_5 = a_1 + a_2 + a_3 + a_4 + a_5$
0.15	m_6	a_6	$A_6 = a_1 + a_2 + a_3 + a_4 + a_5 + a_6$

建设用砂，按 0.60 mm 筛的累计筛余百分率(A_4)大小划分为三个级配区，砂的颗粒级配应符合表 6-2 的规定，砂的级配类别应符合表 6-3 的规定。对于砂浆用砂，4.75 mm 筛孔的累计筛余量应为 0。砂的实际颗粒级配，除 4.75 mm 和 0.60 mm 筛档外，可以略有超出，但各级累计筛余超出值总和应不大于 5%。

表 6-2 砂的颗粒级配区

砂的分类	天然砂			机制砂		
级配区	1 区	2 区	3 区	1 区	2 区	3 区
方筛孔	累计筛余百分率(%)					
9.50 mm	0	0	0	0	0	0
4.75 mm	10～0	10～0	10～0	10～0	10～0	10～0
2.36 mm	35～5	25～0	15～0	35～5	25～0	15～0

续表 6-2

砂的分类	天然砂			机制砂		
级配区	1 区	2 区	3 区	1 区	2 区	3 区
方筛孔	累计筛余百分率(%)					
1.18 mm	65～35	50～10	25～0	65～35	50～10	25～0
0.60 mm	85～71	70～41	40～16	85～71	70～41	40～16
0.30 mm	95～80	92～70	85～55	95～80	92～70	85～55
0.15 mm	100～90	100～90	100～90	97～85	94～80	94～75

表 6-3　砂的级配类别

类　别	Ⅰ	Ⅱ	Ⅲ
级配区	2 区	1、2、3 区	

为了更直观地反映砂的颗粒级配,可根据表 6-2 的规定绘出级配区曲线,天然砂的级配区曲线如图 6-1 所示。

配制混凝土时,宜优先选择 2 级配区砂,使混凝土拌合物获得良好的和易性。当采用 1 级配区砂时,由于砂颗粒偏粗,配制的混凝土流动性大,但黏聚性和保水性较差,因此应适当提高砂率,以保证混凝土拌合物的和易性;当采用 3 级配区砂时,由于颗粒偏细,配制的混凝土黏聚性和保水性较好,但流动性较差,因此应适当减小砂率,以保证混凝土硬化后的强度。

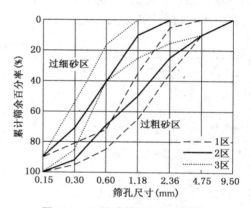

图 6-1　天然砂的级配区曲线

砂的粗细程度,用细度模数表示。细度模数 M_x 的计算如下:

$$M_x = \frac{(A_2 + A_3 + A_4 + A_5 + A_6) - 5A_1}{100 - A_1} \quad (6-1)$$

式中:M_x——细度模数;

A_1、A_2、A_3、A_4、A_5、A_6——分别为 4.75 mm、2.36 mm、1.18 mm、0.60 mm、0.30 mm、0.15 mm 筛的累计筛余百分率(%)。

混凝土用砂按细度模数的大小分为粗砂、中砂和细砂三种。特粗砂:$M_x > 3.7$;粗砂:$M_x = 3.7 \sim 3.1$;中砂:$M_x = 3.0 \sim 2.3$;细砂:$M_x = 2.2 \sim 1.6$;特细砂:$M_x = 1.5 \sim 0.7$。

【例 6-1】　某工程用天然砂,用 500 g 烘干砂进行筛分试验,测得各号筛的筛余量如表 6-4 所示。试评定该砂的级配和粗细程度。

表 6-4　烘干砂的各筛筛余量

筛孔尺寸(mm)	筛余量(g)	分计筛余百分率(%)	累计筛余百分率(%)
4.75	31	$a_1=6.2$	$A_1=6.2$
2.36	42	$a_2=8.4$	$A_2=6.2+8.4=14.6$
1.18	53	$a_3=10.6$	$A_3=6.2+8.4+10.6=25.2$
0.60	198	$a_4=39.6$	$A_4=6.2+8.4+10.6+39.6=64.8$
0.30	102	$a_5=20.4$	$A_5=6.2+8.4+10.6+39.6+20.4=85.2$
0.15	70	$a_6=14.0$	$A_6=6.2+8.4+10.6+39.6+20.4+14.0=99.2$
筛底	4		

解　(1) 计算细度模数:

$$M_x = \frac{(A_2+A_3+A_4+A_5+A_6)-5A_1}{100-A_1}$$

$$= \frac{(14.6+25.2+64.8+85.2+99.2)-5\times6.2}{100-6.2} = 2.75$$

(2) 根据计算出的累计筛余百分率查表 6-2,该砂样在 0.60 mm 筛上的累计筛余百分率 $A_4=64.8$,落在 2 区,其他各筛上的累计筛余百分率也均落在 2 区规定的范围内,故可判定该砂为 2 区砂。

(3) 结果评定:此砂细度模数为 2.75,属于 2 级配区砂,属于中砂且级配良好,可用于配制混凝土。

2) 含泥量、石粉含量和泥块含量

含泥量是指天然砂中粒径小于 75 μm 的颗粒含量。石粉含量是指机制砂中粒径小于 75 μm 的颗粒含量。泥块含量是指砂中原粒径大于 1.18 mm,经水浸洗、手捏后小于 600 μm 的颗粒含量。用 MB 值表示其含量。

机制砂在生产时会产生一定的石粉,虽然石粉与天然砂中的泥均是指粒径小于 75 μm 的颗粒,但石粉的成分、粒径分布和泥在砂中所起的作用不同。

天然砂的含泥量影响砂与水泥石的黏结,使混凝土达到一定流动性时需水量增加,混凝土的强度降低,耐久性变差,同时硬化后的干缩性较大。机制砂颗粒坚硬、多棱角,拌制的混凝土在同样条件下比天然砂的和易性差,而机制砂中适量的石粉可弥补机制砂形状和表面特征引起的不足,起到完善砂级配的作用。天然砂中含泥量和泥块含量应符合表 6-5 的规定。

表 6-5　天然砂的含泥量和泥块含量

类　　别	Ⅰ	Ⅱ	Ⅲ
含泥量(按质量计,%)	≤1.0	≤3.0	≤5.0
泥块含量(按质量计,%)	0	≤1.0	≤2.0

机制砂 MB 值(表示机制砂中的含泥量大小)≤1.40 或快速法试验合格时,石粉含量和泥块含量应符合表 6-6 的规定;机制砂 MB 值>1.40 或快速法试验不合格时,石粉含量和泥块

含量应符合表 6-7 的规定。

表 6-6　机制砂的石粉含量和泥块含量（MB 值≤1.40 或快速法试验合格）

类　别	Ⅰ	Ⅱ	Ⅲ
MB 值	≤0.5	≤1.0	≤1.4 或合格
石粉含量（按质量计，%）	≤10.0		
泥块含量（按质量计，%）	0	≤1.0	≤2.0

表 6-7　机制砂的石粉含量和泥块含量（MB 值＞1.40 或快速法试验不合格）

类　别	Ⅰ	Ⅱ	Ⅲ
石粉含量（按质量计，%）	≤1.0	≤3.0	≤5.0
泥块含量（按质量计，%）	0	≤1.0	≤2.0

3）有害物质

砂中如含有云母、轻物质、有机物、硫化物及硫酸盐、氯化物、贝壳，其限量应符合表 6-8 的规定。

表 6-8　有害物质限量

类　别	Ⅰ	Ⅱ	Ⅲ
云母（按质量计，%）	≤1.0	≤2.0	
轻物质（按质量计，%）	≤1.0		
有机物	合格		
硫化物及硫酸盐（按 SO_3 质量计，%）	≤0.5		
氯化物（以氯离子质量计，%）	≤0.01	≤0.02	≤0.06
贝壳（按质量计，%）	≤3.0	≤5.0	≤8.0

注：贝壳限量仅适用于海砂，其他砂种不作要求。

4）坚固性

砂的坚固性是指砂在自然风化和其他外界物理化学因素作用下抵抗破裂的能力。砂的坚固性采用硫酸钠溶液法进行试验，砂的质量损失应符合表 6-9 的规定；机制砂除了要满足表 6-9 的规定外，压碎指标还应满足表 6-10 的规定。

表 6-9　坚固性指标

类　别	Ⅰ	Ⅱ	Ⅲ
质量损失（%）	≤8	≤10	

表 6-10　压碎指标

类　别	Ⅰ 类	Ⅱ 类	Ⅲ 类
单级最大压碎指标（%）	≤20	≤25	≤30

5）表观密度、松散堆积密度和空隙率

《建设用砂》（GB/T 14684—2011）规定：砂表观密度不小于 2 500 kg/m³，松散堆积密度不

小于 1 400 kg/m³,空隙率不大于 44%。

6.2.3 粗骨料

粗骨料是指粒径大于 4.75 mm 的岩石颗粒,常用的粗骨料有卵石和碎石两种。卵石是由自然风化、水流搬运和分选、堆积形成的,粒径大于 4.75 mm 的岩石颗粒,按产源不同分为山卵石、河卵石和海卵石等,其中河卵石应用较多。碎石是由天然岩石、卵石或矿山废石经机械破碎、筛分制成的,粒径大于 4.75 mm 的岩石颗粒。

卵石、碎石按技术要求分为Ⅰ类、Ⅱ类、Ⅲ类。

卵石、碎石的一般要求:用矿山废石生产的碎石有害物质除应符合表 6-14 的规定外,还应符合我国环保和安全相关标准和规范,不应对人体、生物、环境及混凝土、砂浆性能产生有害影响;卵石、碎石的放射性应符合规范《建筑材料放射性核素限量》(GB 6566—2010)的规定。

建设用卵石、碎石的技术要求如下。

1）最大粒径及颗粒级配

（1）最大粒径

粗骨料的最大粒径是指公称粒级的上限值。当粗骨料的粒径增大时,其表面积随之减小。因此,达到一定流动性时包裹其表面的水泥砂浆数量减小,可节约水泥。试验研究证明,当粗骨料的最大粒径小于 150 mm 时,最大粒径增大,水泥用量明显减少;但当最大粒径大于 150 mm 时,对节约水泥并不明显。因此,在大体积混凝土中,条件许可时,应尽量采用较大粒径。在水利、海港等大型工程中最大粒径常采用 120 mm 或 150 mm;在房屋建筑工程中,由于构件尺寸小,一般最大粒径只用到 40 mm 或 60 mm。具体工程中,粗骨料最大粒径受结构型式、配筋疏密和施工条件的限制。《混凝土结构工程施工质量验收规范》(GB 50204—2002)规定,混凝土的粗骨料最大粒径不得超过构件截面最小尺寸的 1/4,且不得超过钢筋间最小净距的 3/4;对于混凝土实心板,粗骨料最大粒径不宜超过板厚 1/3,且最大粒径不得超过 40 mm。

（2）颗粒级配

石子级配按供应情况分为连续粒级（连续级配）和单粒级两种。

连续级配是指颗粒从大到小连续分级,其中每一粒级的石子都占适当的比例。连续级配中大颗粒形成的空隙由小颗粒填充,颗粒大小搭配合理,可提高混凝土的密实性,因此采用连续级配拌制的混凝土和易性较好,且不易产生分层、离析现象,在工程中应用较广泛。

单粒级石子能避免连续粒级中的较大颗粒在堆放及装卸过程中的离析现象,一般不单独使用,主要用于组合成满足要求的连续粒级,或与连续粒级混合使用,用以改善级配或配成较大粒度的连续级配。另有一种间断级配,是指筛除某些中间粒级的颗粒,大颗粒之间的空隙,直接由粒径小很多的颗粒填充,由于缺少中间粒级而为不连续的级配。间断级配的颗粒相差大,空隙率大幅度降低,拌制混凝土时可节约水泥;但混凝土拌合物易产生离析现象,造成施工较困难。间断级配适用于配制采用机械拌和、振捣的低塑性及干硬性混凝土。

石子的颗粒级配应通过筛分试验确定。卵石、碎石的颗粒级配应符合国家标准《建设用卵石、碎石》(GB/T 14685—2011)的规定,具体规定见表 6-11 所示。

表 6-11　碎石或卵石的颗粒级配

级配情况	公称粒级(mm)	累计筛余(%)											
		方孔筛(mm)											
		2.36	4.75	9.50	16.0	19.0	26.5	31.5	37.5	53.0	63.0	75.0	90
连续粒级	5~16	95~100	85~100	30~60	0~10	0							
	5~20	95~100	90~100	40~80	—	0~10	0						
	5~25	95~100	90~100	—	30~70	—	0~5	0					
	5~31.5	95~100	90~100	70~90	—	15~45	—	0~5	0				
	5~40	—	95~100	70~90	—	30~65	—		0~5	0			
单粒粒级	5~10	95~100	80~100	0~15	0								
	10~16	—	95~100	80~100	0~15								
	10~20	—	95~100	85~100	—	0~15	0						
	16~25			95~100	55~70	25~40	0~10						
	16~31.5		95~100	—	85~100			0~10	0				
	20~40			95~100	80~100				0~10	0			
	40~80					95~100			70~100	—	30~60	0~10	0

2）含泥量和泥块含量

含泥量是指卵石、碎石中粒径小于 75 μm 的颗粒含量；泥块含量是指卵石、碎石中原粒径大于 4.75 mm,经水浸洗、手捏后小于 2.36 mm 的颗粒含量。卵石、碎石中的含泥量和泥块含量应符合表 6-12 的规定。

表 6-12　含泥量和泥块含量

类　别	Ⅰ	Ⅱ	Ⅲ
含泥量(按质量计,%)	≤0.5	≤1.0	≤1.5
泥块含量(按质量计,%)	0	≤0.2	≤0.5

3）针、片状颗粒含量

卵石、碎石颗粒的长度大于该颗粒所属相应粒级的平均粒径 2.4 倍者为针状颗粒,厚度小于平均粒径 0.4 倍者为片状颗粒。平均粒径是指该粒级上、下限粒径的平均值。针、片状颗粒易折断,还会使石子的空隙率增大,对混凝土的和易性及强度影响很大。卵石、碎石的针、片状颗粒含量应符合表 6-13 的规定。

表 6-13　针、片状颗粒含量

类　别	Ⅰ	Ⅱ	Ⅲ
针、片状颗粒总含量 （按质量计,%)	≤5	≤10	≤15

4）有害物质

卵石、碎石中有害物质限量应符合表 6-14 的规定。

表 6-14 有害物质限量

类　　别	Ⅰ	Ⅱ	Ⅲ
有机物	合格	合格	合格
硫化物及硫酸盐(按 SO_3 质量计,%)	≤0.5	≤1.0	≤1.0

5）强度及坚固性

（1）强度　为保证混凝土的强度要求,粗骨料应质地致密、具有足够的强度。碎石、卵石的强度,用岩石抗压强度和压碎指标表示。在选择采石场或对粗骨料强度有严格要求或对质量有争议时,宜用岩石抗压强度检验。对经常性的生产质量控制则用压碎指标值检验较为方便。

① 岩石抗压强度。岩石的抗压强度测定,采用碎石母岩,制成 50 mm×50 mm×50 mm 的立方体试件或 ϕ50 mm×50 mm 的圆柱体试件,在水饱和状态下,所测定的抗压强度,火成岩的抗压强度应不小于 80 MPa,变质岩应不小于 60 MPa,水成岩应不小于 30 MPa。

② 压碎指标。压碎指标检验是将一定质量气干状态下 9.5～19.0 mm 的石子装入标准圆模内,在压力机上按 1 kN/s 速度均匀加荷至 200 kN 并稳定 5 s,卸载后称取试样质量 G_1,然后用孔径为 2.36 mm 的筛筛除被压碎的颗粒,称出剩余在筛上的试样质量 G_2,按下式计算压碎指标 Q_c:

$$Q_c = \frac{G_1 - G_2}{G_1} \times 100\% \tag{6-2}$$

卵石、碎石的压碎指标越小,则表示石子抵抗压碎的能力越强。卵石、碎石的压碎指标应符合表 6-15 的规定。

（2）坚固性。坚固性是指卵石、碎石在自然风化和其他外界物理化学因素作用下抵抗破裂的能力,采用硫酸钠溶液法进行试验,卵石、碎石的质量损失应符合表 6-16 的规定。

表 6-15 压碎指标

类　别	Ⅰ	Ⅱ	Ⅲ
碎石压碎指标(%)	≤10	≤20	≤30
卵石压碎指标(%)	≤12	≤14	≤16

表 6-16 坚固性指标

类　别	Ⅰ	Ⅱ	Ⅲ
质量损失(%)	≤5	≤8	≤12

6）表观密度、连续级配松散堆积空隙率

卵石、碎石的表观密度应不小于 2 600 kg/m³;连续级配松散堆积空隙率应符合表 6-17 的规定。

7）吸水率

卵石、碎石的吸水率应符合表 6-18 的规定。

表 6-17　连续级配松散堆积空隙率

类　别	Ⅰ	Ⅱ	Ⅲ
空隙率(%)	≤43	≤45	≤47

表 6-18　吸水率

类　别	Ⅰ	Ⅱ	Ⅲ
吸水率(%)	≤1.0	≤2.0	≤2.0

8）碱集料反应

经碱集料反应试验后,试件应无裂缝、酥裂、胶体外溢等现象,在规定的试验龄期膨胀率应小于 0.10%。

6.2.4　混凝土用水

混凝土用水是指混凝土拌合用水和混凝土养护用水的总称,包括饮用水、地表水、地下水、再生水、混凝土企业设备洗刷水和海水等。地表水指存在于江、河、湖、塘、沼泽和冰川等中的水。地下水指存在于岩石缝隙或土壤孔隙中可以流动的水。再生水指污水经适当再生工艺处理后具有使用功能的水。

《混凝土用水标准》(JGJ 63—2006)规定,混凝土用水应满足以下要求:

(1) 符合现行国家标准《生活饮用水卫生标准》(GB 5749—2006)要求的饮用水,可以不经检验,直接作为混凝土用水。

(2) 符合以下要求的其他水,也可作为混凝土用水:

① 混凝土拌合用水水质要求应符合表 6-19 的规定。对于设计使用年限为 100 年的结构混凝土,氯离子含量不得超过 500 mg/L;对使用钢丝或经热处理钢筋的预应力混凝土,氯离子含量不得超过 350 mg/L。

表 6-19　混凝土拌合用水水质要求

项　目	预应力混凝土	钢筋混凝土	素混凝土
pH 值,≥	5.0	4.5	4.5
不溶物(mg/L),≤	2 000	2 000	5 000
可溶物(mg/L),≤	2 000	5 000	10 000
Cl^-(mg/L),≤	500	1 000	3 500
SO_4^{2-}(mg/L),≤	600	2 000	2 700
碱含量(mg/L),≤	1 500	1 500	1 500

注:碱含量按 $Na_2O+0.658K_2O$ 计算值来表示。采用非碱活性骨料时,可不检验碱含量。

② 地表水、地下水、再生水的放射性应符合现行国家标准《生活饮用水卫生标准》(GB 5749—2006)的规定。

③ 被检验水样应与饮用水样进行水泥凝结时间对比试验。对比试验的水泥初凝时间差及终凝时间差均不应大于 30 min;同时,初凝和终凝时间应符合现行国家标准《通用硅酸盐水泥》(GB 175—2007)的规定。

④ 被检验水样应与饮用水样进行水泥胶砂强度对比试验,被检验水样配制的水泥胶砂

3 d 和 28 d 强度不应低于饮用水配制的水泥胶砂 3 d 和 28 d 强度的 90%。

⑤ 混凝土拌合用水不应有漂浮明显的油脂和泡沫,不应有明显的颜色和异味。

⑥ 混凝土企业设备洗刷水不宜用于预应力混凝土、装饰混凝土、加气混凝土和暴露于腐蚀环境的混凝土;不得用于使用碱活性或潜在碱活性骨料的混凝土。

⑦ 未经处理的海水严禁用于钢筋混凝土和预应力混凝土。

⑧ 在无法获得水源的情况下,海水可用于素混凝土,但不宜用于装饰混凝土。

(3) 混凝土养护用水应满足以下要求:

① 混凝土养护用水可不检验不溶物和可溶物,其他检验项目应符合上述第(2)项中①、②条的规定。

② 混凝土养护用水可不检验水泥凝结时间和水泥胶砂强度。

注意,混凝土养护用水要求可略低于混凝土拌合用水要求,即满足混凝土拌合用水要求也就满足了混凝土养护用水要求。

6.2.5　混凝土外加剂

在拌制混凝土过程中掺入的不超过水泥质量的 5%(特殊情况除外),用以改善混凝土性能的化学物质,称为混凝土外加剂。

混凝土外加剂在掺量较少的情况下,可以明显改善混凝土的性能,包括改善混凝土拌合物和易性、调节凝结时间、提高混凝土强度及耐久性等。混凝土外加剂在工程中的应用越来越广泛,已逐渐成为混凝土中必不可少的第五种组成材料。

根据国家标准《混凝土外加剂定义、分类、命名与术语》(GB/T 8075—2005)的规定,混凝土外加剂按照其主要使用功能分为四类:①改善混凝土拌合物流动性能的外加剂,包括各种减水剂和泵送剂等;②调节混凝土凝结时间、硬化性能的外加剂,包括缓凝剂、早强剂和速凝剂等;③改善混凝土耐久性的外加剂,包括引气剂、防水剂和阻锈剂等;④改善混凝土其他性能的外加剂,包括膨胀剂、防冻剂、着色剂等。

1) 减水剂

减水剂是指在混凝土坍落度基本相同的条件下,能减少拌合用水量的外加剂。根据减水剂的作用效果及功能不同,可分为普通减水剂、高效减水剂、早强减水剂、缓凝减水剂、引气减水剂、缓凝高效减水剂等。

(1) 减水剂的作用机理

常用的减水剂属于离子型表面活性剂。当表面活性剂溶于水后,受水分子的作用,亲水基团指向水分子,溶于水中;憎水基团则吸附于固相表面,溶解于油类或指向空气中,作定向排列,降低了水的表面张力。

在水泥加水拌和形成水泥浆的过程中,由于水泥为颗粒状材料,其比表面积较大,颗粒之间容易吸附在一起,把一部分水包裹在颗粒之间而形成絮凝状结构,包裹的水分不能起到增大流动性的作用,因此混凝土拌合物流动性降低。

当水泥浆中加入表面活性剂后,一方面表面活性剂在水泥颗粒表面作定向排列使水泥颗粒表面带有同种电荷,这种排斥力远远大于水泥颗粒之间的分子引力,使水泥颗粒分散,絮凝状结构中包裹的水分释放出来,混凝土拌合用水的作用得到充分发挥,拌合物的流动性明显提高,其原理如图 6-2 所示。另一方面,表面活性剂的极性基与水分子产生缔合作用,使水泥颗粒表面形成一层溶剂化水膜,阻止了水泥颗粒之间直接接触,起到润滑作用,改善了拌合物的流动性。

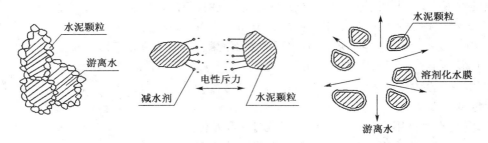

图 6-2　减水剂的作用示意图

（2）减水剂的作用效果

在混凝土中掺入减水剂后,具有以下技术经济效果：

① 提高混凝土强度。在混凝土中掺入减水剂后,可在混凝土拌合物坍落度基本不变的情况下,减少混凝土的单位用水量 5%～25%（普通型 5%～15%,高效型 10%～30%）,从而降低了混凝土水胶比,提高混凝土强度。

② 提高混凝土拌合物的流动性。在混凝土各组成材料用量一定的条件下,加入减水剂能明显提高混凝土拌合物的流动性,一般坍落度可提高 100～200 mm。

③ 节约水泥。在混凝土拌合物坍落度、强度一定的情况下,拌合用水量减少的同时,水泥用量也可以减少,可节约水泥 5%～20%。

④ 改善混凝土拌合物的其他性能。掺入减水剂后,可以减少混凝土拌合物的泌水、离析现象;延缓拌合物的凝结时间;减缓水泥水化放热速度;显著提高混凝土硬化后的抗渗性和抗冻性,提高混凝土的耐久性。

（3）常用的减水剂

减水剂是目前应用最广的外加剂,按化学成分分为木质素系减水剂、萘系减水剂、树脂系减水剂、糖蜜系减水剂及腐殖酸系减水剂等。各系列减水剂的主要品种、性能及适用范围见表 6-20。

表 6-20　常用减水剂的品种及性能

种类	木质素系	萘系	树脂系	糖蜜系	腐殖酸系
类别	普通减水剂	高效减水剂	早强减水剂（高效减水剂）	缓凝减水剂	普通减水剂
主要品种	木质素磺酸钙（木钙粉、M 型减水剂）、木质素磺酸钠等	NNO、NF、FDN、UNF、JN、MF 等	FG-2、ST、TF	长城牌、天山牌	腐殖酸
适宜掺量	0.2%～0.3%	0.2%～1%	0.5%～2%	0.2%～0.3%	0.2%～0.3%
减水率	10%左右	15%以上	20%～30%	6%～10%	8%～10%
早强效果	一般	显著	显著（7 d 可达 28 d 强度）	一般	有早强型、缓凝型两种

续表 6-20

种类	木质素系	萘系	树脂系	糖蜜系	腐殖酸系
缓凝效果	1～3 h	一般	一般	3 h 以上	一般
引气效果	1%～2%	部分品种<2%	一般	一般	一般
适用范围	一般混凝土工程及大模板、滑模、泵送、大体积及夏季施工的混凝土工程	适用于所有混凝土工程,特别适用于配制高强混凝土及大流动性混凝土	因价格较高,宜用于有特殊要求的混凝土工程	大体积混凝土工程及滑模、夏季施工的混凝土工程	一般混凝土工程

（4）减水剂的掺法

① 先掺法。将粉状减水剂与水泥先混合后再与骨料和水一起搅拌。其优点是使用较为方便;缺点是当减水剂中有较粗颗粒时,难以与水泥相互分散均匀而影响其使用效果。先掺法主要适用于容易与水泥均匀分散的粉状减水剂。

② 同掺法。先将减水剂溶解于水溶液中,再以此溶液拌制混凝土。优点是计量准确且易搅拌均匀,使用方便,它最适合于可溶性较好的减水剂。

③ 滞水法。在混凝土已经搅拌一段时间（1～3 min）后再掺加减水剂。其优点是可更充分发挥减水剂的作用效果,但该法需要延长搅拌时间,影响生产效率。

④ 后掺法。混凝土初次拌和时不掺加减水剂,待其在运输途中或运至施工现场分一次或几次加入,再经二次或多次搅拌,成为混凝土拌合物。其优点是可减少、抑制混凝土拌合物在长距离运输过程中的分层、离析和坍落度损失,充分发挥减水剂的使用效果,但增加了搅拌次数,延长了搅拌时间。该法特别适用于远距离运输的商品混凝土。

2）早强剂

早强剂是指掺入混凝土中能够提高混凝土早期强度,对后期强度无明显影响的外加剂。早强剂可在不同温度下加速混凝土强度发展,多用于要求早拆模、抢修工程及冬季施工的工程。工程中常用早强剂的品种主要有无机盐类、有机物类和复合早强剂。常用早强剂的品种、掺量等见表 6-21。

表 6-21 常用早强剂的品种、掺量及作用效果

种类	无机盐类早强剂	有机物类早强剂	复合早强剂
主要品种	氯化钙、硫酸钠	三乙醇胺、三异丙醇胺、尿素等	二水石膏＋亚硝酸钠＋三乙醇胺
适宜掺量	氯化钙 1%～2%；硫酸钠 0.5%～2%	0.02%～0.05%	2%二水石膏＋1%亚硝酸钠＋0.05%三乙醇胺
作用效果	氯化钙:可使 2～3 d 强度提高 40%～100%,7 d 强度提高 25%		能使 3 d 强度提高 50%
注意事项	氯盐会锈蚀钢筋,掺量必须符合有关规定	对钢筋无锈蚀作用	早强效果显著,适用于严格禁止使用氯盐的钢筋混凝土

3）引气剂

引气剂是指在混凝土搅拌过程中能引入大量均匀分布、稳定而封闭的微小气泡而改善混

凝土性能的外加剂。引气剂具有降低固—液—气三相表面张力,并使气泡排开水分而吸附于固相表面的能力。在搅拌过程中使混凝土内部的空气形成大量孔径约为 $0.05\sim0.25$ mm 的微小气泡,均匀分布于混凝土拌合物中,可改善混凝土拌合物的流动性,同时也改善了混凝土内部孔隙的特征,显著提高混凝土的抗冻性和抗渗性。但混凝土含气量的增加,会降低混凝土的强度。通常,混凝土中含气量每增加 1%,其抗压强度可降低 $4\%\sim6\%$。引气剂的掺量应根据混凝土含气量要求来确定,一般混凝土的含气量为 $3.0\%\sim6.0\%$。

工程中常用的引气剂为松香热聚物,其掺量为水泥用量的 $0.01\%\sim0.02\%$。

4)缓凝剂

缓凝剂是指能延缓混凝土凝结时间,并对混凝土后期强度发展无不利影响的外加剂。兼有缓凝和减水作用的外加剂称为缓凝减水剂。

常用的缓凝剂是糖钙、木钙,它们具有缓凝及减水作用。其次有羟基羟酸及其盐类,有柠檬酸、酒石酸钾钠等。无机盐类有锌盐、硼酸盐。此外,还有胺盐及其衍生物、纤维素醚等。

缓凝剂适用于要求延缓混凝土凝结时间的施工中,如在气温高、运距长的情况下,可防止混凝土拌合物发生过早坍落度损失;又如分层浇筑的混凝土,为防止出现冷缝,也常加入缓凝剂。另外,在大体积混凝土中为了延长放热时间,也可掺入缓凝剂。

5)速凝剂

能使混凝土迅速凝结硬化的外加剂称为速凝剂。速凝剂的主要种类有无机盐类和有机物类。常用的速凝剂是无机盐类,产品型号有红星 1 型、711 型、782 型等。

通常,速凝剂的主要成分是铝酸钠或碳酸钠等盐类。当混凝土中加入速凝剂后,其中的铝酸钠、碳酸钠等盐类在碱性溶液中迅速与水泥中的石膏反应生成硫酸钠,并使石膏丧失原有的缓凝作用,导致水泥中的 C_3A 迅速水化,促进溶液中水化物晶体的快速析出,从而使混凝土中水泥浆迅速凝固。

速凝剂主要用于矿山井巷、隧道、基坑等工程的喷射混凝土或喷射砂浆施工。

6)防冻剂

能使混凝土在负温下硬化,并在规定的养护条件下达到预期性能的外加剂,称为防冻剂。常用的防冻剂是由多组分复合而成的,其主要组分有防冻组分、减水组分、早强组分等。

防冻组分是复合防冻剂中的重要组分,按其成分可分为 3 类。

(1)氯盐类:常用的有氯化钙、氯化钠。由于氯化钙参与水泥的水化反应,不能有效地降低混凝土中液相的冰点,故常与氯化钠复合使用,通常采用的配比为氯化钙∶氯化钠=2∶1。

(2)氯盐阻锈类:氯盐与阻锈剂复合而成。阻锈剂有亚硝酸钠、铬酸盐、磷酸盐、聚磷酸盐等,其中亚硝酸钠阻锈效果最好,故被广泛应用。

(3)无氯盐类:有硝酸盐、亚硝酸盐、碳酸盐、尿素、乙酸盐等。

复合防冻剂中的减水组分、引气组分、早强组分则分别采用前面所述的减水剂、引气剂、早强剂。

7)泵送剂

泵送剂是指能改善混凝土拌合物泵送性能的外加剂。所谓泵送性能,就是混凝土拌合物具有能顺利通过输送管道、不阻塞、不离析、黏塑性良好的性能。泵送剂是由减水剂、缓凝剂、引气剂等多组分复合而成。泵送剂具有高流化、黏聚、润滑、缓凝之功效,适合制作高强或流态型的混凝土,适用于工业与民用建筑物及其他构筑物泵送施工的混凝土,适用于滑模施工,也适用于水下灌注桩混凝土。

6.2.6 矿物掺合料

矿物掺合料是指以氧化硅、氧化铝为主要成分,在混凝土中可以代替部分水泥、改善混凝土性能,且掺量不小于5%的具有火山灰活性的粉体材料,也称为矿物外加剂,是混凝土的第六组分。

混凝土掺合料分为活性和非活性两类。活性掺合料应用较为广泛,多数为工业废料,既可以取得良好的技术效果,也有利于环保、节能。常用的矿物掺合料有粉煤灰、硅粉、超细矿渣及各种天然的火山灰质材料粉末,如凝灰岩粉、沸石粉等。

1) 粉煤灰

粉煤灰又称飞灰,是由燃烧煤粉的锅炉烟气中收集到的细粉末,其颗粒多呈球形,表面光滑。粉煤灰按煤种分为F类和C类。F类粉煤灰是指由无烟煤或烟煤煅烧收集的粉煤灰。C类粉煤灰是指由褐煤或次烟煤煅烧收集的粉煤灰,其氧化钙含量一般大于10%。

粉煤灰的化学成分主要有 SiO_2、Al_2O_3、Fe_2O_3 等,其中 SiO_2 和 Al_2O_3 两者含量之和常在60%以上,是决定粉煤灰活性的主要成分。当粉煤灰掺入混凝土时,粉煤灰具有火山灰活性作用,它吸收氢氧化钙后生成硅酸钙凝胶,成为胶凝材料的一部分,微珠球状颗粒,具有增大混凝土拌合物流动性、减少泌水、改善混凝土和易性的作用。粉煤灰水化反应很慢,它在混凝土中长期以固体颗粒形态存在,具有填充骨料空隙的作用,可提高混凝土的密实性。此外,混凝土中加入粉煤灰还可以起到节约水泥、降低混凝土水化热、抑制碱-骨料反应等作用。

国家标准《用于水泥和混凝土中的粉煤灰》(GB/T 1596—2005)将粉煤灰分为Ⅰ级、Ⅱ级、Ⅲ级三个等级,见表6-22。

表6-22 拌制混凝土和砂浆用粉煤灰技术要求

项 目		技术要求		
		Ⅰ级	Ⅱ级	Ⅲ级
细度(45 μm 方孔筛筛余)(%),≤	F类粉煤灰	12.0	25.0	45.0
	C类粉煤灰			
需水量(%),≤	F类粉煤灰	95	105	115
	C类粉煤灰			
烧失量(%),≤	F类粉煤灰	5.0	8.0	15.0
	C类粉煤灰			
含水量(%),≤	F类粉煤灰	1.0		
	C类粉煤灰			
三氧化硫(%),≤	F类粉煤灰	3.0		
	C类粉煤灰			

续表 6-22

项 目		技术要求		
		Ⅰ级	Ⅱ级	Ⅲ级
游离氧化钙(%)，≤	F类粉煤灰	1.0		
	C类粉煤灰	4.0		
安定性 雷氏夹沸煮后增加距离(mm)，≤	C类粉煤灰	5.0		

混凝土中掺入粉煤灰的效果与粉煤灰的掺入方式有关。常用的方式有等量取代水泥法、超量取代水泥法、粉煤灰代砂法。

当掺入粉煤灰等量取代水泥时，称为等量取代水泥法。此时，由于粉煤灰活性较低，混凝土早期及 28 d 龄期强度较低，但随着龄期的延长，掺粉煤灰混凝土强度可逐步赶上基准混凝土(不掺粉煤灰，其他配合比一样的混凝土)。由于混凝土内水泥用量的减少，可节约水泥并减少混凝土发热量，还可以改善混凝土的和易性，提高混凝土抗渗性，故常用于大体积混凝土。

为了保持混凝土 28 d 强度及和易性不变，常采用超量取代水泥法，即粉煤灰的掺入量大于所取代的水泥量，多出的粉煤灰取代同体积的砂，混凝土内石子用量及用水量基本不变。

当掺入粉煤灰时仍保持混凝土水泥用量不变，则混凝土黏聚性及保水性将显著优于基准混凝土，此时，可减少混凝土中砂的用量，称为粉煤灰代砂法。由于粉煤灰具有火山灰活性，混凝土强度将高于基准混凝土，混凝土和易性及抗渗性等都有显著改善。

混凝土中掺入粉煤灰时，常与减水剂或引气剂等外加剂同时掺用，称为双掺技术。减水剂的掺入，可以克服某些粉煤灰增大混凝土需水量的缺点；引气剂的掺用，可以解决粉煤灰混凝土抗冻性较低的问题；在低温条件下施工时，宜掺入早强剂或防冻剂；阻锈剂可以改善粉煤灰混凝土抗碳化性能，防止钢筋锈蚀。

2) 硅粉

硅粉也称硅灰，是从冶炼硅铁和其他硅金属工厂的废烟气中回收的副产品，其主要成分为二氧化硅。硅粉颗粒极细，活性很高，是一种较好的改善混凝土性能的掺合料。硅粉呈灰白色，无定形二氧化硅含量一般为 $85\%\sim96\%$，其他氧化物的含量都很少。硅粉粒径为 $0.1\sim1.0\ \mu m$，比表面积为 $20\ 000\sim25\ 000\ m^2/kg$，密度为 $2\ 100\sim2\ 200\ kg/m^3$，松散堆积密度为 $250\sim300\ kg/m^3$。在混凝土中掺入硅粉后，可取得如下效果：

(1) 改善混凝土拌合物和易性。由于硅粉颗粒极细，比表面积大，需水量为普通水泥的 $130\%\sim150\%$，故混凝土流动性随硅粉掺量的增加而减小。为了保持混凝土流动性，必须掺用高效减水剂。硅粉的掺入，能显著改善混凝土的黏聚性及保水性，使混凝土完全不离析和几乎不泌水，故适宜配制高流态混凝土、泵送混凝土及水下灌注混凝土。掺硅粉后，混凝土含气量略有减小，为了保持混凝土含气量不变，必须增加引气剂用量。当硅粉掺量为 10% 时，一般引气剂用量需增加 2 倍左右。

(2) 配制高强混凝土。硅粉的活性很高，当与高效减水剂配合掺入混凝土时，硅粉与氢氧化钙反应生成水化硅酸钙凝胶体，填充水泥颗粒间的空隙，改善界面结构及黏结力，可显著提高混凝土强度。一般硅粉掺量为 $5\%\sim15\%$(有时为了某些特殊目的，也可掺入 $20\%\sim30\%$)

时,且在选用 52.5 MPa 以上的高强度等级水泥、品质优良的粗骨料及细骨料、掺入适量的高效减水剂的条件下,可配制出 28 d 强度达到 100 MPa 的超高强混凝土。为了保证硅粉在水泥浆中充分地分散,当硅粉掺量增多时,高效减水剂的掺量也必须相应地增加,否则混凝土强度不会提高。

(3) 改善混凝土的孔隙结构,提高耐久性。混凝土中掺入硅粉后,虽然水泥石的总孔隙与不掺时基本相同,但其大孔减少,超微细孔隙增加,改善了水泥石的孔隙结构。因此,掺硅粉的混凝土耐久性显著提高,抗冻性也明显提高。

硅粉混凝土的抗冲磨性随硅粉掺量的增加而提高。它比其他抗冲磨材料具有价廉、施工方便等优点,故适用于水工建筑物的抗冲刷部位及高速公路路面。硅粉混凝土抗侵蚀性较好,适用于要求抗溶出性侵蚀及抗硫酸盐侵蚀的工程。硅粉还具有抑制碱骨料反应及防止钢筋锈蚀的作用。硅粉的应用研究始于 20 世纪 70 年代,目前已经普及到世界各国。我国自 20 世纪 80 年代开始研究和应用硅粉,并很快取得大量理想的成果。今后,随着硅粉回收工作的开展,产量将逐渐提高,硅粉的应用将更加普遍。

3) 沸石粉

沸石粉是由天然沸石岩磨细而成的,含有大量活性的氧化硅和氧化铝,能与水泥水化析出的氢氧化钙反应,生成胶凝材料。沸石作为一种价廉且容易开采的天然矿物,用来配制高性能混凝土具有较普遍的适用性和经济性。

沸石粉用作混凝土掺合料主要有以下几方面的效果:①提高混凝土强度,配制高强度混凝土;②提高拌合物的裹浆量;③沸石粉高性能混凝土的早期强度较低,后期强度因火山灰反应使浆体的密实度增加而有所提高;④能够有效抑制混凝土的碱骨料反应,并可提高混凝土的抗碳化和抗钢筋锈蚀耐久性;⑤因沸石粉的吸水量较大,需同时掺加高效减水剂或与粉煤灰复合以改善混凝土的和易性。

4) 超细矿渣

硅粉是理想的超细微颗粒矿物质掺合料,但其资源有限,因此多采用超细粉磨的粒化高炉矿渣(简称超细矿渣)作为超细微粒掺合料,用以配制高强、超高强混凝土。粒化高炉矿渣经超细粉磨后具有很高的活性和极大的表面能,可以弥补硅粉资源的不足,满足配制不同性能要求的高性能混凝土的需求。超细矿渣的比表面积一般大于 450 m^2/kg,可等量替代 15%～50% 的水泥,掺入混凝土中可收到以下几方面的效果:①采用高强度等级水泥及优质粗、细骨料并掺入高效减水剂时,可配制出高强混凝土及超高强混凝土;②所配制出的混凝土干缩率大大减小,抗冻、抗渗性能提高,混凝土的耐久性得到显著改善;③混凝土拌合物的和易性明显改善,可配出大流动性且不离析的泵送混凝土。

超细矿渣的生产成本低于水泥,使用其作为掺合料可以获得显著的经济效益。根据国内外经验,使用超细矿渣掺合料配制高强或超高强混凝土是行之有效、比较经济实用的技术途径,是当今混凝土技术发展的趋势之一。

5) 其他掺合料

除上述几种掺合料外,可以用作混凝土掺合料的还有天然火山灰质材料和某些工业副产品以及再生骨料,如火山灰、凝灰岩、钢渣、磷矿渣等。此外,碾压混凝土中还可以掺入适量的非活性掺合料(如石灰石粉、尾矿粉等),以改善混凝土的和易性,提高混凝土的密实性及硬化混凝土的某些性能。再生骨料的研究和利用是解决城市改造与拆除重建建筑废料、减少环境建筑垃圾、变废为宝的途径之一。将拆除建筑物的废料,如混凝土、砂浆、砖瓦等经加工而成的再生粗骨料(《混凝土用再生粗骨料》(GB/T 25177—2010)),可以代替全部或部分石子配制混凝土,其强度、变形性能与再生粗骨料代替石子的比率有所不同。

总之,作为混凝土活性掺合料的天然火山灰质材料和工业副产品,必须具有足够的活性且不能含过量的对混凝土有害的杂质。掺合料需经磨细并通过试验确定其合适掺量及其对混凝土性能的影响。

【工程案例分析6-1】

集料杂质多危害混凝土强度

现象:某中学一栋砖混结构教学楼,在结构完工、进行屋面施工时,屋面局部倒塌。审查设计方面,未发现任何问题。对施工方面审查发现:所设计为 C20 的混凝土,施工时未留试块,事后鉴定其强度仅为 C7.5 左右,在断口处可清楚看出砂石未洗净,集料中混有鸽蛋大小的黏土块和树叶等杂质。此外,梁主筋偏于一侧,梁的受拉区 1/3 宽度内几乎无钢筋。

原因分析:集料的杂质对混凝土强度有重大的影响,必须严格控制杂质含量。树叶等杂质固然会影响混凝土的强度,而泥黏附在集料的表面,妨碍水泥石与集料的黏结,降低混凝土强度,还会增加拌和水量,加大混凝土的干缩,降低抗渗性。泥块对混凝土性能影响严重。

【工程案例分析6-2】

氯盐防冻剂锈蚀钢筋

现象:北京某旅馆的一层钢筋混凝土工程在冬季施工,为使混凝土防冻,在浇筑混凝土时掺入水泥用量3%的氯盐。建成使用两年后,在 A 柱柱顶附近掉下一块直径约 40 mm 的混凝土碎块。停业检查事故原因,发现除设计有失误外,其中一个重要原因是在浇筑混凝土时掺加的氯盐防冻剂,它不仅对混凝土有影响,而且腐蚀钢筋。观察底层柱破坏处钢筋,纵向钢筋及箍筋均已生锈,原直径为 6 mm 的钢筋锈蚀后仅为 5.2 mm 左右。锈蚀后较细及稀的箍筋难以承受柱端截面上纵向筋侧向压屈所产生的横拉力,使得箍筋在最薄弱处断裂,钢筋断裂后的混凝土保护层易剥落,混凝土碎块下掉。

防治措施:施工时加氯盐防冻,应同时对钢筋采取相应的阻锈措施。该工程因混凝土碎块下掉,引起了使用者的高度重视,停业卸去活荷载,并对症下药地对现有柱进行外包钢筋混凝土的加固措施,使房屋倒塌事故得以避免。

6.3 普通混凝土的技术性质

混凝土在未凝结硬化以前,称为混凝土拌合物。它必须具有良好的和易性,便于施工,以保证能获得良好的浇筑质量。混凝土拌合物凝结硬化以后,应具有足够的强度,以保证建筑物能安全地承受设计荷载,并应具有与所处环境相适应的耐久性。

6.3.1　混凝土拌合物的和易性

1）和易性的概念

和易性是指混凝土拌合物易于施工操作（拌合、运输、浇注、捣实），并能获得质量均匀、成型密实的混凝土的性能。和易性是一项综合技术性能，包括流动性、黏聚性和保水性三个方面的含义。

（1）流动性（稠度）。流动性是指混凝土拌合物在本身自重或施工机械振捣作用下能产生流动，并均匀密实地填满模板的性能。其大小直接影响施工时振捣的难易和成型的质量。

（2）黏聚性。黏聚性是指混凝土拌合物各组成材料之间具有一定的黏聚力，在运输和浇筑过程中不致产生离析和分层现象。它反映了混凝土拌合物保持整体均匀性的能力。

（3）保水性。保水性是混凝土拌合物在施工过程中，保持水分不易析出，不至于产生严重泌水现象的能力。有泌水现象的混凝土拌合物，分泌出来的水分易形成透水的开口连通孔隙，影响混凝土的密实性而降低混凝土的质量。

混凝土拌合物的流动性、黏聚性和保水性，三者之间是对立统一的关系。流动性好的拌合物，黏聚性和保水性往往较差；而黏聚性、保水性好的拌合物，一般流动性可能较差。在实际工程中，应尽可能达到三者统一，既要满足混凝土施工时要求的流动性，同时也要具有良好的黏聚性和保水性。

2）和易性的测定方法

目前，尚没有能够全面反映混凝土拌合物和易性的测定方法。通常是测定拌合物的流动性，同时辅以直观经验评定黏聚性和保水性。对塑性和流动性混凝土拌合物，采用坍落度与坍落扩展度法测定；对干硬性混凝土拌合物，用维勃稠度法测定。

（1）坍落度与坍落扩展度法

坍落度与坍落扩展度法适用于骨料最大粒径不大于 40 mm、坍落度不小于 10 mm 的混凝土拌合物稠度测定。

坍落度测定方法是将混凝土拌合物按规定的方法装入坍落度筒内，分层插实，装满刮平，垂直向上提起坍落度筒，拌合物因自重而向下坍落，其下落的距离（以 mm 为单位），即为该拌合物的坍落度值，以 T 表示，如图 6-3 所示。

在测定坍落度的同时，应检查混凝土拌合物的黏聚性

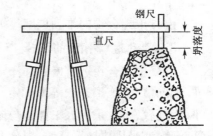

图 6-3　坍落度测定示意图

及保水性。黏聚性的检查方法是用捣棒在已坍落的拌合物锥体一侧轻轻敲打，若锥体缓慢下沉，表示黏聚性良好；如果锥体倒塌、部分崩裂或出现离析现象，则表示黏聚性不好。保水性以混凝土拌合物中稀浆析出的程度评定，提起坍落度筒后，如有较多稀浆从底部析出，拌合物锥体因失浆而骨料外露，表示拌合物的保水性不好。如提起坍落度筒后，无稀浆析出或仅有少量稀浆从底部析出，则表示混凝土拌合物保水性良好。

坍落度在 10～220 mm 对混凝土拌合物的稠度具有良好的反应能力，但当坍落度大于 220 mm 时，由于粗骨料堆积的偶然性，坍落度就不能很好地代表拌合物的稠度，需做坍落扩展度试验。

坍落扩展度试验是在坍落度试验的基础上,当坍落度值大于 220 mm 时,用钢尺测量混凝土扩展后最终的最大直径和最小直径,在最大直径和最小直径的差值小于 50 mm 时,用其算术平均值作为其坍落扩展度值。

按《混凝土质量控制标准》(GB 50164—2011)的规定,混凝土拌合物的坍落度、扩展度等级划分见表 6-23。

表 6-23 混凝土拌合物的坍落度、维勃稠度、扩展度等级划分

坍落度等级划分		维勃稠度等级划分		扩展度等级划分	
等 级	坍落度(mm)	等 级	维勃稠度(s)	等 级	扩展直径(mm)
S1	10～40	V0	≥31	F1	≤340
S2	50～90	V1	30～21	F2	350～410
S3	100～150	V2	20～11	F3	420～480
S4	160～210	V3	10～6	F4	490～550
S5	≥220	V4	5～3	F5	560～620
				F6	≥630

（2）维勃稠度法

维勃稠度法适用于骨料最大粒径不大于 40 mm,维勃稠度值在 5～30 s 之间的混凝土拌合物稠度测定。

用维勃稠度仪测定,如图 6-4 所示。将混凝土拌合物按标准方法装入维勃稠度测定仪容器的坍落度筒内;缓慢垂直提起坍落度筒;将透明圆盘置于拌合物锥体顶面;开启振动台,并启动秒表计时,测出至透明圆盘底面完全被水泥浆布满所经历的时间(以 s 计),即为维勃稠度值。维勃稠度值越大,混凝土拌合物越干稠。

混凝土拌合物的维勃稠度等级划分见表 6-23。

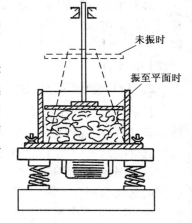

图 6-4 维勃稠度测定示意图

3）流动性（稠度）的选择

混凝土拌合物坍落度的选择,应根据施工条件、构件截面尺寸、配筋情况、施工方法等来确定。一般来说,构件截面尺寸较小、钢筋较密,或采用人工拌和与振捣时,坍落度应选择大些。反之,如构件截面尺寸较大、钢筋较疏,或采用机械振捣时,坍落度应选择小些。混凝土浇筑时的坍落度,宜按表 6-24 选用。

表 6-24 混凝土浇筑时的坍落度

项次	结构种类	坍落度(mm)
1	基础或地面等的垫层,无配筋的大体积结构或配筋稀疏的结构	10～30
2	板、梁和大型及中型截面的柱子等	30～50
3	配筋密列的结构(如薄壁、斗仓、筒仓、细柱等)	50～70
4	配筋特密的结构	70～90

注:（1）本表系采用机械振捣时的坍落度,当采用人工振捣时可适当增大。

（2）轻骨料混凝土拌合物,坍落度宜较表中数值减少 10～20 mm。

4）影响和易性的主要因素

（1）水泥浆数量和单位用水量。在混凝土骨料用量、水胶比一定的条件下，填充在骨料之间的水泥浆数量越多，水泥浆对骨料的润滑作用较充分，则混凝土拌合物的流动性增大。但增加水泥浆数量过多，不仅浪费水泥，而且会使拌合物的黏聚性、保水性变差，产生分层、泌水现象。水泥浆过少，则不能填满骨料空隙或不能很好地包裹骨料表面，不宜成型。因此，水泥浆的数量应以满足流动性要求为准。

混凝土中的用水量对拌合物的流动性起决定性的作用。实践证明，在骨料一定的条件下，为了达到拌合物流动性的要求，所加的拌合水量基本是一个固定值，即使水泥用量在一定范围内改变（每立方米混凝土增减 50～100 kg），也不会影响流动性。这一法则在混凝土学中称为固定加水量法则。必须指出，在施工中为了保证混凝土的强度和耐久性，不允许采用单纯增加用水量的方法来提高拌合物的流动性，应在保持水胶比一定时，同时增加水和胶凝材料的数量，骨料绝对数量一定但相对数量减少，使拌合物满足施工要求。

（2）砂率。砂率是指混凝土拌合物中砂的质量占砂、石子总质量的百分数。单位体积混凝土中，在水泥浆量一定的条件下，若砂率过小，砂不能填满石子之间的空隙，或填满后不能保证石子之间有足够厚度的砂浆层，不仅会降低拌合物的流动性，而且还会影响拌合物的黏聚性和保水性。若砂率过大，骨料的总表面积及空隙率会增大，包裹骨料表面的水泥浆数量减少，水泥浆的润滑作用减弱，拌合物的流动性变差。因此，砂率不能过小也不能过大，应选取合理砂率，即在水泥用量和水胶比一定的条件下，拌合物的黏聚性、保水性符合要求，同时流动性最大的砂率。同理，在水胶比和坍落度不变的条件下，水泥用量最小的砂率也是合理砂率。

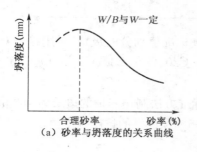
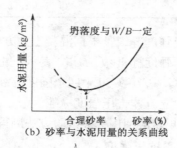

（a）砂率与坍落度的关系曲线　　　（b）砂率与水泥用量的关系曲线

图 6-5　合理砂率的确定

（3）原材料品种及性质。水泥的品种、颗粒细度，骨料的颗粒形状、表面特征、级配，外加剂等对混凝土拌合物的和易性都有影响。采用矿渣水泥拌制的混凝土流动性比用普通水泥拌制的混凝土流动性小，且保水性差；水泥颗粒越细，混凝土流动性越小，但黏聚性及保水性较好。卵石拌制的混凝土拌合物比碎石拌制的流动性好；河砂拌制的混凝土流动性好；级配好的骨料，混凝土拌合物的流动性也好。加入减水剂和引气剂可明显提高拌合物的流动性；引气剂能有效地改善混凝土拌合物的保水性和黏聚性。

（4）施工方面。混凝土拌制后，随着时间的延长和水分的减少而逐渐变得干稠，流动性减小。施工中环境的温度、湿度变化，搅拌时间及运输距离的长短，称料设备及振捣设备的性能等，都会对混凝土和易性产生影响。因此，施工中为保证混凝土具有良好的和易性，必须根据环境温、湿度变化，采取相应的措施。

6.3.2　混凝土的强度

混凝土的强度包括抗压强度、抗拉强度、抗剪强度和抗弯强度等,其中抗压强度最高,因此混凝土主要用于承受压力的工程部位。

1）立方体抗压强度与强度等级

按照《普通混凝土力学性能试验方法标准》(GB/T 50081—2002)的规定,混凝土立方体抗压强度是指制作以边长为 150 mm 的标准立方体试件,成型后立即用不透水的薄膜覆盖表面,在温度为 20℃±5℃ 的环境中静置一昼夜至两昼夜,然后在标准养护条件下(温度为 20℃±2℃,相对湿度 95％以上)或在温度为 20℃±2℃ 的不流动的 $Ca(OH)_2$ 饱和溶液中,养护至 28 d 龄期(从搅拌加水开始计时),采用标准试验方法测得的混凝土极限抗压强度,用 f_{cu} 表示。

立方体抗压强度测定采用的标准试件尺寸为 150 mm×150 mm×150 mm。也可根据粗骨料的最大粒径选择尺寸为 100 mm×100 mm×100 mm 和 200 mm×200 mm×200 mm 的非标准试件,但强度测定结果必须乘以换算系数,具体见表 6-25。

表 6-25　混凝土试件尺寸选择与强度的尺寸换算系数

试件种类	试件尺寸(mm)	粗骨料最大粒径(mm)	换算系数
标准试件	150×150×150	≤40	1.00
非标准试件	100×100×100	≤31.5	0.95
	200×200×200	≤60	1.05

混凝土强度等级是根据混凝土立方体抗压强度标准值划分的级别,采用符号 C 和混凝土立方体抗压强度标准值($f_{cu,k}$)表示。主要有 C15、C20、C25、C30、C35、C40、C45、C50、C55、C60、C65、C70、C75、C80 十四个强度等级。

混凝土立方体抗压强度标准值($f_{cu,k}$)系指按标准方法制作养护的边长为 150 mm 的立方体试件,在规定龄期用标准试验方法测得的,具有 95％保证率的抗压强度值。

2）轴心抗压强度

轴心抗压强度,是以 150 mm×150 mm×300 mm 的棱柱体试件为标准试件,在标准养护条件下养护 28 d,测得的抗压强度,以 f_{cp} 表示。

在钢筋混凝土结构设计中,计算轴心受压构件时都采用轴心抗压强度作为计算依据,因为其接近于混凝土构件的实际受力状态。混凝土轴心抗压强度值比同截面的立方体抗压强度要小,在结构设计计算时,一般取 $f_{cp}=0.67f_{cu}$。

3）抗拉强度

混凝土的抗拉强度采用劈裂抗拉试验法测得,但其值较低,一般为抗压强度的 1/10～1/20。在工程设计时,一般不考虑混凝土的抗拉强度。但混凝土的抗拉强度对抵抗裂缝的产生具有重要意义,在结构设计中,混凝土抗拉强度是确定混凝土抗裂度的重要指标。

4）影响混凝土抗压强度的因素

影响混凝土抗压强度的因素很多,包括原材料的质量、材料用量之间的比例关系、施工方法(拌合、运输、浇筑、养护)以及试验条件(龄期、试件形状与尺寸、试验方法、温度及湿度)等。

(1) 胶凝材料强度和水胶比。混凝土中的水泥和活性矿物掺合料总称为胶凝材料。胶凝材料强度的大小直接影响着混凝土强度的高低。在配合比相同的条件下,所用的胶凝材料强度越高,配制的混凝土强度也越高。当胶凝材料强度相同时,混凝土的强度主要取决于水胶比,水胶比愈大,混凝土的强度愈低。这是因为胶凝材料中水泥水化时所需的化学结合水一般只占水泥质量的 23% 左右,但在实际拌制混凝土时,为了获得必要的流动性,常需要加入较多的水,约占水泥质量的 40%～70%。多余的水分残留在混凝土中形成水泡,蒸发后形成气孔,使混凝土密实度降低,强度下降。但是,如果水胶比过小,拌合物过于干硬,在一定的捣实成型条件下,无法保证浇筑质量,混凝土中将出现较多的蜂窝、孔洞,强度也将下降。试验证明,混凝土强度随水胶比的增大而降低,其规律呈曲线关系,而与胶水比呈直线关系。

根据工程实践经验,应用数理统计方法,可建立混凝土强度与胶凝材料强度及胶水比等因素之间的线性经验公式:

$$f_{cu} = \alpha_a \cdot f_b (C/B - \alpha_b) \tag{6-3}$$

式中：f_{cu}——混凝土 28 d 龄期的抗压强度值(MPa);

f_b——胶凝材料 28 d 抗压强度(MPa);

C/B——混凝土胶水比,即水胶比的倒数;

α_a、α_b——回归系数,与水泥、骨料的品种有关。

强度公式适用于流动性混凝土和低流动性混凝土,不适用于干硬性混凝土。对流动性混凝土而言,只有在原材料相同、工艺措施相同的条件下 α_a、α_b 才可视为常数。因此,必须结合工地的具体条件,如施工方法及材料的质量等,进行不同水胶比的混凝土强度试验,求出符合当地实际情况的 α_a、α_b,这样既能保证混凝土的质量,又能取得较好的经济效果。若无试验条件,可按《普通混凝土配合比设计规程》(JGJ 55—2011)提供的经验数值:采用碎石时,$\alpha_a = 0.53$,$\alpha_b = 0.20$;采用卵石时,$\alpha_a = 0.49$,$\alpha_b = 0.13$。

强度公式可解决两个问题:一是混凝土配合比设计时,估算应采用的 W/C 值;二是混凝土质量控制过程中,估算混凝土 28 d 可以达到的抗压强度。

【例6-2】　已知某混凝土用水泥强度为 45.6 MPa,水灰比(水胶比的一种情况)0.50,碎石。试估算该混凝土 28 d 强度值。

解　因为 $W/C = 0.50$,所以 $C/W = 1/0.5 = 2$,碎石 $\alpha_a = 0.53$, $\alpha_b = 0.20$

代入混凝土强度公式有:

$$f_{cu} = 0.53 \times 45.6(2 - 0.20) = 43.5 \text{ MPa}$$

(2) 骨料的种类和级配。骨料中有害杂质过多且品质低劣时,将降低混凝土的强度;骨料表面粗糙,则与水泥石黏结力较大,混凝土强度高;骨料级配好,砂率适当,能组成密实的骨架,混凝土强度也较高。

(3) 养护温度和湿度。混凝土浇筑成型后,所处的环境温度对混凝土的强度影响很大。混凝

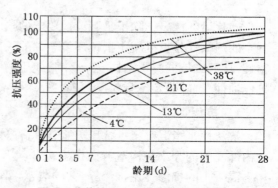

图 6-6　养护温度对混凝土强度的影响

土的硬化,在于水泥的水化作用,周围温度升高,水泥水化速度加快,混凝土强度发展也就加快;反之,温度降低时,水泥水化速度降低,混凝土强度发展将相应迟缓。当温度降至冰点以下时,混凝土的强度停止发展,并且由于孔隙内水分结冰而引起膨胀,使混凝土的内部结构遭受破坏。混凝土早期强度低,更容易冻坏。湿度适当时,水泥水化能顺利进行,混凝土强度得到充分发展。如果湿度不够,会影响水泥水化作用的正常进行,甚至停止水化。这不仅严重降低混凝土的强度,而且水化作用未能完成,使混凝土结构疏松,渗水性增大,或形成干缩裂缝,从而影响其耐久性。

《混凝土结构工程施工质量验收规范》(GB 50204—2002)规定,对已浇筑完毕的混凝土,应在12 h内加以覆盖和浇水。覆盖可采用锯末、塑料薄膜、麻袋片等。对于硅酸盐水泥、普通硅酸盐水泥或矿渣硅酸盐水泥拌制的混凝土,浇水养护时间不得少于7 d;对掺缓凝型外加剂或有抗渗要求的混凝土不得少于14 d,浇水次数应能保持混凝土表面长期处于潮湿状态。当日平均气温低于5℃时不得浇水。

(4) 硬化龄期。混凝土在正常养护条件下,其强度将随着龄期的增长而增长。最初7～14 d内,强度增长较快,28 d达到设计强度,以后增长缓慢,但若保持足够的温度和湿度,强度的增长将延续几十年。普通水泥制成的混凝土,在标准条件下,混凝土强度的发展大致与其龄期的对数成正比关系(龄期不小于3 d),如下式所示:

$$\frac{f_n}{f_{28}} = \frac{\lg n}{\lg 28} \tag{6-4}$$

式中:f_n——n($n \geqslant 3$)d 龄期混凝土的抗压强度(MPa);

f_{28}——28 d 龄期混凝土的抗压强度(MPa)。

(5) 混凝土外加剂与掺合料。在混凝土中掺入早强剂可提高混凝土早期强度;掺入减水剂可提高混凝土强度;掺入一些掺合料可配制高强度混凝土。详细内容见混凝土外加剂和掺合料部分。

(6) 施工工艺。混凝土的施工工艺包括配料、拌和、运输、浇筑、振捣、养护等工序,每一道工序对其质量都有影响。若配料不准确、误差过大,搅拌不均匀,拌合物运输过程中产生离析,振捣不密实,养护不充分等,均会降低混凝土强度。因此,在施工过程中,一定要严格遵守施工规范,确保混凝土的强度。

6.3.3 混凝土的耐久性

硬化后的混凝土除了具有设计要求的强度外,还应具有与所处环境相适应的耐久性。混凝土的耐久性是指混凝土抵抗环境条件的长期作用,并保持其稳定良好的使用性能和外观完整性,从而维持混凝土结构安全、正常使用的能力。混凝土的耐久性主要包括抗冻性、抗渗性、抗侵蚀性、抗碳化及碱骨料反应等。

1)抗渗性

抗渗性是指混凝土抵抗压力水、油等液体渗透的性能。混凝土的抗渗性主要与其密实度及内部孔隙的大小和构造特征有关。

混凝土的抗渗性用抗渗等级(P)表示,即以28 d龄期的标准试件,按标准试验方法进行试验所能承受的最大水压力(MPa)来确定。混凝土的抗渗等级有P6、P8、P10、P12及以上等级。

如抗渗等级 P6 表示混凝土能抵抗 0.6 MPa 的静水压力而不发生渗透。

2）抗冻性

混凝土的抗冻性是指混凝土在含水饱和状态下能经受多次冻融循环而不破坏,同时强度也不严重降低的性能。混凝土受冻后,混凝土中水分受冻结冰,体积膨胀,当膨胀力超过其抗拉强度时,混凝土将产生微细裂缝,反复冻融使裂缝不断扩展,混凝土强度降低甚至破坏,影响建筑物的安全。

混凝土的抗冻性用抗冻等级表示。抗冻等级是以 28 d 龄期的混凝土标准试件,在饱和水状态下,承受反复冻融循环,以强度损失不超过 25％,且质量损失不超过 5％时,混凝土所能承受的最大冻融循环次数来表示。混凝土抗冻等级划分为 F50、F100、F150、F200、F250 和 F300 等,分别表示混凝土能够承受反复冻融循环次数为 50、100、150、200、250 和 300。

混凝土的抗冻性主要决定于混凝土的孔隙率、孔隙特征及吸水饱和程度等因素。孔隙率较小,且具有封闭孔隙的混凝土,其抗冻性较好。

3）抗侵蚀性

当混凝土所处环境中含有侵蚀性介质时,混凝土便会遭受侵蚀。侵蚀介质对混凝土的侵蚀主要是对水泥石的侵蚀,其侵蚀机理详见前面章节的水泥部分。随着混凝土在地下工程、海岸与海洋工程等恶劣环境中的应用,对混凝土抗侵蚀性提出了更高的要求。

混凝土的抗侵蚀性与所用水泥品种、混凝土的密实程度和孔隙特征等有关,密实和孔隙封闭的混凝土,环境水不易侵入,抗侵蚀性较强。

4）抗碳化

混凝土的碳化是指混凝土内水泥石中的氢氧化钙与空气中二氧化碳,在湿度适宜时发生化学反应,生成碳酸钙和水,碳化也称中性化。碳化是二氧化碳由表及里向混凝土内部逐渐扩散的过程。碳化引起水泥石化学组成及组织结构的变化,对混凝土的碱度、强度和收缩产生影响。

碳化对混凝土性能既有有利的影响,也有不利的影响。其不利影响首先是碱度降低减弱了对钢筋的保护作用。这是因为混凝土中水泥水化生成大量的氢氧化钙,使钢筋处在碱性环境中而在表面生成一层钝化膜,保护钢筋不易腐蚀。但当碳化深度穿透混凝土保护层而达钢筋表面时,钢筋钝化膜被破坏而发生锈蚀,此时产生体积膨胀,致使混凝土保护层产生开裂,开裂后的混凝土更有利于二氧化碳、水、氧等有害介质的进入,加剧了碳化的进行和钢筋的锈蚀,最后导致混凝土产生顺筋开裂而破坏。另外,碳化作用会增加混凝土的收缩,引起混凝土表面产生拉应力而出现微细裂缝,从而降低混凝土的抗拉、抗折强度及抗渗性能。

碳化作用对混凝土也有一些有利影响,即碳化作用产生的碳酸钙填充了水泥石的孔隙,以及碳化时放出的水分有助于未水化水泥的水化,从而可提高混凝土碳化层的密实度,对提高抗压强度有利。

影响碳化速度的主要因素有环境中二氧化碳的浓度、水泥品种、水胶比、环境湿度等。二氧化碳浓度高,碳化速度快;当环境中的相对湿度在 50％～75％,碳化速度最快,当相对湿度小于 25％或大于 100％时,碳化将停止;水胶比愈小,混凝土愈密实,二氧化碳和水不易侵入,碳化速度就慢;掺混合材料的水泥碱度降低,碳化速度随混合材料掺量的增多而加快。

5）碱骨料反应

碱骨料反应是指水泥、外加剂等混凝土组成物及环境中的碱与骨料中碱活性矿物在潮湿环境下缓慢发生并导致混凝土开裂破坏的膨胀反应。常见的碱骨料反应有碱-氧化硅反应、碱-硅酸盐反应、碱-碳酸盐反应三种类型。碱骨料反应后,会在骨料表面形成复杂的碱硅酸凝胶,吸水后凝胶不断膨胀而使混凝土产生膨胀性裂纹,严重时会导致结构破坏。碱骨料反应的发生必须具备三个条件:一是水泥、外加剂等混凝土原材料中碱的含量必须高;二是骨料中含有一定的碱活性成分;三是要有潮湿环境。因此,为了防止碱骨料反应,应严格控制水泥等混凝土原材料中碱的含量和骨料中碱活性物质的含量。

6)提高混凝土耐久性的措施

混凝土所处的环境和使用条件不同,其耐久性的要求也不相同,但影响耐久性的因素却有许多相同之处,混凝土的密实程度是影响耐久性的主要因素,其次是原材料的性质、施工质量等。提高混凝土耐久性的主要措施有:

(1)合理选择混凝土的组成材料

① 应根据混凝土的工程特点和所处的环境条件,合理选择水泥品种。

② 选择质量良好、技术要求合格的骨料。

(2)提高混凝土制品的密实度

① 严格控制混凝土的水胶比、最低强度等级和最小胶凝材料用量。混凝土的最大水胶比和最低强度等级应根据混凝土结构所处的环境类别按表6-26、表6-27确定。混凝土的最小胶凝材料用量应符合表6-28的规定。

② 选择级配良好的骨料及合理砂率值,保证混凝土的密实度。

③ 掺入适量减水剂,可减少混凝土的单位用水量,提高混凝土的密实度。

④ 严格按操作规程进行施工操作,加强搅拌、合理浇注、振捣密实、加强养护,确保施工质量,提高混凝土制品的密实度。

表 6-26 混凝土结构的环境类别

环境类别	条 件
一	室内干燥环境; 无侵蚀性静水浸没环境
二 a	室内潮湿环境; 非严寒和非寒冷地区的露天环境; 非严寒和非寒冷地区与无侵蚀性的水或土壤直接接触的环境; 严寒和寒冷地区的冰冻线以下与无侵蚀性的水或土壤直接接触的环境
二 b	干湿交替环境; 水位频繁变动环境; 严寒和寒冷地区的露天环境; 严寒和寒冷地区冰冻线以上与无侵蚀性的水或土壤直接接触的环境
三 a	严寒和寒冷地区冬季水位变动区环境; 受除冰盐影响环境; 海风环境
三 b	盐渍土环境; 受除冰盐作用环境; 海岸环境

续表 6-26

环境类别	条 件
四	海水环境
五	受人为或自然的侵蚀性物质影响的环境

注：(1) 室内潮湿环境是指构件表面经常处于结露或湿润状态的环境。
  (2) 严寒和寒冷地区的划分应符合国家现行标准《民用建筑热工设计规范》(GB 50176—1993)的有关规定。
  (3) 海岸环境和海风环境宜根据当地情况,考虑主导风向及结构所处迎风、背风部位等因素的影响,由调查研究和工程经验确定。
  (4) 受除冰盐影响环境为受到除冰盐盐雾影响的环境;受除冰盐作用环境指被除冰盐溶液溅射的环境以及使用除冰盐地区的洗车房、停车楼等建筑。

表 6-27 结构混凝土材料的耐久性基本要求

环境等级	最大水胶比	最低强度等级	最大氯离子含量(%)	最大碱含量(kg/m³)
一	0.60	C20	0.30	不限制
二 a	0.55	C25	0.20	
二 b	0.50(0.55)	C30(C25)	0.15	
三 a	0.45(0.50)	C35(C30)	0.15	3.0
三 b	0.40	C40	0.10	

注：(1) 本表适用于设计使用年限为 50 年的混凝土结构,对设计使用年限为 100 年的混凝土结构应符合 GB 50010—2010 的相应规定。
  (2) 氯离子含量系指其占胶凝材料总量的百分比。
  (3) 预应力构件混凝土中的最大氯离子含量为 0.06%;最低混凝土强度等级应按表中的规定提高两个等级。
  (4) 素混凝土构件的水胶比及最低强度等级的要求可适当放松。
  (5) 有可靠工程经验时,二类环境中的最低混凝土强度等级可降低一个等级。
  (6) 处于严寒和寒冷地区二 b、三 a 类环境中的混凝土应使用引气剂,并可采用括号中的有关参数。
  (7) 当使用非碱活性骨料时,对混凝土中的碱含量可不作限制。

表 6-28 混凝土的最小胶凝材料用量

最大水胶比	最小胶凝材料用量(kg/m³)		
	素混凝土	钢筋混凝土	预应力混凝土
0.60	250	280	300
0.55	280	300	300
0.50	320		
≤0.45	330		

注：配制 C15 及其以下强度等级的混凝土不受此表限制。

（3）改善混凝土的孔隙结构

在混凝土中掺入适量引气剂,可改善混凝土内部的孔隙结构,可以提高混凝土的抗渗性、抗冻性及抗侵蚀性。

【工程案例分析 6-3】

掺合料搅拌不均致使混凝土强度低

现象：某工程使用等量的 42.5 级普通硅酸盐水泥、粉煤灰配制 C25 混凝土,工地现场搅拌,为赶进度搅拌时间较短。拆模后检测,发现所浇筑的混凝土强度波动大,部分低于所要求的混凝土强度指标。

原因分析:该混凝土强度等级较低,而选用的水泥强度等级较高,故使用了较多的粉煤灰作掺合料。由于搅拌时间较短,粉煤灰与水泥搅拌不够均匀,导致混凝土强度波动大,以致部分混凝土强度未达到要求。

【工程案例分析6-4】

混凝土强度低屋面倒塌

现象:某县某小学1988年建砖混结构校舍,11月中旬气温已达零下十几度,因工人搅拌振捣,故混凝土搅拌得很稀,木模板缝隙又较大,漏浆严重。至12月9日,施工者准备内粉刷,拆去支柱,在屋面上用手推车推卸白灰炉渣以铺设保温层,大梁突然断裂,屋面塌落,并砸死在屋内取暖的两名女生。

原因分析:由于混凝土水灰比大,混凝土离析严重。从大梁断裂截面可见,上部只剩下砂和少量水泥,下部全为卵石,且相当多水泥浆已流走。现场用回弹仪检测,混凝土强度仅达到设计强度等级的一半。这是屋面倒塌的技术原因。

该工程为私人挂靠施工,包工者从未进行过房屋建筑,无施工经验。在冬期施工却不采取任何相应的措施,不具备施工员的素质,且工程未办理任何基建手续。校方负责人自任甲方代表,不具备现场管理资格,由包工者随心所欲施工。这是施工与管理方面的原因。

6.4 混凝土质量控制与强度评定

6.4.1 混凝土的质量控制

混凝土在施工过程中由于受原材料质量(如水泥的强度、骨料的级配及含水率等)的波动、施工工艺(如配料、拌合、运输、浇筑及养护等)的不稳定性、施工条件和气温的变化、施工人员的素质等因素的影响,因此,在正常施工条件下,混凝土的质量总是波动的。

混凝土质量控制的目的就是分析掌握其质量波动规律,控制正常波动因素,发现并排除异常波动因素,使混凝土质量波动控制在规定范围内,以达到既保证混凝土质量又节约用料的目的。

1)材料进场质量检验和质量控制

混凝土原材料包括水泥、骨料、掺合料、外加剂等,运至工地的原材料需具有出厂合格证和出厂检验报告,同时使用单位还应进行进场复验。

对于商品混凝土的原材料质量控制应在混凝土搅拌站进行。

2)混凝土的配合比

混凝土施工前应委托具有相应资质的试验室进行混凝土配合比设计,并且首次使用的混凝土配合比应进行开盘鉴定,其工作性应满足设计配合比的要求。

混凝土拌制前,应测定砂、石含水率并根据测试结果调整材料用量,提出施工配合比。

混凝土原材料每盘称量的偏差应符合表 6-29 的规定。

表 6-29　原材料每盘称量的允许偏差

材料名称	允许偏差
胶凝材料	±2%
粗、细骨料	±3%
拌合用水、外加剂	±1%

3）混凝土强度的检验

现场混凝土质量检验以抗压强度为主,并以边长 150 mm 的立方体试件的抗压强度为标准。用于检查结构构件混凝土强度的试件,应在混凝土的浇筑地点随机抽取。取样与试块留置应符合下列规定:

（1）每拌制 100 盘且不超过 100 m³ 的同配合比的混凝土,取样不得少于一次。

（2）每工作班拌制的同一配合比的混凝土不足 100 盘时,取样不得少于一次。

（3）当一次连续浇筑超过 1 000 m³ 时,同一配合比的混凝土每 200 m³ 取样不得少于一次。

（4）对房屋建筑,每一楼层、同一配合比的混凝土,取样不得少于一次。

（5）每次取样应至少留置一组标准养护试件,同条件养护试件的留置组数应根据实际需要确定。每组 3 个试件应由同一盘或同一车的混凝土中取样制作。

4）混凝土质量控制图

为了掌握分析混凝土质量波动情况,及时分析出现的问题,将水泥强度、混凝土坍落度、混凝土强度等检验结果绘制成质量控制图。

质量控制图的横坐标为按时间测得的质量指标试样编号,纵坐标为质量指标的特征值,中间一条横线为中心控制线,上、下两条线为控制界线,如图 6-7 所示。图中横坐标表示混凝土浇筑时间或试件编号,纵坐标表示强度测定值,各点表示连续测得的强度,中心线表示平均强度 $m_{f_{cu}}$,上、下控制线为 $m_{f_{cu}} \pm 3\sigma$。

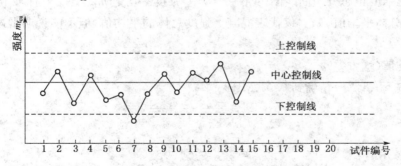

图 6-7　混凝土强度控制图

从质量控制图的变动趋势,可以判断施工是否正常。如果测得的各点几乎全部落在控制界限内,并且控制界限内的点子排列是随机的,即为施工正常。如果各点显著偏离中心线或分布在一侧,尤其是有些点超出上下控制线,说明混凝土质量均匀性已下降,应立即查明原因,加以控制。

6.4.2　混凝土强度的评定

1）混凝土强度的波动规律

试验表明,混凝土强度的波动规律是符合正态分布的。即在施工条件相同的情况下,对同一种混凝土进行系统取样,测定其强度,以强度为横坐标,以某一强度出现的概率为纵坐标,可绘出强度概率正态分布曲线,如图 6-8 所示。正态分布的特点为:以强度平均值为对称轴,左右两边的曲线是对称的,距离对称轴愈远的值,出现的概率愈小,并逐渐趋近于零;曲线和横坐标之间的面积为概率的总和,等于 100%;对称轴两边,出现的概率相等,在对称轴两边的曲线上各有一个拐点,拐点距强度平均值的距离即为标准差。

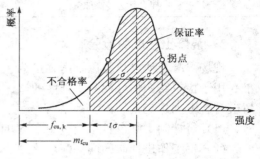

图 6-8　混凝土强度正态分布曲线

2）混凝土强度数理统计参数

（1）强度平均值 $m_{f_{cu}}$

混凝土强度平均值 $m_{f_{cu}}$ 可用下式计算:

$$m_{f_{cu}} = \frac{1}{n} \sum_{i=1}^{n} f_{cu,i} \tag{6-5}$$

式中: $m_{f_{cu}}$——统计周期内 n 组混凝土立方体试件的抗压强度平均值（MPa）,精确到 0.1 MPa;

$f_{cu,i}$——第 i 组混凝土立方体试件的抗压强度值（MPa）,精确到 0.1 MPa;

n——统计周期内相同强度等级的试件组数, n 值不应小于 30。

在混凝土强度正态分布曲线图（见图 6-8）中,强度平均值 $m_{f_{cu}}$ 处于对称轴上,也称样本平均值,可代表总体平均值。 $m_{f_{cu}}$ 仅代表混凝土强度总体的平均值,但不能说明混凝土强度的波动状况。

（2）标准值（均方差） σ

标准差按下式计算,精确到 0.01 MPa:

$$\sigma = \sqrt{\frac{\sum_{i=1}^{n}(f_{cu,i} - m_{f_{cu}})^2}{n-1}} \tag{6-6}$$

式中: σ——混凝土强度标准差（MPa）。

标准差是评定混凝土质量均匀性的主要指标,它在混凝土强度正态分布曲线图中表示分布曲线的拐点距离强度平均值的距离。 σ 值愈大,说明其强度离散程度愈大,混凝土质量也愈不稳定。

表 6-30 混凝土强度标准差（MPa）

生产场所	强度标准差 σ		
	<C20	C20～C40	≥C45
预拌混凝土搅拌站 预制混凝土构件厂	≤3.0	≤3.5	≤4.0
施工现场搅拌站	≤3.5	≤4.0	≤4.5

注：预拌混凝土搅拌站和预制混凝土构件厂的统计周期可取一个月；施工现场搅拌站的统计周期可根据实际情况确定，但不宜超过三个月。

（3）变异系数（离差系数）C_v

变异系数可由下式计算：

$$C_v = \frac{\sigma}{m_{f_{cu}}} \tag{6-7}$$

C_v 表示混凝土强度的相对离散程度。C_v 值愈小，说明混凝土的质量愈稳定，混凝土生产的质量水平愈高。

（4）混凝土强度保证率 P

混凝土强度保证率，是指混凝土强度总体分布中，大于或等于设计要求的强度等级值的概率，以正态分布曲线的阴影部分面积表示，如图 6-8 所示。强度保证率可按如下方法计算：

先根据混凝土设计要求的强度等级（$f_{cu,k}$）、混凝土的强度平均值（$m_{f_{cu}}$）、标准差（σ）或变异系数（C_v），计算出概率度 t。

$$t = \frac{m_{f_{cu}} - f_{cu,k}}{\sigma} \quad \text{或} \quad t = \frac{m_{f_{cu}} - f_{cu,k}}{C_v m_{f_{cu}}} \tag{6-8}$$

再根据 t 值，由表 6-31 查得强度保证率 $P(\%)$。

表 6-31 不同 t 值的保证率 P

t	0.00	0.50	0.80	0.84	1.00	1.04	1.20	1.28	1.40	1.50	1.60
$P(\%)$	50.0	69.2	78.8	80.0	84.1	85.1	88.5	90.0	91.9	93.3	94.5
t	1.645	1.70	1.75	1.81	1.88	1.96	2.00	2.05	2.33	2.50	3.00
$P(\%)$	95.0	95.5	96.0	96.5	97.0	97.5	97.7	98.0	99.0	99.4	99.9

《混凝土强度检验评定标准》（GB/T 50107—2010）及《混凝土结构设计规范》（GB 50010—2010）规定，同批试件的统计强度保证率不得小于 95%。

3）混凝土强度检验评定标准

根据《混凝土强度检验评定标准》（GB/T 50107—2010）的规定，混凝土强度评定方法可分为统计方法和非统计方法两种。

（1）统计方法评定

① 当连续生产的混凝土，生产条件在较长时间内保持一致，且同一品种、同一强度等级混凝土的强度变异性保持稳定时，一个检验批的样本容量应为连续的 3 组试件，其强度应同时符

合下列要求：

$$m_{f_{cu}} \geqslant f_{cu,k} + 0.7\sigma_0 \tag{6-9}$$

$$f_{cu,min} \geqslant f_{cu,k} - 0.7\sigma_0 \tag{6-10}$$

检验批混凝土立方体抗压强度的标准差应按下式计算：

$$\sigma_0 = \sqrt{\frac{\sum_i^n f_{cu,i}^2 - nm_{f_{cu}}^2}{n-1}} \tag{6-11}$$

当混凝土强度等级不高于 C20 时，其强度的最小值尚应满足下式要求：

$$f_{cu,min} \geqslant 0.85 f_{cu,k} \tag{6-12}$$

当混凝土强度等级高于 C20 时，其强度的最小值尚应满足下式要求：

$$f_{cu,min} \geqslant 0.90 f_{cu,k} \tag{6-13}$$

式中：$m_{f_{cu}}$——同一检验批混凝土立方体抗压强度的平均值(MPa)；

$f_{cu,k}$——混凝土立方体抗压强度标准值(MPa)；

$f_{cu,min}$——同一检验批混凝土立方体抗压强度的最小值(MPa)；

σ_0——检验批混凝土立方体抗压强度的标准差(MPa)，当检验批混凝土强度标准差 σ_0 计算值小于 2.5 MPa 时，应取 2.5 MPa；

$f_{cu,i}$——前一个检验期内同一品种、同一强度等级的第 i 组混凝土试件的立方体抗压强度代表值(MPa)，该检验期不应少于 60 d，也不得大于 90 d；

n——前一检验期内的样本容量，在该期间内样本容量不应少于 45。

② 当混凝土的生产条件在较长时间内不能保持一致，且混凝土强度变异性不能保持稳定时，或在前一个检验期内的同一品种、同一强度等级混凝土，无足够多的数据用以确定检验批混凝土立方体抗压强度的标准差时，应由样本容量不少于 10 组的试件组成一个检验批，其强度应同时满足下列要求：

$$m_{f_{cu}} \geqslant f_{cu,k} + \lambda_1 \cdot S_{f_{cu}} \tag{6-14}$$

$$f_{cu,min} \geqslant \lambda_2 \cdot f_{cu,k} \tag{6-15}$$

同一检验批混凝土立方体抗压强度的标准差应按下式计算：

$$S_{f_{cu}} = \sqrt{\frac{\sum_i^n f_{cu,i}^2 - nm_{f_{cu}}^2}{n-1}} \tag{6-16}$$

式中：$S_{f_{cu}}$——同一检验批混凝土立方体抗压强度的标准差(MPa)，精确到 0.01 MPa，当检验批混凝土强度标准差 $S_{f_{cu}}$ 计算值小于 2.5 MPa 时，应取 2.5 MPa；

n——本检验期内的样本容量；

λ_1、λ_2——合格评定系数，按表 6-32 取用。

表 6-32　混凝土强度的合格评定系数

试件组数	10～14	15～19	≥20
λ_1	1.15	1.05	0.95
λ_2	0.90	0.85	

（2）非统计方法评定

当用于评定的样本容量小于 10 组时，应采用非统计方法评定混凝土强度。

按非统计方法评定混凝土强度时，其强度应同时符合下列规定：

$$m_{f_{cu}} \geqslant \lambda_3 \cdot f_{cu,k} \tag{6-17}$$

$$f_{cu,min} \geqslant \lambda_4 \cdot f_{cu,k} \tag{6-18}$$

式中：λ_3、λ_4——合格评定系数，按表 6-33 取用。

表 6-33　混凝土强度的非统计方法合格评定系数

混凝土强度等级	＜C60	≥C60
λ_3	1.15	1.10
λ_4	0.95	

（3）混凝土强度的合格性评定

混凝土强度应分批进行检验评定，当检验结果满足以上规定时，则该批混凝土强度应评定为合格；当不能满足上述规定时，该批混凝土强度应评定为不合格。对不合格批混凝土制成的结构或构件，可采用钻芯法或其他非破损检验方法进行进一步鉴定。对不合格的结构或构件，必须及时处理。

6.5　普通混凝土的配合比设计

混凝土配合比是指混凝土中各组成材料用量之间的比例关系。常用的表示方法有两种：①以 1 m³ 混凝土中各组成材料的质量来表示，如 1 m³ 混凝土中水泥 300 kg，水 180 kg，砂子 600 kg，石子 1 200 kg；②以各组成材料相互间的质量比来表示，通常以水泥质量为 1。将上例换算成质量比为水泥∶砂子∶石子＝1∶2.0∶4.0，水胶比＝0.60。

6.5.1　配合比设计的基本要求

混凝土配合比设计的任务，就是根据原材料的技术性能及施工条件，确定出能满足工程所要求的各项技术指标，并符合经济原则的各组成材料的用量。具体来说，混凝土配合比设计的基本要求包括以下几方面：

（1）满足混凝土结构设计所要求的强度等级。

（2）满足施工所要求的混凝土拌合物的和易性。

(3) 满足混凝土的耐久性,如抗冻等级、抗渗等级和抗侵蚀性等。

(4) 在满足各项技术性质的前提下,使各组成材料经济合理,尽量节约水泥,降低混凝土成本。

6.5.2 配合比设计的三个重要参数

(1) 水胶比。水胶比是混凝土中水与胶凝材料质量的比值,是影响混凝土强度和耐久性的主要因素。其确定原则是在满足工程要求的强度和耐久性的前提下,尽量选择较大值,以节约水泥。

(2) 砂率。砂率是指混凝土中砂子质量占砂石总质量的百分比。砂率是影响混凝土拌合物和易性的重要指标。砂率的确定原则是在保证混凝土拌合物黏聚性和保水性要求的前提下,尽量取小值。

(3) 单位用水量。单位用水量是指 1 m³ 混凝土的用水量,反映混凝土中水泥浆与骨料之间的比例关系。在混凝土拌合物中,水泥浆的多少显著影响混凝土的和易性,同时也影响其强度和耐久性。其确定原则是在混凝土拌合物达到流动性要求的前提下取较小值。

水胶比、砂率、单位用水量是混凝土配合比设计的三个重要参数,其选择是否合理,将直接影响混凝土的性能和成本。

6.5.3 配合比设计的基本规定

(1) 混凝土配合比设计应采用工程实际使用的原材料;配合比设计所采用的细骨料含水率应小于 0.5%,粗骨料含水率应小于 0.2%。

(2) 混凝土的最大水胶比应符合现行国家标准《混凝土结构设计规范》(GB 50010—2010)的规定,见表 6-27。

(3) 除配制 C15 及其以下强度等级的混凝土外,混凝土的最小胶凝材料用量应符合表 6-28 的规定。

(4) 矿物掺合料在混凝土中的掺量应通过试验确定。采用硅酸盐水泥或普通硅酸盐水泥时,钢筋混凝土中矿物掺合料最大掺量宜符合表 6-34 的规定;预应力混凝土中矿物掺合料最大掺量宜符合表 6-35 的规定。对基础大体积混凝土,粉煤灰、粒化高炉矿渣粉和复合掺合料的最大掺量可增加 5%。采用掺量大于 30% 的 C 类粉煤灰的混凝土应以实际使用的水泥和粉煤灰掺量进行安定性检验。

表 6-34 钢筋混凝土中矿物掺合料最大掺量

矿物掺合料种类	水胶比	最大掺量(%)	
		采用硅酸盐水泥时	采用普通硅酸盐水泥时
粉煤灰	≤0.40	45	35
	>0.40	40	30
粒化高炉矿渣粉	≤0.40	65	55
	>0.40	55	45

续表 6-34

矿物掺合料种类	水胶比	最大掺量（%）	
		采用硅酸盐水泥时	采用普通硅酸盐水泥时
钢渣粉	—	30	20
磷渣粉	—	30	20
硅灰	—	10	10
复合掺合料	≤0.40	65	55
	>0.40	55	45

注：(1) 采用其他通用硅酸盐水泥时，宜将水泥混合材掺量 20% 以上的混合材量计入矿物掺合料。
　　(2) 复合掺合料各组分的掺量不宜超过单掺时的最大掺量。
　　(3) 在混合使用两种或两种以上矿物掺合料时，矿物掺合料总掺量应符合表中复合掺合料的规定。

表 6-35　预应力混凝土中矿物掺合料最大掺量

矿物掺合料种类	水胶比	最大掺量（%）	
		采用硅酸盐水泥时	采用普通硅酸盐水泥时
粉煤灰	≤0.40	35	30
	>0.40	25	20
粒化高炉矿渣粉	≤0.40	55	45
	>0.40	45	35
钢渣粉	—	20	10
磷渣粉	—	20	10
硅灰	—	10	10
复合掺合料	≤0.40	55	45
	>0.40	45	35

注：(1) 采用其他通用硅酸盐水泥时，宜将水泥混合材掺量 20% 以上的混合材量计入矿物掺合料。
　　(2) 复合掺合料各组分的掺量不宜超过单掺时的最大掺量。
　　(3) 在混合使用两种或两种以上矿物掺合料时，矿物掺合料总掺量应符合表中复合掺合料的规定。

（5）混凝土拌合物中水溶性氯离子最大含量应符合表 6-36 的要求，其测试方法应符合现行行业标准《水运工程混凝土试验规程》(JTJ 270—1998)中混凝土拌合物中氯离子含量的快速测定方法的规定。

表 6-36　混凝土拌合物中水溶性氯离子最大含量

环境条件	水溶性氯离子最大含量（%，水泥用量的质量百分比）		
	钢筋混凝土	预应力混凝土	素混凝土
干燥环境	0.30	0.06	1.00
潮湿但不含氯离子的环境	0.20		
潮湿而含有氯离子的环境、盐渍土环境	0.10		
除冰盐等侵蚀性物质的腐蚀环境	0.06		

（6）长期处于潮湿或水位变动的寒冷和严寒环境以及盐冻环境的混凝土应掺用引气剂。引气剂掺量应根据混凝土含气量要求经试验确定，混凝土最小含气量应符合表 6-37 的规定，最大含气量不宜超过 7.0%。

表 6-37　掺用引气剂的混凝土最小含气量

粗骨料最大公称粒径(mm)	混凝土最小含气量(%)	
	潮湿或水位变动的寒冷和严寒环境	盐冻环境
40.0	4.5	5.0
25.0	5.0	5.5
20.0	5.5	6.0

注:含气量为气体占混凝土体积的百分比。

（7）对于有预防混凝土碱骨料反应设计要求的工程，宜掺用适量粉煤灰或其他矿物掺合料，混凝土中最大碱含量不应大于 3.0 kg/m³；对于矿物掺合料碱含量，粉煤灰碱含量可取实测值的 1/6，粒化高炉矿渣粉碱含量可取实测值的 1/2。

6.5.4　配合比设计的方法及步骤

1）计算配合比的确定

（1）确定混凝土的配制强度（$f_{cu,0}$）

为了使所配制的混凝土在工程中使用时其强度标准值具有不小于 95% 的强度保证率，配合比设计时的混凝土配制强度应高于设计要求的强度标准值。混凝土配制强度应按下列规定确定。

① 当混凝土的设计强度等级小于 C60 时，配制强度应按下式计算：

$$f_{cu,0} \geqslant f_{cu,k} + 1.645\sigma \tag{6-19}$$

式中：$f_{cu,0}$——混凝土配制强度（MPa）；

$f_{cu,k}$——混凝土立方体抗压强度标准值，即混凝土的设计强度等级值（MPa）；

σ——混凝土强度标准差（MPa）。

式（6-19）中 σ 的大小表示施工单位的管理水平，σ 越低，说明混凝土施工质量越稳定。混凝土强度标准差应按照下列规定确定：

当具有近 1～3 个月的同一品种、同一强度等级混凝土的强度资料，且试件组数不小于 30 时，其混凝土强度标准差 σ 应按下式计算：

$$\sigma = \sqrt{\frac{\sum\limits_{i}^{n} f_{cu,i}^2 - nm_{f_{cu}}^2}{n-1}} \tag{6-20}$$

式中：σ——混凝土强度标准差（MPa）；

$f_{cu,i}$——第 i 组的试件强度（MPa）；

$m_{f_{cu}}$——n 组试件的强度平均值（MPa）；

n——试件组数。

对于强度等级不大于 C30 的混凝土,当混凝土强度标准差 σ 计算值不小于 3.0 MPa 时,应按式(6-20)计算结果取值;当混凝土强度标准差 σ 计算值小于 3.0 MPa 时,应取 3.0 MPa。

对于强度等级大于 C30 且小于 C60 的混凝土,当混凝土强度标准差 σ 计算值不小于 4.0 MPa 时,应按式(6-20)计算结果取值;当混凝土强度标准差 σ 计算值小于 4.0 MPa 时,应取 4.0 MPa。

当没有近期的同一品种、同一强度等级混凝土强度资料时,其强度标准差 σ 可按表 6-38 取值。

表 6-38　混凝土强度标准差

强度等级	≤C20	C25～C45	C50～C55
标准差 σ(MPa)	4.0	5.0	6.0

② 当设计强度等级不小于 C60 时,配制强度应按下式计算:

$$f_{cu,0} \geqslant 1.15 f_{cu,k} \tag{6-21}$$

(2) 确定混凝土水胶比(W/B)

① 满足强度要求的水胶比。当混凝土强度等级小于 C60 级时,混凝土水胶比宜按下式计算:

$$W/B = \frac{\alpha_a f_b}{f_{cu,0} + \alpha_a \alpha_b f_b} \tag{6-22}$$

式中:W/B——混凝土水胶比;

α_a、α_b——回归系数,根据工程所使用的原材料,通过试验建立的水胶比与混凝土强度关系式来确定,当不具备上述试验统计资料时可按表 6-39 选用;

f_b——胶凝材料 28 d 胶砂抗压强度(MPa),可实测,且试验方法应按现行国家标准《水泥胶砂强度检验方法(ISO 法)》(GB/T 17671—1999)执行;当无实测值时,可按式(6-23)确定。

表 6-39　回归系数 α_a、α_b 取值表

粗骨料品种	碎石	卵石
α_a	0.53	0.49
α_b	0.20	0.13

当胶凝材料 28 d 胶砂抗压强度值(f_b)无实测值时,可按下式计算:

$$f_b = \gamma_f \gamma_s f_{ce} \tag{6-23}$$

式中:γ_f、γ_s——粉煤灰影响系数和粒化高炉矿渣粉影响系数,可按表 6-40 选用;

f_{ce}——水泥 28 d 胶砂抗压强度(MPa),可实测,当无实测值时也可按式(6-24)确定。

表 6-40　粉煤灰影响系数(γ_f)和粒化高炉矿渣粉影响系数(γ_s)

种　　类		粉煤灰影响系数 γ_f	粒化高炉矿渣粉影响系数 γ_s
掺量(%)	0	1.00	1.00
	10	0.85～0.95	1.00
	20	0.75～0.85	0.95～1.00
	30	0.65～0.75	0.90～1.00
	40	0.55～0.65	0.80～0.90
	50	—	0.70～0.85

注：(1) 采用Ⅰ级、Ⅱ级粉煤灰宜取上限值。
　　(2) 采用 S75 级粒化高炉矿渣粉宜取下限值,采用 S95 级粒化高炉矿渣粉宜取上限值,采用 S105 级粒化高炉矿渣粉可取上限值加 0.05。
　　(3) 当超出表中的掺量时,粉煤灰和粒化高炉矿渣粉影响系数应经试验确定。

当水泥 28 d 胶砂抗压强度(f_{ce})无实测值时,可按下式计算:

$$f_{ce} = \gamma_c \cdot f_{ce,g} \tag{6-24}$$

式中：$f_{ce,g}$——水泥强度等级值(MPa);

　　　γ_c——水泥强度等级值的富余系数,可按实际统计资料确定,当缺乏实际统计资料时也可按表 6-41 选用。

表 6-41　水泥强度等级值的富余系数(γ_c)

水泥强度等级值	32.5	42.5	52.5
富余系数	1.12	1.16	1.10

② 满足耐久性要求的水胶比。根据表 6-26、表 6-27 查出满足混凝土耐久性的最大水胶比值。

同时满足强度、耐久性要求的水胶比,取以上两种方法求得的水胶比中的较小值。

(3) 确定用水量(m_{wo})和外加剂用量(m_{ao})

① 每立方米干硬性或塑性混凝土的用水量应符合下列规定:

A. 混凝土水胶比在 0.40～0.80 范围时,按表 6-42 和表 6-43 选取。

B. 混凝土水胶比小于 0.40 时,可通过试验确定。

表 6-42　干硬性混凝土的用水量(kg/m³)

拌合物稠度		卵石最大公称粒径(mm)			碎石最大公称粒径(mm)		
项目	指标	10.0	20.0	40.0	16.0	20.0	40.0
维勃稠度 (s)	16～20	175	160	145	180	170	155
	11～15	180	165	150	185	175	160
	5～10	185	170	155	190	180	165

表 6-43　塑性混凝土的用水量（kg/m³）

拌合物稠度		卵石最大公称粒径（mm）				碎石最大公称粒径（mm）			
项目	指标	10.0	20.0	31.5	40.0	16.0	20.0	31.5	40.0
坍落度 （mm）	10～30	190	170	160	150	200	185	175	165
	35～50	200	180	170	160	210	195	185	175
	55～70	210	190	180	170	220	205	195	185
	75～90	215	195	185	175	230	215	205	195

注：(1) 本表用水量系采用中砂时的取值。采用细砂时，每立方米混凝土用水量可增加 5～10 kg；采用粗砂时，则可减少 5～10 kg。

(2) 掺用矿物掺合料或外加剂时，用水量应相应调整。

② 掺外加剂时，每立方米流动性或大流动性混凝土的用水量（m_{wo}）可按下式计算：

$$m_{wo} = m'_{wo}(1 - \beta) \qquad (6\text{-}25)$$

式中：m_{wo}——计算配合比每立方米混凝土的用水量（kg/m³）；

　　　m'_{wo}——未掺外加剂时推定的满足实际坍落度要求的每立方米混凝土用水量（kg/m³），以表 6-43 中 90 mm 坍落度的用水量为基础，按每增大 20 mm 坍落度相应增加 5 kg/m³ 用水量来计算，当坍落度增大到 180 mm 以上时，随坍落度相应增加的用水量可减少；

　　　β——外加剂的减水率（%），应经混凝土试验确定。

③ 每立方米混凝土中外加剂用量（m_{ao}）应按下式计算：

$$m_{ao} = m_{bo}\beta_a \qquad (6\text{-}26)$$

式中：m_{ao}——计算配合比每立方米混凝土中外加剂用量（kg/m³）；

　　　m_{bo}——计算配合比每立方米混凝土中胶凝材料用量（kg/m³）；

　　　β_a——外加剂掺量（%），应经混凝土试验确定。

（4）计算胶凝材料、矿物掺合料和水泥用量

① 每立方米混凝土的胶凝材料用量（m_{bo}）应按下式计算：

$$m_{bo} = \frac{m_{wo}}{W/B} \qquad (6\text{-}27)$$

式中：m_{bo}——计算配合比每立方米混凝土中胶凝材料用量（kg/m³）；

　　　m_{wo}——计算配合比每立方米混凝土的用水量（kg/m³）；

　　　W/B——混凝土水胶比。

将计算出的胶凝材料用量和表 6-28 规定的混凝土最小胶凝材料用量比较，取两者中大者作为每立方米混凝土中胶凝材料用量。

② 每立方米混凝土的矿物掺合料用量（m_{fo}）应按下式计算：

$$m_{fo} = m_{bo}\beta_f \qquad (6\text{-}28)$$

式中：m_{fo}——计算配合比每立方米混凝土中矿物掺合料用量（kg/m³）；

　　　β_f——矿物掺合料掺量（%），β_f 应通过试验确定或根据 W/B 和表 6-34、表 6-35 确定。

③ 每立方米混凝土的水泥用量（m_{co}）应按下式计算：

$$m_{co} = m_{bo} - m_{fo} \qquad (6-29)$$

式中：m_{co}——计算配合比每立方米混凝土中水泥用量（kg/m³）。

（5）确定砂率（β_s）

① 砂率应根据骨料的技术指标、混凝土拌合物性能和施工要求，参考既有历史资料确定。

② 当缺乏砂率的历史资料时，混凝土砂率的确定应符合下列规定：

A. 坍落度小于 10 mm 的混凝土，其砂率应经试验确定。

B. 坍落度为 10～60 mm 的混凝土，其砂率可根据粗骨料品种、最大公称粒径及水胶比按表 6-44 选取。

表 6-44 混凝土砂率（%）

水胶比	卵石最大公称粒径（mm）			碎石最大公称粒径（mm）		
	10.0	20.0	40.0	16.0	20.0	40.0
0.40	26～32	25～31	24～30	30～35	29～34	27～32
0.50	30～35	29～34	28～33	33～38	32～37	30～35
0.60	33～38	32～37	31～36	36～41	35～40	33～38
0.70	36～41	35～40	34～39	39～44	38～43	36～41

注：(1) 本表数值系中砂的选用砂率，对细砂或粗砂，可相应地减少或增大砂率。

（2）采用人工砂配制混凝土时，砂率可适当增大。

（3）只用一个单粒级粗骨料配制混凝土时，砂率应适当增大。

C. 坍落度大于 60 mm 的混凝土，其砂率可经试验确定，也可在表 6-44 的基础上，按坍落度每增大 20 mm、砂率增大 1% 的幅度予以调整。

（6）计算粗骨料、细骨料用量（m_{go}、m_{so}）

① 体积法。假定混凝土拌合物的体积等于各组成材料绝对体积及拌合物中所含空气的体积之和，用下式计算 1 m³ 混凝土拌合物的砂石用量：

$$\left. \begin{array}{l} \dfrac{m_{co}}{\rho_c} + \dfrac{m_{fo}}{\rho_f} + \dfrac{m_{go}}{\rho_g} + \dfrac{m_{so}}{\rho_s} + \dfrac{m_{wo}}{\rho_w} + 0.01\alpha = 1 \\[2mm] \beta_s = \dfrac{m_{so}}{m_{so} + m_{go}} \times 100\% \end{array} \right\} \qquad (6-30)$$

式中：ρ_c——水泥密度（kg/m³），可按现行规范《水泥密度测定方法》（GB/T 208—1994）测定，也可取 2 900～3 100 kg/m³；

　　　ρ_f——矿物掺合料密度（kg/m³），可按现行规范《水泥密度测定方法》（GB/T 208—1994）测定；

　　　ρ_g——粗骨料的表观密度（kg/m³）；

　　　ρ_s——细骨料的表观密度（kg/m³）；

　　　ρ_w——水的密度（kg/m³），可取 1 000 kg/m³；

　　　α——混凝土的含气量百分数，在不使用引气剂或引气型外加剂时，α 可取 1。

② 质量法。根据经验，如果原材料情况比较稳定，所配制的混凝土拌合物的表观密度将接近一个固定值，可先假设每立方米混凝土拌合物的质量为 m_{cp}（kg/m³），按下式计算：

$$
\left.
\begin{aligned}
m_{\text{fo}} + m_{\text{co}} + m_{\text{so}} + m_{\text{go}} + m_{\text{wo}} &= m_{\text{cp}} \\
\beta_{\text{s}} &= \frac{m_{\text{so}}}{m_{\text{so}} + m_{\text{go}}} \times 100\%
\end{aligned}
\right\} \tag{6-31}
$$

式中：m_{fo}——计算配合比每立方米混凝土的矿物掺合料用量（kg/m³）；

   m_{co}——计算配合比每立方米混凝土的水泥用量（kg/m³）；

   m_{so}——计算配合比每立方米混凝土的细骨料用量（kg/m³）；

   m_{go}——计算配合比每立方米混凝土的粗骨料用量（kg/m³）；

   m_{wo}——计算配合比每立方米混凝土的用水量（kg/m³）；

   β_{s}——砂率（%）；

   m_{cp}——每立方米混凝土拌合物的假定质量（kg/m³），可取 2 350～2 450 kg/m³。

2）试拌配合比的确定

进行混凝土配合比试配时，应采用工程中实际使用的原材料，并应采用强制式搅拌机进行搅拌，搅拌方法宜与施工采用的方法相同。混凝土试配时，每盘混凝土的最小搅拌量应符合表 6-45 的规定，并不应小于搅拌机公称容量的 1/4 且不应大于搅拌机公称容量。

表 6-45　混凝土试配时的最小搅拌量

骨料最大粒径（mm）	拌合物数量（L）
≤31.5	20
40	25

在计算配合比的基础上应进行试拌，以检查拌合物的性能。当试拌得出的拌合物坍落度或维勃稠度不能满足要求，或黏聚性和保水性不好时，应在保持计算水胶比不变的条件下，通过调整配合比其他参数使混凝土拌合物性能符合设计和施工要求，然后修正计算配合比，提出试拌配合比。

调整混凝土拌合物和易性的方法：若流动性太大，可在砂率不变的条件下，适当增加砂、石用量；若流动性太小，应在保持水胶比不变的条件下，增加适量的水和胶凝材料或外加剂；黏聚性和保水性不良时，实质上是混凝土拌合物中砂浆不足或砂浆过多，可适当增大砂率或适当降低砂率，调整到和易性满足要求为止。

试拌调整完成后，应测出混凝土拌合物的实际表观密度 $\rho_{\text{c,t}}$（kg/m³），并计算各组成材料调整后的拌合用量：水泥 m_{cb}、矿物掺合料 m_{fb}、水 m_{wb}、砂 m_{sb}、石子 m_{gb}，则试拌配合比为：

$$
\left.
\begin{aligned}
m_{\text{cj}} &= \frac{m_{\text{cb}}}{m_{\text{cb}} + m_{\text{fb}} + m_{\text{wb}} + m_{\text{sb}} + m_{\text{gb}}} \times \rho_{\text{c,t}} \\
m_{\text{fj}} &= \frac{m_{\text{fb}}}{m_{\text{cb}} + m_{\text{fb}} + m_{\text{wb}} + m_{\text{sb}} + m_{\text{gb}}} \times \rho_{\text{c,t}} \\
m_{\text{wj}} &= \frac{m_{\text{wb}}}{m_{\text{cb}} + m_{\text{fb}} + m_{\text{wb}} + m_{\text{sb}} + m_{\text{gb}}} \times \rho_{\text{c,t}} \\
m_{\text{sj}} &= \frac{m_{\text{sb}}}{m_{\text{cb}} + m_{\text{fb}} + m_{\text{wb}} + m_{\text{sb}} + m_{\text{gb}}} \times \rho_{\text{c,t}} \\
m_{\text{gj}} &= \frac{m_{\text{gb}}}{m_{\text{cb}} + m_{\text{fb}} + m_{\text{wb}} + m_{\text{sb}} + m_{\text{gb}}} \times \rho_{\text{c,t}}
\end{aligned}
\right\} \tag{6-32}
$$

式中：m_{cj}、m_{fj}、m_{wj}、m_{sj}、m_{gj}——分别为试拌配合比每立方米混凝土的水泥用量、矿物掺合料用量、用水量、细骨料用量和粗骨料用量（kg/m³）；

$\rho_{c,t}$——混凝土拌合物表观密度实测值（kg/m³）。

3）强度及耐久性复核，确定设计配合比（又称试验室配合比）

（1）在试拌配合比的基础上应进行混凝土强度试验，并应符合下列规定：

① 应采用三个不同的配合比，其中一个应为试拌配合比，另外两个配合比的水胶比宜较试拌配合比分别增加和减少0.05，用水量应与试拌配合比相同，砂率可分别增加和减少1%。

② 进行混凝土强度试验时，拌合物性能应符合设计和施工要求。

③ 进行混凝土强度试验时，每个配合比应至少制作一组试件，并应标准养护到28 d或设计规定龄期时试压。

（2）配合比调整应符合下述规定：

① 根据混凝土强度试验结果，宜绘制强度和胶水比的线性关系图或插值法确定略大于配制强度对应的胶水比。

② 在试拌配合比的基础上，用水量（m_w）和外加剂用量（m_a）应根据确定的水胶比作调整。

③ 胶凝材料用量（m_b）应以用水量乘以确定的胶水比计算得出。根据矿物掺合料的掺量，计算出矿物掺合料用量（m_f）和水泥用量（m_c）。

④ 粗骨料和细骨料用量（m_g和m_s）应根据用水量和胶凝材料用量进行调整。

（3）混凝土拌合物表观密度和配合比校正系数的计算应符合下列规定：

① 配合比调整后的混凝土拌合物的表观密度应按下式计算：

$$\rho_{c,c} = m_c + m_f + m_w + m_s + m_g \tag{6-33}$$

式中：$\rho_{c,c}$——混凝土拌合物的表观密度计算值（kg/m³）；

m_c——每立方米混凝土的水泥用量（kg/m³）；

m_f——每立方米混凝土的矿物掺合料用量（kg/m³）；

m_w——每立方米混凝土的用水量（kg/m³）；

m_s——每立方米混凝土的细骨料用量（kg/m³）；

m_g——每立方米混凝土的粗骨料用量（kg/m³）。

② 混凝土配合比校正系数按下式计算：

$$\delta = \frac{\rho_{c,t}}{\rho_{c,c}} \tag{6-34}$$

式中：δ——混凝土配合比校正系数；

$\rho_{c,t}$——混凝土拌合物的表观密度实测值（kg/m³）。

③ 当混凝土拌合物表观密度实测值与计算值之差的绝对值不超过计算值的2%时，按上述第2）条得到的配合比（m_w、m_c、m_f、m_s、m_g）即为确定的设计配合比；当两者之差超过2%时应将配合比中每项材料用量均乘以校正系数δ，即为确定的设计配合比。

（4）配合比调整后，应测定拌合物水溶性氯离子含量，试验结果应符合表6-36的规定。

（5）对耐久性有设计要求的混凝土应进行相关耐久性试验验证。

（6）生产单位可根据常用材料设计出常用的混凝土配合比备用，并应在启用过程中予以

验证或调整。遇有下列情况之一时,应重新进行配合比设计:

① 对混凝土性能有特殊要求时。

② 水泥、外加剂或矿物掺合料等原材料品种、质量有显著变化时。

4)施工配合比确定

试验室配合比中的砂、石子均以干燥状态下的用量为准。施工现场的骨料一般采用露天堆放,其含水率随气候的变化而变化,因此施工时必须在设计配合比的基础上进行调整。

假定现场砂、石子的含水率分别为 $a\%$ 和 $b\%$,则施工配合比中 $1\,\text{m}^3$ 混凝土的各组成材料用量分别为:

$$
\left.
\begin{aligned}
m'_c &= m_c \\
m'_f &= m_f \\
m'_s &= m_s(1+a\%) \\
m'_g &= m_g(1+b\%) \\
m'_w &= m_w - m_s \cdot a\% - m_g \cdot b\%
\end{aligned}
\right\}
\tag{6-35}
$$

【例 6-3】 某教学楼工程,现浇钢筋混凝土梁,混凝土设计强度等级为 C30,施工要求坍落度为 $30\sim 50\,\text{mm}$(混凝土采用机械搅拌,机械振捣),施工单位无历史统计资料。采用原材料情况如下:

水泥:强度等级为 42.5 的普通硅酸盐水泥,实测强度为 45.0 MPa,密度为 $3\,000\,\text{kg/m}^3$。

粉煤灰:F 类 I 级粉煤灰,密度为 $2\,600\,\text{kg/m}^3$,掺加量经试验确定为 20%。

砂:中砂,$M_x=2.7$,表观密度 $\rho_s=2\,650\,\text{kg/m}^3$。

石子:碎石,最大粒径 $D_{\text{max}}=40\,\text{mm}$,表观密度 $\rho_g=2\,700\,\text{kg/m}^3$。

水:自来水。

设计混凝土配合比(按干燥材料计算),并求施工配合比。已知施工现场砂的含水率为 3%,碎石含水率为 1%。

解 (1)计算配合比的确定

① 确定混凝土的配制强度($f_{cu,0}$)。查表 6-38,取标准差 $\sigma=5.0$,则

$$f_{cu,0} = f_{cu,k} + 1.645\sigma = 30 + 1.645 \times 5.0 \approx 38.2\,\text{MPa}$$

② 确定混凝土水胶比(W/B)

A. 满足强度要求的水胶比。查表 6-40,$\gamma_f=0.80$,$\gamma_s=1.00$,则

$$f_b = \gamma_f \gamma_s f_{ce} = 0.80 \times 1.00 \times 45.0 = 36.0\,\text{MPa}$$

$$W/B = \frac{\alpha_a f_b}{f_{cu,0} + \alpha_a \alpha_b f_b} = \frac{0.53 \times 36.0}{38.2 + 0.53 \times 0.20 \times 36.0} \approx 0.45$$

B. 满足耐久性要求的水胶比。根据表 6-26、表 6-27 查得,一类环境,即室内干燥环境中的最大水胶比为 0.60。

因此,同时满足强度和耐久性要求的 $W/C=0.45$。

③ 确定单位用水量(m_{wo})

查表 6-43,按坍落度要求 $30\sim 50\,\text{mm}$,碎石最大粒径 40 mm,则 $1\,\text{m}^3$ 混凝土的用水量可选

用 $m_{wo} = 175 \text{ kg/m}^3$。

④ 计算胶凝材料、矿物掺合料和水泥用量

每立方米混凝土的胶凝材料用量(m_{bo})：

$$m_{bo} = \frac{m_{wo}}{W/B} = \frac{175}{0.45} \approx 389 \text{ kg/m}^3$$

查表 6-28，混凝土最小胶凝材料用量为 330 kg/m³。所以取胶凝材料用量 $m_{bo} = 389 \text{ kg/m}^3$。

每立方米混凝土的矿物掺合料用量(m_{fo})：$m_{fo} = m_{bo}\beta_f = 389 \times 20\% \approx 78 \text{ kg/m}^3$

每立方米混凝土的水泥用量(m_{co})：$m_{co} = m_{bo} - m_{fo} = 389 - 78 = 311 \text{ kg/m}^3$

⑤ 确定砂率(β_s)

由 $W/B = 0.45$，碎石最大粒径为 40 mm，查表 6-44，取 $\beta_s = 32\%$。

⑥ 计算砂、石子用量(m_{so}、m_{go})

A. 体积法

$$\begin{cases} \dfrac{311}{3\,000} + \dfrac{78}{2\,600} + \dfrac{m_{so}}{2\,650} + \dfrac{m_{go}}{2\,700} + \dfrac{175}{1\,000} + 0.01 \times 1 = 1 \\[2mm] \dfrac{m_{so}}{m_{so} + m_{go}} = 0.32 \end{cases}$$

解得 $m_{so} \approx 582 \text{ kg/m}^3$ $m_{go} \approx 1\,236 \text{ kg/m}^3$

B. 质量法

假定 1 m³ 混凝土拌合物的质量 $m_{cp} = 2\,400 \text{ kg/m}^3$，则由式(6-31)得：

$$m_{so} + m_{go} = m_{cp} - (m_{co} + m_{fo} + m_{wo}) = 2\,400 - 311 - 78 - 175 = 1\,836 \text{ kg/m}^3$$

$$m_{so} = (m_{so} + m_{go}) \times \beta_s = 1\,836 \times 32\% \approx 588 \text{ kg/m}^3$$

$$m_{go} = m_{cp} - (m_{co} + m_{fo} + m_{wo}) - m_{so} = 1\,836 - 588 = 1\,248 \text{ kg/m}^3$$

(2) 试拌配合比的确定

按计算配合比试拌混凝土 25 L，其材料用量：水泥为 $311 \times 0.025 = 7.78$ kg；粉煤灰为 1.95 kg；水为 4.38 kg；砂为 14.70 kg；石子为 31.20 kg。

通过试拌测得混凝土拌合物的黏聚性和保水性较好，坍落度为 20 mm，低于要求的 30～50 mm，应在保持水胶比不变的条件下增加水和胶凝材料。经试验，水和胶凝材料分别增加 5%（保持水胶比不变，需增加水泥 0.37 kg，粉煤灰 0.10 kg，水 0.22 kg），测得坍落度为 40 mm，符合施工要求。实测拌合物的表观密度 $\rho_{c,t} = 2\,390 \text{ kg/m}^3$。试拌后各种材料的实际用量：

水泥　　　　$m_{cb} = 7.78 + 0.37 = 8.15$ kg

粉煤灰　　　$m_{fb} = 1.95 + 0.10 = 2.05$ kg

水　　　　　$m_{wb} = 4.38 + 0.22 = 4.60$ kg

砂　　　　　$m_{sb} = 14.70$ kg

石子　　　　$m_{gb} = 31.20$ kg

由式(6-32)计算试拌配合比：

$$m_{cj} = \frac{m_{cb}}{m_{cb} + m_{fb} + m_{wb} + m_{sb} + m_{gb}} \times \rho_{c,t}$$

$$= \frac{8.15}{8.15 + 2.05 + 4.60 + 14.70 + 31.20} \times 2\,390 \approx 321 \text{ kg/m}^3$$

$$m_{fj} = \frac{m_{fb}}{m_{cb} + m_{fb} + m_{wb} + m_{sb} + m_{gb}} \times \rho_{c,t} \approx 81 \text{ kg/m}^3$$

$$m_{wj} = \frac{m_{wb}}{m_{cb} + m_{fb} + m_{wb} + m_{sb} + m_{gb}} \times \rho_{c,t} \approx 181 \text{ kg/m}^3$$

$$m_{sj} = \frac{m_{sb}}{m_{cb} + m_{fb} + m_{wb} + m_{sb} + m_{gb}} \times \rho_{c,t} \approx 579 \text{ kg/m}^3$$

$$m_{gj} = \frac{m_{gb}}{m_{cb} + m_{fb} + m_{wb} + m_{sb} + m_{gb}} \times \rho_{c,t} \approx 1228 \text{ kg/m}^3$$

（3）强度复核，确定设计配合比

以试拌配合比的水胶比 0.45，另取 0.50 和 0.40 共 3 个水胶比的配合比，分别拌制混凝土，测得和易性均满足要求，并分别制作试块，实测 28 d 抗压强度见表 6-46。

表 6-46　强度试验结果

试样	W/B	B/W	f_{cu}（MPa）
I	0.40	2.50	42.5
II	0.45	2.22	39.2
III	0.50	2.00	36.4

据表 6-46 数据，作强度与胶水比线性关系图（见图 6-9），求出与配制强度 $f_{cu,o} = 38.2$ MPa 相对应的胶水比 $= 2.15$（水胶比 $W/B = 0.46$），则符合强度要求的配合比为：用水量 $m_w = m_{wj} = 181$ kg/m³，胶凝材料用量 $m_b = 181 \times 2.15 \approx 389$ kg/m³，粉煤灰用量 $m_f = 389 \times 20\% \approx 78$ kg/m³，水泥用量 $m_c = 389 - 78 = 311$ kg/m³；按混凝土拌合物表观密度 2 390 kg/m³ 重新计算砂石用量（质量法），得砂用量 $m_s = 582$ kg/m³，石子用量 $m_g = 1\,238$ kg/m³。

最后，实测出混凝土拌合物表观密度 $\rho_{c,t} = 2\,400$ kg/m³，计算表观密度：

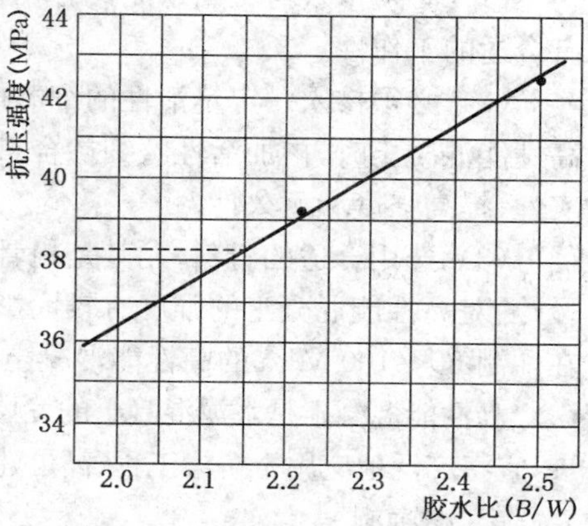

图 6-9　胶水比与强度关系曲线

$$\rho_{c,c} = m_w + m_c + m_f + m_s + m_g$$
$$= 181 + 311 + 78 + 582 + 1\,238 = 2\,390 \text{ kg/m}^3$$

因此，配合比校正系数 $\delta = 2\,400/2\,390 \approx 1.004$，二者之差不超过计算值的 2%，故可不再进行调整，设计配合比即为：$m_c = 311$ kg/m³，$m_f = 78$ kg/m³，$m_w = 181$ kg/m³，$m_s = 582$ kg/m³，$m_g = 1\,238$ kg/m³。

（4）计算混凝土施工配合比

1 m³ 混凝土各材料用量如下：

水泥： $m'_c = m_c = 311$ kg/m³

粉煤灰： $m'_f = m_f = 78$ kg/m³

砂子： $m'_s = m_s(1 + a\%) = 582 \times (1 + 3\%) \approx 599$ kg/m³

石子： $m'_g = m_g(1 + b\%) = 1\,238 \times (1 + 1\%) \approx 1\,250$ kg/m³

水： $m'_w = m_w - m_s \cdot a\% - m_g \cdot b\% = 181 - 582 \times 3\% - 1\,238 \times 1\% \approx 151$ kg/m³

6.6 其他品种混凝土

1）高性能混凝土

1990 年 5 月，美国国家标准与技术研究所（NIST）和美国混凝土协会（NCI）首先提出了高性能混凝土的概念。目前，各国对高性能混凝土的定义尚有争议。综合各国学者的意见，高性能混凝土是以耐久性和可持续发展为基本要求，适应工业化生产与施工，具有高抗渗性、高体积稳定性（低干缩、低徐变、低温度应变率和高弹性模量）、良好工作性能（高流动性、高黏聚性、达到自密实）的混凝土。

虽然高性能混凝土是由高强混凝土发展而来，但高强混凝土并不就是高性能混凝土，不能将其混为一谈。高性能混凝土比高强混凝土具有更为有利于工程长期安全使用与便于施工的优异性能，它将会比高强混凝土具有更为广阔的应用前景。

高性能混凝土在配制时通常应注意以下几个方面：

（1）必须掺入与所用水泥具有相容性的高效减水剂，以降低水胶比，提高强度，并使其具有合适的工作性。

（2）必须掺入一定量活性的细磨矿物掺合料，如硅灰、磨细矿渣、优质粉煤灰等。在配制高性能混凝土时，掺加活性磨细掺合料，可利用其微粒效应和火山灰活性，以增强混凝土的密实性，提高强度和耐久性。

（3）选用合适的骨料，尤其是粗骨料的品质（如粗骨料的强度，针、片状颗粒含量，最大粒径等）对高性能混凝土的强度有较大影响。因此，用于高性能混凝土的粗骨料粒径不宜太大，在配制 60～100 MPa 的高性能混凝土时，粗骨料最大粒径不宜大于 19.0 mm。

高性能混凝土是水泥混凝土的发展方向之一，它符合科学的发展观，随着土木工程技术的发展，它将广泛地应用于桥梁工程、高层建筑、工业厂房结构、港口及海洋工程、水工结构等工程。

2）轻骨料混凝土

轻骨料混凝土是指用粗、细骨料，轻砂（或普通砂），水泥和水配制而成的干表观密度不大于 1 950 kg/m³ 的混凝土。粗、细骨料均为轻骨料者，称为全轻混凝土；细骨料全部或部分采用普通砂者，称为砂轻混凝土。

轻骨料按其来源可分为：①工业废料轻骨料，如粉煤灰陶粒、自然煤矸石、膨胀矿渣珠、煤渣及轻砂；②天然轻骨料，如浮石、火山渣及其轻砂；③人造轻骨料，如页岩陶粒、黏土陶粒、膨胀珍珠岩轻砂。

轻骨料混凝土的强度等级按立方体抗压强度标准值划分为 LC5.0、LC7.5、LC10、LC15、LC20、LC25、LC30、LC35、LC40、LC45、LC50、LC55 和 LC60。

强度等级为 LC5.0 的称为保温轻骨料混凝土,主要用于围护结构或热工结构的保温;强度等级≤LC15 的称为结构保温轻骨料混凝土,用于既承重又保温的围护结构;强度等级≥LC15 的称为结构轻骨料混凝土,用于承重构件或构筑物。

轻骨料混凝土的变形比普通混凝土大,弹性模量较小,极限应变大,利于改善构筑物的抗震性能。轻骨料混凝土的收缩和徐变比普通混凝土相应大 20%～50% 和 30%～60%,热膨胀系数比普通混凝土小 20% 左右。

轻骨料混凝土的表观密度比普通混凝土减少 1/4～1/3,隔热性能改善,可使结构尺寸减小,增加建筑物使用面积,降低基础工程费用和材料运输费用,其综合效益良好。因此,轻骨料混凝土主要适用于高层和多层建筑、软土地基、大跨度结构、抗震结构、要求节能的建筑等。

3) 泵送混凝土

泵送混凝土是指在泵压的作用下经刚性或柔性管道输送到浇筑地点进行浇筑的混凝土。泵送混凝土除必须满足混凝土设计强度和耐久性的要求外,尚应使混凝土满足可泵性要求。因此,对泵送混凝土粗骨料、细骨料、水泥、外加剂、掺合料等都必须严格控制。

《混凝土泵送技术规程》(JGJ/T 10—2011)规定,泵送混凝土配合比设计时,胶凝材料总量不宜少于 300 kg/m³;用水量与胶凝材料总量之比不宜大于 0.6;掺用引气剂型外加剂的泵送混凝土的含气量不宜大于 4%。粗骨料应满足以下要求:①粗骨料的最大粒径与输送管径之比,应符合表 6-47 的规定;②粗骨料应采用连续级配,且针、片状颗粒含量不宜大于 10%。细骨料应满足以下要求:①宜采用中砂,其通过 0.315 mm 筛孔的颗粒不应少于 15%;②砂率宜为 35%～45%。

坍落度对混凝土的可泵性影响很大,泵送混凝土的入泵坍落度不宜小于 10 cm,对于各种入泵坍落度不同的混凝土,其泵送高度不宜超过表 6-48 的规定。

表 6-47　粗骨料的最大粒径与输送管径之比

泵送高度(m)	碎 石	卵 石
<50	≤1:3.0	≤1:2.5
50～100	≤1:4.0	≤1:3.0
>100	≤1:5.0	≤1:4.0

表 6-48　混凝土入泵坍落度与泵送高度关系

入泵坍落度(cm)	10～14	14～16	16～18	18～20	20～22
最大泵送高度(m)	30	60	100	400	400 以上

由于混凝土输送泵管路可以敷设到吊车或小推车不能到达的地方,并使混凝土在一定压力下充填灌注部位,具有其他设备不可替代的特点,改变了混凝土输送效率低下的传统施工方法,因此近年来在钻孔灌注桩工程中开始应用,并广泛应用于公路、铁路、水利、建筑等工程。

4) 防水混凝土

防水混凝土是通过各种方法提高混凝土的抗渗性能,达到防水要求的混凝土。常用的配制方法有:骨料级配法(改善骨料级配);富水泥浆法(采用较小的水胶比,较高的水泥用量和砂率,改善砂浆质量,减少孔隙率,改变孔隙形态特征);掺外加剂法(如引气剂、防水剂、减水剂等);采用特殊水泥(如膨胀水泥等)。

防水混凝土主要用于有防水抗渗要求的水工构筑物,给排水工程构筑物(如水池、水塔等)和地下构筑物,以及有防水抗渗要求的屋面等。

5)纤维混凝土

纤维混凝土是以混凝土为基体,外掺各种纤维材料而成。掺入纤维的目的是提高混凝土的抗拉强度,降低其脆性。常用的纤维材料有玻璃纤维、矿棉、钢纤维、碳纤维和各种有机纤维。

各类纤维中以钢纤维对抑制混凝土裂缝的形成、提高混凝土抗拉和抗弯强度、增加韧性效果最好。但为了节约钢材,目前国内外都在研制采用玻璃纤维、矿棉等来配制纤维混凝土。在纤维混凝土中,纤维的含量、纤维的几何形状以及纤维的分布情况,对于纤维混凝土的性能有着重要影响。钢纤维混凝土一般可以提高抗拉强度2倍左右;抗弯强度可提高1.5～2.5倍;抗冲击强度可提高5倍以上,甚至可达20倍;而韧性甚至可达100倍以上。纤维混凝土目前已逐渐地应用于飞机跑道、桥面、端面较薄的轻型结构和压力管道等。

6)泵送混凝土

泵送混凝土是指其拌合物的坍落度不低于100 mm,并用泵送施工的混凝土。泵送混凝土除需满足工程所需的强度外,还需要满足流动性、不离析和少泌水的泵送工艺的要求。由于采用了独特的泵送施工工艺,因而其原材料和配合比与普通混凝土不同。《普通混凝土配合比设计规程》(JGJ 55—2011)对泵送混凝土作出了规定。

规定泵送混凝土应选用硅酸盐水泥、普通水泥、矿渣水泥和粉煤灰水泥,不宜采用火山灰水泥;并对其集料、外加剂及拌合料亦作出了规定。泵送混凝土配合比的计算和试配步骤除按普通混凝土配合比设计规程的有关规定外,还应符合以下规定:

(1)泵送混凝土的用水量与水泥和矿物掺合料的总量之比不宜大于0.60。

(2)泵送混凝土的水泥和矿物掺合料的总用量不宜小于300 kg/m³。

(3)泵送混凝土的砂率宜为35%～45%。

(4)掺用引气型外加剂时,其混凝土含气量不宜大于4%。

【工程案例分析6-5】

树脂混凝土应用分析

现象:某有色冶金厂的铜电解槽,使用温度为65～70℃。槽内使用的主要介质为硫酸、铜离子、氯离子和其他金属的阳离子。原使用传统的铅板作防腐衬里,易损坏,使用寿命较短。后采用整体呋喃树脂混凝土作电解槽,耐腐蚀,不导电,不仅保证电解铜的生产质量,还大大提高了金银的回收率,且使用寿命延长两年以上。

原因分析:树脂混凝土除强度高、抗冻融性能好以外,还具有一系列优良的性能。由于其致密,抗渗性好,耐化学腐蚀性能亦远优于普通混凝土。呋喃树脂混凝土耐酸、耐腐蚀,绝缘电阻亦相当高,对试件作测试可达$7 \times 10^7 \Omega$。为此用作铜电解槽可有优异的性能。还需要说明的是,树脂混凝土的耐化学腐蚀性能又因树脂品种不同而异,若采用不饱和聚酯树脂的混凝土,除耐一般酸腐蚀外,还可以耐低浓度强酸的腐蚀。

【现代建筑材料知识拓展】

钢筋混凝土海水腐蚀与防治

挑战性问题:不少海港码头的钢筋混凝土因海水腐蚀仅几年已出现明显的钢筋锈蚀,严重影响钢筋混凝土的寿命,请思考如何防治钢筋混凝土海水腐蚀。

创造性思维点拨:创造性思维有多种形式,求同思维与求异思维,发散思维与集中思维,逻辑思维与非逻辑思维,理性思维与非理性思维,以及正向思维和逆向思维等。本问题可应用逻辑思维和非逻辑思维去研究解决。从逻辑思维出发,从混凝土的角度来想,尽量使混凝土致密,以抵抗氯离子等有害组分的渗入,把混凝土保护层加厚,也有利于保护钢筋。从钢筋的角度来想,尽可能使用抗腐蚀能力较强的钢筋,如钢筋表面有好的抗锈层。另外,还可以从非逻辑思维出发,非逻辑思维形式通常指直觉、灵感、联想与想象。可在混凝土表面涂覆保护层,隔绝海水的侵蚀,特别是在浪溅区,特别加厚此涂覆保护层。还可以在混凝土内加入阻锈剂,阻止氯离子的渗入。

课后思考题

一、填空题

1. 普通混凝土用砂的颗粒级配按_____mm 筛的累计筛余百分率分为_____、_____和_____三个级配区;按_____模数的大小分为_____、_____和_____。

2. 普通混凝土用粗骨料主要有_____和_____两种。

3. 根据《混凝土结构工程施工质量验收规范》(GB 50204—2002)规定,混凝土用粗骨料的最大粒径不得大于结构截面最小尺寸的_____,同时不得大于钢筋间最小净距的_____;对于混凝土实心板,粗骨料最大粒径不宜超过板厚的_____,且最大粒径不得超过_____mm。

4. 混凝土拌合物的和易性包括_____、_____和_____三个方面的含义。通常采用定量测定_____,方法是塑性混凝土采用_____法,干硬性混凝土采用_____法;采取直观经验评定_____和_____。

5. 混凝土立方体抗压强度是以边长为_____mm 的立方体试件,在温度为_____℃,相对湿度为_____以上的标准条件下养护_____d,用标准试验方法测定的极限抗压强度,用符号_____表示,单位为_____。

6. 混凝土中掺入减水剂,在混凝土流动性不变的情况下,可以减少_____,提高混凝土的_____;在用水量及水胶比一定时,混凝土的_____增大;在流动性和水胶比一定时,可以_____。

7. 混凝土的轴心抗压强度采用尺寸为_____的棱柱体试件测定。

8. 泵送混凝土配合比设计时,胶凝材料总量不宜少于_____kg/m³,用水量与胶凝材料总量之比不宜大于_____,砂率宜为_____。

二、名词解释

1. 颗粒级配和粗细程度　　2. 石子最大粒径　　　　3. 水胶比

4. 混凝土拌合物和易性　　　5. 混凝土砂率

三、单项选择题

1. 级配良好的砂,它的(　　　)。

A. 空隙率小,堆积密度较大　　　　　　B. 空隙率大,堆积密度较小

C. 空隙率和堆积密度均大　　　　　　　D. 空隙率和堆积密度均小

2. 测定混凝土立方体抗压强度时采用的标准试件尺寸为(　　　)。

A. 100 mm×100 mm×100 mm　　　　　B. 150 mm×150 mm×150 mm

C. 200 mm×200 mm×200 mm　　　　　D. 70.7 mm×70.7 mm×70.7 mm

3. 在用较高强度等级的水泥配置较低强度等级的混凝土时,为满足工程的技术经济要求,应采用(　　　)措施。

A. 掺混合材料　　　　　　　　　　　　B. 增大粗骨料粒径

C. 降低砂率　　　　　　　　　　　　　D. 提高砂率

4. 为提高混凝土的抗碳化性,下列(　　　)措施是错误的。

A. 采用火山灰水泥　　　　　　　　　　B. 采用硅酸盐水泥

C. 采用较小的水胶比　　　　　　　　　D. 增加保护层厚度

5. 泵送混凝土施工应选用的外加剂是(　　　)。

A. 早强剂　　　　　B. 速凝剂　　　　　C. 减水剂　　　　　D. 缓凝剂

6. 钢筋混凝土构件的混凝土,为提高其早期强度而掺入早强剂,下列(　　　)材料不能用作其早强剂。

A. 氯化钠　　　　　B. 硫酸钠　　　　　C. 三乙醇胺　　　　D. 复合早强剂

7. 维勃稠度法是用于测定(　　　)的和易性。

A. 低塑性混凝土　　B. 塑性混凝土　　　C. 干硬性混凝土　　D. 流动性混凝土

8. 某混凝土维持细骨料用量不变的条件下,砂的 M_x 愈大,说明(　　　)。

A. 该混凝土中细骨料的颗粒级配愈好

B. 该混凝土中细骨料的颗粒级配愈差

C. 该混凝土中细骨料的总表面积愈小,所需水泥用量愈少

D. 该混凝土中细骨料的总表面积愈大,所需水泥用量愈多

9. 设计混凝土配合比时,是为满足(　　　)要求来确定混凝土拌合物坍落度的大小。

A. 施工条件　　　　B. 设计要求　　　　C. 水泥的需水量　　D. 水泥用量

10. 压碎指标是表示(　　　)的强度指标。

A. 砂　　　　　　　B. 石子　　　　　　C. 混凝土　　　　　D. 水泥

11. 欲增加混凝土的流动性,应采取的正确措施是(　　　)。

A. 增加用水量　　　B. 提高砂率　　　　C. 调整水胶比

D. 保持水胶比不变,增加水和胶凝材料用量

12. 配制大流动性混凝土,常用的外加剂是(　　　)。

A. 膨胀剂　　　　　B. 普通减水剂　　　C. 引气剂　　　　　D. 高效减水剂

13. 决定混凝土强度大小的最主要因素是(　　　)。

A. 温度　　　　　　B. 时间　　　　　　C. f_{ce}　　　　　　D. f_b 和 W/B

14. 混凝土立方体抗压强度测试,采用 100 mm×100 mm×100 mm 的试件,其强度换算系

数为(　　)。

A. 0.90　　　　　　B. 0.95　　　　　　C. 1.05　　　　　　D. 1.00

四、简述题

1. 试述混凝土的特点及混凝土各组成材料的作用。

2. 简述混凝土拌合物和易性的概念及其影响因素。

3. 简述混凝土耐久性的概念及其所包含的内容。

4. 简述提高混凝土耐久性的措施。

5. 简述混凝土拌合物坍落度大小的选择原则。

6. 简述混凝土配合比设计的三大参数的确定原则以及配合比设计的方法步骤。

7. 简述混凝土配合比的表示方法及配合比设计的基本要求。

8. 简述减水剂的概念及其作用原理。

五、计算题

1. 某工地用天然砂的筛分析结果如下表所示,试评定砂的级配和粗细程度。

筛孔尺寸	4.75 mm	2.36 mm	1.18 mm	600 μm	300 μm	150 μm	<150 μm
分计筛余(g)	20	100	100	120	70	60	30

2. 某钢筋混凝土构件截面最小边长为 400 mm,采用钢筋为 ϕ20,钢筋中心距为 80 mm。试确定石子的最大粒径,并选择石子所属粒级。

3. 采用普通水泥、卵石和天然砂配制混凝土,水胶比为 0.50,制作一组边长为 150 mm 的立方体试件,标准养护 28 d,测得的抗压破坏荷载分别为 510 kN、520 kN 和 650 kN。试计算:

(1) 该组混凝土试件的立方体抗压强度。

(2) 该混凝土所用水泥的实际抗压强度。

4. 某工程现浇室内钢筋混凝土梁,混凝土设计强度等级为 C25,施工采用机械拌和和振捣,坍落度为 30~50 mm,施工单位无历史统计资料。所用原材料如下:

水泥:普通水泥 42.5,密度为 3 100 kg/m³,实测抗压强度为 45.0 MPa。

粉煤灰:F 类 I 级粉煤灰,密度为 2 600 kg/m³,掺加量经试验确定为 20%。

砂:中砂,级配 2 区合格,表观密度为 2 600 kg/m³。

石子:碎石 5~31.5 mm,表观密度为 2 650 kg/m³。

水:自来水,密度为 1 000 kg/m³。

试分别用体积法和质量法确定该混凝土的计算配合比。

5. 某混凝土的试验室配合比为 $m_c : m_s : m_g = 1 : 2.10 : 4.60$,$m_w/m_c = 0.50$。现场砂、石子的含水率分别为 2% 和 1%,堆积密度分别为 1 600 kg/m³ 和 1 500 kg/m³。1 m³ 混凝土的用水量 $m_w = 160$ kg。试计算:

(1) 该混凝土的施工配合比。

(2) 1 袋水泥(50 kg)拌制混凝土时其他材料的用量。

(3) 500 m³ 混凝土需要砂、石子各多少立方米? 水泥多少吨?

7 建 筑 砂 浆

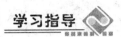**学习指导**

本章共 2 节,本章的学习目标是:

(1) 掌握砌筑砂浆的组成材料、主要技术性质及配合比设计方法。

(2) 熟悉装饰砂浆的种类、材料组成及成型工艺。

(3) 了解其他品种砂浆的种类与工程应用。

本章的重点是掌握砌筑砂浆的配合比设计,我们应该结合之前学的普通混凝土的配合比设计进行前后对比学习,这样加深了我们对知识点的熟练掌握。

建筑砂浆是由胶凝材料、细骨料和水,按适当的比例配制而成。此外,还可以在砂浆中加入适当比例的掺合料和外加剂,以改善砂浆的性能。

建筑砂浆主要用于以下几个方面:在结构工程中,用于把单块砖、石、砌块等胶结成砌体,砖墙的勾缝、大中型墙板及各种构件的接缝;在装饰工程中,用于墙面、地面及梁、柱等结构表面的抹灰,镶贴石材、瓷砖等各类装饰板材;制成各类特殊功能的砂浆,如保温砂浆、防水砂浆等。

砂浆的种类很多,按所用胶凝材料的不同,建筑砂浆分为水泥砂浆、石灰砂浆和混合砂浆;根据施工方法的不同,分为现场配制砂浆和预拌砂浆;根据用途的不同,分为砌筑砂浆、抹面砂浆、防水砂浆、装饰砂浆和特种砂浆等。

7.1 砌筑砂浆

将砖、石、砌块等胶结成砌体的砂浆称为砌筑砂浆。它起着黏结、衬垫和传递荷载的作用,是砌体的主要组成部分。

7.1.1 砌筑砂浆的组成材料

1)水泥

水泥宜采用通用硅酸盐水泥或砌筑水泥。水泥强度等级应根据砂浆品种及强度等级的要求进行选择。M15 及以下强度等级的砌筑砂浆宜选用 32.5 级的通用硅酸盐水泥或砌筑水泥；M15 以上强度等级的砌筑砂浆宜选用 42.5 级通用硅酸盐水泥。

2）细骨料

砌筑砂浆用砂宜选用中砂，并应符合混凝土用砂的技术要求，且应全部通过 4.75 mm 的筛孔。

3）水

对水质的要求与混凝土用水要求相同。

4）掺合料及外加剂

常用的掺合料有石灰膏、粉煤灰、电石膏等，以改善砂浆的和易性，节约水泥。

生石灰熟化成石灰膏时，应用孔径不大于 3 mm×3 mm 的网过滤，熟化时间不得少于 7 d；磨细生石灰粉的熟化时间不得少于 2 d；消石灰粉不得直接用于砌筑砂浆中；严禁使用脱水硬化的石灰膏。

制作电石膏的电石渣应用孔径不大于 3 mm×3 mm 的网过滤，检验时应加热至 70℃后至少保持 20 min，并应待乙炔挥发完后再使用。

石灰膏、电石膏试配时的稠度，应为 120 mm±5 mm。

粉煤灰、粒化高炉矿渣粉、硅灰、天然沸石粉应分别符合国家相关标准的规定。当采用其他品种矿物掺合料时，应有可靠的技术依据，并应在使用前进行试验验证。

采用保水增稠材料时，应在使用前进行试验验证，并应有完整的检验报告。

为改善或提高砂浆的某些性能，更好地满足施工条件和使用功能的要求，可在砂浆中掺入一定量的外加剂。砂浆中掺入的外加剂，应符合国家现行有关标准的规定，引气型外加剂还应有完整的检验报告。

7.1.2　砌筑砂浆的技术性质

1）砂浆的和易性

砂浆的和易性是指砂浆拌合物在施工过程中既方便操作，又能保证工程质量的性质。和易性好的砂浆，在运输和施工过程中不易产生分层、泌水现象，能在粗糙的砌筑底面上铺成均匀的薄层，使灰缝饱满密实，且能与底面很好地黏结成整体。砂浆和易性包括流动性和保水性两个方面。

（1）流动性（稠度）。砂浆的流动性是指砂浆在自重或外力作用下易于流动的性能。流动性的大小用"沉入度"表示，通常用砂浆稠度测定仪测定。沉入度越大，砂浆的流动性越好。砂浆的流动性与水泥的品种和用量、骨料粒径和级配以及用水量有关，主要取决于用水量。砌筑砂浆的施工稠度应根据砌体种类、施工条件及气候条件等按表 7-1 选择。

（2）保水性。砂浆的保水性是指砂浆保持水分的能力。保水性好的砂浆无论是运输、静置还是铺设在底面上，水分都不会很快从砂浆中分离出来，仍保持必要的稠度，不仅易于施工操作，而且还使水泥正常水化，保证了砌体强度。

表 7-1　砌筑砂浆的施工稠度

砌体种类	施工稠度(mm)
烧结普通砖砌体、粉煤灰砖砌体	70～90
烧结多孔砖砌体、烧结空心砖砌体、轻骨料混凝土小型空心砌块砌体、蒸压加气混凝土砌块砌体	60～80
混凝土砖砌体、普通混凝土小型空心砌块砌体、灰砂砖砌体	50～70
石砌体	30～50

砂浆的保水性以"保水率"表示,保水率是指用标准的试验方法,测得的保留在砂浆中的水分与试验前砂浆中总水分的质量百分比。砌筑砂浆的保水率应符合表 7-2 的规定。

表 7-2　砌筑砂浆的保水率

砂浆种类	保水率(%)
水泥砂浆	≥80
水泥混合砂浆	≥84
预拌砌筑砂浆	≥88

2）强度等级

砂浆的强度等级是以 70.7 mm×70.7 mm×70.7 mm 的立方体标准试件,在标准条件下养护 28 d,测得的抗压强度平均值来划分的。

水泥砂浆及预拌砌筑砂浆的强度等级分为 M5、M7.5、M10、M15、M20、M25、M30;水泥混合砂浆的强度等级分为 M5、M7.5、M10、M15。

影响砂浆强度的因素基本与混凝土相同,但砌筑砂浆的实际强度与所砌筑材料的吸水性有关。当用于不吸水基层(如致密的石材)时,砂浆强度主要取决于水泥的强度和灰水比,可用下式表示:

$$f_{28} = Af_{ce}\left(\frac{C}{W} - B\right) \tag{7-1}$$

式中：f_{28}——砂浆 28 d 抗压强度(MPa);

　　　f_{ce}——水泥实测强度(MPa);

　　　$\dfrac{C}{W}$——灰水比;

　　　A、B——经验系数,当用普通水泥时,A 取 0.29,B 取 0.4。

当用于吸水基层(如砖和其他多孔材料)时,原材料及灰砂比相同时,砂浆拌和时加入水量虽稍有不同,但经材料吸水,保留在砂浆中的水分仍相差不大,砂浆的强度主要取决于水泥强度和水泥用量,而与用水量关系不大,所以,可用下式表示:

$$f_{28} = \frac{\alpha f_{ce} Q_c}{1\,000} + \beta \tag{7-2}$$

式中：Q_c——每立方米砂浆中水泥用量(kg);

α、β——砂浆的特征系数，其中 $\alpha = 3.03$，$\beta = -15.09$。

除上述因素外，砂的质量、掺合料的品种及用量也影响砂浆强度。

3）砂浆的抗冻性

有抗冻性要求的砌体工程，砌筑砂浆应进行冻融试验。砌筑砂浆的抗冻性应符合表 7-3 的规定，且当设计对抗冻性有明确要求时，尚应符合设计规定。

表 7-3　砌筑砂浆的抗冻性

使用条件	抗冻指标	质量损失率（%）	强度损失率（%）
夏热冬暖地区	F15		
夏热冬冷地区	F25	≤5	≤25
寒冷地区	F35		
严寒地区	F50		

4）砂浆的黏结力

砌筑砂浆必须具有足够的黏结力，才能将砌筑材料黏结成一个整体。一般情况下，砂浆的抗压强度越高，其黏结力也越强。另外，砂浆的黏结力与所砌筑材料的表面状态、清洁程度、湿润状态、施工水平及养护条件等也密切相关。

7.1.3　砌筑砂浆的配合比设计

按照《砌筑砂浆配合比设计规程》（JGJ/T 98—2010）规定，砂浆的配合比设计一般按下列步骤进行。

1）现场配制水泥混合砂浆的配合比计算

（1）计算砂浆的试配强度 $f_{m,0}$

$$f_{m,0} = k f_2 \tag{7-3}$$

式中：$f_{m,0}$——砂浆的试配强度（MPa），精确至 0.1 MPa；

f_2——砂浆强度等级值（MPa），精确至 0.1 MPa；

k——系数，按表 7-4 取用。

表 7-4　砂浆强度标准差 σ 及 k 值

施工水平	强度标准差 σ（MPa）							k
	M5	M7.5	M10	M15	M20	M25	M30	
优良	1.00	1.50	2.00	3.00	4.00	5.00	6.00	1.15
一般	1.25	1.88	2.50	3.75	5.00	6.25	7.50	1.20
较差	1.50	2.25	3.00	4.50	6.00	7.50	9.00	1.25

（2）砂浆强度标准差的确定应符合规定

当有统计资料时,砂浆强度标准差应按下式计算:

$$\sigma = \sqrt{\dfrac{\sum\limits_{i}^{n} f_{m,i}^2 - n\mu_{fm}^2}{n-1}} \tag{7-4}$$

式中:$f_{m,i}$——统计周期内同一品种砂浆第 i 组试件的强度(MPa);

$\quad\mu_{fm}$——统计周期内同一品种砂浆 n 组试件强度的平均值(MPa);

$\quad n$——统计周期内同一品种砂浆试件的总组数,$n \geqslant 25$。

当无统计资料时,砂浆强度标准差 σ 可按表 7-4 取用。

(3) 计算 1 m³ 砂浆的水泥用量 Q_C

$$Q_C = \dfrac{1\,000(f_{m,0} - \beta)}{\alpha \cdot f_{ce}} \tag{7-5}$$

式中:Q_C——每立方米砂浆的水泥用量(kg),精确至 1 kg;

$\quad f_{m,0}$——砂浆的试配强度(MPa),精确至 0.1 MPa;

$\quad f_{ce}$——水泥实测强度(MPa),精确至 0.1 MPa;

$\quad\alpha$、β——砂浆的特征系数,其中 $\alpha = 3.03$,$\beta = -15.09$。

在无法取得水泥的实测强度值时,可按下式计算:

$$f_{ce} = \gamma_c \cdot f_{ce,g} \tag{7-6}$$

式中:$f_{ce,g}$——水泥强度等级值(MPa);

$\quad\gamma_c$——水泥强度等级值的富余系数,宜按实际统计资料确定,无统计资料时可取 1.0。

(4) 计算 1 m³ 砂浆的石灰膏用量 Q_D

$$Q_D = Q_A - Q_C \tag{7-7}$$

式中:Q_D——每立方米砂浆的石灰膏的用量(kg),精确至 1 kg,石灰膏使用时的稠度宜为 120 mm±5 mm;

$\quad Q_C$——每立方米砂浆的水泥用量(kg),精确至 1 kg;

$\quad Q_A$——每立方米砂浆中石灰膏与水泥的总量(kg),精确至 1 kg,可为 350 kg。

石灰膏不同稠度时,其换算系数可按表 7-5 确定。

表 7-5　石灰膏不同稠度时的换算系数

石灰膏稠度(mm)	120	110	100	90	80	70	60	50	40	30
换算系数	1.00	0.99	0.97	0.95	0.93	0.92	0.90	0.88	0.87	0.86

(5) 确定 1 m³ 砂浆的砂用量 Q_S

砂浆中的水、胶凝材料和掺合料用于填充砂子的空隙,因此 1 m³ 砂浆需要用 1 m³ 砂子。由于砂子的体积随含水率的变化而变化,所以,1 m³ 砂浆中的砂子用量,应以干燥状态(含水率小于 0.5%)的堆积密度值作为计算值,单位以 kg 计。

(6) 确定 1 m³ 砂浆的用水量 Q_W

每立方米砂浆中的用水量,可根据砂浆稠度等要求选用,一般为 210~310 kg。确定砂用水量时应注意:①混合砂浆中的用水量,不包括石灰膏中的水;②当采用细砂或粗砂时,用水量分别取上限或下限;③稠度小于 70 mm 时,用水量可小于下限;④施工现场气候炎热或干燥季节,可酌量增加水量。

2）现场配制水泥砂浆的配合比选用

（1）水泥砂浆的配合比可按表 7-6 选用

表 7-6   1 m³ 水泥砂浆材料用量（kg/m³）

强度等级	水泥	砂	用水量
M5	200～230		
M7.5	230～260		
M10	260～290		
M15	290～330	砂的堆积密度值	270～330
M20	340～400		
M25	360～410		
M30	430～480		

注：(1) M15 及 M15 以下强度等级水泥砂浆,水泥强度等级为 32.5 级;M15 以上强度等级水泥砂浆,水泥强度等级为 42.5 级。

(2) 当采用细砂或粗砂时,用水量分别取上限或下限。

(3) 稠度小于 70 mm 时,用水量可小于下限。

(4) 施工现场气候炎热或干燥季节,可酌情增加用水量。

(5) 试配强度应按式(7-3)计算。

（2）水泥粉煤灰砂浆的配合比可按表 7-7 选用

表 7-7   1 m³ 水泥粉煤灰砂浆材料用量（kg/m³）

强度等级	水泥和粉煤灰总量	粉煤灰	砂	用水量
M5	210～240			
M7.5	240～270	粉煤灰掺量可占胶凝材料总量的 15%～25%	砂的堆积密度值	270～330
M10	270～300			
M15	300～330			

注：(1) 表中水泥强度等级为 32.5 级。

(2) 当采用细砂或粗砂时,用水量分别取上限或下限。

(3) 稠度小于 70 mm 时,用水量可小于下限。

(4) 施工现场气候炎热或干燥季节,可酌情增加用水量。

(5) 试配强度应按式(7-3)计算。

3）预拌砌筑砂浆的配合比设计要求

（1）预拌砌筑砂浆生产前应进行试配,试配强度应按式(7-3)计算确定,试配时稠度取 70～80 mm。

（2）预拌砌筑砂浆中可掺入保水增稠材料、外加剂等,掺量应经试配后确定。

（3）在确定湿拌砌筑砂浆稠度时应考虑砂浆在运输和储存过程中的稠度损失。

（4）干混砌筑砂浆应明确拌制时的加水量范围。

4）砌筑砂浆配合比试配、调整与确定

（1）试配时应采用工程实际使用的材料,采用机械搅拌,搅拌时间应自开始加水算起。水

泥砂浆和水泥混合砂浆,搅拌时间不得少于 120 s;对预拌砌筑砂浆和掺有粉煤灰、外加剂、保水增稠材料的砂浆,搅拌时间不得少于 180 s。

(2) 按计算或查表所得配合比进行试拌时,应测定其拌合物的稠度和保水率。当稠度和保水率不能满足要求时,应调整材料用量,直到符合要求为止,然后确定为试配时的砂浆基准配合比。

(3) 试配时至少采用三个不同的配合比,其中一个为基准配合比,其余两个配合比的水泥用量应按基准配合比分别增加和减少 10%。在保证保水率、稠度合格的条件下,可将用水量、石灰膏、保水增稠材料或粉煤灰等材料用量作相应调整。

(4) 砌筑砂浆试配时稠度应满足施工要求,并应按《建筑砂浆基本性能试验方法标准》(JGJ/T 70—2009)的规定,分别测定不同配合比砂浆的表观密度和强度,并选定符合试配强度及和易性要求,且水泥用量最低的配合比作为砂浆的试配配合比。

(5) 砌筑砂浆试配配合比尚应按下列步骤进行校正:

① 根据上述第 4)条确定的砂浆试配配合比材料用量,按下式计算砂浆的理论表观密度值:

$$\rho_t = Q_C + Q_W + Q_S + Q_D \tag{7-8}$$

式中:ρ_t ——砂浆的理论表观密度值(kg/m³),精确至 10 kg/m³。

② 按下式计算砂浆配合比校正系数 δ:

$$\delta = \frac{\rho_c}{\rho_t} \tag{7-9}$$

式中:ρ_c ——砂浆的实测表观密度值(kg/m³),精确至 10 kg/m³。

③ 当砂浆的实测表观密度值与理论表观密度值之差的绝对值不超过理论值的 2% 时,可将上述第 4)条得出的试配配合比确定为砂浆设计配合比;当超过 2% 时,应将试配配合比中每项材料用量均乘以校正系数 δ,即为确定的设计配合比。

(6) 预拌砌筑砂浆生产前应进行试配、调整与确定,并应符合现行行业标准《预拌砂浆》(JG/T 230—2007)的规定。

7.1.4 砌筑砂浆配合比设计实例

【例 7-1】 设计强度等级为 M10、稠度为 70～90 mm 的水泥石灰混合砂浆配合比。该施工单位无历史资料,施工水平一般。原材料主要参数如下:水泥,强度等级 32.5 的复合硅酸盐水泥;砂子,中砂,堆积密度 1 500 kg/m³,含水率 2%;石灰膏,稠度 100 mm。

解 (1) 计算砂浆的试配强度

$$f_{m,0} = kf_2 = 1.20 \times 10 = 12.0 \text{ MPa}$$

(2) 计算水泥的用量

$$Q_C = \frac{1\,000(f_{m,0} - \beta)}{\alpha \cdot f_{ce}} = \frac{1\,000(12.0 + 15.09)}{3.03 \times 32.5} = 275 \text{ kg}$$

（3）计算石灰膏用量

$$Q_D = Q_A - Q_C = 350 - 275 = 75 \text{ kg}$$

石灰膏的稠度 100 mm，换算成 120 mm，查表 7-5 得：$75 \times 0.97 = 73$ kg

（4）计算砂用量

$$Q_S = 1\,500 \times 1 = 1\,500 \text{ kg}$$

考虑砂的含水率，实际用砂量：$Q_S = 1\,500(1 + 2\%) = 1\,530$ kg

（5）选择用水量

$$Q_W = 240 \text{ kg}$$

（6）计算配合比

水泥：石灰膏：砂：水 $= 275 : 73 : 1\,530 : 240 = 1 : 0.26 : 5.56 : 0.87$

【工程案例分析 7-1】

砂浆质量问题

现象：某工地现配制 M10 砂浆砌筑砖墙，把水泥直接倒在砂堆上，再人工搅拌。该砌体灰缝饱满度及黏结性均差。

原因分析：①砂浆的均匀性可能有问题。把水泥直接倒在砂堆上，采用人工搅拌的方式往往导致混合不够均匀，使强度波动大，宜加入搅拌机中搅拌。②仅以水泥与砂配制砂浆，使用少量水泥虽可满足强度要求，但往往流动性及保水性较差，而使砌体饱满度及黏结性较差，影响砌体强度，可掺入少量石灰膏、石灰粉或微沫剂等以改善砂浆和易性。

7.2 砂浆的分类与用途

7.2.1 抹面砂浆

抹面砂浆是涂抹于建筑物或构筑物表面砂浆的总称。砂浆在建筑物表面起着平整、保护、美观的作用。根据功能的不同，抹面砂浆分为普通抹面砂浆、装饰砂浆、防水砂浆和具有特殊功能的砂浆，例如绝热砂浆、耐酸砂浆、防辐射砂浆、吸声砂浆等。

抹面砂浆与砌筑砂浆相比，对强度要求不高，但要求砂浆具有良好的和易性，容易抹成均匀平整的薄层；与基层有足够的黏力，长期使用不致开裂和脱落。因此，抹面砂浆的胶凝材料用量要比砌筑砂浆多一些。

为了保证抹灰质量及表面平整，避免裂缝、脱落，抹面砂浆常分底层、中层、面层 3 层涂抹。底层砂浆主要起与基层的黏结作用。用于砖墙的底层抹灰，多用石灰砂浆；用于板条墙或板条顶棚的底层抹灰多采用麻刀石灰砂浆、纸筋石灰砂浆；混凝土墙、梁、柱、顶板等底层抹灰多用混合砂浆。中层砂浆主要起找平作用，多用混合砂浆。面层主要起装饰作用，多采用细砂配制的混合砂浆、麻刀石灰砂浆或纸筋石灰砂浆。在容易碰撞或潮湿的部位,如墙裙、踢脚板、窗台、雨棚等,应采用水泥砂浆。抹面砂浆的流动性和骨料的最大粒径可参考表7-8。普通抹面砂浆的配合比,可参考表7-9。

表7-8 抹面砂浆流动性及骨料最大粒径

抹面层名称	稠度(mm)	砂的最大粒径(mm)
底层	100~120	2.5
中层	70~90	2.5
面层	70~80	1.2

表7-9 普通抹面砂浆参考配合比

材　料	体积配合比	材　料	体积配合比
水泥:砂	1:2~1:3	水泥:石灰:砂	1:1:1.6~1:2:9
石灰:砂	1:2~1:4	石灰:黏土:砂	1:1:4~1:2:8

7.2.2 装饰砂浆

装饰砂浆是指专门用于建筑物室内外表面装饰,以增加建筑物美观为主的砂浆。它是在抹面的同时,经各种艺术处理而获得特殊的表面形式,以满足艺术审美需要的一种表面装饰。

装饰砂浆获得装饰效果的具体做法可分为两类:一类是通过水泥砂浆的着色或水泥砂浆表面形态的艺术加工,获得一定色彩、线条、纹理、质感,达到装饰目的,称为灰浆类装饰砂浆。另一类是在水泥浆中掺入各种彩色石碴作骨料,制得水泥石碴浆,然后用水洗、斧剁、水磨等手段除去表面水泥浆皮,露出石碴的颜色、质感的饰面做法,称为石碴类装饰砂浆。石碴类装饰砂浆与灰浆类装饰砂浆的主要区别在于:石碴类装饰砂浆主要靠石碴的颜色、颗粒形状来达到装饰目的;而灰浆类装饰砂浆则主要靠掺入颜料,以及砂浆本身所能形成的质感来达到装饰目的。与灰浆类相比,石碴类装饰砂浆的色泽比较明亮,质感相对更为丰富,并且不易褪色,但造价较高。

1) 装饰砂浆的组成材料

建筑装饰工程中所用的装饰砂浆,主要由胶凝材料、细骨料和颜料组成。

(1) 胶凝材料。装饰砂浆所用胶凝材料主要有水泥、石灰、石膏等,其中水泥多以白水泥和彩色水泥为主。通常对于装饰砂浆的强度要求并不太高,因此,对水泥的强度要求也不太高。

(2) 骨料。装饰砂浆所用骨料除普通砂外,还常采用石英砂、彩釉砂和着色砂,以及石碴、石屑、砾石及彩色瓷粒和玻璃珠等。

① 石英砂。分天然石英砂、人造石英砂及机制石英砂三种。人造石英砂和机制石英砂是将石英岩加以焙烧,经人工或机械破碎、筛分而成。

② 彩釉砂和着色砂。彩釉砂和着色砂均为人工砂。彩釉砂是由各种不同粒径的石英砂

或白云石粒加颜料焙烧后,再经化学处理而制得的一种外墙装饰材料。它在高温80℃、负温－20℃下不变色,且具有防酸、耐碱性能。着色砂是在石英砂或白云石细粒表面进行人工着色而制得的,着色多采用矿物颜料,人工着色的砂粒色彩鲜艳、耐久性好。

③ 石碴。石碴也称石粒、石米等,是由天然大理石、白云石、方解石、花岗岩破碎加工而成。石碴具有多种色泽,是石碴类饰面的主要骨料,也是人造大理石、水磨石的原料。

④ 石屑。石屑是粒径比石粒更小的细骨料,主要用于配制外墙喷涂饰面用聚合物砂浆。常用的有松香石屑、白云石屑等。

⑤ 彩色瓷粒和玻璃珠。彩色瓷粒是用石英、长石和瓷土为主要原料烧制而成,粒径为1.2～3 mm。以彩色瓷粒代替彩色石碴用于室外装饰,具有大气稳定性好、颗粒小、表面瓷粒均匀、露出的黏结砂浆部分少、饰面层薄、自重轻等优点。玻璃珠即玻璃弹子,产品有各种镶色或花芯。彩色瓷粒和玻璃珠可镶嵌在水泥砂浆、混合砂浆或彩色砂浆底层上作为装饰饰面用,如檐口、腰线、外墙面、门头线、窗套等,均可在其表面上镶嵌一层各种色彩的瓷粒或玻璃珠,可取得良好的装饰效果。

(3) 颜料。颜料的选择要根据其价格、砂浆品种、建筑物所处环境和设计要求而定。建筑物处于受侵蚀的环境中时,要选用耐酸性好的颜料;受日光曝晒的部位,要选用耐光性好的颜料;设计要求鲜艳颜色,可选用色彩鲜艳的有机颜料。在装饰砂浆中,通常采用耐碱性和耐光性好的矿物颜料。

2) 灰浆类装饰砂浆

(1) 拉毛灰。拉毛灰是先用水泥砂浆或混合砂浆做底层,再用水泥石灰砂浆或水泥纸筋砂浆做面层,在面层砂浆尚未凝结之前,将表面拍拉成凹凸不平的形状。拉毛灰要求表面拉毛花纹、斑点分布均匀,颜色一致,同一平面上不显接茬。拉毛灰不仅具有装饰作用,还具有吸声作用,一般用于建筑物的外墙面和影剧院等有吸声要求的内墙面和顶棚。

(2) 甩毛灰。甩毛灰是先用水泥砂浆做底层,再用竹丝等工具将罩面灰浆甩洒在墙面上,形成大小不一,但很有规律的云朵状毛面。要求甩出的云朵大小相称,纵横相同,既不能杂乱无章,也不能像列队一样整齐,以免显得呆板。利用不同色彩的灰浆可使甩毛灰更富生气。

(3) 搓毛灰。搓毛灰是在罩面灰浆初凝前,用硬木抹子由上而下搓出一条细而直的纹路,也可沿水平方向搓出一条 L 形细纹路。这种装饰方法工艺简单,造价低,有朴实大方之效果。

(4) 扫毛灰。扫毛灰是在罩面灰浆初凝前,用竹丝扫帚按设计分格的面层砂浆,扫出不同方向的条纹,或做成仿岩石的装饰抹灰。扫毛灰做成假石以代替天然石材饰面,施工方便,造价低,适用于影剧院、宾馆等内墙和外墙饰面。

(5) 弹涂。弹涂是在墙体表面涂刷一道聚合物水泥色浆后,通过弹力器将各种水泥色浆分几遍弹到基面上,形成 1～3 mm,大小近似,颜色不同,互相交错的圆状色浆斑点,深浅色点互相衬托,构成彩色的装饰面层。弹涂主要用于建筑物内、外墙面和顶棚。

(6) 拉条。拉条是采用专用模具把面层砂浆做出竖向线条的装饰做法。拉条抹灰有细条形、粗条形、半圆形、梯形、方形等多种形式,立体感强,是一种较新的抹灰做法。它具有美观、大方、不易积灰、成本低等优点,并有良好的音响效果,主要用于公共建筑门厅、会议室、影剧院等空间比较大的内墙面装饰。

(7) 外墙喷涂。外墙喷涂是用灰浆泵将聚合物水泥砂浆喷涂到墙体基层上,形成装饰面层。根据涂层质感可分为波面喷涂、颗粒喷涂和花点喷涂。在装饰面层表面通常再喷一层甲基硅醇钠或甲基硅树脂疏水剂,以提高涂层的耐污染性和耐久性。

(8) 外墙滚涂。外墙滚涂是将聚合物水泥砂浆抹在墙体表面上,用辊子滚出花纹,再喷罩甲基硅醇钠或甲基硅树脂疏水剂形成饰面层。这种工艺具有施工简单、工效高、装饰效果好等特点,同时施工不易污染其他墙面及门窗,对局部施工尤为适用。

(9) 假面砖。假面砖是用掺氧化铁系颜料的水泥砂浆,通过手工操作达到模拟面砖装饰效果的饰面做法,适用于房屋建筑物的外墙饰面抹灰。

(10) 假大理石。假大理石是用掺适当颜料的石膏色浆和素石膏浆按 1∶10 比例配合,通过手工操作,做成具有大理石表面特征的装饰抹灰。这种装饰工艺,对操作技术要求较高,但如果做得好,无论在颜色、花纹还是在光洁度等方面都接近天然大理石效果,适用于高级装饰工程中的室内墙面抹灰。

3) 石碴类装饰砂浆

(1) 水刷石。水刷石是用水泥和细小的石碴(约 5 mm)按比例配合拌制成水泥石碴砂浆,将其直接涂抹在建筑物表面,待水泥初凝后,用硬毛刷蘸水刷洗或用喷枪喷水冲洗表面,使石碴半露而不脱落,获得彩色石子的装饰效果。水刷石主要用于建筑物的外墙面装饰。

水刷石饰面具有石料饰面的质感,自然朴实,如果再结合不同的分格、分色、凸凹线条等艺术处理,可使饰面获得明快庄重、淡雅秀丽的艺术效果。但水刷石操作技术要求较高,费工费料,湿作业量大,劳动强度大,逐渐被干粘石取代。

(2) 干粘石。干粘石是在素水泥浆或聚合物水泥砂浆黏结层上,在水泥浆凝结之前将彩色石碴粘到其表面,经拍平压实、硬化后而成。干粘石的操作方法有手工甩粘和机械喷粘两种。要求石碴黏结牢固,不掉碴,不露浆,石碴的 2/3 应压入砂浆内。

干粘石的装饰效果、用途与水刷石基本相同,但减少了湿作业,操作简单,造价较低,故应用较广泛。

(3) 斩假石。斩假石又称剁斧石,它是以水泥石碴浆或水泥石屑浆作面层抹灰,待其硬化到一定程度时,用钝斧、凿子等工具剁斩出具有天然石材表面纹理效果的饰面方法。斩假石饰面所用的材料与水刷石基本相同,不同之处在于骨料的粒径一般较小,一般为 0.5~1.5 mm。

斩假石既具有真实的质感,又有精干细作的特点,给人以朴实、自然、素雅、庄重的感觉,但费工费力,劳动强度大,施工效率较低。因此,斩假石不适合大面积装饰,一般多用于室外局部小面积装饰,如柱面、勒角、台阶、扶手等处。

(4) 拉假石。拉假石是在罩面水泥石碴浆达到一定强度后,用废锯条或 5~6 mm 厚的薄钢板加工成锯齿形,钉于木板上形成抓耙,用抓耙搅刮,去除表层水泥浆皮露出石碴,并形成条纹效果。这种工艺实质上是斩假石工艺的演变,与斩假石相比,其施工速度快,劳动强度低,装饰效果类似于斩假石,可大面积使用。

(5) 水磨石。水磨石是由普通水泥、白色水泥或彩色水泥拌合各种色彩的大理石碴作面层,硬化后用机械磨平抛光表面。水磨石多用于地面装饰,可事先设计图案和色彩,抛光后更具有艺术效果。除用做地面外,还可预制成楼梯踏步、窗台板、柱面、踢脚板等多种建筑构件。

7.2.3 预拌砂浆

预拌砂浆是指由专业化厂家生产用于建筑工程中的各种砂浆拌合物。预拌砂浆分为干混

（又称干粉、干拌）砂浆和湿拌砂浆两种。

干混砂浆是将精选的细骨料经筛分烘干处理后与水泥、粉料、外加剂按一定比例混合而成的粉状混合物，以袋装或散装方式送到工地，在现场按比例加水拌和使用的砂浆。如按照性能划分，干混砂浆分为普通和特种两类。普通干混砂浆主要用于地面、抹灰和砌筑工程用；特种干混砂浆有装饰砂浆、地面自流平砂浆、瓷砖黏结砂浆、抹面抗裂砂浆和修补砂浆等。干混砂浆的种类及代号见表 7-10 所示。

表 7-10　干混砂浆代号

品种	干混砌筑砂浆	干混抹灰砂浆	干混地面砂浆	干混普通防水砂浆	干混陶瓷砖黏结砂浆	干混界面砂浆
代号	DM	DP	DS	DW	DTA	DIT
品种	干混保温板黏结砂浆	干混保温板抹面砂浆	干混聚合物水泥防水砂浆	干混自流平砂浆	干混耐磨地坪砂浆	干混饰面砂浆
代号	DEA	DBI	DWS	DSL	DFH	DDR

湿拌砂浆是在搅拌站把水泥、细骨料、掺合料、外加剂和水按比例拌制好，在规定时间运到现场直接使用的砂浆。湿拌砂浆按用途分为湿拌砌筑砂浆、湿拌抹灰砂浆、湿拌地面砂浆和湿拌防水砂浆等。湿拌砂浆的种类及代号见表 7-11 所示。

表 7-11　湿拌砂浆代号

品种	湿拌砌筑砂浆	湿拌抹灰砂浆	湿拌地面砂浆	湿拌防水砂浆
代号	WM	WP	WS	WW

干混砂浆和湿拌砂浆的主要性能指标分别见表 7-12 和表 7-13 所示。

表 7-12　干混砂浆性能指标

项　　目		干混砌筑砂浆		干混抹灰砂浆		干混地面砂浆	干混普通防水砂浆
		普通砌筑砂浆	薄层砌筑砂浆①	普通抹灰砂浆	薄层抹灰砂浆②		
保水率（%）		≥88	≥99	≥88	≥99	≥88	≥88
凝结时间（h）		3～9	—	3～9	—	3～9	3～9
2 h 稠度损失率（%）		≤30		≤30		≤30	≤30
14 d 拉伸黏结强度（MPa）		—		M5≥0.15 >M5≥0.20	≥0.30		≥0.20
28 d 收缩率（%）		—	—	≤0.20	≤0.20		≤0.15
抗冻性	强度损失率（%）			≤25			
	质量损失率（%）			≤5			

注：① 干混薄层砌筑砂浆宜用于灰缝厚度≯5 mm 的砌筑；干混薄层抹灰砂浆宜用于灰缝厚度≯5 mm 的抹灰。
　　② 有抗冻要求时，应进行抗冻性试验。

表7-13 湿拌砂浆的性能指标

项 目		湿拌砌筑砂浆	湿拌抹灰砂浆	湿拌地面砂浆	湿拌防水砂浆
保水率（%）		≥88	≥88	≥88	≥88
14 d拉伸黏结强度（MPa）		—	M5≥0.15 >M5≥0.20	—	≥0.20
28 d收缩率（%）		—	≤0.20	—	≤0.15
抗冻性*	强度损失率（%）			≤25	
	质量损失率（%）			≤5	

注：* 为有抗冻要求时,应进行抗冻性试验。

　　预拌砂浆是目前建材行业发展最快、潜力很大的新型产品。推广预拌砂浆能够提高工程质量,实现施工现代化,具有节约资源、改善环境、减少施工现场粉尘排放的优点。同时,推广预拌砂浆是符合建设节约型社会、发展循环经济、实现可持续发展的要求。

7.2.4　其他品种砂浆

　　（1）防水砂浆。防水砂浆是指用于防水层的砂浆,又称刚性防水层,适用于不受振动和具有一定刚性的混凝土或砖石砌体表面。防水砂浆可用普通水泥砂浆制作,也可在水泥砂浆中掺入适量的防水剂制成。目前应用最广泛的是在水泥砂浆中掺入适量的防水剂制成的防水砂浆。常用的防水剂有金属皂类、有机硅等。防水砂浆要分多层涂抹,逐层压实,最后一层要压光,并且要注意养护,以提高防水效果。

　　（2）绝热砂浆。采用石灰、水泥、石膏等胶凝材料与膨胀珍珠岩、膨胀蛭石、人造陶粒等轻质多孔材料,按一定比例配制的砂浆,称为绝热砂浆。绝热砂浆具有质轻、热保温性能好的特点,其热导率约为 $0.07\sim0.10$ W/(m·K),可用于屋面、墙壁或供热管道的绝热保护。

　　（3）吸声砂浆。一般绝热砂浆是由轻质多孔骨料制成的,都具有良好的吸声性能,故也可作吸声砂浆。另外,还可以用水泥、石膏、砂、锯末（其体积比约为1∶1∶3∶5）配制成吸声砂浆,或在石灰、石膏砂浆中掺入玻璃纤维、矿物棉等松软纤维材料也能获得一定的吸声效果。吸声砂浆用于室内墙壁和顶棚的吸声。

【工程案例分析7-2】

以硫铁矿渣代替建筑砂配制砂浆的质量问题

　　现象：上海市某中学教学楼为5层内廊式砖混结构,工程交工验收时质量良好。但使用半年后,发现砖砌体裂缝,一年后,建筑物裂缝严重,以致成为危房不能使用。该工程砂浆采用硫铁矿渣代替建筑砂。其含硫量较高,有的高达4.6%。

　　原因分析：由于硫铁矿渣中的三氧化硫和硫酸根与水泥或石灰膏反应,生成硫铝酸钙或硫酸钙,产生体积膨胀。而其硫含量较高,在砂浆硬化后不断生成此类体积膨胀的水化产物,致使砌体产生裂缝,抹灰层起壳。需要说明的是,该段时间上海的硫铁矿渣含硫较高,不仅此项工程出问题,许多使用硫铁矿渣的工程亦出现类似的质量问题,关键是硫含量高。

【现代建筑材料知识拓展】

保温砂浆的现状

在保温砂浆材料当中,使用最多的是玻化微珠保温材料和胶粉聚苯颗粒保温砂浆。其中玻化微珠保温砂浆具有优异的保温隔热性能和防火耐老化性能、不空鼓开裂、强度高、施工方便等特点,也是珍珠岩保温砂浆的升级材料,由于珍珠岩保温砂浆吸水率太高等缺点逐渐被淘汰;胶粉聚苯颗粒保温砂浆产品具有重量轻、强度高、隔热防水、抗雨水冲刷能力强、水中长期浸泡不松散、导热系数低、干密度小、软化系数高、干缩率低、干燥快、整体性强、耐候、耐冻融等特点;复合硅酸铝保温砂浆由于粘接性能及施工质量等存有隐患,所以保温砂浆是国家明令的限用建材。

课后思考题

一、填空题

1. 建筑砂浆按照用途分为_____、_____、_____和_____等。按照胶凝材料不同分为_____、_____和_____。

2. 砌筑砂浆的和易性包括_____和_____两个方面的含义。

3. 水泥砂浆分为_____、_____、_____、_____、_____、_____和_____七个强度等级。

4. 对抹面砂浆要求具有良好的_____、较高的_____。普通抹面砂浆通常分三层进行,底层主要起_____作用,中层主要起_____作用,面层主要起_____作用。

5. 抹面砂浆的配合比一般采用_____比表示,砌筑砂浆的配合比一般采用_____比表示。

6. 装饰砂浆按获得装饰效果的具体做法可分为_____、_____两类。

二、单项选择题

1. 砌筑砂浆的流动性指标用(　　)表示。

A. 坍落度　　　　B. 维勃稠度　　　　C. 沉入度　　　　D. 保水率

2. 砌筑砂浆的保水性指标用(　　)表示。

A. 坍落度　　　　B. 维勃稠度　　　　C. 沉入度　　　　D. 保水率

3. 砌筑砂浆的强度,对于吸水基层时,主要取决于(　　)。

A. 水胶比　　　　　　　　　　　　B. 水泥用量

C. 单位用水量　　　　　　　　　　D. 水泥的强度等级和用量

三、简述题

1. 砂浆的和易性包括哪些内容? 各用什么指标表示?

2. 对砌筑砂浆的组成材料有哪些技术要求?

3. 砌筑不吸水基层材料和吸水基层材料时,砂浆强度与哪些因素有关?

4. 简述砌筑砂浆与抹面砂浆的区别。

四、计算题

某工程砌筑烧结普通砖,需要 M7.5 水泥混合砂浆。所用材料为:普通水泥 32.5 MPa;中砂,含水率 2%,堆积密度为 1 560 kg/m³;石灰膏稠度为 110 mm;自来水。该施工单位无历史资料,施工水平一般。试计算该砂浆的配合比。

8

砌 筑 材 料

学习指导

本章共 5 节。本章的教学目标是：

（1）掌握常用的几种砌墙砖，包括烧结砖和蒸养蒸压砖的性能及应用特点，并理解为何要限制烧结黏土砖。

（2）掌握混凝土砌块、加气混凝土砌块的性能及应用特点。

（3）了解墙用板材及砌筑石材的性能及应用。

本章的难点是加气混凝土砌块的性能特点。建议学习从砌筑材料的组成结构来理解其性能特点，进而灵活掌握其应用。

墙体材料是房屋建筑的主体材料。墙体在结构中主要起承重、围护和分隔作用，其用量大，费用占建筑总成本的 30% 左右。目前墙体材料的品种较多，可分为块材和板材两大类。块材又可分为烧结砖、非烧结砖和砌块。合理选用墙体材料，对建筑物的功能、安全、施工及造价等均具有重要意义。因此，因地制宜地利用地方性资源和工业废料生产轻质、高强、多功能新型墙体材料，是土木工程可持续发展的一项重要内容。

8.1　砌墙砖

8.1.1　烧结砖

烧结砖按其规格尺寸、孔洞率、孔的尺寸大小和数量分为烧结普通砖、烧结多孔砖和多孔砌块、烧结空心砖和空心砌块。

1）烧结普通砖

烧结普通砖是以黏土、页岩、煤矸石、粉煤灰等为主要原材料，经成型、焙烧而成，按主要原料分为黏土砖（N）、页岩砖（Y）、煤矸石砖（M）和粉煤灰砖（F）。

烧结普通砖的尺寸规格是 240 mm×115 mm×53 mm。其中 240 mm×115 mm 面称为大面，240 mm×53 mm 面称为条面，115 mm×53 mm 面称为顶面。在砌筑时，4 块砖长、8 块砖宽、16 块砖厚，再分别加上砌筑灰缝（每个灰缝宽度为 8～12 mm，平均取 10 mm），其长度均为 1 m。理论上，1 m^3 砖砌体需用砖 512 块。

强度、抗风化性能和放射性物质合格的砖,根据尺寸偏差、外观质量、泛霜和石灰爆裂分为优等品(A)、一等品(B)、合格品(C)三个质量等级。

(1) 技术要求

① 尺寸偏差。烧结普通砖的尺寸偏差应符合表 8-1 的规定。

表 8-1　尺寸允许偏差(mm)

项　目			指　标		
			优等品	一等品	合格品
尺寸允许偏差	长度(240)	样本平均偏差	±2.0	±2.5	±3.0
		样本极差,≤	6	7	8
	宽度(115)	样本平均偏差	±1.5	±2.0	±2.5
		样本极差,≤	5	6	7
	高度(53)	样本平均偏差	±1.5	±1.6	±2.0
		样本极差,≤	4	5	6

② 外观质量。烧结普通砖的外观质量应符合表 8-2 的规定。

表 8-2　外观质量(mm)

项　目		优等品	一等品	合格品
两条面高度差,≤		2	3	4
弯曲,≤		2	3	4
杂质凸出高度,≤		2	3	4
缺棱掉角的三个破坏尺寸,不得同时大于		5	20	30
裂纹长度,≤	a. 大面上宽度方向及其延伸至条面的长度	30	60	80
	b. 大面上长度方向及其延伸至顶面的长度或条顶面上水平裂纹的长度	50	80	100
完整面,≥		二条面和二顶面	一条面和一顶面	—
颜色		基本一致	—	—

注:(1) 为装饰而施加的色差,凹凸纹、拉毛、压花等不算作缺陷。
(2) 凡有下列缺陷之一者,不得称为完整面:①缺损在条面或顶面上造成的破坏面尺寸同时大于 10 mm×10 mm;②条面或顶面上裂纹宽度大于 1 mm,其长度超过 30 mm;③压陷、粘底、焦花在条面或顶面上的凹陷或凸出超过 2 mm,区域尺寸同时大于 10 mm×10 mm。

③ 强度等级。烧结普通砖根据抗压强度分为 MU30、MU25、MU20、MU15 和 MU10 五个强度等级,见表 8-3。

④ 抗风化性能。抗风化性能是指在干湿变化、温度变化、冻融变化等物理因素作用下,材料不破坏并长期保持原有性质的能力。它是材料耐久性的重要内容之一。烧结普通砖的抗风化性能是一项综合性指标,主要受砖的吸水率与地域位置的影响,因而用于东北三省、内蒙古、新疆等严重风化区的烧结普通转,必须进行冻融试验。风化区用风化指数进行划分。风化指

数是指日气温从正温降至负温或负温升至正温的每年平均天数与每年从霜冻之日起至消失霜冻之日止这一期间降雨总量（以 mm 计）的平均值的乘积。风化指数大于等于 12 700 为严重风化区，风化指数小于 12 700 为非严重风化区。全国风化区划分见表 8-4。

表 8-3　强度等级（MPa）

强度等级	抗压强度平均值 $\bar{f}$,≥	变异系数 $\delta \leqslant 0.21$	变异系数 $\delta > 0.21$
		强度标准值 f_k,≥	单块最小抗压强度 f_{min},≥
MU30	30.0	22.0	25.0
MU25	25.0	18.0	22.0
MU20	20.0	14.0	16.0
MU15	15.0	10.0	12.0
MU10	10.0	6.5	7.5

表 8-4　风化区划分

严重风化区		非严重风化区	
1. 黑龙江省	11. 河北省	1. 山东省	11. 福建省
2. 吉林省	12. 北京市	2. 河南省	12. 台湾省
3. 辽宁省	13. 天津市	3. 安徽省	13. 广东省
4. 内蒙古自治区		4. 江苏省	14. 广西壮族自治区
5. 新疆维吾尔自治区		5. 湖南省	15. 海南省
6. 宁夏回族自治区		6. 江西省	16. 云南省
7. 甘肃省		7. 浙江省	17. 西藏自治区
8. 青海省		8. 四川省	18. 上海市
9. 陕西省		9. 贵州省	19. 重庆市
10. 山西省		10. 湖北省	

严重风化区中的 1、2、3、4、5 地区的砖必须进行冻融试验，其他地区砖的抗风化性能符合表 8-5 的规定时可不做冻融试验，否则，必须进行冻融试验。冻融试验是将吸水饱和的 5 块砖，在 −15～−20℃ 条件下冻结 3 h，再放入 10～20℃ 水中融化不少于 2 h，称为一个冻融循环。每 5 次冻融循环，检查一次冻融过程中出现的破坏情况，如冻裂、缺棱、掉角、剥落等。经

表 8-5　抗风化性能

种类	严重风化区				非严重风化区			
	5 h 沸煮吸水率（%）,≤		饱和系数,≤		5 h 沸煮吸水率（%）,≤		饱和系数,≤	
	平均值	单块最大值	平均值	单块最大值	平均值	单块最大值	平均值	单块最大值
黏土砖	18	20	0.85	0.87	19	20	0.88	0.90
粉煤灰砖	21	23			23	25		
页岩砖	16	18	0.74	0.77	18	20	0.78	0.80
煤矸石砖								

注：粉煤灰掺入量（体积比）小于 30% 时，按黏土砖规定判定。

15次冻融循环后,检查试样在冻融过程中的质量损失、冻裂长度、缺棱、掉角和剥落等破坏情况。规范规定:冻融试验后,每块砖样不允许出现裂纹、分层、掉皮、缺棱、掉角等冻坏现象;质量损失不得大于2%。

⑤ 泛霜和石灰爆裂。泛霜是指可溶性的盐在砖表面的盐析现象,一般呈白色粉末、絮团或絮片状,又称为起霜、盐析或盐霜。泛霜不仅有损于建筑物的外观,而且结晶膨胀还会引起砖的表层酥松,甚至剥落。

石灰爆裂是指烧结普通砖的原料或内燃物质中夹杂着石灰质,焙烧时被烧成生石灰,砖在使用吸水后,体积膨胀而发生的爆裂现象。石灰爆裂影响砖墙的平整度、灰缝的平直度,甚至使墙面产生裂纹,使墙体破坏。

烧结普通砖的泛霜和石灰爆裂技术要求应符合表8-6的要求。

表8-6　烧结普通砖的泛霜及石灰爆裂技术要求

项　目	优等品	一等品	合格品
泛霜	无泛霜	不允许出现中等泛霜	不允许出现严重泛霜
石灰爆裂	不允许出现最大破坏尺寸大于2 mm的爆裂区域	(1) 2 mm<最大破坏尺寸≤10 mm的爆裂区域,每组砖样不得多于15处 (2) 不允许出现最大破坏尺寸>10 mm的爆裂区域	(1) 2 mm<最大破坏尺寸≤15 mm的爆裂区域,每组砖样不得多于15处,其中大于10 mm的不得多于7处 (2) 不允许出现最大破坏尺寸大于15 mm的爆裂区域

（2）应用

烧结普通砖具有一定的强度、较好的耐久性、一定的保温隔热性能,在建筑工程中主要砌筑各种承重墙体和非承重墙体等围护结构。烧结普通砖可砌筑砖柱、拱、烟囱、筒拱式过梁和基础等,也可与轻混凝土、保温隔热材料等配合使用。在砖砌体中配置适当的钢筋或钢丝网,可作为薄壳结构、钢筋砖过梁等。烧结普通砖优等品适用于清水墙和墙体装饰,一等品、合格品可用于混水墙砌筑。中等泛霜的砖不能用于潮湿部位。

烧结黏土砖制砖取土,大量毁坏农田,自重大,能耗高,尺寸小,施工效率低,抗震性能差等,因此我国正大力推广墙体材料改革。目前,墙体材料发展方向是以空心化(多孔砖和空心砖)、大体积化(砌块、轻质板材)、利用工业废渣为主要趋势,从而逐步代替实心黏土砖。

2）烧结多孔砖和多孔砌块

烧结多孔砖和多孔砌块是以黏土、页岩、煤矸石、粉煤灰、淤泥(江河湖淤泥)及其他固体废弃物等为主要原料,经焙烧制成,主要用于建筑物承重部位的多孔砖和多孔砌块。

（1）分类与规格

① 分类。按主要原料分为黏土砖和黏土砌块(N)、页岩砖和页岩砌块(Y)、煤矸石砖和煤矸石砌块(M)、粉煤灰砖和粉煤灰砌块(F)、淤泥砖和淤泥砌块(U)、固体废弃物砖和固体废弃物砌块(G)。

② 规格。烧结多孔砖和多孔砌块的外形一般为直角六面体,在与砂浆的接合面上应设有增加结合力的粉刷槽和砌筑砂浆槽。

粉刷槽:混水墙用烧结多孔砖和多孔砌块,应在条面和顶面上设有均匀分布的粉刷槽或类似结构,深度不小于2 mm。

砌筑砂浆槽:烧结多孔砌块至少应在一个条面或顶面上设立砌筑砂浆槽。两个条面或顶面都有砌筑砂浆槽时,砌筑砂浆槽深应大于 15 mm 且小于 25 mm;只有一个条面或顶面有砌筑砂浆槽时,砌筑砂浆槽深应大于 30 mm 且小于 40 mm。砌筑砂浆槽宽应超过砂浆槽所在砌块面宽度的 50%。

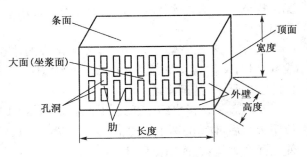

图 8-1　烧结多孔砖示意图

烧结多孔砖和多孔砌块的长度、宽度、高度尺寸应符合下列要求:

烧结多孔砖规格尺寸:290、240、190、180、140、115、90(mm)。

烧结多孔砌块规格尺寸:490、440、390、340、290、240、190、180、140、115、90(mm)。

其他规格尺寸由供需双方协商确定。

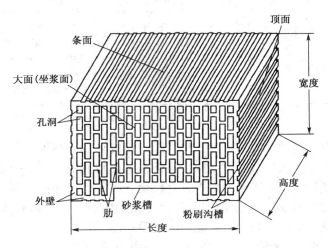

图 8-2　烧结多孔砌块示意图

(2) 技术要求

① 尺寸允许偏差。烧结多孔砖和多孔砌块的尺寸允许偏差应符合表 8-7 的规定。

表 8-7　烧结多孔砖和多孔砌块尺寸允许偏差(mm)

尺　　寸	样本平均偏差	样本极差,≤
>400	±3.0	10.0
300～400	±2.5	9.0
200～300	±2.5	8.0
100～200	±2.0	7.0
<100	±1.5	6.0

② 外观质量。烧结多孔砖和多孔砌块的外观质量应符合表8-8的规定。

表8-8　烧结多孔砖和多孔砌块外观质量(mm)

项　目		指　标
完整面,≥		一条面和一顶面
缺棱掉角的三个破坏尺寸,不得同时大于		30
裂纹长度	(1) 大面(有孔面)上深入孔壁15 mm以上宽度方向及其延伸到条面的长度,≤	80
	(2) 大面(有孔面)上深入孔壁15 mm以上长度方向及其延伸到顶面的长度,≤	100
	(3) 条顶面上的水平裂纹,≤	100
杂质在烧结多孔砖或多孔砌块上造成的凸出高度,≤		5

注:凡有下列缺陷之一者,不能称为完整面:①缺损在条面或顶面上造成的破坏面尺寸同时大于20 mm×30 mm;②条面或顶面上裂纹宽度大于1 mm,其长度超过70 mm;③压陷、焦花、粘底在条面或顶面上的凹陷或凸出超过2 mm,区域最大投影尺寸同时大于20 mm×30 mm。

③ 强度等级。根据抗压强度分为MU30、MU25、MU20、MU15、MU10五个强度等级,各强度等级的强度值应符合表8-9的规定。

表8-9　强度等级(MPa)

强度等级	抗压强度平均值 $\bar{f}$,≥	强度标准值 f_k,≥
MU30	30.0	22.0
MU25	25.0	18.0
MU20	20.0	14.0
MU15	15.0	10.0
MU10	10.0	6.5

④ 密度等级。烧结多孔砖的密度等级分为1 000、1 100、1 200、1 300四个等级,烧结多孔砌块的密度等级分为900、1 000、1 100、1 200四个等级,见表8-10。

表8-10　密度等级

烧结多孔砖	烧结多孔砌块	3块砖或砌块干燥表观密度平均值(kg/m³)
—	900	≤900
1 000	1 000	900～1 000
1 100	1 100	1 000～1 100
1 200	1 200	1 100～1 200
1 300	—	1 200～1 300

⑤ 孔形孔结构及孔洞率。烧结多孔砖和多孔砌块的孔型孔结构及孔洞率应符合表8-11的规定。

表8-11 孔型孔结构及孔洞率

孔形	孔洞尺寸(mm)		最小外壁厚(mm)	最小肋厚(mm)	孔洞率(%)		孔洞排列
	孔宽度尺寸 b	孔长度尺寸 L			烧结多孔砖	烧结多孔砌块	
矩形条孔或矩形孔	≤13	≤40	≥12	≥5	≥28	≥33	(1) 所有孔宽应相等。孔采用单向或双向交错布置 (2) 孔洞排列上下、左右应对称,分布均匀,手抓孔的长度方向尺寸必须平行于砖的表面

注:(1) 矩形孔的孔长 L、孔宽 b 满足式 $L≥3b$ 时,为矩形条孔。
(2) 孔四个角应做成过渡圆角,不得做成直尖角。
(3) 如设有砌筑砂浆槽,则砌筑砂浆槽不计算在孔洞率内。
(4) 规格大的烧结多孔砖和多孔砌块应设置手抓孔,手抓孔的尺寸为(30~40)mm×(75~85)mm。

⑥ 泛霜、石灰爆裂与抗风化性能。每块烧结多孔砖和多孔砌块不允许出现严重泛霜。

石灰爆裂要求:A. 破坏尺寸大于2 mm且小于或等于15 mm的爆裂区域,每组烧结多孔砖和多孔砌块不得多于15处,其中大于10 mm的不得多于7处;B. 不允许出现破坏尺寸大于15 mm的爆裂区域。

抗风化性能:严重风化区中的1、2、3、4、5地区的烧结多孔砖、多孔砌块和其他地区以淤泥、固体废弃物为主要原料生产的烧结多孔砖和多孔砌块必须进行冻融试验;其他地区以黏土、页岩、煤矸石、粉煤灰为主要原料生产的烧结多孔砖和多孔砌块的抗风化性能符合表8-12的规定时可不做冻融循环试验,否则必须进行冻融循环试验。冻融循环试验后,每块烧结多孔砖和多孔砌块不允许出现裂纹、分层、掉皮、缺棱、掉角等冻坏现象。

表8-12 抗风化性能

种 类	严重风化区				非严重风化区			
	5 h沸煮吸水率(%),≤		饱和系数,≤		5 h沸煮吸水率(%),≤		饱和系数,≤	
	平均值	单块最大值	平均值	单块最大值	平均值	单块最大值	平均值	单块最大值
黏土砖和砌块	21	23	0.85	0.87	23	25	0.88	0.90
粉煤灰砖和砌块	23	25			30	32		
页岩砖和砌块	16	18	0.74	0.77	18	20	0.78	0.80
煤矸石砖和砌块	19	21			21	23		

注:粉煤灰掺入量(质量比)小于30%时,按黏土砖规定判定。

（3）应用

烧结多孔砖和多孔砌块主要用于建筑物的承重墙体,工程中使用时常以孔洞垂直于承压面,以充分利用砖的抗压强度。

3）烧结空心砖和空心砌块

烧结空心砖和空心砌块是以黏土、页岩、煤矸石为主要原料,经焙烧而成的孔洞率不小于40%,孔的尺寸大而数量少的空心砖和空心砌块。

（1）分类、规格与质量等级

① 分类。按主要生产原料分为黏土砖和砌块(N)、页岩砖和砌块(Y)、煤矸石砖和砌块(M)、粉煤灰砖和砌块(F)。

② 规格。烧结空心砖和空心砌块的外形为直角六面体(如图 8-3),其长度、宽度、高度尺寸应符合下列要求:390,290,240,190,180(175),140,115,90(mm)。其他规格尺寸由供需双方协商确定。

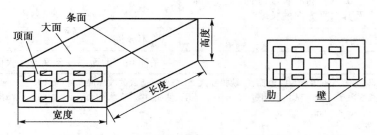

图 8-3 烧结空心砖和空心砌块示意图

③ 质量等级。强度、密度、抗风化性能和放射性物质合格的砖和砌块,根据尺寸偏差、外观质量、孔洞排列及其结构、泛霜、石灰爆裂、吸水率分为优等品(A)、一等品(B)和合格品(C)三个质量等级。

（2）技术要求

① 尺寸偏差。尺寸允许偏差应符合表 8-13 的规定。

表 8-13 尺寸允许偏差(mm)

尺 寸	优等品		一等品		合格品	
	样本平均偏差	样本极差,≤	样本平均偏差	样本极差,≤	样本平均偏差	样本极差,≤
>300	±2.5	6.0	±3.0	7.0	±3.5	8.0
200～300	±2.0	5.0	±2.5	6.0	±3.0	7.0
100～200	±1.5	4.0	±2.0	5.0	±2.5	6.0
<100	±1.5	3.0	±1.7	4.0	±2.0	5.0

② 外观质量。烧结空心砖和空心砌块的外观质量应符合表 8-14 的要求。

表 8-14　外观质量（mm）

项　目		优等品	一等品	合格
（1）弯曲，≤		3	4	5
（2）缺棱掉角的三个破坏尺寸，不得同时大于		15	30	40
（3）垂直度差，≤		3	4	5
（4）未贯穿裂纹长度，≤	a. 大面上宽度方向及其延伸到条面的长度	不允许	100	120
	b. 大面上长度方向或条面上水平面方向的长度	不允许	120	140
（5）贯穿裂纹长度，≤	a. 大面上宽度方向及其延伸到条面的长度	不允许	40	60
	b. 壁、肋沿长度方向、宽度方向及其水平方向的长度	不允许	40	60
（6）肋、壁内残缺长度，≤		不允许	40	60
（7）完整面，≥		一条面和一大面	一条面或一大面	—

注：凡有下列缺陷之一者，不得称为完整面：①缺损在大面、条面上造成的破坏面尺寸同时大于 20 mm×30 mm；②大面、条面上裂纹宽度大于 1 mm，其长度超过 70 mm；③压陷、粘底、焦花在大面、条面上的凹陷或凸出超过 2 mm，区域尺寸同时大于 20 mm×30 mm。

③　强度等级。按抗压强度分为 MU10.0、MU7.5、MU5.0、MU3.5、MU2.5 五个强度等级，见表 8-15。

表 8-15　烧结空心砖和空心砌块的强度等级（MPa）

强度等级	抗压强度平均值 $\bar{f}$，≥	变异系数 $\delta \leqslant 0.21$ 强度标准值 f_k，≥	变异系数 $\delta > 0.21$ 单块最小抗压强度值 f_{min}，≥	密度等级范围（kg/m³）
MU10.0	10.0	7.0	8.0	≤1 100
MU7.5	7.5	5.0	5.8	
MU5.0	5.0	3.5	4.0	
MU3.5	3.5	2.5	2.8	
MU2.5	2.5	1.6	1.8	≤800

④　密度等级。烧结空心砖和空心砌块根据体积密度不同分为 800、900、1 000、1 100 四个密度等级，见表 8-16。

表 8-16　密度等级

密度等级	5 块密度平均值（kg/m³）	密度等级	5 块密度平均值（kg/m³）
800	≤800	1 000	901～1 000
900	801～900	1 100	1 001～1 100

⑤ 抗风化性能。严重风化区中的1、2、3、4、5地区的烧结空心砖和空心砌块必须进行冻融试验;其他地区的烧结空心砖和空心砌块的抗风化性能符合表8-17的规定时可不做冻融试验,否则必须进行冻融试验。冻融试验后,每块烧结空心砖、空心砌块不允许出现分层、掉皮、缺棱掉角等冻坏现象;冻后裂纹长度不大于表8-14中(4)、(5)项合格品的规定。

表 8-17 抗风化性能

种　　类	饱和系数,≤			
	严重风化区		非严重风化区	
	平均值	单块最大值	平均值	单块最大值
黏土砖和砌块	0.85	0.87	0.88	0.90
粉煤灰砖和砌块				
页岩砖和砌块	0.74	0.77	0.78	0.80
煤矸石砖和砌块				

烧结空心砖和空心砌块的技术要求还包括泛霜、石灰爆裂,其具体指标的规定与烧结普通砖相同。

（3）应用

烧结空心砖和空心砌块自重较轻,强度较低,主要用作非承重墙,如多层建筑内隔墙或框架结构的填充墙等。

烧结多孔砖和多孔砌块、烧结空心砖和空心砌块是主要的烧结空心制品,其生产与烧结普通砖相比,一方面可减少黏土的消耗量大约为20%～30%,节约耕地;另一方面,墙体的自重至少减轻30%～35%,降低造价近20%,保温隔热和吸声性能有较大提高。所以,推广使用多孔砖和多孔砌块、空心砖和空心砌块也是加快我国墙体材料改革,促进墙体材料工业技术进步的措施之一。

8.1.2 非烧结砖

不经焙烧而制成的砖均为非烧结砖,如碳化砖、免烧免蒸砖、蒸养(压)砖等。目前,应用较广的是蒸养(压)砖。这类砖是以含钙材料(石灰、电石渣等)和含硅材料(砂子、粉煤灰、炉渣等)与水拌和,经压制成型,在自然条件或人工热合成条件(蒸养或蒸压)下,反应生成以水化硅酸钙、水化铝酸钙为主要胶结料的硅酸盐建筑制品。主要品种有灰砂砖、粉煤灰砖、炉渣砖等。

1）蒸压灰砂砖

蒸压灰砂砖,是以石灰和砂子为主要原料,允许掺入颜料和外加剂,经坯料制备、压制成型、蒸压养护而成的实心砖。

灰砂砖的尺寸规格与烧结普通砖相同,为 240 mm×115 mm×53 mm。其表观密度为 1 800～1 900 kg/m^3,导热系数约为 0.61 W/(m·K)。根据产品的尺寸偏差和外观质量、强度及抗冻性分为优等品(A)、一等品(B)和合格品(C)三个产品等级。

灰砂砖按 GB 11945—1999 的规定,根据抗压强度和抗折强度分为 MU25、MU20、MU15、MU10 四个强度等级,各强度等级的抗折强度、抗压强度及抗冻性应符合表8-18的规定。

表 8-18 蒸压灰砂砖强度等级及抗冻性

强度等级	抗压强度(MPa)		抗折强度(MPa)		抗冻性	
	平均值,≥	单块值,≥	平均值,≥	单块值,≥	冻后抗压强度平均值(MPa),≥	单块砖的干质量损失(%),≤
MU25	25.0	20.0	5.0	4.0	20.0	2.0
MU20	20.0	16.0	4.0	3.2	16.0	2.0
MU15	15.0	12.0	3.3	2.6	12.0	2.0
MU10	10.0	8.0	2.5	2.0	8.0	2.0

注:优等品的强度级别不得小于 MU15。

灰砂砖有彩色(Co)和本色(N)两类。灰砂砖产品采用产品名称(LSB)、颜色、强度等级、产品等级、标准编号的顺序标记,如 MU20,优等品的彩色灰砂砖,其产品标记为 LSB Co 20A GB 11945。

MU15、MU20、MU25 的砖可用于基础及其他建筑;MU10 的砖仅可用于防潮层以上的建筑。灰砂砖不得用于长期受热 200℃以上、受急冷急热和有酸性介质侵蚀的建筑部位。

2) 粉煤灰砖

粉煤灰砖,是以粉煤灰、石灰或水泥为主要原料,掺入适量的石膏、外加剂、颜料和骨料等,经坯料制备、成型、常压或高压蒸汽养护而成的实心砖。

粉煤灰砖的外形尺寸同普通砖,即长 240 mm、宽 115 mm、高 53 mm,砖的颜色有彩色(Co)和本色(N)两类。

《粉煤灰砖》(JC 239—2001)规定,按砖的外观质量、尺寸偏差、强度等级、干燥收缩分为优等品(A)、一等品(B)和合格品(C);按抗压和抗折强度分为 MU30、MU25、MU20、MU15、MU10 五个强度等级,各等级的强度值及抗冻性应符合表 8-19 的规定。

表 8-19 粉煤灰砖强度指标和抗冻性指标

强度等级	抗压强度(MPa)		抗折强度(MPa)		抗冻性	
	10 块平均值,≥	单块值,≥	10 块平均值,≥	单块值,≥	冻后抗压强度平均值(MPa),≥	单块砖的干质量损失(%),≤
MU30	30.0	24.0	6.2	5.0	24.0	
MU25	25.0	20.0	5.0	4.0	20.0	
MU20	20.0	16.0	4.0	3.2	16.0	2.0
MU15	15.0	12.0	3.3	2.6	12.0	
MU10	10.0	8.0	2.5	2.0	8.0	

粉煤灰砖可用于工业与民用建筑的墙体和基础,但用于基础或宜受冻融和干湿交替作用的建筑部位,必须使用 MU15 及以上强度等级的砖。粉煤灰砖不得用于长期受热(200℃以上)、受急冷急热和有酸性介质侵蚀的建筑部位。为避免或减少收缩裂缝的产生,用粉煤灰砖砌筑的建筑物,应适当增设圈梁及伸缩缝。

3）炉渣砖

炉渣砖，是以煤燃烧后的炉渣为主要原料，加入适量（水泥、电石渣）石灰、石膏等材料，经混合、压制成型、蒸养或蒸压养护等而制成的实心砖。

炉渣砖的尺寸规格与烧结普通砖相同，呈黑灰色，表观密度为 $1\,500\sim2\,000\ kg/m^3$，吸水率为 $6\%\sim19\%$。《炉渣砖》（JC 525—2007）规定，按抗压强度分为 MU25、MU20、MU15 三个强度等级，各强度等级的强度指标应满足表 8-20 的要求。

表 8-20　炉渣砖的强度等级（MPa）

强度等级	抗压强度平均值 $\bar{f}$，$\geqslant$	变异系数 $\delta\leqslant0.21$	变异系数 $\delta>0.21$
		强度标准值 f_k，$\geqslant$	单块最小抗压强度值 f_{min}，$\geqslant$
MU25	25.0	19.0	20.0
MU20	20.0	14.0	16.0
MU15	15.0	10.0	12.0

该类砖可用于一般工程的内墙和非承重外墙，但不得用于受高温、受急冷急热交替作用或有酸性介质侵蚀的部位。

【工程案例分析 8-1】

灰砂砖墙体裂缝

现象：新疆某石油基地库房砌筑采用蒸压灰砂砖，由于工期紧，灰砂砖亦紧俏，出厂 4 天的灰砂砖即砌筑。8 月份完工，后发现墙体有较多垂直裂缝，至 11 月底裂缝基本固定。

原因分析：首先是砖出厂到上墙时间太短，灰砂砖出釜后含水量随时间而减少，20 多天后才基本稳定。出釜时间太短必然导致灰砂砖干缩大。另外是气温影响。砌筑时气温很高，而几个月后气温明显下降，从而温差导致温度变形。最后是因为该灰砂砖表面光滑，砂浆与砖的黏结强度低。还需要说明的是，灰砂砖砌体的抗剪强度普遍低于普通黏土砖。

8.2　砌块

砌块是砌筑用的人造块材，是一种新型墙体材料，外形多为直角六面体，也有各种异形的。按产品主规格的尺寸，可分为大型砌块（高度大于 980 mm）、中型砌块（高度为 $380\sim980$ mm）和小型砌块（高度大于 115 mm，小于 380 mm）。砌块高度一般不大于长度或宽度的 6 倍，长度不超过高度的 3 倍。

砌块作为一种新型墙体材料，可以充分利用地方资源和工业废渣，并可节省黏土资源和改善环境，符合可持续发展的战略要求。其生产工艺简单，生产周期短，尺寸较大，可提高砌筑效率，降低施工过程中的劳动强度，减轻房屋自重，改善墙体功能，降低工程造价，推广使用砌块是墙体材料改革的一条有效途径。

砌块的分类方法有很多，若按用途可分为承重砌块和非承重砌块；按有无孔洞可分为实心砌块(无孔洞或空心率小于25％)和空心砌块(空心率≥25％);按材质又可分为硅酸盐砌块、轻骨料混凝土砌块、加气混凝土砌块、普通混凝土砌块等。

8.2.1 蒸压加气混凝土砌块

蒸压加气混凝土砌块(简称加气混凝土砌块),是以钙质材料(水泥、石灰等)和硅质材料(砂、矿渣、粉煤灰等)以及加气剂(铝粉)等,经配料、搅拌、浇注、发气、切割、蒸压养护等工艺过程制成的一种轻质、多孔的块体材料。

1) 规格与质量等级

(1) 规格。蒸压加气混凝土砌块规格见表8-21。

表8-21 蒸压加气混凝土砌块规格

长度(mm)	高度(mm)			宽度(mm)			
600	100	120	125	200	240	250	300
	150	180	200				
	240	250	300				

(2) 质量等级。砌块按尺寸偏差与外观质量、干密度、抗压强度和抗冻性分为优等品(A)、合格品(B)两个等级。

2) 技术要求

(1) 尺寸偏差和外观。蒸压加气混凝土砌块的尺寸偏差和外观应符合表8-22的规定。

表8-22 尺寸偏差和外观

项 目			指 标	
			优等品(A)	合格品(B)
尺寸允许偏差(mm)	长度	L	±3	±4
	宽度	B	±1	±2
	高度	H	±1	±2
缺棱掉角	最小尺寸不得大于(mm)		0	30
	最大尺寸不得大于(mm)		0	70
	大于以上尺寸的缺棱掉角个数(个),不多于		0	2
裂纹长度	贯穿一棱二面的裂纹长度不得大于裂纹所在面的裂纹方向尺寸总和		0	1/3
	任一面上的裂纹长度不得大于裂纹方向尺寸		0	1/2
	大于以上尺寸的裂纹条数(条),不多于		0	2
	爆裂、黏膜和损坏深度不得大于(mm)		10	30
	平面弯曲		不允许	
	表面疏松、层裂		不允许	
	表面油污		不允许	

（2）强度级别。按砌块的立方体抗压强度，划分为 A1.0、A2.0、A2.5、A3.5、A5.0、A7.5、A10.0 七个级别，见表 8-23。

表 8-23　蒸压加气混凝土砌块的立方体抗压强度

强度级别		A1.0	A2.0	A2.5	A3.5	A5.0	A7.5	A10.0
立方体抗压强度（MPa）	平均值，≥	1.0	2.0	2.5	3.5	5.0	7.5	10.0
	最小值，≥	0.8	1.6	2.0	2.8	4.0	6.0	8.0

（3）干密度级别。干密度是指砌块试件在 105℃ 温度下烘干至恒量测得的单位体积的质量。按砌块的干密度，划分为 B03、B04、B05、B06、B07、B08 六个级别，见表 8-24。

表 8-24　蒸压加气混凝土砌块的干密度

干密度级别		B03	B04	B05	B06	B07	B08
干密度（kg/m³）	优等品（A），≤	300	400	500	600	700	800
	合格品（B），≤	325	425	525	625	725	825

（4）蒸压加气混凝土砌块的强度级别应符合表 8-25 的规定。

表 8-25　蒸压加气混凝土砌块的强度级别

干密度级别		B03	B04	B05	B06	B07	B08
强度级别	优等品（A），≤	A1.0	A2.0	A3.5	A5.0	A7.5	A10.0
	合格品（B），≤			A2.5	A3.5	A5.0	A7.5

（5）蒸压加气混凝土砌块的干燥收缩、抗冻性和导热系数应符合表 8-26 的规定。

表 8-26　干燥收缩、抗冻性和导热系数

干密度级别			B03	B04	B05	B06	B07	B08
干燥收缩值	标准法（mm/m），≤		0.50					
	快速法（mm/m），≤		0.80					
抗冻性	质量损失（%），≤		5.0					
	冻后强度（MPa），≥	优等品（A）	0.8	1.6	2.8	4.0	6.0	8.0
		合格品（B）			2.0	2.8	4.0	6.0
导热系数（干态）（W/m·K），≤			0.10	0.12	0.14	0.16	0.18	0.20

注：规定采用标准法、快速法测定砌块干燥收缩值，若测定结果发生矛盾不能判定时，则以标准法测定的结果为准。

3）应用

加气混凝土砌块质量轻，表观密度约为黏土砖的 1/3，具有保温、隔热、隔音性能好、抗震性强（自重小）、导热系数低［0.1～0.28 W/(m·K)］、耐火性好、易于加工、施工方便等特点，是应用较多的轻质墙体材料之一。适用于低层建筑的承重墙、多层建筑的间隔墙和高层框架结构的填充墙，也可用于一般工业建筑的围护墙。作为保温隔热材料也可用于复合墙板和屋

面结构中。在无可靠的防护措施时,该类砌块不得用在处于水中或高湿度和有侵蚀介质的环境中,也不得用于建筑物的基础和温度长期高于 80℃的建筑部位。

8.2.2 粉煤灰砌块

粉煤灰砌块是以粉煤灰、石灰、石膏和骨料(炉渣、矿渣)等为原料,经配料、加水搅拌、振动成型、蒸汽养护而制成的密实砌块。

1)规格与等级

(1)规格。粉煤灰砌块的主要规格尺寸有 880 mm×380 mm×240 mm 和 880 mm×430 mm×240 mm 两种。

(2)强度等级。砌块按其立方体试件的抗压强度分为 MU10 和 MU13 两个强度等级。

(3)质量等级。砌块按其外观质量、尺寸偏差和干缩性能分为一等品(B)和合格品(C)两个质量等级。

2)技术要求

粉煤灰砌块的立方体抗压强度、碳化后强度、抗冻性、密度及干缩值应符合表 8-27 要求。

表 8-27　粉煤灰砌块各项技术要求

项　　目	指　　标	
	MU10	MU13
抗压强度(MPa)	3 块试件平均值不小于 10.0,单块最小值不小于 8.0	3 块试件平均值不小于 13.0,单块最小值不小于 10.5
人工碳化后强度(MPa)	不小于 6.0	不小于 7.5
抗冻性	冻融循环结束后,外观无明显疏松、剥落或裂缝,强度损失不大于 20%	
密度(kg/m³)	不超过设计密度的 10%	
干缩值(mm/m)	一等品≤0.75,合格品≤0.90	

3)粉煤灰砌块的应用

粉煤灰砌块属硅酸盐类制品,其干缩值比水泥混凝土大,弹性模量低于同强度的水泥混凝土制品。粉煤灰砌块适用于一般工业与民用建筑的墙体和基础,但不宜用于长期受高温(如炼钢车间)和经常受潮湿的承重墙(如厕所、浴室、卫生间等墙体),也不宜用于有酸性介质侵蚀的建筑部位。

8.2.3 普通混凝土小型空心砌块

普通混凝土小型空心砌块是以水泥为胶结材料,砂、碎石或卵石为骨料,加水搅拌,振动加压成型,并养护而成的小型砌块。有承重砌块和非承重砌块两类。为减轻自重,非承重砌块可用炉渣或其他轻质骨料配制。

1) 规格与质量等级

(1) 规格。《普通混凝土小型空心砌块》(GB 8239—1997)规定：砌块的主规格尺寸为 390 mm × 190 mm × 190 mm,其他规格尺寸可由供需双方协商。砌块最小外壁厚度应不小于 30 mm,最小肋厚应不小于 25 mm,空心率不小于 25％。砌块各部位的名称如图 8-4 所示。

(2) 质量等级。砌块按其尺寸偏差和外观质量分为优等品(A)、一等品(B)和合格品(C)三个质量等级。

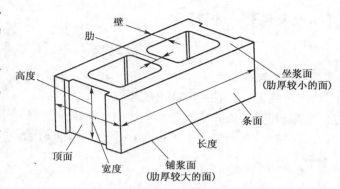

图 8-4　混凝土小型空心砌块各部位的名称

2) 技术要求

(1) 尺寸偏差与外观质量。普通混凝土小型空心砌块的尺寸偏差与外观质量应符合表 8-28 的规定。

表 8-28　普通混凝土小型砌块的尺寸偏差、外观质量

项　　目		优等品(A)	一等品(B)	合格品(C)
尺寸允许偏差(mm)	长度	±2	±3	±3
	宽度	±2	±3	±3
	高度	±2	±3	+3,−4
外观质量	弯曲(mm),≤	2	2	3
	缺棱掉角　个数(个),≤	0	2	2
	缺棱掉角　三个方向投影尺寸最小值(mm),≤	0	20	30
	裂纹延伸的投影尺寸累计(mm),≤	0	20	30

(2) 强度等级。普通混凝土小型空心砌块按抗压强度分为 MU3.5、MU5.0、MU7.5、MU10.0、MU15.0、MU20.0 六个强度等级,各强度等级应符合表 8-29 的规定。

表 8-29　普通混凝土小型空心砌块的强度等级

强度等级		MU3.5	MU5.0	MU7.5	MU10.0	MU15.0	MU20.0
砌块抗压强度(MPa)	平均值,≥	3.5	5.0	7.5	10.0	15.0	20.0
	单块最小值,≥	2.8	4.0	6.0	8.0	12.0	16.0

3) 应用

普通混凝土砌块是由可塑性良好的混凝土加工而成的,因此可以制成不同形状、大小的砌块以满足不同工程的需求。另外,混凝土砌块的强度也可通过改变混凝土的配合比和砌块的

孔洞率来调整,因此混凝土砌块既可用于承重结构,也可用于非承重结构。

【工程案例分析 8-2】

蒸压加气混凝土砌块砌体裂缝

现象:某工程用蒸压加气混凝土砌块砌筑外墙,该蒸压加气混凝土砌块出釜一周后即砌筑,工程完工一个月后墙体出现裂纹。

原因分析:该外墙属于框架结构的非承重结构,所用的蒸压加气混凝土砌块出釜一周后收缩率仍较大,在砌筑完工干燥过程中继续产生收缩,墙体在沿着砌块与砌块交接处就会产生裂缝。

8.3 墙用板材

随着建筑工业化和建筑结构体系的发展,各种轻质墙板、复合板材也迅速兴起。墙体板材具有节能、质轻、开间布置灵活、使用面积大、施工方便快捷等特点,因此大力发展轻质板材是墙体改革的趋势。

1)水泥类墙用板材

水泥类墙用板材具有较好的力学性能和耐久性,主要用于承重墙、外墙和复合外墙的外层面,但其表面密度大,抗拉强度低,且体型较大的板材在施工中易受损。根据使用功能要求,生产时可制成空心板材以减轻自重和改善隔热隔声性能,也可加入一些纤维材料制成增强型板材,还可在水泥板材上制作具有装饰效果的表面层。

(1)预应力混凝土空心墙板。是以高强度的预应力钢绞线用先张法制成的混凝土墙板。该墙板可根据需要增设保温层、防水层、外饰面层等。该类板的长度为 1 000~1 900 mm,宽度为600~1 200 mm,总厚度为 200~480 mm,可用于承重或非承重的内外墙板、楼面板、屋面板、阳台板等。

(2)GRC 空心轻质墙板。是以低碱性水泥为胶结材料,膨胀珍珠岩、炉渣等为骨料,抗碱玻璃纤维为增强材料,并加入适量发泡剂和防水剂,经搅拌、成型、脱水、养护制成的一种轻质墙板。其长度为 3 000 mm,宽度为 600 mm,厚度为 60 mm、90 mm、120 mm。GRC 空心轻质墙板具有质量轻、强度高、隔热、隔声、不燃、加工方便等优点,可用于一般建筑物的内隔墙和复合墙体的外墙面。

(3)纤维增强水泥平板(TK 板)。是以低碱水泥、耐碱玻璃纤维为主要原料,加水混合成浆,经制坯、压制、蒸养而成的薄型平板。其长度为 1 200~3 000 mm,宽度为 800~900 mm,厚度为 4 mm、5 mm、6 mm 和 8 mm。TK 板质量轻,强度高,防潮,防火,不易变形,可加工性好,适用于各类建筑的复合外墙和内隔墙,特别是高层建筑有防火、防潮要求的隔墙。

2)石膏类墙用板材

石膏类墙用板材在轻质墙体材料中占有很大的比例,有纸面石膏板、无面纸的石膏纤维板、石膏空心板和石膏刨花板。

（1）纸面石膏板。纸面石膏板材是以石膏芯材及与其牢固结合在一起的护面纸组成,分普通型、耐水型和耐火型三种。以建筑石膏及适量纤维增强材料和外加剂为芯材,与具有一定强度的护面纸组成的石膏板为普通纸面石膏板;若在芯材配料中加入防水、防潮外加剂,并用耐水护面纸,即可制成耐水纸面石膏板;若在配料中加入无机耐火纤维和阻燃剂等,即可制成耐火纸面石膏板。纸面石膏板具有自重轻、保温、隔热、隔声、防火、抗震、可调节室内温度、加工性好、施工简单等优点。但用纸量较大,成本较高。普通纸面石膏板可作为室内隔墙板、复合外地板的内壁板、天花板等。耐水型板可用于相对湿度较大(≥75%)环境,如厕所、盥洗室等。耐火型纸面石膏板主要用于对防火要求较高的房屋建筑中。

（2）石膏纤维板。石膏纤维板是以纤维增强石膏为基材的无面纸石膏板。用无机纤维或有机纤维与建筑石膏、缓凝剂等经打浆、铺装、脱水、成型、烘干而制成。可节省护面纸,具有质轻、高强、耐火、隔声、韧性高的性能,可加工性好。其尺寸规格和用途与纸面石膏板相同。

（3）石膏空心板。石膏空心板外形与生产方式类似于水泥混凝土空心板。它是以熟石膏为胶凝材料,适量加入各种轻质骨料(如膨胀珍珠岩、膨胀蛭石等)和改性材料(如矿渣、粉煤灰、石灰、外加剂等),经搅拌、振动成型、抽芯模、干燥而成。该板生产时不用纸、不用胶,安装墙体时不用龙骨,设备简单,较易投产。石膏空心板具有重量轻、可加工性好、颜色洁白、表面平整光滑等优点,且安装方便。适用于各种建筑的非承重内隔墙。但若用于相对湿度大于75%的环境中,则板材表面应做防水等相应处理。

3）植物纤维类板材

随着农业的发展,农作物的废弃物(如稻草、麦秸、玉米秆、甘蔗渣等)随之增多,污染环境,但各种废弃物如经适当处理,则可制成各种板材。早在1930年,瑞典人就用25 kg稻草生产板材代替250块黏土砖使用,因而节省了大量农田。我国是一个农业大国,农作物资源丰富,该类产品已经得到发展和推广。

（1）稻草(麦秸)板。稻草板生产的主要原料是稻草或麦秸、板纸和脲醛树脂胶料等。其生产方法是将干燥的稻草热压成密实的板芯,在板芯两面和四个侧边用胶粘上一层完整的面纸,经加热固化而成。板芯内不加任何黏结剂,只利用稻草之间的缠绞拧编与压合形成密实并有相当刚度的板材。

稻草板质量轻,隔热保温性能好,单层板的隔音量为30 dB。在两层稻草板中间加30 mm的矿棉和20 mm的空气层,则隔音效果可达50 dB,耐火极限为0.5 h。其缺点是耐水性差、可燃。稻草板具有足够的强度和刚度,可以单板使用而不需要龙骨支撑,且便于锯、钉、打孔、粘接和油漆,施工很便捷。适用作非承重的内隔墙、天花板及复合外墙的内壁板。

（2）稻壳板。稻壳板是以稻壳与合成树脂为原料,经配料、混合、铺装、热压而成的中密度平板。可用脲醛胶和聚醋酸乙烯胶粘贴,表面可涂刷清漆或用薄木贴面加以修饰。可作为内隔墙及室内各种隔断板和壁橱(柜)隔板等。

（3）蔗渣板。蔗渣板是以甘蔗渣为原料,经加工、混合、铺装、热压成型而成的平板。该板生产时可不用胶而利用蔗渣本身含有的物质热压时转化成呋喃系树脂而起胶结作用,也可用合成树脂胶结成有胶蔗渣板。具有质轻、吸声、易加工和可装饰等特点。可用作内隔墙、天花板、门芯板、室内隔断用板和装饰板等。

4）复合墙板

复合墙板是由两种以上不同材料结合在一起的墙板。复合墙板可以根据功能要求组合各个层次,如结构层、保温层、饰面层等,能使各类材料的功能都得到合理利用。目前,建筑工程中已大量使用各种复合板材,并取得了良好效果。

（1）混凝土夹芯板。混凝土夹芯板的内外表面用 20～30 mm 厚的钢筋混凝土,中间填以矿渣棉、岩棉、泡沫混凝土等保温材料,内外两层面板用钢筋连接。混凝土夹芯板可用于建筑物的内外墙,其夹层厚度应根据热工计算确定。

（2）钢丝网水泥夹芯复合板材。钢丝网水泥夹芯复合板材是将泡沫塑料、岩棉、玻璃棉等轻质芯材夹在中间,两片钢丝网之间用"之"字形钢丝相互连接,形成稳定的三维网架结构,然后用水泥砂浆在两侧抹面,或进行其他饰面装饰。钢丝网水泥夹芯复合板材自重轻,约为 90 kg/m²;其热阻约为 240 mm 厚普通砖墙的两倍,具有良好的保温隔热性;具有隔声性和抗冻性能好、抗震能力强等优点,适当加筋后具有一定的承载能力,在建筑物中可用作墙板、屋面板和各种保温板。

（3）轻型夹芯板。轻型夹芯板是用轻质高强的薄板为外层,中间以轻质的保温隔热材料为芯材组成的复合板。用于外墙面的外层薄板有不锈钢板、彩色镀锌钢板、铝合金板、纤维增强水泥薄板等。芯材有岩棉毡、阻燃型发泡聚苯乙烯、发泡聚氨酯、玻璃棉毡等。

该类板质量轻、强度高、防火、防潮、防震,耐久性好,易加工,施工方便。适用于自承重外墙、内隔墙、屋面板等。

8.4　墙体保温和复合墙体

建筑保温材料是实现建筑节能的最基本的条件,各国在建筑中采用了大量的新型建材和保温材料。实心砖已普遍被空心砌块和多孔砖所替代,在空心砌块的墙体中,为了提高墙体的保温性能,隔断在砌块之间形成的空心通道的气流,还要在各空隙中填加膨胀珍珠岩、散状玻璃棉或散状矿物棉等松散填充绝热保温材料。

在建筑物的围护结构中,不论是商用建筑还是民用建筑,一部分采用轻质高效的玻璃棉、岩棉、泡沫塑料等保温材料。墙体的保温基本上有三种形式:保温、外保温和夹芯保温。居民建筑的墙体结构基本上最外面一层为木质或塑料质的墙板,然后是一层硬质的泡沫塑料,里面就是墙的标准主体、木框结构等。另外一种典型墙的结构是在空心砌块或空心砌筑好的墙体的空腔中填充密实,同样能起到很好的保温作用。

复合墙体按照保温材料设置的不同,分为外墙内保温、外墙夹芯保温和外墙外保温。

1）外墙内保温

外墙内保温是将保温材料置于外墙内侧。对于外墙来说,由多孔轻质材料构成的轻型墙体（如彩色钢板聚苯或聚氨酯泡沫夹心墙体）或多孔轻质保温墙体。

（1）外墙内保温的优点:①对保温材料的防水、耐候性等技术指标的要求不太高,纸面石膏板、石膏抹面砂浆均可满足使用要求,方便取材;②保温材料被楼板分隔,仅在一个层高范围内施工,不需要搭设脚手架;③对于既有建筑的节能改造,特别是在目前私人住房不断增加的情况下,整栋楼或整个小区统一改造时有困难,只有采用内保温的可能性大一些。

（2）外墙内保温的不足:①许多种类的保温做法,由于材料、施工、构造等原因饰面层开始出现开裂；②占用室内使用空间；③由于圈梁、楼板、构造柱等会引起热桥，热损失较大，容易造成结露现象。

随着我国对建筑外墙保温技术的进一步提高，特别是既有建筑的节能改造开始提上议事日程以后，外墙内保温技术的使用受到了限制。图8-5、图8-6展示了在现代建筑中外墙内保温技术的成熟运用，分别展示的是北京建外SOHO综合体建筑中的外玻璃幕墙内遮阳板系统墙体和华中科技大学建筑与规划学院院馆改造工程的竹子内保温屋顶。

图8-5　外玻璃幕墙内遮阳板系统墙体

图8-6　竹子内保温屋顶

2）外墙夹芯保温

外墙夹芯保温技术是将保温材料置于同一外墙的内、外侧之间，内、外叶墙片均可采用传统的黏土砖和混凝土空心砌块等。

（1）外墙夹芯保温的优点：①传统材料的防水、耐候性能均良好，对内叶墙片和保温材料形成有效的保护，对保温材料的选材要求不高，聚苯乙烯、玻璃棉、岩棉等各种材料均可使用；②对施工季节和施工条件的要求并不十分高，不影响冬期施工，主要是在北方严寒地区多有应用。

（2）外墙夹芯保温的不足：①严寒地区与传统墙体相比，此类墙体较厚；②内、外叶墙片之间需有连接件连接，构造较传统墙体复杂；③外围护结构的热桥较多。

外墙夹芯保温技术是在现代建筑中比较成功的案例。图8-7展示的是华中科技大学建筑与规划学院院馆改造工程中的外墙和窗体改造，运用了外墙夹芯保温技术。

3）外墙外保温技术

外墙外保温是将保温材料置于外墙外侧。

（1）外墙外保温的优点：①适用范围广，适用于不同气候地区的建筑保温；②保温隔热效果明显，建筑物外围护结构的热桥较少，影响也小；③能保护主体结构，大大减

图8-7　改造工程中的外墙和窗体改造

少了自然界温度、湿度、紫外线等对主体结构的影响;④有利于改善室内环境,扩大了室内的使用空间,与内保温相比,每户使用面积约增加 1.3~1.8 m²;⑤有利于旧房改造,对人们的日常生活干扰也较少;⑥有利于丰富立面和达到新的社区形象的塑造功能。

(2) 外墙外保温的缺点:①国内的外保温施工与国外相比难度较大。这是因为我国地少人多,城市人口居住密度高,居住建筑结构以多层和高层建筑为主,而国外发达国家以低层别墅和少量多层建筑为主,很少见到目前在国内大量出现的现浇混凝土剪力墙结构的高层住宅建筑。这样国内的外墙外保温针对的对象,要比国外建筑结构的单体面积及高度都大得多,施工难度也更大。②有些外保温产品技术不过关,刮大风时常常吹落保温层,外保温层裂缝处理较难,阻碍外保温技术的推广。因此,建议相关部门就外保温产品技术及施工标准加以细化,严格审批制度,抬高准入门槛。

外墙外保温技术是在现代建筑中比较成功的案例。图 8-8、图 8-9 分别展示的是同济大学建筑与规划学院新院楼双层幕墙结构、北京建外 SOHO 综合体建筑中的可活动的遮阳板系统墙体。

图 8-8　双层幕墙结构

图 8-9　可活动的遮阳板系统墙体

8.5　砌筑石材

通常称具有一定的物理、化学性能,可用作建筑材料的岩石为建筑石材。根据石材的用途不同,可将石材分为砌筑用石材、建筑装饰用石材、颗粒状石料。

8.5.1　岩石的形成和分类

岩石是构成地壳的一部分,是由各种不同地质作用所形成的天然固态矿物集合体。组成岩石的矿物称造岩矿物。由一种矿物构成的岩石称单成岩(如石灰岩),其性质由矿物成分及结构构造决定。由两种或两种以上矿物构成的岩石称为复成岩(如花岗石),这种岩石的性质由其组成矿物的相对含量及结构构造决定。

矿物是具有一定化学成分和一定结构特征的天然化合物或单体。目前已发现的矿物有3 300多种,其中主要造岩矿物有30余种。主要的造岩矿物是硅酸盐矿物,其次还有非硅酸盐的造岩矿物。各种造岩矿物在不同的地质条件下形成不同类型的岩石,通常可分为三大类,即岩浆岩、沉积岩和变质岩。

(1) 岩浆岩。岩浆岩又称火成岩,它是因地壳变动,熔融的岩浆由地壳内部上升到地表附近或喷出地表经冷凝而成。岩浆岩根据岩浆冷却条件的不同,又分为深成岩、浅成岩、喷出岩和火山岩。

(2) 沉积岩。沉积岩又称水成岩。沉积岩是由原来的母岩风化后,经过搬运、沉积等作用形成的岩石。与火成岩相比,其特性是:结构致密性较差,密度较小,孔隙率及吸水率均较大,强度较低,耐久性也较差。根据生成条件,沉积岩分为机械沉积岩、化学沉积岩和生物沉积岩三类。

(3) 变质岩。变质岩是由原生的岩浆岩或沉积岩,经过地壳内部高温、高压等变化作用后而形成的岩石。沉积岩变质后,性能变好,结构变得致密,坚实耐久,如石灰岩变质为大理石;而岩浆岩变质后,性质反而变差,如花岗岩变质为片麻岩。

8.5.2　建筑石材的分类

1) 砌筑用石材

砌筑用石材有毛石和料石。

毛石是在采石场爆破后直接得到的形状不规则的石块,按其表面的平整程度又分为乱毛石和平毛石两种,常用作基础、勒脚、墙体、挡土墙等处。毛石的抗压强度取决于其母岩的抗压强度,它是以三个边长为70 mm的立方体试块抗压强度的平均值表示。

料石又称条石,是用毛石经人工斩凿或机械加工而成的石块。按料石表面加工的平整程度可分为四种:①毛料石,表面不经加工或稍加修整的料石;②粗料石,表面加工成凹凸深度不大于20 mm的料石;③半细料石,表面加工成凹凸深度不大于10 mm的料石;④细料石,表面加工成凹凸深度不大于2 mm的料石。

料石一般由致密、均匀的砂岩、石灰岩、花岗岩开凿而成,所以常用于建筑物基础、勒脚、墙体等部位。

2) 建筑装饰用石材

装饰用石材主要是指各类和各种形状的天然石质板材或者少量的人造石材。

(1) 天然石材。用致密岩石凿平或锯切而成的厚度不大的石材称为板材,常见的主要有天然大理石板材、天然花岗石板材、青石装饰板材。

① 大理石。大理石是指具有装饰功能,并可磨光、抛光的各种沉积岩和变质岩,其主要的化学成分为碳酸盐类(碳酸钙或碳酸镁)。从矿体开采出来的大理石荒料经锯切、研磨、抛光等加工而成为大理石装饰面板,主要用于建筑物的室内饰面,如墙面、地面、柱面、台面、栏杆、踏步等。当用于室外时,由于大理石抗风化能力差,易受空气中二氧化硫的腐蚀而失去表面光

泽,变色并逐渐破坏。因此大理石板材除极少数品种如汉白玉外,一般不宜用于室外饰面。大理石板材一般均加工成镜面板材,供室内饰面用。

② 花岗石。花岗石是指具有装饰功能,并可磨光、抛光的各类岩浆岩及少量其他岩石,主要是岩浆岩中的深成岩和部分喷出岩以及变质岩,其主要矿物组成为长石、石英和少量云母及暗色矿物。这类岩石的构造非常致密,矿物全部结晶,且晶粒粗大,呈块状构造或粗晶嵌入玻璃质结构中的斑状构造。花岗石的化学成分随产地不同而有所区别,各种花岗岩 SiO_2 含量均很高,一般为 $67\%\sim75\%$,属酸性岩石。花岗岩经研磨、抛光后形成的镜面呈斑点状花纹。花岗石板材按形状分类,有普型板、圆弧板和异型板。饰面板材要求耐久、耐磨、色彩花纹美观,表面应无裂缝、翘曲、凹陷、色斑、污点等。花岗石板材按表面加工程度不同又分为粗面板材 、细面板材、亚光板材和镜面板材(是经研磨抛光而具有镜面光泽的板材)。粗面板材和细面板材主要用于建筑物外墙面、柱面、台阶、勒脚等部位。镜面板材主要用于室内外墙面、柱面和地面。

天然石材是构成地壳的基本物质,可能存在含有放射性物质。石材中的放射性物质主要是指镭、钍等放射性元素,在衰变中会产生对人体有害的物质。近年来,一些住宅建筑使用了不安全的装饰材料后,使人民的身体健康甚至生命安全受到极大的损害。对装修材料放射性水平大小划分为 A、B、C 三类。其中,A 类最安全,其使用范围不受限制;B 类的放射性高于 A 类,不可用于 I 类民用建筑的内饰面,但可以用于 I 类民用建筑的外饰面及其他一切建筑物的内、外饰面;C 类的放射性较高,只可用于建筑物外饰面及室外其他用途。放射性超过 C 类标准控制的装饰材料,只可用于海堤、桥墩及碑石等远离人群密集的地方。

(2) 人造石材。人造石材是人工合成的装饰材料。按照所用黏结剂不同,可分为有机类人造石材和无机类人造石材两类。按其生产工艺过程的不同,又可分为聚酯型人造大理石、复合型人造大理石、硅酸盐型人造大理石、烧结型人造大理石四种类型。

(3) 颗粒状石料。颗粒状石料主要用作配制混凝土的集料,按其形状的不同,分为卵石、碎石和石渣三种,其中卵石、碎石应用最多,具体内容见本书有关内容。

8.5.3 建筑石材的技术指标

(1) 表观密度。天然石材按其表观密度大小分为重石和轻石两类。表观密度大于 $1\,800\ kg/m^3$ 的为重石,主要用于建筑的基础、贴面、地面、路面、房屋外墙、挡土墙、桥梁以及水工构筑物等;表观密度小于 $1\,800\ kg/m^3$ 的为轻石,主要用作墙体材料,如采暖房屋外墙等。

(2) 抗压强度。天然岩石是以 $100\ mm\times100\ mm\times100\ mm$ 的正方体试件,用标准试验方法测得的抗压强度值作为评定石材强度等级标准。天然石材的强度等级为 MU100、MU80、MU60、MU50、MU40、MU30、MU20、MU15 和 MU10 九个等级。

(3) 吸水性。石材吸水性的大小用吸水率表示,其大小主要与石材的化学成分、孔隙率大小、孔隙特征等因素有关。酸性岩石比碱性岩石的吸水性强。常用岩石的吸水率:花岗岩小于 0.5%;致密石灰岩一般小于 1%;贝壳石灰岩约为 15%。石材吸水后,降低了矿物的黏结力,破坏了岩石的结构,从而降低石材的强度和耐水性。

(4) 抗冻性。石材的抗冻性用冻融循环次数表示,一般有 F10、F15、F25、F100、F200。致密石材的吸水率小,抗冻性好。吸水率小于 0.5% 的石材,认为是抗冻的,可不进行抗冻试验。

(5) 耐水性。石材的耐水性用软化系数 K 表示。按 K 值的大小,石材的耐水性可分为高、中、低三等,$K>0.90$ 的石材为高耐水性石材,$K=0.70\sim0.90$ 的石材为中耐水性石材,$K=0.60\sim0.70$ 的石材为低耐水性石材。一般 $K<0.80$ 的石材,不允许用在重要建筑中。

【工程案例分析 8-3】

赵 州 石 桥

河北赵州石桥建于 1 400 多年前的隋代,桥长约 51 m,净跨 37 m,拱圈的宽度在拱顶处为 9 m,在拱脚处为 9.6 m。建造该桥的石材为石灰岩,石质的抗压强度非常高(约为 100 MPa)。

该桥在主拱肋与桥面之间设计了并列的四个小孔,挖去部分填肩材料,从而开创了"敞肩拱"的桥型。拱肩结构的改革是石拱建筑史上富有意义的创造,因为挖空拱肩不仅减轻桥的自重、节省材料、减轻桥基负担,使桥石可造得轻巧,并直接建在天然地基上;亦可使桥石位移很小,地基下沉甚微;且使拱圈内部应力很小。这也正是该桥使用千年却仅有极微小的位移和沉陷,至今不坠的重要原因之一。经计算发现,由于在拱肩上加了四个小拱,采用了 16~30 cm 厚的拱顶薄填石,使拱轴线(一般即拱圈的中心线)和恒载压力线甚为接近,拱圈各横截面上均只受压力或极小拉力。赵州桥结构体现的二线要重合的道理,直到现代才被国外结构设计人员广泛认识。该桥充分利用了石材坚固耐用的长处,从结构上减轻桥的自重,扬长避短,是造桥史上的奇迹。

【现代建筑材料知识拓展】

墙体材料革新与建筑节能

我国耕地面积仅占国土面积约 10%,不到世界平均水平的一半。我国房屋建筑材料中 70% 是墙体材料,其中黏土砖占据主导地位,生产黏土砖每年耗用黏土砖资源达到十多亿立方米,相当于毁田 50 万亩,同时,我国每年生产黏土砖消耗 7 000 多万吨标准煤。如果实心黏土砖产量继续增长,不仅增加墙体材料的生产能耗,而且导致新建建筑的采暖和空调能耗大幅度增加,将严重加剧能源供需矛盾。推进墙体材料革新和推广节能建筑是保护耕地和节约能源的迫切需要,能提高资源利用效率和保护环境。采用优质新型墙体材料建造房屋,建筑功能将得到有效改善,舒适度显著上升,可以提高建筑的质量和改善居住条件,满足经济社会发展和人民生活水平提高的需要。

另一方面,我国每年产生各类工业固体废物 1 亿多吨,累计堆存量已达几十亿吨,占用了大量土地,其中所含的有害物质严重污染了周围的土壤、水体和大气环境。

请思考如何加快新型墙体材料的发展,特别是如何利用固体废物制造有利于建筑节能的新型墙体材料。

课后思考题

一、填空题

1. 目前所用的墙体材料有_____、_____和_____三大类。

2. 烧结砖按其孔洞率、孔的尺寸大小和数量分为_____、_____、_____。

3. 烧结普通砖的外形为直角六面体,其标准尺寸为_____。

4. 砌块按其主规格的尺寸,可分为_____、_____和_____。

5. 烧结多孔砖和多孔砌块的孔洞率分别为不小于_____、_____。

二、单项选择题

1. 与烧结普通砖相比较,免烧砖具有(　　)的特点。

A. 强度明显较低　　　B. 尺寸小　　　　　C. 质量轻　　　　　D. 耐久性差

2. 与烧结普通砖相比较,砌块具有(　　)的特点。

A. 强度高　　　　　　B. 尺寸大　　　　　C. 原材料种类少　　D. 施工效率低

3. 与混凝土砌块相比较,加气混凝土砌块具有(　　)的特点。

A. 强度高　　　　　　B. 质量大　　　　　C. 尺寸大　　　　　D. 保温性好

4. 现代建筑中,用于墙体的材料,主要有(　　)三类。

A. 钢材、水泥、木材　　　　　　　　　　B. 砖、石材、木材

C. 砖、石材、水泥　　　　　　　　　　　D. 砖、砌块、板材

5. 砌墙砖按生产工艺可分为(　　)。

A. 红砖、青砖　　　　　　　　　　　　　B. 普通砖、砌块

C. 烧结砖、免烧砖　　　　　　　　　　　D. 实心砖、空心砖

6. 烧结普通砖的标准尺寸是(　　)。

A. 240 mm×115 mm×53 mm　　　　　　B. 250 mm×125 mm×55 mm

C. 240 mm×120 mm×55 mm　　　　　　D. 240 mm×120 mm×50 mm

7. 理论上,每立方米砖砌体大约需要砖(　　)块。

A. 520　　　　　　B. 512　　　　　　C. 496　　　　　　D. 478

8. 烧结普通砖的强度等级是根据(　　)来划分的。

A. 3块样砖的平均抗压强度　　　　　　　B. 5块样砖的平均抗压强度

C. 8块样砖的平均抗压强度　　　　　　　D. 10块样砖的平均抗压强度

9. 烧结空心砖和空心砌块的孔洞率不应小于(　　)%。

A. 15　　　　　　　B. 25　　　　　　　C. 30　　　　　　　D. 40

10. 与多孔砖相比较,空心砖的孔洞(　　)。

A. 数量多、尺寸大　　　　　　　　　　　B. 数量多、尺寸小

C. 数量少、尺寸大　　　　　　　　　　　D. 数量少、尺寸小

11. 砖内过量的可溶性盐受潮吸水而溶解,随水分蒸发迁移至砖表面,在过饱和状态下析出晶体,形成白色粉状附着物。这种现象称为(　　)。

A. 石灰爆裂　　　　B. 偏析　　　　　　C. 盐析　　　　　　D. 泛霜

12. 砖在长期受风雨、冻融等作用下,抵抗破坏的能力称为(　　)。

A. 抗风化性能　　　B. 抗冻性　　　　　C. 耐水性　　　　　D. 坚固性

三、简述题

1. 烧结砖主要有哪些种类?它们有何区别?

2. 烧结普通砖的技术要求有哪几项?如何评价烧结普通砖的质量等级?

3. 如何判定烧结普通砖的强度等级?

4. 烧结多孔、烧结空心砖与烧结普通砖相比,在使用上有何技术经济意义?

5. 简述常用砌块的特性及应用。

6. 简述墙用板材在使用中的优点和缺点。

7. 天然大理石、花岗石板材有何特点? 为什么大理石只能用于室内,而不能用于室外?

四、计算题

有烧结普通砖一批,经抽样 10 块做抗压强度试验(每块砖的受压面积以 120 mm × 115 mm 计),结果如下表所示。试确定该砖的强度等级。

砖编号	1	2	3	4	5	6	7	8	9	10
破坏荷载(kN)	235	226	216	220	257	256	181	282	268	252
抗压强度(MPa)										

9 建筑防水材料

学习指导

本章共 2 节。本章的学习目标是：

（1）了解石油沥青的化学组分与结构、改性沥青的种类与特点。

（2）熟悉防水卷材、防水涂料和密封材料的常用品种、特性及其应用。

（3）掌握石油沥青的主要性质、分类标准及其选用。

本章的难点是怎样区分改性沥青，以及各种防水卷材的运用。我们需要通过了解其组成来区分各种改性沥青，这样通过理解性的记忆区分起来更快。

建筑工程的渗漏现象严重影响着建筑物的使用功能和寿命，防水工程的质量问题涉及材料、设计、施工与管理等诸多方面，历来为人们所关注。根据建筑物的特点和防水要求，合理选择与正确使用防水材料，是确保防水成功的关键环节，是提高建筑防水工程质量的重要物质基础。

近年来，传统的沥青基防水材料已逐渐向新型的高聚物改性沥青防水材料和合成高分子防水材料方向发展，防水材料已初步形成一个品种齐全、规格档次配套的工业生产体系，扩大了防水工程材料的选择范围，极大地促进了建筑防水新技术的开发与应用。

9.1 沥青

沥青是多种碳氢化合物与非金属（氧、硫等）衍生物组成的极其复杂的混合物。在常温下呈黑色或黑褐色的固体、半固体或黏性液体状态。沥青是一种有机胶凝材料，具有黏性、塑性、耐腐蚀及憎水性等，因此在建筑工程中主要用作防潮、防水、防腐材料，常用于屋面、地下等防水工程、防腐工程及道路工程。

沥青材料有天然沥青、石油沥青、煤沥青等品种。天然沥青是由沥青湖或含有沥青的砂岩等提炼而得；石油沥青是由石油原油蒸馏后的残留物经加工而得；煤沥青是由煤焦油分馏后的残留物经加工制得的产品。目前工程中常用的主要有石油沥青和少量的煤沥青。

9.1.1 石油沥青

1）石油沥青的组分与结构

石油沥青的化学组成复杂，对其组成进行分析很困难，且其化学组成也不能反映出沥青性质的差异,所以一般不对沥青进行化学分析。通常从使用角度出发,将沥青中化学性质和物理力学性质相近的成分划分为若干个组,这些组就称为"组分"。石油沥青的主要组分有油分、树脂和地沥青质,它们的特性见表 9-1。

表 9-1 石油沥青各组分的特性

组分名称	颜色	状态	密度(g/cm³)	含量(%)	特 点	作 用
油分	无色至淡黄色	黏性液体	0.7~1.0	40~60	可溶于苯等大部分有机溶剂,不溶于酒精	赋予沥青以流动性。油分多,流动性大,而黏滞性小,温度敏感性大
树脂	黄色至黑褐色	黏稠半固体	1.0~1.1	15~30	溶于汽油等有机溶剂,难溶于酒精和丙酮	赋予沥青以塑性和黏性。树脂含量增多,沥青塑性增大,温度敏感性增大
地沥青质	深褐色至黑色	硬脆固体	1.1~1.5	10~30	溶于三氯甲烷、二硫化碳,不溶于酒精	赋予沥青稳定性和黏性。含量高,沥青黏性、耐热性提高,温度敏感性小,但塑性降低,脆性增加

石油沥青中还含有蜡,它会降低石油沥青的黏性和塑性,同时对温度特别敏感(即温度稳定性差)。所以蜡是石油沥青的有害成分。

沥青中的油分和树脂能浸润地沥青质。沥青的结构是以地沥青质为核心,周围吸附部分树脂和油分,构成胶团,无数胶团分散在油分中形成胶体结构。

根据沥青中各组分含量的不同,沥青可以有三种胶体状态:溶胶型结构(地沥青质含量较少)、凝胶型结构(地沥青质含量较多)和溶-凝胶型结构(地沥青质、油分、树脂含量介于前两种之间)。溶胶型结构的沥青具有较好的自愈性和低温变形能力,但是高温稳定性差;凝胶型结构的沥青常温下具有较好的温度稳定性,但低温变形能力较差;溶-凝胶型结构的性质介于上述两种之间,大多数优质石油沥青属于这种结构状态。

2)石油沥青的主要技术性质

(1)黏滞性

石油沥青的黏滞性(又称黏性)是反映材料内部阻碍其相对流动的一种特性,表示沥青软硬、稀稠的程度,是划分沥青牌号的主要性能指标。固体或半固体沥青的黏滞性用"针入度"表示,液体石油沥青的黏滞性用"黏滞度"表示。

针入度是在温度为 25℃ 时,以质量 100 g 的标准针经 5 s 沉入沥青试样的深度,以 1/10 mm 为 1 度。针入度的数值越小,表明黏度越大。

黏滞度是在一定温度(25℃或60℃)条件下,经规定直径(3.5 mm 或 10 mm)的孔,漏下 50 mL沥青所需的秒数。黏滞度越大,表示沥青的稠度越大。

地沥青质含量高,有适量的树脂和较少的油分时,石油沥青黏滞性大。在一定的温度范围内,温度升高时黏滞性降低,反之增大。

(2)塑性

塑性指石油沥青在外力作用下产生变形而不破坏,除去外力后仍保持变形后的形状不变,而且不发生破坏的性质。沥青的塑性反映了沥青开裂后的自愈能力及受机械应力作用后变形而不破坏的能力,是石油沥青的主要性能之一。

石油沥青的塑性用延度表示。延度是将沥青制成"8"字形标准试件,在25℃水中以每分钟5 cm的速度拉伸至试件断裂时的伸长值,以"cm"为单位。延度愈大,塑性愈好,柔性和抗断裂性越好。

塑性与组分、温度及膜层厚度有关。当树脂含量较高且其组分又适当时,则塑性较好;温度高则塑性增大;膜层增厚,塑性也增大,反之则塑性越差。

（3）温度敏感性

温度敏感性是指石油沥青的黏滞性和塑性随温度升降而变化的性能。由于沥青是一种高分子非晶态热塑性物质,故没有一定的熔点。

建筑工程要求沥青的黏性及塑性,当温度变化时,其变化幅度较小,即温度敏感性小。工程中常通过加入滑石粉、石灰石粉等矿物掺料来减小其温度敏感性。

温度敏感性用软化点来表示,软化点通过"环球法"试验测定。将沥青试样装入规定尺寸的铜环中,上置规定尺寸和质量的钢球,再将置球的铜环放在有水或甘油的烧杯中,以5℃/min的速度加热至沥青软化下垂达25 mm时的温度,即为沥青的软化点。

软化点越高,沥青的耐热性越好,即温度敏感性越小,温度稳定性越好。

（4）大气稳定性

石油沥青在热、阳光、氧气和潮湿等大气因素的长期综合作用下抵抗老化的性能,称为大气稳定性,也是沥青材料的耐久性。在大气因素的综合作用下,沥青中各组分会发生不断递变,低分子化合物将逐步转变成高分子物质,即油分和树脂逐渐减少,而地沥青质逐渐增多。石油沥青随着时间的进展,流动性和塑性将逐渐减小,硬脆性逐渐增大,直至脆裂,这个过程称为石油沥青的"老化"。所以大气稳定性即为沥青抵抗老化的性能。

大气稳定性可以用沥青试样在加热蒸发前后的"蒸发损失百分率"和"蒸发后针入度比"来表示。蒸发损失百分率越小,蒸发后针入度比越大,则表示沥青的大气稳定性越好。

以上四种性质是石油沥青材料的主要性质,此外,为评定沥青的品质和保证施工安全,还应了解石油沥青的溶解度、闪点和燃点等性质。

溶解度是指沥青在溶液(苯或二硫化碳)中可溶部分质量占全部质量的百分率。沥青的溶解度可用来确定沥青中有害杂质含量。一般石油沥青溶解度高达98%以上,而天然沥青因含不溶性矿物质,溶解度低。

闪点是指沥青达到软化点后再继续加热,则会发生热分解而产生挥发性的气体,当与空气混合,在一定条件下与火焰接触,初次产生蓝色闪光时的沥青温度。燃点是指沥青温度达到闪点,温度如果再上升,与火接触而产生的火焰能持续燃烧5 s以上时,这个开始燃烧时的温度即为燃点。闪点和燃点的高低,表明沥青引起火灾或爆炸的可能性大小,它关系到运输、储存和加热使用等方面的安全。在熬制沥青时加热温度必须低于闪点和燃点,如规范规定建筑石油沥青的闪点不低于260℃,但石油沥青加热温度不允许超过其预计软化点90℃。为安全起见,沥青加热还应与火焰隔离。

3）石油沥青的分类及选用标准

根据我国现行石油沥青标准,在工程建设中常用的石油沥青分为道路石油沥青、建筑石油沥青和普通石油沥青等,各品种按技术性质划分为不同的牌号。道路石油沥青与建筑石油沥青的技术要求分别见表9-2、表9-3。

表 9-2　道路石油沥青

项　目	质量指标				
	200	180	140	100	60
针入度(25℃,100 g,5 s)(1/10 mm)	200～300	150～200	110～150	80～110	50～80
延度(25℃)(cm),≥	20	100	100	90	70
软化点(℃)	30～48	35～48	38～51	42～55	45～58
溶解度(%),≥	99.0				
闪点(开口)(℃),≥	180	200	230		
密度(25℃)(g/m³)	报告				
蜡含量(%),≤	4.5				
薄膜烘箱试验(163℃,5 h) 质量变化(%),≤	1.3	1.3	1.3	1.2	1.0
针入度比(%)	报告				
延度(25℃)(cm)	报告				

注:如 25℃延度达不到,15℃延度达到时,也认为是合格的,指标要求与 25℃延度一致。

表 9-3　建筑石油沥青

项　目	质量指标		
	10	30	40
针入度(25℃,100 g,5 s)(1/10 mm)	10～25	26～35	36～50
针入度(46℃,100 g,5 s)(1/10 mm)	报告		
针入度(0℃,200 g,5 s)(1/10 mm),≥	3	6	6
延度(25℃,5 cm/min)(cm),≥	1.5	2.5	3.5
软化点(℃),≥	95	75	60
溶解度(%),≥	99.0		
蒸发后质量变化(163℃,5 h)(%),≤	1		
蒸发后 25℃针入度比(%),≥	65		
闪点(开口)(℃),≥	260		

从表 9-2、表 9-3 可以看出,对同一品种石油沥青,牌号愈小,沥青愈硬;牌号愈大,沥青愈软。同时,随着牌号增加,沥青的黏性减小(针入度增加),塑性增加(延度增大),而温度敏感性增大(软化点降低)。

在选用沥青材料时,应根据工程性质(房屋、道路、防腐)及当地气候条件、所处工程部位(屋面、地下)来选用不同品种和牌号的沥青。

道路石油沥青牌号较多,主要用于道路路面或车间地面等工程,一般拌制成沥青混凝土、沥青砂浆等使用。

建筑石油沥青黏性较大,耐热性较好,但塑性较小,主要用于制作油毡、油纸、防水涂料和沥青胶。它们绝大部分用于屋面及地下防水沟槽防水、防腐蚀及管道防腐等工程。对于屋面防水工程,应注意防止过分软化。

为避免夏季流淌,屋面用沥青材料的软化点还应比当地气温下屋面可能达到的最高温度高 20℃以上。但软化点也不宜选择过高,否则冬季低温易发生硬脆甚至开裂。对一些不易受温度影响的部位,可选用牌号较大的沥青。

4) 石油沥青的掺配

施工中,若采用一种沥青不能满足所要求的软化点时,可采用两种或两种以上的沥青进行掺配使用。掺配时要注意遵循石油沥青只与石油沥青掺配、煤沥青只与煤沥青掺配的原则。

两种沥青的掺配比例可用下式计算。

$$Q_1 = \frac{T_2 - T}{T_2 - T_1} \times 100\% \tag{9-1}$$

$$Q_2 = 1 - Q_1 \tag{9-2}$$

式中:Q_1——低软化点石油沥青用量(%);

Q_2——高软化点石油沥青用量(%);

T——要求配制的石油沥青软化点(℃);

T_1——低软化点石油沥青软化点(℃);

T_2——高软化点石油沥青软化点(℃)。

当三种及其以上沥青进行掺配时,仍然按此式用两两相配的原则计算。以计算的掺配比例和其邻近的比例(5%~10%)进行试配(混合熬制均匀),测定掺配后沥青的软化点,然后绘制"掺配比-软化点"关系曲线,即可从曲线上确定出所要求的掺配比例。

9.1.2 改性沥青

建筑上使用的沥青应具备较好的综合性能,如在高温下要有足够的强度和热稳定性、在低温下要有良好的柔韧性、在加工和使用条件下具有抗"老化"能力、与各种矿物材料具有良好的黏结性等。通常沥青材料不能满足这些要求,并且沥青材料本身存在一些固有的缺陷,如冷脆、热淌、易老化、开裂等。为此,常用下述方法对沥青进行改性,以满足使用要求。

1) 矿物填料改性沥青

在沥青中加入一定数量的矿物填充料,可以提高沥青的黏性和耐热性,减小沥青的温度敏感性,同时也减少了沥青的耗用量,主要适用于生产沥青胶。常用矿物填料有粉状和纤维状两种。常用的有滑石粉、石灰石粉、硅藻土、石棉绒和云母粉等。

矿物填充料改性机理:由于沥青对矿物填充料的润湿和吸附作用,沥青可以单分子状态排列在矿物颗粒(或纤维)表面,形成结合力牢固的沥青薄膜,称之为"结构沥青"。结构沥青具有较高的黏性和耐热性等。但是矿物填充料的掺入量要适当,一般掺量为 20%~40%时,可以形成恰当的结构沥青膜层。

2) 树脂改性沥青

用树脂改性石油沥青,可以改善沥青的耐寒性、耐热性、黏结性和不透气性。在生产卷材、密封材料和防水涂料等产品时均需应用。常用的树脂有：聚氯乙烯（PVC）、聚丙烯（PP）、无规聚丙烯（APP）等。

3）橡胶改性沥青

（1）氯丁橡胶改性沥青。石油沥青中掺入氯丁橡胶后，可使其气密性、低温柔性、耐化学腐蚀性、耐光、耐臭氧性、耐燃性等得到大大改善。氯丁橡胶掺入的方法有溶剂法和水乳法。溶剂法是先将氯丁橡胶溶于一定的溶剂（如甲苯）中形成溶液，然后掺入液态沥青中并混合均匀即可。水乳法是将橡胶和石油沥青分别制成乳液，然后混合均匀即可使用。

（2）丁基橡胶改性沥青。配制方法与氯丁橡胶沥青类似。

（3）热塑性丁苯橡胶（SBS）改性沥青。SBS 热塑性橡胶兼有橡胶和塑料的特性，常温下具有橡胶的弹性，在高温下又能像塑料那样熔融流动，成为可塑的材料。所以采用 SBS 橡胶改性沥青，其耐高温、低温性能均有较明显提高。

（4）再生橡胶改性沥青。再生橡胶掺入石油沥青中，同样可大大提高石油沥青的气密性，低温柔性，耐光、热和臭氧性，以及耐候性，且价格低廉。

4）橡胶和树脂共混改性沥青

同时用橡胶和树脂来改性石油沥青，可使石油沥青兼具橡胶和树脂的特性，且树脂比橡胶便宜，两者又有较好的混溶性，因此可获得较好的技术经济效果。

【工程案例分析 9-1】

沥青的使用

早在公元前 3800—公元前 2500 年，人类就已开始使用沥青。大约在公元前 1600 年，古人在约旦河流域的上游开采沥青矿并一直延续至今。我国也是最早发现合理利用石油的国家之一。早在西周（公元前 11 世纪至公元前 8 世纪）初期，在《易经》中就有"泽中有火"的记载。大约在公元前 50 年，人们将沥青溶解于橄榄油中，制造沥青油漆涂料。公元 200～300 年，沥青被用于农业，用沥青和油的混合物涂于树木受伤的地方，促进组织愈合，也有人在树干上涂刷沥青防治病害虫。古代埃及把沥青用作防腐剂，考古发现从古埃及帝王坟墓中挖掘出来的木乃伊，就采用了沥青作为防腐材料。

众所周知，沥青是高等级公路中最常用的材料之一。公元前 600 年，巴比伦出现了第一条沥青路，但这种技术不久便失传了。直至 19 世纪，人们才采用沥青铺路。目前道路沥青已占沥青总消耗量的 80％以上。

9.2 防水材料

9.2.1 防水卷材

防水卷材是一种具有一定宽度和厚度并可卷曲的片状防水材料，是建筑防水材料的重要品种之一，它占整个建筑防水材料的 80％左右。目前主要包括传统的沥青防水卷材、高聚物改性沥青防水卷材和合成高分子防水卷材三大类,后两类卷材的综合性能优越,是目前国内大力推广使用的新型防水卷材。

1) 防水卷材的一般性能

(1) 不透水性。是指防水卷材在一定压力水作用下,持续一段时间,卷材不透水的性能。一般水压力为 0.2~0.3 MPa,持续时间 30 min。防水卷材厚度愈大,防水成分沥青、树脂含量愈高,防水卷材不透水性愈好。

(2) 拉力。拉力是指防水卷材拉伸时所能承受的最大拉力。卷材能承受的拉力与卷材胎芯、防水成分有关,胎芯抗拉强度愈高,其所能承受的拉力愈大。防水卷材在实际使用中经常会承受拉力,一种原因是基层与防水材料热膨胀系数不一致,环境温度发生变化时,两者变形不一致,从而使卷材产生拉力。另一种原因是基层潮湿,基层温度升高向外排湿时,卷材起鼓,导致卷材受拉。因此,对防水卷材有拉力要求。

(3) 延伸率。防水卷材最大拉力时的伸长率称为延伸率。延伸率愈大,防水卷材塑性愈好,使用中能缓解卷材承受的拉应力,使卷材不易开裂。

(4) 耐热度。防水卷材防水成分一般是有机物,当其受高温作用时,内部往往会蓄积大量热量,使卷材温度迅速上升,并且卷材防水部分的有机物软化温度较低,在高温作用下卷材易发生滑动,影响防水效果。因而,常常要求防水卷材应有一定的耐热度。

(5) 低温柔性。低温柔性是防水卷材在低温时的塑性变形能力。防水卷材中的有机物在温度发生变化时其状态也会发生变化,通常是温度愈低其愈硬且愈易开裂。因此,要求防水卷材应有一定的低温柔性。

(6) 耐久性。防水卷材抵抗自然物理化学作用的能力称为耐久性。有机物在受到阳光、高温、空气等作用,一种结果是有机分子降解粉化,另一种结果是有机分子聚合成更大的分子,使有机物变硬脆裂。因此,要求防水卷材应具有足够的耐久性。防水卷材的耐久性一般用人工加速其老化的方法来评定。

(7) 撕裂强度。撕裂强度反映防水卷材与基层之间、卷材与卷材之间的黏结能力。撕裂强度高,卷材与基层之间、卷材与卷材之间黏结牢固,不易松动,易保证防水质量。

2) 常用防水卷材

(1) 沥青基防水卷材

沥青基防水卷材是指以各种石油沥青或煤焦油、煤沥青为防水基材,以原纸、织物、毡等为胎基,用不同矿物粉料、粒料或合成高分子薄膜、金属膜作为隔离材料所制成的可卷曲片状防水材料。

① 石油沥青纸胎油毡。沥青防水卷材中最具代表性的是石油沥青纸胎油毡,亦是防水卷材中历史最早的品种。是采用低软化点的石油沥青浸渍原纸,用高软化点沥青涂盖油纸的两面,再撒以隔离材料而制成的一种纸胎油毡。

《石油沥青纸胎油毡》(GB 326—2007)规定:油毡幅宽为 1 000 mm,其他规格可由供需双方商定;按卷重和物理性能分为Ⅰ型、Ⅱ型、Ⅲ型;每卷油毡的总面积为 20 m² ± 0.3 m²。

石油沥青纸胎油毡的防水年限较低,其中Ⅰ型、Ⅱ型油毡适用于辅助防水、保护隔离层、临时性建筑防水、防潮及包装等;Ⅲ型油毡适用于屋面工程的多层防水。

② 石油沥青玻璃纤维胎防水卷材。采用玻纤毡为胎基,浸涂石油沥青,表面撒以矿物粉料或覆盖以聚乙烯薄膜等隔离材料,制成的一种防水卷材。按上表面材料分为 PE 膜、粉面,也可按生产厂要求采用其他类型的上表面材料;按单位面积质量分为 15 号、25 号;按力学性能分为Ⅰ、Ⅱ型。卷材的公称宽度为 1 m,公称面积为 10 m²、20 m²。其性能指标应符合《石油沥青玻璃纤维胎防水卷材》(GB/T 14686—2008)的规定。这种油毡柔性好,耐化学微生物腐蚀,寿命长,主要适用于屋面、地下、水利等工程的多层防水。

根据国标《屋面工程质量验收规范》(GB 50207—2012)的规定,沥青防水卷材仅适用于屋面防水等级为Ⅲ级(应选用三毡四油防水做法)和Ⅳ级的防水工程(应选用二毡三油防水做法)。

③ 石油沥青麻布油毡。石油沥青麻布油毡采用麻织品为底胎,先浸渍低软化点石油沥青,然后涂以含有矿物质填充料的高软化点石油沥青,再撒上一层矿物材料而制成。

石油沥青麻布油毡抗拉强度高,抗酸碱性强,柔韧性好,但耐热度较低。适用于要求比较严格的防水层及地下防水工程,尤其适用于要求具有高强度的多层防水层、基层结构有变形和结构复杂的防水工程及工业管道的包扎等。

④ 铝箔面油毡。铝箔面油毡采用玻纤毡为胎基,浸涂氧化沥青,在其表面用压纹铝箔贴面,底面撒以细颗粒矿物料或覆盖聚乙烯膜所制成的一种具有热反射和装饰功能的防水卷材。铝箔面油毡用于单层或多层防水工程的面层。

⑤ 带孔油毡。带孔油毡是采用按照规定的孔径和孔距打了孔的胎基制成的一种特殊用途的防水卷材或直接在油毡上按照规定的孔径和孔距打上孔的沥青防水卷材。

带孔油毡适用于屋面叠层防水工程的底层,在防水层屋面基层之间形成点黏结状态,使潮湿基材中的水分在变成水蒸气时通过屋面预留的排气通道逸出,避免了防水层的起鼓和开裂。

(2) 高聚物改性沥青防水卷材

高聚物改性沥青防水卷材是以合成高分子聚合物改性沥青为涂盖层,纤维织物或纤维毡为胎体,粉状、粒状、片状或薄膜材料为覆面材料制成可卷曲的片状材料。厚度一般为 3 mm、4 mm、5 mm,以沥青基为主体。它克服了传统沥青卷材温度稳定性差、延伸率低的不足,具有高温下不流淌、低温不脆裂、拉伸强度较高、延伸率较大等优异性能。

按对沥青改性用的聚合物不同,高聚物改性沥青防水卷材可分为橡胶型、塑料型和橡塑混合型三类。下面是几种较为常用的高聚物改性沥青防水卷材。

① 弹性体改性沥青防水卷材(SBS 卷材)。弹性体改性沥青防水卷材是指以聚酯毡、玻纤毡、玻纤增强聚酯毡为胎基,以苯乙烯-丁二烯-苯乙烯(SBS)热塑性弹性体作石油沥青改性剂,两面覆以隔离材料所制成的防水卷材,通常称为 SBS 改性沥青防水卷材。

弹性体改性沥青防水卷材按胎基分为聚酯毡(PY)、玻纤毡(G)、玻纤增强聚酯毡(PYG);按上表面隔离材料分为聚乙烯膜(PE)、细砂(S)、矿物粒料(M);按下表面隔离材料分为细砂(S)、聚乙烯膜(PE);按材料的性能分为Ⅰ型和Ⅱ型。

卷材公称宽度为 1 000 mm。聚酯毡卷材公称厚度为 3 mm、4 mm、5 mm;玻纤毡卷材公称厚度为 3 mm、4 mm;玻纤增强聚酯毡卷材公称厚度为 5 mm。每卷卷材公称面积为 7.5 m²、10 m²、15 m²。其技术性能见表 9-4。

表 9-4　SBS 改性沥青防水卷材的主要技术性能

序号	胎基		PY		G		PYG
	型　号		Ⅰ型	Ⅱ型	Ⅰ型	Ⅱ型	Ⅱ型
1	可溶物含量（g/m²），≥	3 mm		2 100			—
		4 mm		2 900			
		5 mm			3 500		
		试验现象	—	—	胎基不燃		—
2	耐热性	℃	90	105	90	105	105
		mm，≤			2		
		试验现象			无流淌、滴落		
3	低温柔性（℃）		−20	−25	−20	−25	−25
					无裂缝		
4	不透水性 30 min，≥		0.3 MPa	0.3 MPa	0.2 MPa	0.3 MPa	0.3 MPa
5	拉力	最大峰拉力（N/50 mm），≥	500	800	350	500	900
		次高峰拉力（N/50 mm），≥					800
		试验现象		拉伸过程中，试件中部无沥青涂盖层开裂或与胎基分离现象			
6	延伸率	最大峰时延伸率（%），≥	30	40	—	—	
		第二峰时延伸率（%），≥					15
7	人工气候加速老化	外观			无滑动、流淌、滴落		
		拉力保持率（%），≥			80		
		低温柔性（℃）	−15	−20	−15	−20	−20
					无裂缝		

　　SBS 改性沥青防水卷材主要适用于工业与民用建筑的屋面和地下防水工程，但由于表面隔离材料不同，适用条件也不同。玻纤增强聚酯毡卷材可用于机械固定单层防水，但需通过抗风荷载试验。玻纤毡卷材适用于多层防水中的底层防水。外露使用应采用上表面隔离材料为不透明的矿物粒料的防水卷材。地下工程防水采用表面隔离材料为细砂的防水卷材。

　　SBS 改性沥青防水卷材最大的特点是低温柔韧性能好，同时也具有较好的耐高温性、较高的弹性及延伸率，具有较理想的耐疲劳性，除适用于一般工业与民用建筑防水外，还广泛用于高级、高层建筑物的屋面、地下室、卫生间等的防水防潮，以及桥梁、停车场、屋顶花园、游泳池、蓄水池、隧道等建筑的防水，尤其适用于寒冷地区和结构变形频繁的建筑物防水。可采用热熔法、自粘法施工，也可用胶粘剂进行冷粘法施工。

　　② 塑性体改性沥青防水卷材（APP 卷材）。塑性体改性沥青防水卷材是指以聚酯毡、玻纤毡、玻纤增强聚酯毡为胎基，以无规聚丙烯（APP）或聚烯烃类聚合物（APAO、APO 等）作石油沥青改性剂，两面覆以隔离材料所制成的防水卷材，通常称为 APP 改性沥青防水卷材。

塑性体改性沥青防水卷材按胎基分为聚酯毡(PY)、玻纤毡(G)、玻纤增强聚酯毡(PYG)；按上表面隔离材料分为聚乙烯膜(PE)、细砂(S)、矿物粒料(M)；按下表面隔离材料分为细砂(S)、聚乙烯膜(PE)；按材料的性能分为Ⅰ型和Ⅱ型。

卷材公称宽度为 1 000 mm。聚酯毡卷材公称厚度为 3 mm、4 mm、5 mm；玻纤毡卷材公称厚度为 3 mm、4 mm；玻纤增强聚酯毡卷材公称厚度为 5 mm。每卷卷材公称面积为7.5 m^2、10 m^2、15 m^2。

塑性体沥青防水卷材的技术性质与弹性体沥青防水卷材基本相同，而塑性体沥青防水卷材具有耐热性更好的优点，但低温柔性较差。塑性体沥青防水卷材的适用范围与弹性体沥青防水卷材基本相同，尤其适用于高温或有强烈太阳辐射地区的建筑物防水。塑性体沥青防水卷材可用热熔法、自粘法施工，也可用胶粘剂进行冷粘法施工。

《屋面工程质量验收规范》(GB 50207—2012)规定，高聚物改性沥青防水卷材适用于防水等级为Ⅰ级(特别重要的民用建筑和对防水有特殊要求的工业建筑，防水耐用年限为 25 年)、Ⅱ级(重要的工业与民用建筑、高层建筑，防水耐用年限为 15 年)和Ⅲ级的屋面防水工程。

对于Ⅰ级屋面防水工程，除规定应有一道合成高分子防水卷材外，高聚物改性沥青防水卷材可用于应有的三道或三道以上防水设防的各层，且厚度不宜小于 3 mm。对于Ⅱ级屋面防水工程，在应有的二道防水设防中，应优先采用高聚物改性沥青防水卷材，且所用卷材厚度不宜小于 3 mm。对于Ⅲ级屋面防水工程，应有一道防水设防，或两种防水材料复合使用；如单独使用，高聚物改性沥青防水卷材厚度不宜小于 4 m；如复合使用，高聚物改性沥青防水卷材的厚度不应小于 2 mm。

（3）合成高分子防水卷材

合成高分子防水卷材是以合成橡胶、合成树脂或两者的共混体为基料，加入适量的化学助剂和填料，经混炼、压延或挤出等工序加工而成的可卷曲的片状防水材料。其抗拉强度、延伸性、耐高低温性、耐腐蚀、耐老化及防水性都很优良，是值得推广的高档防水卷材。多用于要求有良好防水性能的屋面、地下防水工程。

合成高分子防水卷材种类很多，最具代表性的有以下几种：

① 三元乙丙(EPDM)橡胶防水卷材。三元乙丙橡胶防水卷材是以三元乙丙橡胶为主要原料，掺入适量的丁基橡胶、硫化剂、软化剂、填充剂等，经混炼、压延或挤出成型、硫化和分卷包装等工序而制成的高弹性防水卷材。

三元乙丙橡胶防水卷材具有优良的耐高低温性、耐臭氧性，同时还具有抗老化性能好、质量轻、抗拉强度高、断裂伸长率大、低温柔韧性好以及耐酸碱腐蚀的优点，属于高档防水材料，其技术性质应符合规范《高分子防水卷材 第一部分：片材》(GB 18173.1—2006)的规定。

三元乙丙橡胶防水卷材适用范围广，可用于防水要求高、耐用年限长的屋面、地下室、隧道、水渠等土木工程的防水。特别适用于建筑工程的外露屋面防水和大跨度、受振动建筑工程的防水。

② 聚氯乙烯(PVC)防水卷材。聚氯乙烯防水卷材是以聚氯乙烯树脂为主要原料，并加入一定量的助剂和填充材料，经混炼、压延或挤出成型、分卷包装等工序而制成的柔性防水卷材。

PVC 防水卷材按产品的组成分为均质卷材(代号 H)、带纤维背衬卷材(代号 L)、织物内增强卷材(代号 P)、玻璃纤维内增强卷材(代号 G)、玻璃纤维内增强带纤维背衬卷材(代号 GL)。PVC 防水卷材的技术性质应符合《聚氯乙烯防水卷材》(GB 12952—2011)的规定。

PVC 防水卷材抗拉强度高，断裂伸长率大，低温柔韧性好，使用寿命长，同时还具有尺寸稳定、耐热性、耐腐蚀性和耐细菌性等均较好的特性。

PVC 防水卷材主要用于建筑工程的屋面防水,也可用于水池、地下室、堤坝、水渠等防水抗渗工程。施工方法有黏结法、空铺法和机械固定法三种。

③ 氯化聚乙烯-橡胶共混防水卷材。氯化聚乙烯-橡胶共混防水卷材是用高分子材料氯化聚乙烯与合成橡胶共混物为主体,加入适量的硫化剂、稳定剂、软化剂、填充剂等,经混炼、过滤、压延或挤出成型、硫化等工序制成的高弹性防水卷材。此类防水卷材兼有塑料和橡胶的特点,具有强度高、耐臭氧性能、耐水性、耐腐蚀性、抗老化性能好、断裂伸长率高以及低温柔韧性好等特性,因此特别适用于寒冷地区或变形较大的建筑防水工程,也可用于有保护层的屋面、地下室、贮水池等防水工程。这种卷材采用黏结剂冷粘施工。

应强调指出,对于卷材防水工程,在优选各种防水卷材并严格控制质量的同时,还应注意正确选择各种卷材的施工配套材料(如卷材胶粘剂、基层处理剂、卷材接缝密封剂等)。如必须选用各种与卷材相配套的卷材胶粘剂,其材质一般与卷材相近,而不能随意选用,否则会引起卷材脱粘、起泡而渗漏,严重影响防水质量。卷材胶粘剂一般应由卷材生产厂家配套生产。

9.2.2 防水涂料

防水涂料是以沥青、高分子合成材料等为主体,在常温下呈无定型流态或半流态,经涂布能在结构物表面结成坚韧防水膜的物料的总称。而且,涂布的防水涂料同时起黏结剂作用。

防水材料按液态类型可分为溶剂型、水乳型和反应型三种;按成膜物质的主要成分分为沥青基、高聚物改性沥青基和合成高分子三种;按涂料施工厚度分为薄质和厚质两类。

1) 防水涂料的特性及基本要求

防水涂料必须具备以下性能:

(1) 固体含量。系指涂料中所含固体比例。涂料涂刷后,固体成分将形成涂膜。

(2) 耐热性。系指成膜后的防水涂料薄膜在高温下不发生软化变形、流淌的性能。

(3) 柔性(也称低温柔性)。系指成膜后的防水涂料薄膜在低温下保持柔韧的性能。

(4) 不透水性。系指防水涂膜在一定水压和一定时间内不出现渗漏的性能。

(5) 延伸性。系指防水涂膜适应基层变形的能力。

2) 常用防水涂料

(1) 沥青基防水涂料

沥青基防水涂料有溶剂型和水乳型两类,主要适用于Ⅲ、Ⅳ级防水等级的屋面防水工程以及道路、水利等工程的辅助性防水。

① 冷底子油。冷底子油是用汽油、煤油、柴油、工业苯等有机溶剂与沥青材料溶合制得的沥青溶液。其黏度小,具有良好的流动性,涂刷在混凝土、砂浆或木材等基面上,能很快渗入基层孔隙中,待溶剂挥发后便与基面牢固结合,使基面具有一定的憎水性,为黏结同类材料创造了条件。因其多在常温下用作防水工程的底层,故称冷底子油。

冷底子油形成的薄膜较薄,一般不单独做防水材料使用,只作为某些防水材料的配套材料。施工时在基层上先涂刷一道冷底子油,再刷沥青防水涂料或铺防水卷材。

冷底子油随配随用,配制时应采用与沥青相同产源的溶剂。通常采用 30%～40% 的 30

号或 10 号石油沥青,与 $60\%\sim70\%$ 的有机溶剂(多用汽油)配制而成。

② 沥青玛𧑤脂(沥青胶)。沥青玛𧑤脂是用沥青材料加入粉状或纤维状的填充料均匀混合而成。按溶剂及胶粘工艺不同分为热熔沥青玛𧑤脂和冷玛𧑤脂。

热熔沥青玛𧑤脂(热用沥青胶)的配制通常是将沥青加热至 $150\sim200℃$,脱水后与 $20\%\sim30\%$ 的加热干燥的粉状或纤维状填充料(如滑石粉、石灰石粉、白云粉、石棉屑、木纤维等)热拌而成,热用施工。填料的作用是为了提高沥青的耐热性、增加韧性、降低低温脆性,因此用玛𧑤脂粘贴油毡比纯沥青效果好。

冷玛𧑤脂(冷用沥青胶)是将 $40\%\sim50\%$ 的沥青熔化脱水后,缓慢加入 $25\%\sim30\%$ 的填料,混合均匀制成,在常温下施工。它的浸透力强,采用冷玛𧑤脂粘贴油毡,不一定要求涂刷冷底子油,它具有施工方便、减少环境污染等优点。

③ 水乳型沥青防水涂料。即水性沥青防水涂料,系以乳化沥青为基料的防水涂料,借助于乳化剂作用,在机械强力搅拌下将熔化的沥青微粒均匀地分散于溶剂中,使其形成稳定的悬浮体。这类涂料对沥青基本上没有改性或改性作用不大。主要有石灰乳化沥青、膨润土沥青乳液和水性石棉沥青防水涂料等,主要用于Ⅲ级和Ⅳ级防水等级的工业与民用建筑屋面、地下室和卫生间防水等。

(2) 高聚物改性沥青防水涂料

高聚物改性沥青防水涂料一般指以沥青为基料,用各类高聚物进行改性制成的水乳型或溶剂型防水涂料。这类防水涂料的柔韧性、抗裂性、拉伸强度、耐高低温性能和使用寿命等方面比沥青基涂料有很大改善和提高。

① 氯丁橡胶沥青防水涂料。其基料是氯丁橡胶和石油沥青,分为溶剂型和水乳型两种。两者的技术性能指标相同,溶剂型氯丁橡胶沥青防水涂料的黏结性能比较好,但存在着易燃、有毒、价格高的缺点,因而目前产量日益下降,有逐渐被水乳型氯丁橡胶沥青防水涂料取代的趋势。该类涂料的特点是涂膜强度大、延伸性好,能充分适应基层的变化,耐热性和低温柔韧性优良,耐臭氧老化、抗腐蚀、阻燃性好,不透水,是一种安全无毒的防水涂料,已经成为我国防水涂料的主要品种之一。适用于工业和民用建筑物的屋面防水、墙身防水和楼面防水、地下室和设备管道的防水、旧屋面的维修和补漏;还可用于沼气池、油库等密闭工程的混凝土,以提高其抗渗性和气密性。

② 水乳型再生橡胶改性沥青防水涂料。它是以水为分散剂,具有无毒、无味、不燃的优点,可在常温下冷施工作业,并可在稍潮湿无积水的表面施工,涂膜有一定的柔韧性和耐久性,材料来源广,价格低。它属于薄型涂料,一次涂刷涂膜较薄,需多次涂刷才能达到规定厚度。该涂料一般要加衬玻璃纤维布或合成纤维加筋毡构成防水层,施工时再配以嵌缝密封膏,以达到较好的防水效果。适用于工业与民用建筑混凝土基层屋面防水、以沥青珍珠岩为保温层的保温屋面防水、地下混凝土建筑防潮以及旧油毡屋面翻修和刚性自防水屋面的维修等。

③ SBS 改性沥青防水涂料。SBS 改性沥青防水涂料是一种水乳型弹性沥青防水涂料。该涂料的优点是低温柔韧性好,抗裂性强,黏结性能优良,耐老化性能好,与玻纤布等增强胎体复合,能用于任何复杂的基层,防水性能好,可冷施工作业,是较为理想的中档防水涂料。适用于复杂基层的防水防潮施工,如厕浴间、地下室、厨房、水池等,特别适合于寒冷地区的防水施工。

(3) 合成高分子防水涂料

合成高分子防水涂料是以合成树脂为主要成膜物质制成的单组分或双组分防水涂料。这类防水涂料的柔韧性、抗裂性、拉伸强度、耐高低温性能和使用寿命等方面,比沥青基涂料有很大改善和提高。

① 聚氨酯防水涂料。又名聚氨酯涂膜防水材料,是由含异氰酸酯基的聚氨酯预聚体(甲组分)和含有多羟基的固化剂及其助剂的混合物(乙组分)按一定比例混合所形成的一种反应型涂膜防水材料。该产品按组分分为单组分(S)和多组分(M)两种,按拉伸性能分为Ⅰ、Ⅱ两类。其技术性能应符合《聚氨酯防水涂料》(GB/T 19250—2003)的规定。聚氨酯防水涂料弹性和延伸性好,抗拉强度和抗撕裂强度较高,耐候、耐腐蚀、耐老化性能好,对小范围的基层裂缝有较强的适应性,体积收缩小。主要适用于非暴露性屋面、地下工程、厕浴间的防水。

② 丙烯酸酯防水涂料。丙烯酸酯防水涂料是以高固含量的丙烯酸酯共聚乳液为基料,掺加填料、颜料及各种助剂加工而成的水性单组分防水涂料。这类涂料的最大优点是具有优良的耐候性、耐热性和耐紫外线性能;涂膜柔软,弹性好,能适应基层一定的变形开裂;温度适应性强,在−30~80℃范围内性能无大的变化。适用于各类建筑工程的防水、防水层的维修以及保护层等。

特别值得一提的是,由于丙烯酸酯色浅,故易配制成各种颜色的防水涂料,兼有装饰和隔热效果。国外已大量采用浅色和彩色的丙烯酸酯类屋面防水涂料,大大改善了屋面的绝热效果和美观效果,尤其适用于那些时代装饰感强的屋面,如球形屋面、落地拱形屋面、贝壳形屋面等。

③ 硅橡胶防水涂料。硅橡胶防水涂料是以硅橡胶胶乳为主要基料,掺入无机填料及各种助剂配制而成的乳液型防水涂料,当其失水后固化形成网状结构的高聚物膜层。

该类涂料兼有涂膜防水材料和渗透防水材料两者的优点。涂料的固含量高达50%,因此只需涂刷一道即可,且膜层较厚;其延伸率很高,可达700%,抗裂性很好。该类涂料具有良好的防水性、抗渗透性、成膜性、弹性、黏结性、延伸性和耐高低温特性,适应基层变形的能力强。在干燥的混凝土基层上,渗透性较好;可渗入基底与基底牢固黏结;成膜速度快;可在潮湿基层上施工;可刷涂、喷涂或滚涂且无毒无味。适用于混凝土、砂浆、钢材等各类材料表面的防水或防腐,尤其适合地下工程的防水、防渗,也可用于修补工程,用于修补时需涂刷四遍。

④ 聚氯乙烯防水涂料。聚氯乙烯防水涂料是以聚氯乙烯和煤焦油为基料,加入适量的助剂,以水为分散介质所制成的水乳型防水涂料。施工时,一般要铺设玻纤布、聚酯无纺布等胎体进行增强处理。该类防水涂料弹塑性好,耐寒,耐化学腐蚀,耐老化,成品稳定性好,可在潮湿基层上冷施工,防水层的总造价低。可用于各种一般工程的防水、防渗及金属管道的防腐工程。

今后我国防水涂料的发展方向是:以水乳型取代溶剂型防水涂料;厚质防水涂料取代薄质防水涂料;浅色、彩色防水涂料取代深色防水涂料;多功能复合防水涂料取代单一功能的防水涂料,如装饰防水涂料、反辐射防水涂料、反光防水涂料等。

9.2.3 密封材料

1) 密封材料的组成及分类

建筑密封材料也称建筑防水油膏,简称密封材料,主要应用在板缝、接头、裂隙、屋面等部位。通常要求建筑密封材料具有良好的黏结性、抗下垂性、不渗水性、易于施工等;还要求具有良好的弹塑性,能长期经受被粘构件的伸缩和振动,在接缝发生变化时不断裂、剥落;并要有良好的耐老化性能,不受热和紫外线的影响,长期保持密封所需要的黏结性和内聚力等。

建筑密封材料的原材料主要为高分子合成材料和各种辅料,与防水涂料十分类似。其生产工艺也相对比较简单,主要包括溶解、混炼、密炼等过程。

建筑密封材料的防水效果主要取决于两个方面:一是油膏本身的密封性、憎水性、耐久性等;二是油膏和基材的黏附力,黏附力的大小与密封材料对基材的浸润性、基材的表面性状(粗糙度、清洁度、温度和物理化学性质等)以及施工工艺密切相关。

建筑密封材料按形态的不同一般可分为不定型密封材料和定型密封材料两大类。不定型密封材料常温下呈膏体状;定型密封材料是将密封材料按密封工程部位的不同制成带、条、方、圆、垫片等形状。定型密封材料按密封机理的不同又可分为遇水膨胀型和非遇水膨胀型两类。

2) 常用的密封材料

(1) 橡胶沥青油膏

橡胶沥青油膏是以石油沥青为基料,加入橡胶改性材料和填充料等经混合加工而成,是一种弹塑性冷施工防水嵌缝密封材料,是目前我国产量最大的品种。它具有良好的防水防潮性能、黏结性好、延伸率高、耐高低温性能好、老化缓慢,适用于各种混凝土屋面、墙板以及地下工程的接缝密封等,是一种较好的密封材料。

(2) 聚氯乙烯建筑防水接缝材料

聚氯乙烯建筑防水接缝材料是以煤焦油为基料,聚氯乙烯为改性材料,掺入一定量的增塑剂、稳定剂和填料,在 130~140℃下塑化而形成的弹塑性热施工膏状嵌缝密封材料,是目前屋面防水嵌缝中使用较为广泛的一类密封材料,又称聚氯乙烯胶泥。常用品种有 802 和 703 两种。主要特点是生产工艺简单,原材料来源广,成本低廉,施工方便,具有良好的耐热性、黏结性、弹塑性、防水性,以及较好的耐寒性、耐腐蚀性和耐老化性能。除适用于一般民用建筑的屋面防水嵌缝工程外,还适用于生产硫酸、盐酸、硝酸、NaOH 等有腐蚀性气体的车间的屋面防水工程,也可用于地下管道的密封和卫生间等。除热用外,也可以冷用,但冷用时需加溶剂稀释。

(3) 氯丁橡胶基密封膏

氯丁橡胶基密封膏是以氯丁橡胶和丙烯系塑料为主体材料,掺入少量助剂、溶剂以及填充料等配制而成,为一种黏稠的溶剂型膏状体,目前国内研制的 YJ-1 型建筑密封膏即属于这种类型。其成膜硬化大体上分两个阶段:第一阶段是密封膏溶剂挥发,分散相胶体微粒逐步靠拢、聚结而排列在一起;第二阶段是胶体微粒的接触面增大,互相结合,自然硫化成坚韧的定型弹性体。这种密封膏具有如下特性:①与砂浆、混凝土、铁、铝、石膏板等具有良好的黏结力,黏结强度约 0.1~0.4 MPa。②具有优良的延伸性和回弹性能,伸长率可达 500%,恢复率达 69%~90%。用于工业厂房屋面及墙板嵌缝,可适应由于振动、沉降、冲击以及温度变化等引起的各种变化。③具有较好的抗老化、耐热和耐低温性能,耐候性也很好。一般在 70℃下垂直悬挂 5 h 不流淌,在−35℃下弯曲 180°不裂,挥发率在 2.3%以下。④具有良好的挤出性能,便于施工。在最高气温下施工垂直缝,密封膏不流淌,故可用于垂直墙面的纵向缝、水平缝及各种异形变形缝。

具有上述特点的还有 YJ-4 型建筑密封膏,其主要成分与 YJ-1 相近,不同的是 YJ-4 型属水乳型的。

(4) 丙烯酸酯建筑密封胶

丙烯酸酯建筑密封胶是以丙烯酸酯乳液为黏结剂,掺入少量助剂、填料、颜料经搅拌、研磨而成,属于水乳型建筑密封胶。丙烯酸类密封材料在一般建材基底(包括砖、砂浆、大理石、花岗石、混凝土等)上不产生污渍,具有良好的黏结性能、弹性和低温柔韧性,无溶剂污染,无毒,不燃，可在潮湿的基层上施工，操作方便，特别是具有优异的耐候性和耐紫外线老化性能，伸长率很大。属于中档建筑密封材料，其适用范围广，价格便宜，施工方便，综合性能明显优于非弹性密封膏和热塑性密封膏，但要比聚氨酯、聚硫、有机硅等密封膏差一些。其技术性质应符合《丙烯酸酯建筑密封胶》(JC/T 484—2006)的规定。该密封材料中含有约15%的水，故在温度低于0℃时不能使用，而且要考虑其中水分的散发所产生的体积收缩，对吸水性较大的材料如混凝土、石料、石板、木材等多孔材料构成的接缝的密封比较适宜。

丙烯酸酯建筑密封胶主要用于外墙伸缩缝、屋面板缝、石膏板缝、给排水管道与楼屋面接缝等处的密封。由于其耐水性不够好，故不宜用于长期浸水的工程。

（5）聚氨酯建筑密封胶

聚氨酯建筑密封胶是由多异氰酸酯与聚醚通过加成反应制成预聚体后，加入助剂等，在常温下交联固化而成的一类高弹性建筑密封膏。它是目前最好的密封材料之一，性能比其他溶剂型、水乳型密封膏优良，可用于防水要求中等和偏高的工程。聚氨酯建筑密封胶分为单组分和双组分两种，以双组分的应用较广，单组分的目前已较少使用。

聚氨酯建筑密封胶对金属、混凝土、玻璃、木材等均有良好的黏结性能，具有弹性大、延伸率大、黏结性好、耐低温、耐水、耐油、耐酸碱、抗疲劳及使用年限长等优点。与聚硫、有机硅等反应型建筑密封膏相比价格较低。其技术性能应符合《聚氨酯建筑密封胶》(JC/T 482—2003)的要求。

聚氨酯建筑密封胶对于混凝土具有良好的黏结性，而且不需要打底。虽然混凝土是多孔吸水材料，但吸水并不影响它同聚氨酯的黏结。所以聚氨酯建筑密封胶可以用作混凝土屋面和墙面的水平、垂直接缝的密封材料，如北京饭店新楼挂墙板的接缝采用的即是此密封材料。此外，聚氨酯建筑密封胶特别适用于游泳池、排水管道、蓄水池等工程，同时它还是道路桥梁、机场跑道等工程理想的接缝密封与渗漏修补材料，也可用于玻璃和金属材料的嵌缝。

（6）聚硫建筑密封胶

聚硫建筑密封胶是以液态聚硫橡胶为主剂，并与金属过氧化物等硫化剂反应，在常温下形成的弹性密封材料。聚硫建筑密封胶分为高模量低伸长率（A类）和低模量高伸长率（B类）两类。按流变性能又分为N型和L型。N型用于立缝或斜缝而不坠落的非下垂型；L型为用于水平缝，能自流平形成光滑平整表面的自流平型。其性能应符合《聚硫建筑密封胶》(JC/T 483—2006)的要求。

这种密封材料能形成类似于橡胶的高弹性密封口，能承受持续和明显的循环位移，使用温度范围宽，与金属与非金属材质均具有良好的黏结力。适用于混凝土墙板、屋面板、楼板等部位的接缝密封，以及游泳池、贮水槽、上下水管道等工程的伸缩缝、沉降缝的防水密封。特别适用于金属幕墙、金属门窗四周的防水、防尘密封。因固化剂中常含铅成分，所以在使用时应避免直接接触皮肤。

（7）硅酮建筑密封胶

硅酮建筑密封胶是以有机硅为基料配制成的建筑用高弹性密封胶，硅酮密封胶按用途分为建筑接缝用（F类）和镶装玻璃用（G类）两类。按位移能力分为25、20两个级别；按拉伸模量分为高弹模（HM）和低弹模（LM）两个级别。其技术指标符合《硅酮建筑密封胶》(GB/T 14683—2003)的要求。

硅酮建筑密封胶具有优异的耐热、耐寒性和耐候性能，与各种材料有着较好的黏结性，耐伸缩疲劳性强,耐水性好。F 类硅酮建筑密封胶适用于预制混凝土墙板、水泥板、大理石板的外墙接缝,混凝土和金属框架的黏结,卫生间和公路接缝的防水密封;G 类硅酮建筑密封胶适用于镶嵌玻璃和建筑门、窗的密封。

(8) 止水带

止水带也称为封缝带,是处理建筑物或地下构筑物接缝(伸缩缝、施工缝、变形缝)用的一类定型防水密封材料。常用品种有橡胶止水带、塑料止水带等。

橡胶止水带是以天然橡胶或合成橡胶为主要原料,掺入各种助剂和填料加工而成。具有良好的弹塑性、耐磨性和抗撕裂性能,适应变形能力强,防水性能好。但使用温度和使用环境对物理性能有较大的影响,当作用于止水带上的温度超过 50℃,以及受强烈的氧化作用或受油类等有机溶剂的侵蚀时不宜采用。一般用于地下工程、小型水坝、贮水池、地下通道、河底隧道、游泳池等工程变形缝部位的隔离防水以及水库、输水洞等处闸门的密封止水。

塑料止水带目前多为软质聚氯乙烯塑料止水带,是由聚氯乙烯树脂、增塑剂、稳定剂等原料经塑炼、造粒、挤出、加工成型而成。塑料止水带的优点是原料来源丰富,价格低廉,耐久性好,物理力学性能能满足使用要求。可用于地下室、隧道、涵洞、溢洪道、沟渠等的隔离防水。

【工程案例分析 9-2】

同一防水材料在不同场合有不同效果

现象:某石砌水池因灰缝不饱满,以一种水泥基粉状刚性防水涂料整体涂覆,效果良好,长时间不渗透。但同样使用此防水涂料用于因基础下陷不均匀而开裂的地下室防水,效果却不佳。

原因分析:此类刚性防水涂料,其涂层是刚性的。在涂料固化前对混凝土或水泥砂浆等多孔材料有一定的渗透性,起堵塞水分通道的作用。但刚性防水层并不能有效地适应基础不均匀下陷,在基础开裂的同时也会随之开裂。故在第一种情况下有好的防水效果,而对于第二种情况基层变动则效果不佳。

【现代建筑材料知识拓展】

沥青路面的再生技术

我国和世界其他国家一样面临着巨大的资源压力。由于地球资源的过度开采使用,人类已经普遍认识到可利用资源正在枯竭。道路石油沥青是主要的石油工业产品,石油是不可再生资源,日益紧缺,相应的,道路石油沥青供应也面临着巨大的危机。按平均可回收沥青量 4% 计,每 1 000 万 t 废弃沥青混合料可回收沥青约为 40 万 t,将废弃沥青混合料再生利用,不仅避免新的资源消耗,也可以促进现有资源循环利用。另一方面,废弃材料的堆放、掩埋带来了巨大的环境污染问题。目前,发达国家不仅要求废弃沥青路面材料必须再生利用,甚至要求筑路工业大量消耗工业副产品、工业废渣、废弃物、回收废料等 4 类 19 种可利用材料(如玻璃、塑料、橡胶轮胎、工业废渣等)筑路,以减少环境压力。

国内外已开展对沥青路面再生利用。20 世纪 80 年代末,美国 80% 的废弃沥青混合料得到再生利用。日本从 1976 年到现在路面废料再生利用率已经超过 70%。沥青路面再生技术发展至今形成多种路面再生工艺,也有多种分类方法。一般分为厂拌热再生、就地热再生、厂拌冷再生、就地冷再生、全深式再生 5 种方式。

厂拌热再生是最为成熟的工艺,能提供及时的道路养护和修复,对现有设备只需进行较小的改动。该方法将回收的沥青路面材料(RAP)与新材料混合,有时根据需要加入再生剂,生产出符合技术要求的热拌沥青混合料。通常,再生热沥青混合料中RAP材料的用量可达10%～30%。

就地热再生采用原地再生工艺修复已破坏的沥青路面,该方法中新材料添加量最少。其工艺包括现场加热软化旧路面沥青面,将路面材料刨松移开,混合再生剂,需要时可加入新鲜沥青与集料,现场拌和,重新摊铺,碾压成型。现有技术可再生路表面以下40 mm的沥青路面。

厂拌冷再生的再生范围可以达到路表面以下15 mm的深度。将回收的废弃沥青路面材料在拌和厂破碎,在特定的冷拌设备中加入特定的液态稳定剂拌和均匀,再摊铺、碾压到要求的密度,其上通常铺筑薄层沥青罩面、表面处治层等。

就地冷再生无需加热旧路面材料。铣刨、破碎层路面,筛分RAP材料后,可以加入再生添加剂现场拌和、摊铺、碾压。一般使用专门的再生列车施工。添加剂包括粉煤灰、水泥、生石灰等无机结合料,也有添加液体沥青、乳化沥青和发泡热沥青等。

全深式再生是将沥青面层和部分基层材料处理后形成稳定集料基层,工序与现场冷再生方法基本相同,所需设备比较庞大。

从资源保护、创建节约型社会的角度出发,沥青路面的再生必将成为今后筑路技术发展的一个趋势。

课后思考题

一、填空题

1. 石油沥青的组分主要包括_____、_____和_____三种。

2. 石油沥青是一种_____胶凝材料,在常温下呈_____、_____或_____状态。

3. 道路石油沥青的牌号有_____、_____、_____、_____和_____五个;建筑石油沥青的牌号有_____、_____和_____三个。

4. 同一品种石油沥青的牌号越高,则针入度越_____,黏性越_____;延度越_____,塑性越_____;软化点越_____,温度敏感性越_____。

5. 石油沥青的塑性是指_____,塑性用_____指标表示。

6. 石油沥青的三大技术指标是_____、_____和_____,它们分别表示石油沥青的_____性、_____性和_____性。

7. 石油沥青的温度敏感性是沥青的_____性和_____性随温度变化而改变的性能。当温度升高时,沥青的_____性增大,_____性减小。

8. 按主要成膜物质的不同,防水涂料分为_____防水涂料、_____防水涂料及_____防水涂料三类。

9. 建筑密封材料按形态的不同一般可分为_____密封材料和_____密封材料两大类。

二、名词解释

1. 石油沥青的黏滞性   2. 石油沥青的针入度   3. 石油沥青的塑性

4. 防水卷材   5. 防水涂料   6. 建筑密封材料

7. 冷底子油

三、单项选择题

1. 沥青的塑性用( )指标来表示。

A. 针入度　　　　　　B. 延度　　　　　　C. 软化点　　　　　　D. 闪点

2. 三元乙丙橡胶防水卷材属于( )防水卷材。

A. 合成高分子　　　　B. 沥青　　　　　　C. 高聚物改性沥青　　D. PVC

3. 沥青是( )材料。

A. 亲水性　　　　　　B. 憎水性　　　　　C. 吸水　　　　　　　D. 绝热

4. 下列选项中,除( )以外均为改性沥青。

A. 氯丁橡胶沥青　　　　　　　　　　　　B. 聚乙烯树脂沥青

C. 沥青胶　　　　　　　　　　　　　　　D. 煤沥青

5. ( )说明石油沥青的大气稳定性愈高。

A. 蒸发损失率愈小,蒸发后针入度比愈大　　B. 蒸发损失和蒸发后针入度比愈大

C. 蒸发损失率愈大,蒸发后针入度比愈小　　D. 蒸发损失和蒸发后针入度比愈小

四、判断题

1. 石油沥青的黏滞性用针入度表示,针入度值的单位是"mm"。　　　　　　　( )

2. 石油沥青的组分是油分、树脂和地沥青质,它们都是随时间的延长而逐渐减少的。

( )

3. 当温度在一定范围内变化时,石油沥青的黏性和塑性变化较小时,则为温度敏感性较大。

( )

4. 石油沥青的牌号越高,其温度敏感性越大。　　　　　　　　　　　　　　( )

5. 石油沥青的软化点越低,则其温度敏感性越小。　　　　　　　　　　　　( )

6. 当采用一种沥青不能满足配制沥青胶所要求的软化点时,可随意采用石油沥青与煤沥青掺配。

( )

7. 石油沥青的技术牌号愈高,其综合性能就愈好。　　　　　　　　　　　　( )

四、简述题

1. 石油沥青的主要技术性质是什么? 各用什么指标表示?

2. 石油沥青的老化与组分有何关系? 沥青老化过程中性质发生哪些变化? 沥青老化对工程有何影响?

3. 简述建筑石油沥青、道路石油沥青和普通石油沥青的工程应用。

4. 简述 SBS 改性沥青防水卷材、APP 改性沥青防水卷材的应用。

5. 冷底子油在建筑防水工程中的作用如何?

6. 试举例说明可用哪些材料来改性沥青,使之获得更好的使用性能。

7. 高聚物改性沥青防水卷材、高分子防水卷材与传统沥青防水油毡相比有何突出优点?

8. 有了各种防水卷材,为何还要防水涂料?

9. 何谓建筑密封材料? 建筑工程中常用的密封材料有哪几种? 各自性能如何? 适用于何处?

10. 高聚物改性沥青防水卷材、高分子防水卷材有哪些主要品种? 各自特性及应用如何?

五、计算题

某防水工程需软化点为80℃的石油沥青30 t,现有60号和10号石油沥青,测得其软化点分别是49℃和98℃,问这两种牌号的石油沥青如何掺配?

10 合成高分子材料

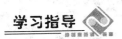
本章共 3 节,本章的学习目标是:

(1) 了解建筑塑料、建筑涂料及胶粘剂的组成与分类。

(2) 熟悉常用建筑塑料、建筑涂料、胶粘剂的品种、性质及应用。

本章的难点是从合成高分子材料的组成来理解它的性能,正确地根据工程实际选用合适的合成高分子材料。建议在学习中通过对比来理解不同种类的高分子材料的性能及应用。

10.1 建筑塑料

塑料是以合成树脂为主要成分,在一定的温度和压力下加工成型的一种高分子材料。一般将用于建筑工程中的塑料及其制品统称为建筑塑料。随着建筑业的快速发展,建筑塑料以其轻质、稳定、保温隔热、便于运输等优点在建筑市场上应用日益广泛,已成为继混凝土、钢材、木材之后的第四种主要建筑材料。

10.1.1 塑料的基本知识

1) 塑料的组成

塑料通常是由树脂和添加剂两大部分组成的。

(1) 树脂

树脂是受热时可软化,在外力作用下具有流动性,常温下呈玻璃态的高分子聚合物。树脂是塑料的基本成分,大约占 $30\%\sim100\%$。它在塑料中起胶粘其他成分的作用,并影响塑料的力学性质及其受热后的状态。所以工程中常用树脂的名称来作为塑料的名称。

(2) 添加剂

能够帮助塑料易于成型,以及赋予塑料更好的性能,如改善使用温度,提高塑料强度、硬度,增加化学稳定性、抗老化性、抗紫外线性能、阻燃性、抗静电性,提供各种颜色及降低成本等,所加入的各种材料,统称为添加剂。

① 填料。填料决定塑料的主要机械、电气和化学稳定性能,它的主要作用是改变或调节

塑料的某些物理性能,可提高塑料的强度、硬度及耐热性,并降低塑料成本。如玻璃纤维可以提高塑料的机械强度,云母可以改善塑料的电绝缘性等。常用的填料有木粉、木屑、棉布、石灰石粉、云母、滑石粉、玻璃纤维、石棉纤维等。

② 增塑剂。增塑剂的主要作用是提高塑料的可塑性、流动性,改善塑料的强度、韧性、柔性等性能。常用的为液态或低熔点固体、不易挥发、与合成树脂相互混溶的有机化合物。常用的增塑剂有邻苯二甲酸二丁酯、邻苯二甲酸二辛酯、磷酸三甲酚酯及氧化石蜡等。

③ 固化剂。固化剂也称硬化剂,主要作用是调节塑料的固化速度,使树脂由线型分子交联成网体型,从而使塑料制品具有热固性。通过选择不同的固化剂种类和掺量,可得到不同的固化速度及效果。常用的固化剂有胺类、酸酐、过氧化物等。

④ 稳定剂。稳定剂的作用是防止塑料老化(即塑料在热、光、氧和其他因素的长期作用下性能降低的现象),能够长期保持塑料原有的工程性质。常用的稳定剂有抗老化剂、热稳定剂等,如硬脂酸类、环氧树脂等。

⑤ 着色剂。着色剂是使塑料制品具有绚丽多彩性的一种添加剂。着色剂除满足色彩要求外,还具有附着力强、分散性好、在加工和使用过程中保持色泽不变、不与塑料组成成分发生化学反应等特性。常用的着色剂是一些有机或无机染料或颜料。

⑥ 润滑剂。润滑剂是为了改进塑料熔体的流动性,防止塑料在挤出、压延、注射等加工过程中对设备发生黏附现象,改进制品的表面光洁程度,降低界面黏附为目的而加入的添加剂。润滑剂是塑料中重要的添加剂之一,对成型加工和对制品质量有着重要的影响,尤其对聚氯乙烯塑料在加工过程中是不可缺少的添加剂。常用的润滑剂有液体石蜡、硬脂酸、硬脂酸盐等。

⑦ 其他添加剂。为使塑料能够满足某些特殊要求,还需要加入各种其他添加剂,如紫外线吸收剂、防火剂、阻燃剂、发泡剂等。

2) 塑料的特点

建筑塑料与传统建筑材料相比,具有以下优良性能:

(1) 密度小,比强度大。塑料的密度一般为 $1\,000\sim2\,000\ kg/m^3$,约为天然石材密度的 $1/3\sim1/2$,约为混凝土密度的 $1/2\sim2/3$,仅为钢材密度的 $1/8\sim1/4$。比强度远远超过水泥、混凝土,接近或超过钢材,是一种优良的轻质高强材料。

(2) 加工性能好。塑料可塑性强,成型温度和压力容易控制,工序简单,设备利用率高,可以采用多种方法模塑成型,切削加工,生产成本低,适合大规模机械化生产,可制成各种薄膜、板材、管材、门窗及复杂的中空异型材等。

(3) 导热性低。密实塑料的热导率一般为 $0.12\sim0.80\ W/(m\cdot K)$。泡沫塑料的热导率接近于空气,是良好的隔热、保温材料。

(4) 耐腐蚀性好。大多数塑料对酸、碱、盐等腐蚀性物质的作用具有较高的稳定性,因此被大量应用于民用建筑上下水管材和管件,以及有酸碱等化学腐蚀的工业建筑中的门窗、地面及墙体等。

(5) 电绝缘性好。一般塑料都是电的不良导体,在建筑行业中广泛用于电器线路、控制开关、电缆等方面。

(6) 富有装饰性。塑料具有良好的装饰性能,能制成线条清晰、色彩鲜艳、光泽动人的塑料制品。

10.1.2 常用塑料品种

根据塑料在受热作用下形态的不同,可将其分为热塑性塑料和热固性塑料两类。热塑性塑料经加热软化或熔化,经冷却后硬化,再经加热还具有可塑性,不发生化学变化;热固性塑料经初次加热成型并冷却固化后,再经加热不会软化和产生塑性,发生了化学变化。

热塑性塑料的常用品种有聚乙烯塑料(PE)、聚氯乙烯塑料(PVC)、聚苯乙烯塑料(PS)、改性聚苯乙烯塑料(ABS)等;热固性塑料的常用品种有环氧树脂塑料(EP)、酚醛树脂塑料(PF)、不饱和聚酯树脂塑料(UP)等。

1)热塑性塑料

(1)聚氯乙烯(PVC)。聚氯乙烯(PVC)是由氯乙烯单体聚合而成。其化学稳定性和抗老化性能好,但耐热性差,通常使用温度在80℃以下。根据增塑剂的掺量不同,可制得软、硬两种聚氯乙烯塑料。软聚氯乙烯塑料很柔软,有一定的弹性,可以做地面材料和装饰材料,可以作为门窗框及制成止水带,用于防水工程的变形缝处。硬聚氯乙烯塑料有较高的机械性能和良好的耐腐蚀性能、耐油性和抗老化性,易焊接,可进行黏结加工,多用于百叶窗、各种板材、楼梯扶手、波形瓦、门窗框、地板砖、给排水管。

(2)聚乙烯(PE)。聚乙烯(PE)是一种结晶性高聚物,结晶度与密度有关,一般密度愈高,结晶度愈高。PE按密度大小可分为两大类:高密度聚乙烯(HDPE)和低密度聚乙烯(LDPE)。高密度聚乙烯是线型高分子,排列比较规整、紧密,易于结晶,因此结晶度、强度、刚性、熔点都比较高,适合做强度、硬度较高的塑料制品,如桶、瓶、管、棒等。低密度聚乙烯是支链化程度较高的合成高分子,使分子排列的规整性和紧密程度受到影响,因此结晶度、密度降低,故称低密度聚乙烯。低密度聚乙烯性软,熔点也低,适合制作食品包装袋、奶瓶等软塑料制品。

(3)聚丙烯(PP)。聚丙烯(PP)的密度是通用塑料中最小的,约为 0.90 g/cm^3。PP的燃烧性与PE接近,易燃而且会滴落,引起火焰蔓延。它的耐热性比较好,在100℃时还能保持常温时抗拉强度的一半。聚丙烯(PP)也是结晶性高聚物,其抗拉强度高于PE、PS。另外,PP的耐化学性也与PE接近,常温下它没有溶剂。

(4)聚苯乙烯(PS)。聚苯乙烯(PS)是一种透明的无定型热塑性塑料,其透光性能仅次于有机玻璃。优点是密度低,耐水,耐光,耐化学腐蚀性好。电绝缘性和低吸湿性极好,而且易于加工和染色。缺点是抗冲击性能差,脆性大和耐热性低。PS可用作百叶窗、隔热隔声泡沫板,PS可黏结纸、纤维、木材、大理石碎粒制成复合材料。

(5)ABS塑料。ABS塑料是由丙烯腈、丁二烯和苯乙烯三种单体共聚而成的。具有优良的综合性能,ABS中的三个组分各显其能,丙烯腈使ABS有良好的耐化学性及表面硬度,丁二烯使ABS坚韧,苯乙烯使它具有良好的加工性能。其性能取决于这三种单体在ABS中的比例。

(6)聚甲基丙烯酸甲酯(PMMA)。又称有机玻璃,是透光率最高的一种塑料(可达92%),因此可代替玻璃,而且不易破碎,但其表面硬度比无机玻璃差,容易划伤。如果在树脂中加入颜料、稳定剂和填充料,可加工成各种色彩鲜艳、表面光洁的制品。有机玻璃机械强度较高,耐腐蚀性、耐气候性、抗寒性和绝缘性均较好,成型加工方便。缺点是质脆,不耐磨,价格较贵,可用来制作护墙板和广告牌。

2）热固性塑料

（1）酚醛树脂（PF）。它是由苯酚和甲醛在酸性或碱性催化剂的作用下缩聚而成。多具有热固性，其优点是黏结强度高、耐光、耐热、耐腐蚀、电绝缘性好，但质脆。加入填料和固化剂后可制成酚醛塑料制品（俗称电木），此外还可制作压层板等。

（2）环氧树脂（EP）。环氧树脂是以多环氧氯丙烷和二羟基二苯基丙烷为主原料制成。它因热和阳光发生光合作用而起反应，便于储存，是很好的黏合剂，其黏结作用和耐侵蚀性较强，稳定性很高，在加入硬化剂之后能与大多数材料胶合。

（3）不饱和聚酯树脂（UP）。不饱和聚酯树脂是在激发剂作用下，由二元酸或二元醇制成的树脂与其他不饱和单体聚合而成，常用来生产玻璃钢、涂料和聚酯装饰板等。

（4）玻璃纤维增强塑料（玻璃钢）。用玻璃纤维制品、增强不饱和聚酯或环氧树脂等复合而成的一类热固性塑料，有很高的机械强度，其比强度甚至高于钢材。玻璃钢可以同时作为结构和采光材料使用。

10.1.3 常用建筑塑料制品

1）塑料门窗

目前塑料门窗主要采用改性聚氯乙烯，并加入适量的各种添加剂，经混炼、挤出等工序而制成塑料门窗异型材；再将异型材经机械加工成不同规格的门窗构件，组合拼装成相应的门窗制品。

塑料门窗分为全塑门窗和复合塑料门窗。复合塑料门窗是在门窗框内部嵌入金属型材以增强塑料门窗的刚性，提高门窗的抗风压能力。增强用的金属型材主要为铝合金型材和钢型材。塑料门按其结构形式分为镶嵌门、框板门和折叠门；塑料窗按其结构形式分为平开窗、上旋窗、下旋窗、垂直滑动窗、垂直旋转窗、垂直推拉窗、水平推拉窗和百叶窗等。

塑料门窗具有能耗低、外形美观、尺寸稳定、抗老化、不褪色、耐腐蚀、耐冲击、气密和水密性能优良、使用寿命长等特点，均优于木门窗、金属门窗，被誉为继木、钢、铝之后崛起的新一代建筑门窗。

2）塑料管材

塑料管材管件制品应用极为广泛，正在逐步取代陶瓷管和金属管。塑料管材与金属管材相比，具有能耗低、重量轻、水流阻力小、不结垢、安装使用方便、耐腐蚀性好、使用寿命长等优点。

目前我国生产的塑料管材质，主要有聚氯乙烯、聚乙烯、聚丙烯等通用热塑性塑料及酚醛、环氧、聚酯等类热固性树脂玻璃钢和石棉酚醛塑料、氟塑料等。

（1）硬聚氯乙烯管材（PVC－U）。硬聚氯乙烯管材是以聚氯乙烯树脂为主要原料加入稳定剂、抗冲击改性剂、润滑剂等助剂，经捏合、塑炼、切粒、挤出成型加工而成。硬聚氯乙烯管材广泛用于化工、造纸、电子、仪表、石油等工业的防腐蚀流体介质的输送管道（但不能用于输送芳烃、脂烃、芳烃的卤素衍生物以及酮类和浓硝酸等），农业上的排灌类管，建筑、船舶、车辆扶手及电线电缆的保护套管等。硬聚氯乙烯管材的常温使用压力：轻型的不得超过 0.6 MPa，重型的不得超过 1 MPa。管材使用温度范围为 0～50℃。

（2）氯化聚氯乙烯管（PVC-C）。是由过氯乙烯树脂加工而成的一种塑料管,具有较好的耐热、耐老化、耐化学腐蚀性能,主要用作配水管线材料。氯化聚氯乙烯冷热水管是最能提供一套清洁、安全、易于安装、耐热、耐腐、阻燃性及高质量的管道系统。

（3）聚乙烯塑料管（PE）。聚乙烯塑料管以聚乙烯树脂为原料,配以一定量的助剂,经挤出成型、加工而成。聚乙烯管按其密度不同分为高密度聚乙烯管、中密度聚乙烯管和低密度聚乙烯管。高密度聚乙烯管具有较高的强度和刚度;中密度聚乙烯管除了有高密度聚乙烯管的耐压强度外,还具有良好的柔性和抗蠕变性能;低密度聚乙烯管的柔性、伸长率、耐冲击性能较好,尤其是耐化学稳定性和抗高频绝缘性能良好。在国外,高密度和中密度聚乙烯管被广泛用作城市燃气管道、城市供水管道。目前,国内的高密度和中密度聚乙烯管主要用作城市燃气管道,少量用作城市供水管道;低密度聚乙烯管大量用作农用排灌管道。

（4）交联聚乙烯管（PE-X）。交联聚乙烯是通过化学方法或物理方法将聚乙烯分子的平面链状结构改变为三维网状结构,使其具有优良的理化性能。它具有耐热性好、防振、抗化学腐蚀、不结垢、环保、使用寿命长等优点,主要用于建筑室内冷热水供应和地面辐射采暖等。

（5）聚丙烯塑料管（PP）。聚丙烯塑料管以聚丙烯树脂为原料,加入适量的稳定剂,经挤出成型加工而成。产品具有质轻、耐腐蚀、耐热性较高、施工方便等特点,适用于化工、石油、电子、医药、饮食等行业及各种民用建筑输送流体介质,也可作自来水管、农用排灌、喷灌管道及电器绝缘套管之用。

（6）无规共聚聚丙烯管（PP-R）。又叫三型聚丙烯管,采用无规共聚聚丙烯经挤出成为管材,具有质量轻、耐热性能好、耐腐蚀、导热性低、管道阻力小、管道连接牢固、卫生、无毒等特点,适用于建筑物的冷热水系统、建筑物内的采暖系统等。

（7）铝塑复合管（PAP）。是通过挤出成型工艺而生产制造的新型复合管材,它由聚乙烯层（或交联聚乙烯）、胶粘剂层、铝层、胶粘剂层、聚乙烯层（或交联聚乙烯）五层结构构成。根据中间铝层焊接方式不同,分为搭接焊铝塑复合管和对接焊铝塑复合管。铝塑复合管广泛应用于冷热水供应和地面辐射采暖。

3）塑料板材

塑料装饰板材按原材料的不同可分为塑料金属复合板、硬质 PVC 板、三聚氰胺层压板、玻璃钢板、聚碳酸酯采光板、有机玻璃装饰板等类型;按结构和断面形式可分为平板、波形板、实体异型断面板、中空异型断面板、格子板、夹芯板等类型。

（1）硬质 PVC 板。硬质 PVC 板主要用作护墙板、屋面板和平顶板,主要有透明和不透明两种。透明板是以 PVC 为基料,掺加增塑剂、抗老化剂,经挤压而成型。不透明板是以 PVC 为基材,掺入填料、稳定剂、颜料等,经捏和、混炼、拉片、切粒、挤出或压延而成型。硬质 PVC 板按其断面形式可分为平板、波形板和异型板等。

（2）聚碳酸酯采光板（PC 板）。聚碳酸酯采光板是以聚碳酸酯塑料为基材,采用挤出成型工艺制成的栅格状中空结构异型断面板材。其特点为轻、薄、刚性大,不易变形;色彩丰富,外观美丽;透光性好,耐候性好。适用于遮阳棚、大厅采光天幕、游泳池和体育场馆的顶棚、大型建筑和蔬菜大棚的顶罩等。

（3）铝塑复合板。铝塑复合板简称铝塑板,是指以塑料为芯层,两面为铝材的三层复合板材,并在表面覆以装饰性和保护性的涂层或薄膜（若无特别注明则通称为涂层）作为产品的装饰面。

铝塑板表面铝板经过阳极氧化和着色处理,色泽鲜艳。由于采取了复合结构,所以兼有金属材料和塑料的优点,主要特点为质量轻,坚固耐久,可自由弯曲,弯曲后不反弹。由于经过阳极氧化和着色、涂装表面处理,所以不但装饰性好,而且有较强的耐候性,可锯、铆、刨(侧边)、钻,可冷弯、冷折、易加工、组装、维修和保养。

铝塑板是一种新型金属塑料复合板材,愈来愈广泛地应用于建筑物的外幕墙和室内外墙面、柱面、顶面的饰面处理。为保护其表面在运输和施工时不被擦伤,铝塑板表面都贴有保护膜,施工完毕后再行揭去。

(4)半硬质聚氯乙烯块状地板(塑料地板)。简称塑料地板,是以聚氯乙烯及其共聚树脂为主要原料,加入填料、增塑剂、稳定剂、着色剂等辅料经压延、挤出或热压工艺所生产的单层和同质复合的半硬质块状塑料地板,是较为流行、应用广泛的地面装饰材料。

塑料地板按结构分为同质地板和复合地板;按施工工艺分为拼接型和焊接型;按耐磨性分为通用型和耐用型。

塑料地板砖柔韧性好、脚感舒适、隔音、保温、耐腐蚀、耐灼烧、抗静电、易清洗、耐磨损并具有一定的电绝缘性。其色彩丰富、图案多样、平滑美观、价格较廉、施工简便,是一种受用户欢迎的新型地面装饰材料。适用于家庭、宾馆、饭店、写字楼、医院、幼儿园、商场等建筑物室内和车船等地面装饰。

(5)泡沫塑料板。泡沫塑料是在树脂中加入发泡剂,经发泡、固化或冷却等工序而制成的多孔塑料制品。泡沫塑料的孔隙率高达 95%～98%,且孔隙尺寸小于 1.0 mm,因而具有优良的隔热保温性能,建筑上常用的有聚苯乙烯泡沫塑料、聚氯乙烯泡沫塑料、聚氨酯泡沫塑料、脲醛泡沫塑料等。泡沫塑料板目前逐步成为墙体保温主要材料。

4)塑料卷材

(1)塑料壁纸。壁纸和墙布是目前国内外广泛使用的墙面装饰材料。目前我国的塑料壁纸均为聚氯乙烯壁纸,它是以纸为基材,以聚氯乙烯为面层,用压延或涂敷方法复合,再经印刷、压花或发泡而制成的。其中花色有套花并压纹的,有仿锦缎、木纹、石材的,有仿各种织物的,仿清水砖墙并有凹凸质感及静电植绒的等等。常用的塑料壁纸有以下几种:

① 普通壁纸。普通壁纸又称纸基塑料壁纸,是以 80 g/m² 的纸作基材,涂以 100 g/m² 左右的聚氯乙烯糊状树脂(PVC 糊状树脂),经印花、压花等工序制成。分单色压花、印花压花、平光及有光印花等,花色品种多,生产量大,经济便宜,是使用最为广泛的一种壁纸。

② 发泡壁纸。发泡壁纸又分为低发泡壁纸、低发泡压花印花壁纸和高发泡壁纸。发泡壁纸是以 100 g/m² 的纸作为基材,上涂 300～400 g/m² 的 PVC 糊状树脂,经印花、发泡处理制得。与压花壁纸相比,这种发泡壁纸具有富有弹性的凹凸花纹或图案,色彩多样,立体感更强,浮雕艺术效果及柔光效果良好,并且还有吸声作用。但发泡的 PVC 图案易落灰,易脏污陈旧;不宜用在烟尘较大的候车室等场所。

③ 特种壁纸。特种壁纸也称专用壁纸,是指具有特殊功能的壁纸。常见的有耐水壁纸、防火壁纸、特殊装饰壁纸等。

A. 耐水壁纸。它是用玻璃纤维毡作为基材(其他工艺与塑料壁纸相同),配以具有耐水性的胶粘剂,以适应卫生间、浴室等墙面的装饰要求。它能进行洒水清洗,但使用时若接缝处渗水,则水会将胶粘剂溶解,导致耐水壁纸脱落。

B. 防火壁纸。它是用 $100\sim200$ g/m^2 的石棉纸作为基材,同时面层的 PVC 中掺有阻燃剂,使壁纸具有很好的阻燃防火功能,适用于防火要求很高的建筑室内装饰。另外,防火壁纸燃烧时也不会放出浓烟或毒气。

C. 特殊装饰效果壁纸。其面层采用金属彩砂、丝绸、麻、毛及棉纤维等制成的特种壁纸,可使墙面产生光泽、散射、珠光等艺术效果,可用于门厅、柱头、走廊及顶棚等局部装饰。

D. 风景壁画型壁纸。壁纸的面层印刷风景名胜、艺术壁画,常由多幅拼接而成,适用于装饰厅堂墙面。

(2)塑料卷材地板。是以聚氯乙烯树脂为主要原料,加入适当助剂,在片状连续基材上经涂敷工艺生产的地面和楼面覆盖材料,简称卷材地板。塑料卷材地板具有耐磨、耐水、耐污、隔声、防潮、色彩丰富、纹饰美观、行走舒适、铺设方便、清洗容易、重量轻及价格低廉等特点,适用于宾馆、饭店、商店、会客室、办公室及家庭厅堂、居室等地面装饰。

【工程案例分析 10-1】

UPVC 下水管破裂

现象:广东某企业生产硬聚氯乙烯(UPVC)下水管,在广东省许多建筑工程中被使用,由于其质量优良而受到广泛好评。当该产品外销到北方时,施工队反映在冬季进行下水管安装时经常发生水管破裂现象。

原因分析:经技术专家现场分析,认为主要是由于水管的配方所致。因为该水管主要是在南方建筑工程上使用,由于广东常年的温度都比较高,该 UPVC 的抗冲击强度可以满足实际使用要求。但到北方的冬天,地下的温度仍然相当低,这时 UPVC 材料变硬、变脆,抗冲击强度已达不到要求。北方市场的 UPVC 下水管需要重新进行配方,生产厂家经改进配方,在UPVC 配方中多加抗冲击改性剂,解决了水管易破裂的问题。

10.2 建筑涂料

建筑涂料是指涂敷于建筑物表面,与基体材料很好地黏结并形成完整而坚韧保护膜的物质。建筑涂料的主要作用是装饰、保护及改善建筑物的使用功能等,具有工期短、工效高、工艺简单、色彩丰富、质感逼真、自重轻、造价低、维修更新方便等优点,应用十分广泛。

10.2.1 建筑涂料的基本知识

1)涂料的组成

按涂料中各组分所起的作用,可分为主要成膜物质、次要成膜物质和辅助成膜物质。

(1)主要成膜物质

主要成膜物质也称胶粘剂或固化剂,其作用是将涂料中的其他组分黏结成一体,并使涂料附着在被涂基层的表面形成坚韧的保护膜。主要成膜物质应具有较好的耐碱性和耐水性、较高的化学稳定性及一定的机械强度。

主要成膜物质一般为高分子化合物(如天然树脂或合成树脂)或成膜后能形成高分子化合物的有机物质(各种植物或动物油料)。常用的主要成膜物质有干性油(如亚麻油)、半干性油(如豆油)、不干性油(如花生油)、天然树脂(如松香、虫胶等)、人造树脂(如松香甘油酯、硝化纤维等)、合成树脂(如醇酸树脂、丙烯酸酯、环氧树脂、聚氨酯等)等。

(2) 次要成膜物质

次要成膜物质的主要组分是颜料和填料,它们不能离开主要成膜物质而单独构成涂膜,必须依靠主要成膜物质的黏结而成为涂膜的一个组成部分。

颜料是一种不溶于水、溶剂或涂料基料的一种微细粉末状的有色物质,能均匀地分散在涂料介质中,涂于物体表面形成色层。颜料在建筑涂料中不仅能使涂层具有一定的遮盖能力,增加涂层色彩,还具有增强涂膜本身的强度,防止紫外线穿透,从而提高涂层的耐老化性及耐候性。

颜料的品种很多,按化学组成可分为有机颜料和无机颜料两大类;按产源可分为天然颜料和合成颜料;按作用可分为着色颜料、防锈颜料和体质颜料等。

填料一般是一些白色粉末状的无机物质,主要作用是增加涂膜厚度,加强涂膜体质,提高涂膜耐磨性和耐久性。填料有碳酸钙、硫酸钡、滑石粉等。

(3) 辅助成膜物质

辅助成膜物质不能构成涂膜或不是构成涂膜的主体,但对涂膜的成膜过程有很大影响,或对涂膜的性能起一些辅助作用。辅助成膜物质主要包括溶剂和辅助材料两大类。

① 溶剂。溶剂又称稀释剂,是液态建筑涂料的主要成分。溶剂是一种能溶解油料、树脂,又易挥发,能使树脂成膜的物质。涂料涂刷到基层上后,溶剂蒸发,涂料逐渐干燥硬化,最终形成均匀、连续的涂膜。溶剂最后并不留在涂膜中,因此称为辅助成膜物质。溶剂和水与涂膜的形成及其质量、成本等有密切的关系。

配制溶剂型合成树脂涂料选择有机溶剂时,首先应考虑有机溶剂对基料树脂的溶解力;此外,还应考虑有机溶剂本身的挥发性、易燃性和毒性等对配制涂料的适应性。

常用的有机溶剂有松香水、酒精、汽油、苯、二甲苯、丙酮等。对于乳胶型涂料,是借助具有表面活性的乳化剂,以水为稀释剂,而不采用有机溶剂。

② 辅助材料。辅助材料又称为助剂,其主要作用是为了改善涂膜的性能,如涂膜干燥时间、柔韧性、抗氧化性、抗紫外线作用、耐老化性能等。建筑涂料使用的助剂品种繁多,常用的有催干剂、固化剂、催化剂、引发剂、增塑剂、紫外光吸收剂、抗氧剂等。某些功能性涂料还需采用具有特殊功能的助剂,如防火涂料用的难燃助剂、膨胀型防火涂料用的发泡剂等。

2) 建筑涂料的分类

建筑涂料分类很多,通常按以下三种方法进行分类:

(1) 按组成涂料基料的类别分类,建筑涂料可分为有机涂料、无机涂料、有机-无机复合涂料三大类。有机类建筑涂料由于其使用的溶剂或分散介质不同,又分为有机溶剂型和水性有机(乳液型和水溶型)涂料两类。还可以按所用基料种类再进行细分。无机类建筑涂料主要是无机高分子涂料,属于水性涂料,包括水溶性硅酸盐系(即碱金属硅酸盐)、硅溶胶系、磷酸盐系及其他无机聚合物系。应用最多的是碱金属硅酸盐系和硅溶胶系无机涂料。有机-无机复合建筑涂料的基料主要是水性有机树脂与水溶性硅酸盐等配制成的混合液(物理拼混)或是在无机物表面上接枝有机聚合物制成的悬浮液。

（2）按照在建筑物上的使用部位分类，建筑涂料可以分为内墙涂料、外墙涂料、地面涂料和顶棚涂料等。

（3）按涂膜的厚度或质地分类，建筑涂料可分为表面平整光滑的平面涂料和有特殊装饰质感的非平面类涂料。平面涂料又分为平光（无光）涂料、半光涂料等。非平面类涂料的涂膜常常具有很独特的装饰效果，有彩砖涂料、复层涂料、多彩花纹涂料、云彩涂料、仿墙纸涂料、纤维质感涂料和绒毛涂料等。

10.2.2 内墙涂料

内墙涂料的主要功能是装饰及保护室内墙面，使其美观整洁。为了获得良好的装饰效果，内墙涂料应具有色彩丰富，耐碱性、耐水性、耐粉化性良好，透气性好，易涂刷等特点。常用的内墙涂料有溶剂型内墙涂料、水溶性内墙涂料和乳液型内墙涂料。

1）溶剂型内墙涂料

溶剂型内墙涂料与溶剂型外墙涂料基本相同，由于其透气性差，容易结露，较少用于住宅内墙，但其光泽度好，易于冲洗，耐久性好，可用于厅堂、走廊等处。

溶剂型内墙涂料的主要品种有过氯乙烯墙面涂料、氯化橡胶墙面涂料、丙烯酸酯墙面涂料、聚氨酯系墙面涂料等。

2）水溶性内墙涂料

水溶性内墙涂料是以水溶性化合物为基料，加入一定量的填料、颜料和助剂，经研磨、分散而制成。常用水溶性内墙涂料有聚乙烯醇水玻璃内墙涂料、聚乙烯醇缩甲醛内墙涂料、改性聚乙烯醇系内墙涂料等。

（1）聚乙烯醇水玻璃涂料。俗称"106 内墙涂料"，是以聚乙烯醇树脂水溶液和水玻璃为主要成膜物质，加入一定量的颜料、填料和少量助剂，经搅拌、研磨而成的水溶性涂料。其配制简单，无毒无味，不易燃，施工方便，涂膜干燥快，能在稍湿的墙面上施涂，黏结力强，涂膜表面光洁平滑，装饰效果好，但膜层的耐擦洗性能较差，易产生起粉脱落现象。聚乙烯醇水玻璃涂料有白色、奶白、湖蓝、天蓝、果绿和蛋清等颜色，适用于住宅、商场、医院、学校、剧场等建筑的内墙装饰。

（2）聚乙烯醇缩甲醛涂料。俗称"803 内墙涂料"，是以聚乙烯醇半缩醛经氨基化处理后加入颜料、填料及其他助剂，经研磨而成的一种水溶性涂料。其无毒无味，干燥快，遮盖力强，涂膜光滑平整，在冬季较低气温下不宜冻结，施涂方便，装饰效果好，耐湿性、耐擦洗性好，黏结力强，能在稍湿的基层及新老墙面上施工，适用于各类建筑的混凝土、灰泥等墙面的内墙装饰。

3）乳液型内墙涂料

乳液型内墙涂料又称内墙乳胶漆，是以合成树脂乳液为主要成膜物质的薄型内墙涂料，一般用于室内墙面装饰，但不宜用于厨房、卫生间、浴室等潮湿的墙面。常用的品种有聚醋酸乙烯乳胶漆、乙-丙乳胶漆、苯-丙乳胶漆等。

（1）聚醋酸乙烯乳胶漆。是由聚醋酸乙烯乳液加入颜料、填料及各种助剂，经研磨或分散处理而制成的一种乳液涂料。该涂料具有无毒、不燃、涂膜细腻、平滑、透气性好、价格适中等优点,但它的耐水性、耐碱性及耐候性不及其他共聚乳液,故仅适宜涂刷内墙,而不宜作为外墙涂料。

(2) 乙-丙乳胶漆。是以乙-丙共聚乳液为主要成膜物质,掺入适量的颜料、填料及助剂,经研磨或分散后配制而成的半光或有光内墙涂料。其耐水性、耐碱性、耐久性优于聚醋酸乙烯乳胶漆,并具有光泽,是一种中高档内墙装饰涂料。

10.2.3 外墙涂料

外墙涂料的功能是装饰和保护建筑物的外墙面,应具有装饰性强、耐水性和耐候性好、耐污染性强、易清洁等特点。常用的外墙涂料有溶剂型外墙涂料、乳液型外墙涂料、无机涂料等。

1) 溶剂型外墙涂料

(1) 氯化橡胶外墙涂料。氯化橡胶外墙涂料又称氯化橡胶水泥漆,是由氯化橡胶、溶剂、颜料、填料及助剂等配制而成。其施工温度范围较广,能够在$-20\sim50$℃的环境下进行施工,可在水泥、混凝土和钢材的表面进行涂饰,与基层之间有良好的黏结力,具有良好的耐碱性、耐水性和耐候性,施工方便,有一定的防霉能力。对基层的要求不高,可直接涂抹在干燥清洁的水泥砂浆表面。如果在氯化橡胶旧涂膜上施工时,只要将原基体表面的灰尘、污垢和脱皮的涂层铲除干净后,可直接在旧涂膜上涂饰。

(2) 丙烯酸酯外墙涂料。丙烯酸酯外墙涂料是以热塑性丙烯酸酯合成树脂为主要成膜物质,加入溶剂、颜料、填料和助剂等,经研磨而成的一种挥发型溶剂涂料。该涂料的耐候性好,不易变色、粉化、脱落,与基体之间的黏结力强,施工方便,可采用涂刷、滚涂和喷涂等方法进行施工。由于该涂料易燃、有毒,因此在施工时应注意采取适当的防护措施。

2) 乳液型外墙涂料

(1) 乙-丙乳胶漆。乙-丙乳胶漆是由醋酸乙烯和几种丙烯酸酯类单体、乳化剂、引发剂,通过乳液聚合反应制成的乙-丙共聚乳液为主要成膜物质,加入颜料、填料和助剂配制而成。乙-丙乳胶漆以水为溶剂,安全无毒,涂膜干燥快,耐候性、耐腐蚀性和保光保色性良好,施工方便。适于住宅、商场、宾馆、工矿及企事业单位的建筑外墙装饰。

(2) 苯-丙乳胶漆。苯-丙乳液涂料是以苯乙烯-丙烯酸酯共聚乳液(简称苯-丙乳液)为主要成膜物质,加入颜料、填料及助剂等,经分散、混合配制而成的乳液型外墙涂料。该涂料具有优良的耐候性和保光、保色性,耐碱、耐水性较好,外观细腻,色彩艳丽,质感好,适于外墙涂装。

(3) 水乳型环氧树脂外墙涂料。水乳型环氧树脂外墙涂料是以水乳型合成树脂为主要成膜物质,加入颜料、填料和各种助剂等材料配制而成。该涂料以水为分散剂,无毒无味,对环境的污染程度小,施工安全,它与基体的黏结力较高,膜层不易脱落,耐老化性能、耐候性好,膜层表面可做成一定的质感,具有良好的装饰性。

3) 无机涂料

(1) 碱金属硅酸盐系外墙涂料。碱金属硅酸盐系外墙涂料是以硅酸钠、硅酸钾等为主要成膜物质,加入颜料、填料和各种助剂,经搅拌混合而成。碱金属硅酸盐系外墙涂料的品种有钠水玻璃涂料、钾水玻璃涂料和钾、钠水玻璃涂料。其耐水性、耐老化性较好,涂膜在受到火的作用时不燃,有一定的防火作用。该涂料无毒无味、施工方便,还具有较好的耐酸碱腐蚀性、抗冻性和耐污染性。

（2）硅溶胶外墙涂料。硅溶胶外墙涂料是以胶体二氧化硅（硅溶胶）为主要成膜物质，有机高分子乳液为辅助成膜物质，加入颜料、填料和助剂等，经搅拌、研磨、调制而成的水分散性涂料。硅溶胶外墙涂料是以水为分散剂，具有无毒无味的特点，施工性能好，遮盖力强，耐污染性好，与基层黏结力强，涂膜的质感细腻、致密坚硬，耐酸碱腐蚀，具有良好的装饰性。

10.3　胶粘剂

胶粘剂是指具有良好的黏结性能，能在两个物体表面间形成薄膜并把二者牢固地黏结在一起的材料。建筑胶粘剂由于是面接，应力分布均匀，耐疲劳性好，不受胶结物的形状、材质等限制，胶接后具有良好的密封性能，几乎不增加黏结物的重量，胶接方法简单，因而在建筑工程中有着越来越广泛的应用。

10.3.1　胶粘剂的基本知识

1）胶粘剂的组成

胶粘剂是一种多组分材料，通常是由黏结物质、固化剂、填料、稀释剂、增塑剂与增韧剂及其他助剂所组成。

（1）黏结物质。黏结物质也称基料或主剂，它是胶粘剂中的主要组分，主要是起胶粘作用，是胶粘剂中不可缺少的成分，其余的组分视性能要求决定是否加入。

（2）固化剂。固化剂是促使黏结物质通过化学反应加快固化的组分，它可以增加胶层的内聚强度。其性质和用量对胶粘剂的性能起着重要的作用。

（3）填料。填料的加入用于改善胶粘剂的某些性能，如提高黏度、降低膨胀系数与收缩性、降低成本。常用的填料有滑石粉、石英粉及各种金属和非金属氧化物粉。

（4）稀释剂。稀释剂的作用是用来溶解粘结物质并调节胶粘剂的黏度，以增加涂敷润湿性。稀释剂有活性稀释剂和非活性稀释剂之分。活性稀释剂既可以降低黏度，又能参与固化反应，如环氧树脂胶粘剂中的环氧丙烷苯基醚（690号）等。非活性稀释剂只能降低胶粘剂黏度，涂胶后会挥发掉，只起稀释作用，如丙酮、甲苯等。

（5）增塑剂与增韧剂。在胶粘剂中加入适量的增塑剂或增韧剂，会提高胶层的抗冲击性能和耐低温性，但是同时也会降低其耐热性能。胶粘剂中所用增塑剂与塑料中增塑剂相似。增韧剂是能参与黏结物质固化反应并改善胶粘剂性能的高分子物质，如在环氧胶粘剂中加入聚酰胺树脂、低分子量聚硫橡胶、丁腈橡胶等，可改进环氧树脂胶粘剂的韧性并提高其黏结强度。

除此之外，胶粘剂中还常加入阻聚剂、抗老化剂（如抗氧剂、抗紫外线剂）等其他助剂。

2）胶粘剂的分类

胶粘剂的分类方法很多，目前还没有统一的分类方法。通常根据其主要组成成分的不同，可将胶粘剂分为有机物质胶粘剂及无机物质胶粘剂(如硅酸盐水泥、水玻璃、石膏、磷酸盐等);按胶粘剂来源可将其划分为天然胶粘剂和合成胶粘剂;按其用途划分为结构胶粘剂、非结构胶粘剂和特种用途胶粘剂。

10.3.2　常用建筑胶粘剂

建筑工程中常用的胶粘剂种类有很多,下面列举几种不同类型的胶粘剂:

(1) 聚醋酸乙烯胶粘剂(PVAC)。聚醋酸乙烯胶粘剂是醋酸乙烯单体经聚合反应而得到的一种热塑性水乳型胶粘剂,俗称"白乳胶",它分为溶剂型和乳液型两种。该胶粘剂常温固化,固化速度快,早期黏合强度较高,既可湿粘,也可干粘,黏结强度好,配制简单,使用方便,主要以粘接各种非金属为主。可单独使用,如粘接皮革、木料、泡沫塑料等;也可加入水泥等填料作复合胶使用,用来粘接水泥制品、混凝土、玻璃、陶瓷等。但其耐热性、耐水性较差,徐变较大,常作为室温下使用的非结构胶。

(2) 聚乙烯醇缩甲醛胶粘剂。聚乙烯醇缩甲醛胶粘剂,俗称"801胶",是由聚乙烯醇和甲醛为主要原料,加入少量盐酸、氢氧化钠和水,在一定条件下缩聚而成的无色透明胶体。聚乙烯醇缩甲醛耐热性、耐老化性好,胶结强度高,施工方便,是一种应用十分广泛的胶粘剂。建筑工程中可以用于胶结塑料壁纸、墙布、玻璃、瓷砖等,还能和水泥复合使用,可显著提高水泥材料的黏结性、耐磨性、抗冻性和抗裂性等。

(3) 环氧树脂胶粘剂。环氧树脂胶粘剂是由环氧树脂加填料、固化剂、增塑剂、稀释剂等组成。环氧树脂对金属、木材、玻璃、橡胶、硬塑料、混凝土等有很强的黏结力,且其耐酸碱侵蚀,收缩小,化学稳定性良好,能够有效解决新旧砂浆、混凝土层之间的界面黏结问题,用于黏结或修补混凝土的效果远远超过其他胶粘剂,是目前应用最广泛的胶粘剂,故有"万能胶"之称。

(4) 酚醛树脂胶粘剂。酚醛树脂胶粘剂属于热固型胶粘剂,它的粘附性能很好,耐热性、耐水性良好。但是这种胶粘剂胶层较脆,经过改性后可广泛用于金属、木材、塑料等材料的粘接。

建筑胶粘剂的品种很多,性能也都各不相同,许多新的胶粘剂也不断出现。在具体工程应用时应注意根据材料的性质及使用环境条件,正确选用胶粘剂,以保证胶接质量。

【工程案例分析10-2】

某住宅楼装修甲醛超标

现象:某住宅楼购买了一批由脲醛树脂作黏合剂的胶合板进行室内装修,装修经检测,室内甲醛含量严重超标。

原因分析:胶合板通常是由脲醛树脂作黏合剂,在热压的条件下使树脂固化,制成胶合板。脲醛树脂属于热固型黏合剂,是由尿素和甲醛反应而成。但是一些胶合板生产企业为了追求产量和效益,在生产脲醛树脂时甲醛用量偏多,或胶合板生产时热压时间过短,或热压温度过低,造成胶合板残余甲醛含量过高,导致使用过程中胶合板中不断有甲醛释放出来,污染环境。

【现代建筑材料知识拓展】

既非玻璃亦非钢的玻璃钢

人们把玻璃纤维增强塑料称为玻璃钢。它具有玻璃般的透明或半透明,又具有钢铁般的高强度,是以玻璃纤维或其他织物增强的高分子树脂。玻璃钢密度小、强度大,比钢铁结实,比铝轻;具有良好的耐酸碱腐蚀特性;不具有磁性;瞬间耐高温,且是优良的绝热材料。

玻璃钢应用广泛。美国波音747飞机上采用玻璃钢制造的零件就达1万多种。

玻璃钢在土木工程中得到广泛应用。许多新建的体育馆、展览馆巨大的屋顶就是用玻璃钢制成,以发挥其质轻、高强及透光的长处。玻璃钢耐腐蚀性好,可利用它制造各种管道、贮罐等。玻璃钢在土木工程中必将发挥越来越大的作用。

请思考如何在土木工程中更好地发挥玻璃钢的作用。

课后思考题

一、填空题

1. _____是塑料的基本成分,在塑料中起胶粘其他成分的作用;_____决定塑料的主要机械、电气和化学稳定性能;_____的作用是为防止塑料老化;_____是使塑料制品具有绚丽多彩性的一种添加剂。

2. 建筑塑料与传统建筑材料相比,具有密度_____、比强度_____、导热性_____、耐腐蚀性_____特点。

3. 填写以下各种塑料的代号:聚乙烯塑料_____、聚氯乙烯塑料_____、聚苯乙烯塑料_____、改性聚苯乙烯塑料_____、环氧树脂塑料_____、酚醛树脂塑料_____、不饱和聚酯树脂塑料_____。

4. 按涂料中各组分所起的作用,可分为_____、_____和_____。

5. 建筑涂料按照在建筑物上的使用部位可分为_____、_____、_____和_____。

二、简答题

1. 简要说明建筑塑料的基本组成及各组分的作用。

2. 建筑工程上常用的塑料制品有哪些?各有什么特点?

3. 简述建筑涂料的组成。

4. 建筑工程中常用的外墙建筑涂料有哪些?各有什么技术性能?

5. 建筑工程中常用的内墙涂料有哪些?各有什么技术性能?

6. 简述胶粘剂的组成,各组成的作用如何?

7. 建筑工程中常用的胶粘剂有哪些品种?

11 建筑装饰材料

学习指导

本章共 3 节,本章的学习目标是:

(1) 熟悉各种木质装饰材料、建筑玻璃、建筑装饰陶瓷的规格、性能与应用。

(2) 理解木材、建筑玻璃的基本性能及影响因素。

(3) 了解木材的分类与构造,建筑玻璃、建筑装饰陶瓷的成分与生产工艺。

本章的重、难点是理解建筑木材的用途以及建筑玻璃中各种玻璃的功能与运用。

11.1 木质装饰材料

木材在建筑工程的应用,已有悠久的历史。我国在古建筑中大量使用木材,如屋架、房梁、立柱、门窗、地板以及室内装饰等。随着建筑工业的不断发展,在现代建筑中,木材作为承重材料,早已被钢材和混凝土所替代。同时,由于木材的生长周期比较长,过度砍伐也会影响到生态环境的平衡。所以木材在现代建筑结构中已基本不再使用,而广泛应用于建筑装饰工程中。

木材具有许多优点:轻质高强、易于加工;有较高的弹性和韧性;导热性能低;木材以美丽的天然花纹,给人以淳朴、亲切的质感,表现出朴实无华的自然美,具有独特的装饰效果。但木材也有缺点:内部结构不均匀,导致各向异性;干缩湿胀变形大;易腐朽、虫蛀;易燃烧;天然疵点较多等。随着木材加工和处理技术的提高,这些缺点得到很大程度的改善。

11.1.1 木材的分类

木材是由树木加工而成的。按树叶的不同,树木可分为针叶树和阔叶树两大类。

1) 针叶树

针叶树树叶细长如针,多为常绿树,树干高大通直,材质轻软,纹理平顺、均匀,易于加工,又称为"软木材"。针叶树强度较高,表观密度和胀缩变形较小,常含有较多的树脂,因而耐腐蚀性较强。建筑上常用的针叶树有杉木、柏木、红松、云杉、冷杉、落叶松及其他松木。针叶树木材主要用作承重构件、装修材料,是主要的建筑用材。

2）阔叶树

阔叶树树叶宽大，叶脉成网状，一般大都为落叶树，树干较短，树杈较大，数量较少。大部分阔叶树木材的表观密度大，材质较硬，加工较难，又称为"硬木材"。阔叶树材较重，强度高，材板通常美观，具有很好的装饰效果，但胀缩和翘曲变形大，易开裂，在建筑中常用于制作尺寸较小的装修和装饰等构件。有些硬木经加工后出现美丽的纹理，特别适用于室内装修、制作家具及胶合板等。常用的树种有榉木、柞木、水曲柳、槐木、榆木、栎木等。

11.1.2　木材的构造

木材的构造是决定木材性质的主要因素。由于树种和树木生长的环境不同，造成其构造差异较大。一般从木材的宏观和微观两方面来研究其构造。

1）宏观构造

宏观构造是指用肉眼和放大镜能观察到的组织结构。由于木材是各向异性的，通常从树干的横切面（垂直于树轴的面）、径切面（通过树轴的纵切面）和弦切面（平行于树轴的纵切面）三个切面上剖析，了解其构造。木材的宏观构造如图11-1所示。从图11-1可以观察到：树木是由树皮、木质部和髓心等几部分组成。

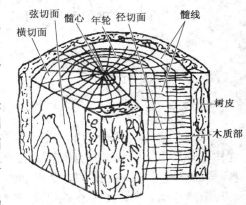

图 11-1　木材的宏观构造图

（1）树皮。是由外皮、软木组织和内皮组成，是储藏养分的场所和运输叶子制造养分下降的通道，同时可以保护树干。一般树的树皮在工程中没有使用价值，只有黄菠萝和栓皮栎两种树的树皮是生产高级保温材料软木的原料。

（2）髓心。位于树干的中心，是木材最早生成的部分，质地疏松脆弱，强度低，容易腐蚀和被虫蛀蚀。

（3）木质部。位于髓心和树皮之间的部分，是木材使用的主要部分。一般木材的构造即是指木质部的构造。在木质部的构造中，许多树种的木质部接近树干中心的部分呈深色，称心材；靠近外围的部分色较浅，称边材。一般来说，心材比边材的利用价值大。具有心材和边材的木材称为心材类，如松木、柞木和水曲柳等；木质部颜色基本相同的木材称边材。

（4）髓线。从髓心向外的辐射线，称为髓线，它与周围联结差，干燥时易沿此开裂。由横行薄壁细胞组成，其功能为横向传递和储存养分。在横切面上，髓线以髓心为中心，呈放射状分布；从径切面上看，髓线为一横向的带条。年轮和髓线组成了木材美丽的天然纹理。

（5）年轮。横切面上深浅相间的同心圆环称为年轮。年轮由春材和夏材两部分组成，春材是春天生长的木质，色较浅，材质松软；夏材是夏秋两季生长的木质，色较深，材质坚硬。相同树种，年轮越密且均匀则材质就愈好，夏材部分愈多，木材强度愈高。

2）微观构造

微观构造是在显微镜下观察到的木材组织。在显微镜下可清楚观察到木材由无数管状细胞紧密结合而成,绝大部分纵向排列,少数横向排列(髓线)。每一个细胞分为细胞壁和细胞腔两部分,细胞壁是由纤维组成的,其纵向联结较横向牢固。木材的细胞壁愈厚,腔愈小,木材愈密实,表观密度大,强度也较高,但胀缩大。

针叶树的微观构造见图11-2所示。针叶树材显微构造简单而规则,主要由管胞、髓线和树脂道组成,其中管胞占总体积的90%以上,髓线较细而不明显。阔叶树材显微构造较复杂,细胞主要有木纤维、导管和髓线等,髓线很发达,粗大而明显。

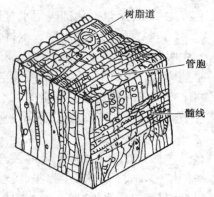

图11-2　针叶树马尾松的微观构造

11.1.3　木材的基本性质

木材的性质包括物理性质和力学性质。物理性质包括密度、表观密度、含水率、湿胀干缩等。力学性质主要是指木材的强度。

1)物理性质

(1)密度与表现密度

木材的密度基本相同,平均为 1.55 g/cm³。木材的表观密度因树种不同而不同。大多数木材的表观密度为 400~600 kg/m³,平均为 500 kg/m³。一般将表观密度小于 400 kg/m³ 的木材称为轻材,表观密度在 500~800 kg/m³ 的木材称为中等材,而将表观密度大于 800 kg/m³ 的木材称为重材。

(2)木材中的水分

木材中的水分由自由水、化合水和吸附水三部分组成。

① 自由水。自由水是存在于木材细胞腔内和细胞间隙中的水分,木细胞对其约束很弱。木材干燥时,自由水首先蒸发,影响木材的表观密度、抗腐蚀性、燃烧性和干燥性。

② 化合水。化合水是构成木材化学成分中的结合水,总含量通常不超过 1%~2%,随树种的不同而异。它在常温下不变化,对木材性质的影响也不大。

③ 吸附水。吸附水是渗透于细胞壁中的水分,其含量多少与细胞壁厚度有关。木材受潮时,细胞壁会首先吸水而使体积膨胀;而木材干燥时吸附水会缓慢蒸发而使体积收缩。因此,吸附水含量的变化将直接影响木材体积的大小和强度的高低。

当干燥木材吸收环境中的水分时,会首先将其吸附于细胞壁中而成为吸附水;待吸附水饱和后,再吸入的水分才进入细胞腔或细胞间隙而成为自由水。当含水率较高的木材处于干燥环境中时,最先脱离木材而进入环境中的水分是自由水,然后才是吸附水。

(3)木材的含水率

木材的含水率是指木材中所含水分质量与木材干燥质量的百分比。

① 木材的纤维饱和点。当木材中的吸附水达到饱和,且尚无自由水存在时的含水率称为纤维饱和点。木材的纤维饱和点与其细观结构有关,木材的纤维饱和点随树种而异,一般为 25%~35%,平均值约为 30%。纤维饱和点是含水率是否影响强度和胀缩性能的临界点。在纤维饱和点之上,含水量变化是自由水含量的变化,它对木材强度和体积影响甚微;在纤维饱

和点之下,含水量变化即吸附水含量的变化将对木材强度和体积等产生较大的影响。

② 木材的平衡含水率。木材长时间暴露在一定温度和湿度的空气中,干燥的木材能从空气中吸收水分,潮湿的木材能向周围释放水分,直到木材的含水率与周围空气的相对湿度达到平衡为止。木材所含水分与周围空气的相对湿度达到平衡时的含水率称为平衡含水率,是木材干燥加工时的重要控制指标。木材的平衡含水率随其所在地区不同而异,我国北方为12%左右,南方约为18%,长江流域一般为15%左右。

(4) 湿胀干缩

木材具有显著的湿胀干缩性,其规律是:当木材的含水率在纤维饱和点以下时,随着含水率的增大,木材体积产生膨胀,随着含水率减小,木材体积收缩;而当木材含水率在纤维饱和点以上,只是自由水增减变化时,木材的体积不发生变化。纤维饱和点是木材发生湿胀干缩变形的转折点。

由于木材为非匀质构造,其构造不均匀,各方向的胀缩也不同,同一木材弦向胀缩最大,径向其次,而顺纤维的纵向最小。木材干燥时,弦向干缩为 6%～12%;径向干缩为 3%～6%;纵向干缩为 0.1%～0.35%。木材的湿胀干缩变形还随树种不同而异,一般来说,表观密度大、夏材含量多的木材,胀缩变形就较大。板材距髓心越远,由于其横向更接近于典型的弦向,因而干燥时收缩越大,致使板材产生背向髓心的反翘变形,如图 11-3 所示。

木材具有较强的吸湿性。当环境温度、湿度变化时,木材的含水率会发生变化。木材的吸湿性对木材的性质,特别是对木材的湿胀干缩影响很大。因此,在木材加工制作前预先将其进行干燥处理,使木材干燥至其含水率与将制作的木构件使用时所处环境的平衡含水率基本一致。

图 11-3　木材干燥后截面形状的变化

2) 力学性质

根据外力的作用方式不同,木材的强度主要有抗压强度、抗拉强度、抗弯强度和抗剪强度。由于木材是各向异性的材料,在不同的纹理方向上强度表现不同。当以顺纹抗压强度为1时,理论上木材不同纹理间的强度关系见表 11-1。

表 11-1　木材各种强度间的关系

抗　拉		抗　压		抗　剪		抗　弯
顺纹	横纹	顺纹	横纹	顺纹	横纹	
2～3	1/20～1/3	1	1/10～1/3	1/7～1/3	1/2～1	1.5～2.0

木材的强度除与自身的树种构造有关之外,还与含水率、疵病、负荷时间、环境温度等因素有关。当含水率在纤维饱和点以下时,木材的强度随含水率的增加而降低;含水率在纤维饱和点以上时,水分增加,对木材的强度无影响。木材的天然疵病,如节子、构造缺陷、裂纹、腐朽、虫蛀等都会明显降低木材强度。木材在长期荷载作用下的强度会降低 50%～69%。木材使用环境温度超过 50℃或受冻融作用后强度也会降低。

11.1.4　木质人造板材

人造板材是建筑装饰工程中使用量最大的一种材料。在我国森林资源日渐短缺的情况下,设法充分利用木材的边角废料以及废木材等,加工制成各种人造板材是综合利用木材的主要途径。常用的木质人造板材有胶合板、刨花板、密度板、细木工板、木丝板和木屑板等。

1）胶合板

普通胶合板是用原木旋切成薄片,再用胶粘剂按奇数层数,以各层纤维互相垂直的方向黏合热压而成的人造板材。我国常用的原木主要有桦木、杨木、水曲柳、松木、椴木、马尾松及部分进口原木。胶合板的层数应为奇数,按胶合板的层数,可分为三合板、五合板、七合板、九合板等,一般常用的是三合板和五合板。

普通胶合板按耐水程度分为三类。Ⅰ类:耐气候胶合板,供室外条件下使用;Ⅱ类:耐水胶合板,供潮湿条件下使用;Ⅲ类:不耐潮胶合板,供干燥条件下使用。按成品板上可见的材质缺陷和加工缺陷的数量和范围分成优等品、一等品和合格品三个等级,这三个等级的面板均应砂(刮)光,特殊需要的可不砂(刮)光或两面砂(刮)光。

胶合板板材幅面大,易于加工;板材的纵向和横向的抗拉、抗剪强度均匀,适应性强;板面平整,收缩性小,不翘不裂;板面具有美丽的木纹,是装饰工程中使用最频繁、数量最大的板材,既可以做饰面板的基材,又可以直接用于装饰面板,能获得天然木材的质感。

2）细木工板

细木工板,又称大芯板,是具有实木板芯的胶合板。细木工板的中间木条材质一般有杨木、桐木、杉木、柳安、白松等。细木工板按表面加工状态不同,可分为单面砂光、双面砂光和不砂光三种;按使用环境分为室内用细木工板和室外用细木工板;按层数分为三层细木工板、五层细木工板和多层细木工板;按外观质量和翘曲度分为优等品、一等品和合格品。

细木工板具有密度小、变形小、强度高、尺寸稳定性好、握钉力强等优点,因此是家庭装修中墙体、顶部装修和制作家具必不可少的木材制品。

3）密度板

密度板也称纤维板,是以木质纤维或其他植物纤维为原料,经纤维制备,施加合成树脂,在加热加压条件下压制而成的一种板材。密度板比一般的板材要致密,按其密度的不同,分为高密度板、中密度板、低密度板。常用的密度板是中密度板(中密度纤维板),其名义密度范围在$0.65\sim0.80\ \text{g/cm}^3$。

中密度纤维板按用途分为普通型、家具型、承重型三类,每类按适用环境条件又分为适于干燥、潮湿、高湿度、室外环境四种类型。按外观质量分为优等品和合格品两个等级。

中密度纤维板的幅面尺寸:宽度为1 220 mm(1 830 mm),长度为2 440 mm。中密度纤维板的尺寸偏差、含水率、物理力学性能等指标见规范《中密度纤维板》(GB/T 11718—2009)。

中密度纤维板的结构均匀、密度适中、力学强度较高、尺寸稳定性好、变形小、表面光滑、边缘牢固,且板材表面的装饰性能好,所以可制成各种型面,用于制作家具、船舶、车辆以及隔断、隔墙、门等建筑装饰材料。缺点是加工精度和工艺要求较高,造价较高;因其密度高,因此必须使用精密锯切割,不宜在装修现场加工;此外,握钉力较差。

4)刨花板

刨花板是由木材碎料(木刨花、锯末或类似材料)或非木材植物碎料(亚麻屑、甘蔗渣、麦秸、稻草或类似材料)与胶粘剂一起热压而成的板材。

刨花板按原料不同分为木材刨花板、甘蔗渣刨花板、亚麻屑刨花板、竹材刨花板等。按表面状态分为未砂光板、砂光板、涂饰板、装饰材料饰面板。按用途分为干燥状态下使用的普通用板、干燥状态下使用的家具及室内装修用板、干燥状态下使用的结构用板、潮湿状态下使用的结构用板、干燥状态下使用的增强结构用板、潮湿状态下使用的增强结构用板。

刨花板板面平整、挺实,纵向和横向强度一致,隔声、防霉、经济、保温。刨花板由于内部为交叉错落的颗粒状结构,因此握钉力好,造价比中密度板便宜,并且甲醛含量比细木工板低,是最环保的人造板材之一。但是,不同产品间质量差异大,不易辨别,抗弯性和抗拉性较差,密度较低,容易松动。刨花板属于低档次的装饰材料,一般主要用作绝热、吸声材料,用于地板的基层(实铺)、吊顶、隔墙、家具等。

5)木丝板、木屑板

木丝板、木屑板是用短小废料刨制的木丝、木屑等为原料,经干燥后拌入胶料,再经热压成型而制成的人造板材。所用胶结料可为合成树脂,也可用水泥、菱苦土等无机胶凝材料。

这类板材一般体积密度小,强度较低,主要用作绝热和吸声材料。有的表层做了饰面处理,如粘贴塑料贴面后,可用作吊顶、隔墙、家具等材料。

11.1.5　木质地板

1)实木地板

实木地板是指用木材直接加工而成的地板。实木地板由于其天然的木材质地,润泽的质感、柔和的触感、自然温馨、冬暖夏凉、脚感舒适、高贵典雅而深受人们的喜爱。

实木地板按形状分为榫接、平接和仿古实木地板;按表面有无涂饰分为涂饰和未涂饰实木地板;按表面涂饰类型分为漆饰和油饰实木地板。

(1)平接实木地板

平接实木地板是六面均为平直的长方体及六面体或工艺形多面体木地板。它一般是以纵剖面为耐磨面的地板,生产工艺简单,可根据个人爱好和技艺铺设成普通或各种图案的地板。但加工精度较高,整个板面观感尺寸较碎,图案显得零散。主要规格有 155 mm×22.5 mm×8 mm、250 mm×50 mm×10 mm、300 mm×60 mm×10 mm。平接实木地板用途广,除作地板外,也可作拼花板、墙裙装饰以及天花板吊顶等室内装饰。

(2)榫接实木地板

榫接实木地板板面呈长方形,其中一侧为榫,另一侧有槽,其背面有抗变形槽。由于铺设时榫和槽必须结合紧密,因而生产技术要求较高,对木质的要求也高,不易变形。该板规格甚多,小规格为 200 mm×40 mm×(12~15)mm,250 mm×50 mm×(15~20)mm,大规格的长条榫接地板可达(400~4 000)mm×(60~120)mm×(15~20)mm。目前市场上多数榫接实木地板是经过油漆的成品地板,一般称"漆板"。漆板在工厂内加工、油漆、烘干,质量较高,现场油漆一般不容易达到其质量水平。漆板安装后不必再进行表面刨平、打磨、油漆。

（3）仿古实木地板

仿古实木地板是仿古地板的一种,即实木地板表面做成仿古效果,通过特殊工艺把表面处理成凹凸不平。仿古实木地板的表面不是光滑平整的,而是像经过很多年岁月洗涤,一般呈现自然凹凸和古旧痕迹,有浓浓的历史感。

仿古实木地板美观,有艺术感,但由于表面是凹凸的,耐磨性稍差,特别是凸起的部分容易先被磨损,而且由于是实木地板,平时要注意保养,对室内的温度和湿度都有要求。

2）实木复合地板

以实木板或单板为面层,实木条为芯层,单板为底层制成的企口地板和以单板为面层,胶合板为基材制成的企口地板,称为实木复合地板。

实木复合地板按面层材料分为实木拼板作为面层的实木复合地板、单板作为面层的实木复合地板;按结构分为三层结构实木复合地板、以胶合板为基材的实木复合地板;按表面有无涂饰分为涂饰实木复合地板、未涂饰实木复合地板;按甲醛释放量分为 A 类实木复合地板（甲醛释放量$\leqslant$9 mg/100 g）、B 类实木复合地板（甲醛释放量>9～40 mg/100 g）。

实木复合地板继承了实木地板典雅自然、脚感舒适、保温性能好的特点,克服了实木地板因单体收缩,容易起翘裂缝的不足,具有较好的尺寸稳定性,且防虫、阻燃、绝缘、隔潮、耐腐蚀,是实木地板的换代产品。

实木复合地板加工精度高,表层、芯层、底层各层的工艺要求相对其他木地板高,因此结构稳定,安装效果好。

3）浸渍纸层压木质地板

浸渍纸层压木质地板（商品名称为强化木地板）,是以一层或多层专用纸浸渍热固性氨基树脂,铺装在刨花板、高密度纤维板等人造板基材表面,背面加平衡层,正面加耐磨层,经热压、成型的地板。

与实木地板相比,强化木地板具有耐磨性强、表面装饰花纹整齐、色泽均匀、抗压性强、抗冲击、抗静电、耐污染、耐光照、耐香烟灼烧、安装方便、保养简单、价格便宜、便于清洁护理等优点。但弹性和脚感不如实木地板,水泡损坏后不可修复。另外,胶粘剂中含有一定的甲醛,应严格控制在国家标准范围之内。此外,从木材资源综合利用的角度来看,强化木地板更有利于木材资源的可持续利用。

4）竹地板

竹地板是指把竹材加工成竹片后,再用胶粘剂胶合、加工成的长条企口地板。它采用天然竹材和先进的加工工艺,经制材、脱水防虫、高温高压碳化处理,再经压制、胶合、成型、开槽、砂光、油漆等工序精制加工而成。

竹地板色差比较小,色泽自然、均匀,色调高雅,纹理通直,刚劲流畅,表面硬度高,不易变形,并且竹地板的热传导性能、热稳定性能、环保性能、抗变形性能都要比木质地板好一些,非常适合地热采暖。

11.1.6　木装饰线条

木装饰线条简称木线,是选用质硬、结构细密、材质较好的木材,经过干燥处理后,再机械加工或手工加工而成。木线可油漆成各种色彩和木纹本色,又可进行对接、拼接,还可弯曲成各种弧线。木线在室内装饰中主要起着固定、连接、加强装饰饰面的作用。

木线种类繁多,每类木线又有多种断面形状,常用木线的外形如图11-4所示。木线按材质不同可分为硬杂木线、进口洋杂木线、白元木线、水曲柳木线、山樟木线、核桃木线、柚木线等;按功能可分为压边线、柱角线、压角线、墙角线、墙腰线、上楣线、覆盖线、封边线、镜框线等;按外形可分为半圆线、直角线、斜角线、指甲线等;从款式上可分为外凸式、内凹式、凸凹结合式、嵌槽式等。

木线具有表面光滑,棱角、棱边、弧面弧线垂直,轮廓分明,耐磨、耐腐蚀,不劈裂,上色性、黏结性好等特点,在室内装饰工程中应用广泛。

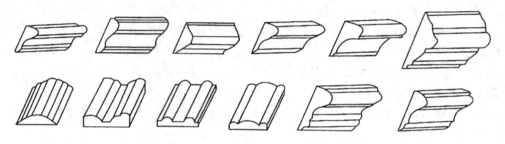

图 11-4　木装饰线条

【工程案例分析 11-1】

客厅木地板所选用的树种

现象:某客厅采用白松实木地板装修,使用一段时间后多处磨损。

原因分析:白松属针叶树材。其木质软、硬度低、耐磨性差。虽受潮后不易变形,但用于走动频繁的客厅则不妥,可考虑改用质量好的复合木地板,其板面坚硬耐磨,可防高跟鞋、家具的重压、磨刮。

【工程案例分析 11-2】

天安门顶梁柱质量分析

现象:天安门城楼建于明朝,清朝重修,经历数次战乱,屡遭炮火袭击,天安门依然巍然屹立。20世纪70年代初重修,从国外买了上等良木更换顶梁柱,一年后柱根便遭朽,不得不再次大修。

原因分析:其原因是这些木材拖于船后从非洲运回,饱浸海水,上岸后工期紧迫,不顾木材含水率高,在潮湿的木材上涂料,水分难以挥发,这些潮湿的木材最易受到真菌的腐蚀。

11.2 建筑玻璃

11.2.1 玻璃基本性质

玻璃是现代建筑十分重要的室内外装饰材料之一。现代装饰技术的发展和人们对建筑物的功能和美观要求的不断提高,促使玻璃制品朝着多品种、多功能、绿色环保的方向发展。

现代建筑材料工业技术的迅猛发展,催生出很多性能优良的新型玻璃,为建筑设计和装饰设计提供了更为广阔的选材空间。从历史发展的轨迹可以看出,玻璃的装饰性和功能性越来越紧密地联系在一起,如中空玻璃、镜面玻璃、热反射玻璃等品种,既能调节居室内的气候,节约能源,又能起到良好的装饰效果,给人以美的感受。这些玻璃品种以其特有的优良装饰性能和物理性能,在改善建筑物的使用功能性以及美化建筑环境方面起到了越来越重要的作用。

1) 玻璃的分类

玻璃产品的种类很多,作为一种工业产品,它随着材料科学的进步而迅猛发展。玻璃的分类方法也有多种,由于决定产品性质的主要因素是它的化学组成,因此通常按化学组成进行分类。玻璃按化学组成不同通常可分为以下类型:

(1) 钠玻璃。即普通玻璃,又名钠钙玻璃,主要由硫酸钠和纯碱组成。虽然钠玻璃的紫外线通过率低,力学性质、热工性质、光学性质和化学稳定性等均较差,但软化点较低,易于熔制,成本低廉,因此一直都是使用量最大的玻璃品种。由于杂质含量多,产品性能一般,又没有特别的性质和功能,钠玻璃一般多用于制造普通建筑玻璃和日用玻璃制品。

(2) 钾玻璃。钾玻璃又称硬玻璃,是以 K_2O 代替钠玻璃中的部分 Na_2O,并同时提高 SiO_2 的含量而制成的。钾玻璃在力学性质等很多性能方面都比钠玻璃好。它坚硬而有光泽,被广泛用于制造化学仪器和用具,以及高级玻璃制品等。

(3) 铝镁玻璃。铝镁玻璃也是在钠玻璃的基础上加工制作的。它是在降低钠玻璃中碱金属和碱土金属氧化物含量的基础上,加入 MgO 并以 Al_2O_3 代替部分 SiO_2 而制成的。它具有软化点低、析晶倾向弱、力学和化学稳定性高等特点。铝镁玻璃的光学性质较为突出,是一种高级建筑装饰玻璃。

(4) 铅玻璃。铅玻璃又称铅钾玻璃、重玻璃或晶质玻璃,由 PbO、K_2O 和少量的 SiO_2 所组成。铅玻璃的主要特点是质地较软、易于加工、光泽透明、化学稳定性高等。铅玻璃最大的特点是光的折射和反射性能力优秀,因此常用于制造光学仪器和装饰品等。

(5) 硼硅玻璃。硼硅玻璃由于耐热性能优异,又称耐热玻璃。它是由 B_2O_5、SiO_2 及少量 MgO 所组成,由于成分独特,因此价格比较昂贵。硼硅玻璃具有较强的力学性能、较好的光泽和透明度以及优良的耐热性、绝缘性和化学稳定性,用于制造高级化学仪器和绝缘材料。

(6) 石英玻璃。石英玻璃是由纯 SiO_2 为原料制成的。它具有良好的力学性质,热工性质,优良的光学性质和化学稳定性,并能透过紫外线,可用于制造耐高温仪器等特殊用途的设备。

2）玻璃的基本性质

玻璃的基本性质包括玻璃的热物理性质、化学性质和力学性质等内容。

（1）密度

普通玻璃的密度为 2 450～2 550 kg/m³，孔隙率为零，可以认为玻璃是绝对密实的材料。玻璃的密度与其化学组成有关，不同种类的玻璃密度差别很大。温度对玻璃密度的影响也比较大，密度会随温度的变化而改变。

（2）光学性质

玻璃具有特别优秀的光学性质，它既能通过光线，还能反射光线和吸收光线。但玻璃的厚度过大或将多层玻璃重叠在一起，则是不易透光的。玻璃广泛用于建筑采光和装饰，也用于光学仪器和日用器皿等，并且越来越受到建筑设计师和室内设计师的重视。

光线入射玻璃，表现有透射、反射和吸收的性质。光线能透过玻璃的性质称为透射。光线被玻璃阻挡，按一定角度折回的性质称为反射或折射。光线通过玻璃后，一部分会损失掉，这种现象称为吸收。一些具有特殊功能的新型玻璃，如吸热玻璃、热反射玻璃、光致变色玻璃等，就是在充分利用玻璃的这些特殊光学性质的基础上研制的。

反射系数是玻璃的反射光能与入射光能之比，这是评价热反射玻璃的一项重要指标。反射系数的大小决定于反射面的光滑程度及入射光线入射角的大小。透过玻璃的光能与入射光能之比称为透过率（或称透光率）。透光率高低是玻璃的重要属性，一般清洁的普通玻璃透光率为 85%～90%。

光线通过玻璃将发生衰减，衰减是光反射和吸收两个因素的综合表现。玻璃透过率随厚度的增加而减小。玻璃的颜色同样影响透光，深色玻璃的透过率明显低于无色和浅色的玻璃。由于玻璃中的杂质会使玻璃着色，因此杂质的存在会明显降低采光效果，降低玻璃的品质。

玻璃吸收光能与入射光能的比值称为吸收率，吸收率是评价吸热玻璃的一项重要指标。玻璃对光线的吸收能力随着化学组成和颜色而变化。无色玻璃可透过各种颜色的光线，但吸收红外线和紫外线，各种颜色玻璃能透过同色光线而吸收其他颜色的光线。

（3）力学性质

玻璃的化学成分、产品形态、表面形状和制造工艺在很大程度上决定其力学性质。此外，玻璃制品中如含有未溶杂物、结石、节瘤等瑕疵或具有细微裂纹，都会造成应力集中，从而大大降低其机械强度。

① 抗压强度。玻璃的抗压强度较高，它随着化学组成的不同而有很大变化（600～1 600 MPa）。载荷的时间长短对抗压强度影响很小，但受高温影响很大。二氧化硅含量高的玻璃有较高的抗压强度，而钙、钠、钾等氧化物含量的增加是降低抗压强度的重要因素之一。

玻璃承受荷载后，表面可能发生很细微的裂痕，裂痕随着载荷次数的加多而逐渐明显和加深，因此长期使用的玻璃需要注意用氢氟酸进行处理，以保证玻璃具有适当高的强度。

② 抗拉强度。抗拉强度是决定玻璃品质的主要指标。玻璃的抗拉强度很小，一般为其抗压强度的1/14～1/15，约为 40～120 MPa。因此，玻璃在冲击力的作用下极易破碎，是非常典型的脆性材料。

（4）玻璃的热工性质

① 导热性。玻璃的导热性很差，在常温时其导热系数仅为铜的 1/400。玻璃的导热性受

颜色和化学成分的影响,并随着温度的升高而增大,尤其在700℃以上时,上升十分显著。

②　热膨胀性。玻璃的热膨胀性能比较明显。热膨胀系数的大小,取决于组成玻璃的化学成分和纯度,玻璃的纯度越高热膨胀系数越小。

③　热稳定性。玻璃的热稳定性决定了在温度急剧变化时玻璃抵抗破坏的能力。由于玻璃的导热性能差,当部分玻璃受热时,热量不能被迅速传递到其他部分,导致玻璃受热部位产生膨胀,内部产生应力,很容易造成破裂。玻璃的破裂,主要是拉应力的作用造成的。玻璃具有热胀冷缩性,急热时受热部位膨胀,使表面产生压应力,而急冷时收缩,产生拉应力。由于玻璃的抗压强度远高于其抗拉强度,所以玻璃对急冷的稳定性比急热的稳定性差很多。

（5）玻璃的化学稳定性

玻璃具有较高的化学稳定性,这是由玻璃组成物质的性质所决定的。但如果玻璃组成成分中含有较多的易蚀物质,在长期受到侵蚀的情况下,化学稳定性也会变差,导致玻璃的腐蚀。在通常情况下玻璃对酸、碱、化学试剂或气体都具有较强的抵抗能力,能抵抗氢氟酸以外的各种酸类的侵蚀。

硅酸盐类玻璃在水气的作用下会出现风化。随着风化程度的加深,风化所形成的硅酸被玻璃表面吸附,形成薄膜,薄膜能阻止风化的继续进行,也就强化了玻璃的化学稳定性。铝酸盐和硼酸盐类玻璃的化学稳定性最好。

3）玻璃的表面处理

玻璃是一种最常用的装饰材料,为了提高装饰效果,经常需要对玻璃的表面进行处理,以达到特定的装饰效果。如何更好地对玻璃进行装饰化改造,是玻璃深加工的重要课题之一。玻璃的表面处理主要分为化学刻蚀、化学抛光和表面金属涂层三种主要形式。

（1）玻璃的化学刻蚀

化学刻蚀是用氢氟酸溶解玻璃表层的硅氧,根据残留盐类溶解度的不同而得到有光泽或无光泽的面层的过程。生产中采用的蚀刻剂有蚀刻液和蚀刻膏两种。蚀刻液可由 HF 加入 NH_4F 与水组成。蚀刻膏由氟化铵、盐酸、水并加入淀粉或粉状冰晶石粉配成。制品上不需要腐蚀的部位可涂上保护漆或石蜡。

（2）化学抛光

化学抛光效率高于机械抛光,且节省动力。化学抛光的原理与化学刻蚀一样,是利用氢氟酸破坏玻璃表面原有的硅氧膜而生成一层新的硅氧膜,提高玻璃的光洁度与透光率。

化学抛光有两种方式:一种是单纯的化学侵蚀作用;另一种是用化学侵蚀和机械研磨相结合。前者多用于玻璃器皿;后者称为化学研磨法,一般用于平板玻璃。

（3）表面金属涂层

在玻璃表面镀上一层很薄的金属薄膜,是一种常见的玻璃表面处理方法,广泛用于热反射玻璃、玻璃装饰器具和玻璃装饰品等方面。

玻璃表面镀金属薄膜的方法,有化学法和真空沉积法。前者可分为还原法、水解法（又称液相沉积法）等,后者又分为真空蒸发镀膜法、阴极溅射法、真空电子枪蒸镀法。

（4）表面着色处理

所谓玻璃表面着色处理,就是在高温下用着色离子的金属、熔盐、盐类的糊膏涂抹在玻璃表面上,使着色离子与玻璃中的离子进行交换,扩散到玻璃表层中使其表面着色。

11.2.2　平板玻璃

平板玻璃是进行玻璃深加工的基础材料,一般泛指普通平板玻璃,又称白片玻璃、原片玻璃或净片玻璃,是玻璃中生产量最大、使用最多的一种。平板玻璃具有一定的机械强度,但质脆,紫外线通过率低。

普通平板玻璃属钠玻璃类,主要用于装配建筑门窗,起透光(透光率 85%～95%)、挡风雨、保温、隔声等作用。在现代主义风格的装饰设计中,也常常作为一种简洁的装饰材料和视觉通透的空间隔断材料使用。

我国是玻璃的生产和使用大国,平板玻璃产量占世界第一,但玻璃在使用中的科技含量很低,产品的深加工比例也很低,致使产品附加值较少,效益很不明显。资料显示,我国平板玻璃原片的 80%直接作为成品使用,深加工产品只占总量的 16%～20%。而在欧美国家中,深加工产品为 60%～80%。最近几年来,随着人们对建筑功能的要求逐渐提升和绿色环保概念的深入人心,很多新型、节能、环保的玻璃制品走入了千家万户,并逐渐成为主流。

1) 平板玻璃的生产方法及工艺

玻璃的生产主要由选料、混合、熔融、成型、退火等工序组成。玻璃的生产按照制造方法的不同,分为垂直引上法、水平引拉法和浮法等。用浮法生产玻璃是当今最先进和最流行的生产工艺。

(1) 垂直引上法

垂直引上法是传统的生产方法,根据对玻璃溶液引上设备的不同,又分有槽引上法和无槽引上法两种。

① 有槽引上法。有槽引上法是将一个槽子砖安装在玻璃溶液面上,玻璃液从熔窑中引出,经过槽子砖垂直向上引拉,从而以拉制的方法生产连续的玻璃平带,再通过引上冷却变硬而制成平板玻璃。此方法的主要缺点是容易产生波筋。

② 无槽引上法。无槽引上法与有槽引上法不同之处,是以"引砖"代替原来的槽子砖。引砖一般设置在玻璃溶液表面下 70～150 mm 处,其作用是使冷却器能集中冷却在引砖之上流向板根(即玻璃原板的起始线)的玻璃液层,使之迅速达到玻璃带的成型温度。无槽引上法的优点是工艺简单,质量也有很大提高(相对有槽引上法),缺点是玻璃的厚薄很难控制。

(2) 水平引拉法

水平引拉法是在平板玻璃引上约 1 m 处时,将原板通过转向轴改变为水平方向引拉,最后经退火冷却而成的玻璃平板。因此,水平引拉法的最大优点是不需高大厂房便可进行大面积玻璃的切割。这种方法的缺点也是玻璃的厚薄难以控制,产品质量一般。

(3) 浮法工艺

浮法玻璃是英国人 B. 皮尔金顿和 K. 凯尔斯塔夫于 1940 年在实验室里最早探索的一种新工艺,于 1959 年研究成功并获得了专利权。当今世界最先进的浮法玻璃生产方法是全电熔法。浮法工艺是一种现代先进的生产玻璃的方法,浮法生产技术已成为当今世界衡量一个国家生产平板玻璃技术水平高低的重要标志。目前,我国大型玻璃生产线几乎全部采用浮法技术生产平板玻璃。

浮法玻璃是采用海砂、硅砂、石英砂岩粉、纯碱、白云石等原料,在玻璃熔窑中经过 1 500～

1 570℃高温熔化后,将溶液引成板状进入锡槽,再经过纯锡液面上延伸进入退火窑,逐渐降温退火、切割而成。

浮法玻璃的特点是玻璃表面平整光洁、厚薄均匀、光学畸变极小,具有机械磨光玻璃的质量。同时,它还具有产量高、规模大、容易操作、劳动生产率高和经济效益好等优点。

目前,在国际上,浮法玻璃产品已完全替代了机械磨光玻璃,其产量占平板玻璃总产量的75%以上,并可直接用于高级建筑、交通车辆、制镜和各种加工玻璃。浮法玻璃的厚度有0.55~25 m多种,生产的玻璃宽度可达2.4~4.6 m,能满足各种环境的使用要求。

2）平板玻璃的分类、规格与质量要求

（1）平板玻璃的分类和规格

普通平板玻璃按生产方式的不同分为引拉法玻璃和浮法玻璃两种。根据国家有关标准规定,平板玻璃按公称厚度分为2 mm、3 mm、4 mm、5 mm、6 mm、8 mm、10 mm、12 mm、15 mm、19 mm、22 mm、25 mm十二类。

普通平板玻璃尺寸规定与允许偏差见表11-2。

表11-2　普通平板玻璃尺寸规定与允许偏差（mm）

公称厚度	尺寸偏差	
	尺寸≤3 000	尺寸>3 000
2~6	±2	±3
8~10	+2,-3	+3,-4
12~15	±3	±4
19~25	±5	±5

（2）平板玻璃的外观质量

由于生产方法不同,平板玻璃在生产过程中会产生多种不同的外观缺陷,这些缺陷对玻璃的外观质量和各种物理、化学性质都有很大的影响。常见的平板玻璃外观质量的缺陷主要有以下几种:

① 波筋。波筋又称水线,是一种光学畸变现象,是平板玻璃最常见的外观质量缺陷。波筋的形成原因有两个方面:一是平板玻璃厚度不一致;二是由于玻璃局部范围内化学成分及物质密度等存在差异。

玻璃对光线有折射现象,当光线通过有波筋缺陷的玻璃时会产生不同角度的折射,形成光学畸变。当观察者的视线与玻璃平面成一定角度进行观察时,将看到玻璃板面上有一条条类似波浪的纹路。所以,使用这种玻璃后,人们通过它观察到的物像会发生较为明显的变形、扭曲,甚至产生跳动感,使观察者产生视觉疲劳和身体不适。

② 气泡。如果玻璃液中含有很多气体,玻璃在成型后就可能形成大量的气泡。气泡的存在会严重影响玻璃的透光度,降低玻璃的机械强度。气泡的存在也会影响玻璃的装饰效果。

③ 线道。所谓线道,就是玻璃原板上出现的很细很亮连续不断的条纹。线道严重影响了玻璃的装饰效果和力学性能。因此,在我国的平板玻璃质量标准中对其进行了严格的规定,要求特选品中部不允许出现线道。

④ 疙瘩与砂粒。在有的平板玻璃中,原本应当光滑平整的表面会有突出的颗粒物,大的

称为疙瘩,小的称为砂粒。疙瘩与砂粒存在不但使玻璃的光学性能受到很大影响,还会使玻璃在裁切时产生困难和错误,同时导致力学性能的严重下降。

（3）平板玻璃的等级

依据国家标准《平板玻璃》(GB 11614—2009)中的相关规定,平板玻璃按照外观质量进行分等定级,分为优等品、一等品和合格品三个等级。

3）平板玻璃的应用

普通平板玻璃因其透光度高、价格低、易切割等优点,主要用于建筑物的门窗,室内各种隔断、橱窗、柜台、展台、玻璃搁架及家具玻璃门等方面,也可作为钢化玻璃、夹丝玻璃、中空玻璃、热反射玻璃、磨光玻璃等的原片玻璃。

浮法玻璃具有比钢化玻璃更优良的性能,因此,凡是用普通平板玻璃的地方均可使用浮法玻璃,特别是高级宾馆、写字楼、豪华商场等建筑的门窗、橱窗等。浮法玻璃也可以作为有机玻璃的模具以及汽车、火车、船舶的风窗玻璃等,还可作夹层玻璃、钢化玻璃、中空玻璃、热反射玻璃、磨光玻璃等的原片玻璃。

11.2.3 装饰玻璃

平板玻璃由于价格低廉,在建筑和装饰工程中被大量使用。很多其他的玻璃制品也是以平板玻璃为基础原料,进行深加工获得的。下面介绍的是平板玻璃的普通加工制品,其他特殊加工制品如安全玻璃、节能玻璃等,在下一节中介绍。

1）磨光玻璃

磨光玻璃又称镜面玻璃,是用普通平板玻璃经过机械磨光、抛光而成的透明玻璃。

磨光玻璃分单面磨光和双面磨光两种。对玻璃表面进行磨光的目的,是为了消除由于表面不平而引起的筋缕或波纹缺陷,从而使透过玻璃的物像不变形。这种方法主要是针对传统引拉法生产的玻璃,因为这种方法生产的玻璃表面很容易出现缺陷。

一般而言,玻璃表面要磨去 0.5～1.0 mm 才能消除表面的不平整,因此磨光玻璃只能以较厚的玻璃为原料进行加工。磨光后的镜面玻璃表面平整光滑,两面平行,物像透过不变形,透光率大于 84%,具有很好的光学性质,主要用于高级建筑门窗、橱窗或制镜。但这种玻璃的性能虽然较好,但生产复杂,造价较高。浮法玻璃工艺出现之后,玻璃的质量大大提高,玻璃表面原始缺陷很少,磨光玻璃的使用也就越来越少了。

2）磨砂玻璃

磨砂玻璃又称毛玻璃。普通平板玻璃经研磨、喷砂或氢氟酸溶蚀等工艺加工之后,玻璃表面就会形成均匀粗糙表面,只有透光性而没有透视性,这种平板玻璃称为磨砂玻璃。人们常用硅砂、金刚砂等研磨材料加水来生产制造磨砂玻璃。磨砂玻璃的表面粗糙程度可以根据用户的要求而控制。

表面粗糙的磨砂玻璃,使透过的光线产生漫射效果,被广泛应用于卫生间、浴室、办公室、教室等的门、窗和隔断材料。磨砂玻璃特有的透光而不透视的效果,很好地避免了视线干扰,加强了环境的隐私性。

3）玻璃镜

玻璃镜是采用高质量平板玻璃、磨光玻璃或茶色平板玻璃等为基本的加工材料,采用镀银工艺,在玻璃的一面先均匀地覆盖一层镀银,然后再覆盖一层涂底漆,最后涂上保护面漆制成。玻璃镜只有光反射性而没有光透射性,广泛用于商场、发廊等环境的室内装饰。

4）彩色玻璃

（1）透明彩色玻璃。透明彩色玻璃是在玻璃原料中加入一定的金属氧化物使玻璃具有特定的色彩。

（2）不透明彩色玻璃。不透明彩色玻璃也称饰面玻璃,是用 4～6 mm 厚的平板玻璃按照要求的尺寸切割成型,然后经过清洗、喷釉、烘烤、退火而制成。不透明彩色玻璃也可选用有机高分子涂料制成具有独特装饰效果的饰面玻璃。

5）花纹玻璃

花纹玻璃是一种装饰性很强的玻璃产品,装饰功能的好坏是评价其质量的主要标准。它是将玻璃按照预先设计好的图形,运用雕刻、印刻或喷砂等无彩处理方法,在玻璃表面获得丰富的美丽图形。依照加工方法的不同,花纹玻璃可分为压花玻璃、喷花玻璃、刻花玻璃三种。

（1）压花玻璃。压花玻璃又称滚花玻璃,透光率一般为 60%～70%,规格一般在 900～1 600 mm。它是在熔融玻璃冷却硬化前,以刻有花纹的滚筒对辊压延,在玻璃单面或两面压出深浅不同的花纹图案而制成。压花玻璃图形丰富,造型优美,具有良好的装饰效果。由于花纹的凹凸变化使光线产生不规则的漫射、折射和不完整的透视,起到视线干扰和保护私密性的作用。

（2）喷花玻璃。喷花玻璃又称胶花玻璃,是以优质的平板玻璃为基础材料,在表面铺贴花纹图案,并有选择地涂抹面层,经喷砂处理而成。喷花玻璃由于可以选择图案,因此形式灵活,构思巧妙,广泛应用于装饰工程之中。

（3）刻花玻璃。刻花玻璃是由平板玻璃经涂漆、雕刻、围腊、酸蚀、研磨等制作而成。

6）光致变色玻璃

光致变色玻璃是在普通玻璃中加入适量的卤化银,或直接在玻璃中加入钼和钨等感光化合物获得的,由于生产过程中需要消耗大量的银,因此造价很高。其最大的特点是具有光致变色功能:在受太阳光或其他光线照射时,玻璃颜色会随着光线的增强而逐渐变化,但当照射停止时又会逐渐恢复原来色彩。光致变色玻璃最早应用于变色眼镜的生产中,在建筑中主要用于需要避免眩光的环境。

7）釉面玻璃

釉面玻璃又称为不透明饰面玻璃,是在一定尺寸的玻璃基体上涂覆一层彩色易熔的釉料,然后加热到彩釉的熔融温度,经退火或钢化热处理,使釉层与玻璃牢固结合而制成的具有美丽的色彩或图案的玻璃制品。玻璃基片可用普通平板玻璃、钢化玻璃、磨光玻璃等。目前生产的釉面玻璃最大规格为 3.2 m,厚度为 5～15 mm。

釉面玻璃的特点是耐酸、耐碱、耐磨和耐水,图案精美,不褪色,不掉色,可按用户的要求或艺术设计图案制作。釉面玻璃具有良好的化学稳定性和装饰性,可用作食品工业、化学工业、商业、公共餐厅等的室内饰面层,以及一般建筑物房间、门厅、楼梯间的饰面层和建筑物的外饰面层,特别适用于防腐、防污要求较高部位的表面装饰。

11.2.4　安全玻璃

普通平板玻璃的最大弱点是易碎,特别是玻璃破碎后具有尖锐的棱角,很容易对人体造成意外伤害。因此,开发出相对安全的玻璃就显得十分必要。通过特殊的加工工艺,对玻璃的性能加以改进,就能生产出满足这种需求的产品。其中,钢化玻璃就是应用最广泛的安全玻璃之一。

为减小玻璃的脆性,提高使用强度,通常可采用的方法有:用退火法消除玻璃的内应力;消除平板玻璃的表面缺陷;通过物理钢化(淬火)和化学钢化而在玻璃中形成可缓解外力作用的均匀预应力;采用夹层处理等。采用上述方法进行安全处理后的玻璃统称为安全玻璃。本节主要介绍常用的三种安全玻璃:钢化玻璃、夹丝玻璃和夹层玻璃。

1) 钢化玻璃

钢化玻璃又称强化玻璃,具有良好的机械性能和耐热抗震性能。钢化玻璃是普通平板玻璃通过物理钢化(淬火)和化学钢化处理的方法,从而达到提高玻璃强度的目的。

(1) 钢化玻璃的生产原理

① 物理钢化玻璃

物理钢化又称淬火钢化,是将普通平板玻璃在加热炉中加热到接近软化点温度(650℃左右),通过自身的形变来消除内部应力,然后移出加热炉,立即用多头喷嘴向玻璃两面喷吹冷空气,使其快速均匀地冷却。当玻璃冷却到接近室温后,就形成了高强度的、安全性能良好的钢化玻璃。

由于在冷却过程中,玻璃的两个表面首先冷却硬化,待内部逐渐冷却并伴随着体积收缩时,外表已经硬化,这就会阻止内部的收缩,使玻璃处于内部受拉、外表受压的应力状态。

当玻璃受弯曲外力作用时,玻璃板表面将处于较小的拉应力和较大的压应力状态。如前文所述,玻璃的抗压强度远高于自身的抗拉强度,所以不会造成破坏。

② 化学钢化玻璃

化学钢化玻璃以离子交换法进行钢化,其方法是将含碱金属离子钠(Na^+)或钾(K^+)的硅酸盐玻璃,浸入熔融状态的锂(Li^+)盐中,使钠或钾离子在表面层发生离子交换,使表面层形成锂离子的交换层。由于锂离子的膨胀系数小于钠、钾离子,从而在冷却过程中造成外层收缩小而内层收缩大。当冷却到常温后,玻璃便处于内层受拉应力、外层受压应力的状态,其效果与物理钢化相似,主要目的是提高玻璃的强度。

化学钢化玻璃破碎后仍然会形成尖锐的碎片,因此,一般不作为安全玻璃使用,但可以进行任意切割。下文中"钢化玻璃"指物理钢化玻璃。

(2) 钢化玻璃的特性

① 安全性好。经过物理钢化的玻璃,其安全性质十分突出,主要原因是当局部发生破损,会产生"应力崩溃"现象,玻璃将破裂成无数的玻璃小块。并且这些玻璃碎块不但体积小而且没有尖锐棱角,所以不易对人身安全造成伤害,故称为安全玻璃。

② 弹性好。钢化玻璃的弹性比普通玻璃大得多,一块(1 200~350)mm×6 mm 的钢化玻璃,受力后可发生达 100 mm 的弯曲挠度,当外力撤去后,仍能恢复原状。而同规格的普通平板玻璃弯曲变形只有几毫米。良好的弹性也使钢化玻璃不易破碎,安全性得以进一步提高。

③ 热稳定性好。钢化玻璃的热稳定性要高于普通玻璃,有良好的耐热冲击性(最大安全工作温度为 287.78℃)和耐热梯度(能承受 204℃ 的温差变化)。在急冷急热作用时,玻璃不易发生炸裂。这是因为其表面的预应力可抵消一部分因急冷急热产生的拉应力。

④ 机械强度高。钢化玻璃的抗折强度、抗冲击强度都较高,为普通玻璃的 4～5 倍。

钢化玻璃的缺点是不能任意切割、磨削,这使它的使用方便性大大降低。在使用时,必须使用现有规格的产品或在生产前提前指定产品型号。

(3) 钢化玻璃的外观质量要求

① 弯曲度。钢化玻璃的弯曲度,弓形时不得超过 0.5%;波形时不得超过 0.3%;边长大于 1.5 m 的钢化玻璃弯曲度由供需双方自行决定。

② 外观质量。安全玻璃的外观质量主要包括:

A. 爆边,即每片玻璃每米边上允许有长度不超过 10 mm,自玻璃边部向玻璃板表面延伸深度不超过 2 mm,自板面向玻璃厚度延伸深度不超过厚度三分之一的爆边。

B. 划伤,缺角。

C. 夹钳印,夹钳印中心与玻璃边缘的距离。

D. 结石、裂纹。

E. 波筋(光学变形)气泡。

(4) 钢化玻璃的应用

钢化玻璃主要用于建筑物的门窗、幕墙、隔断、护栏(护板、楼梯扶手等)、家具以及电话厅、车、船等门窗和采光天棚等;可做成无框玻璃门;用于玻璃幕墙可大大提高抗风压能力,防止热炸裂,并可增大单块玻璃的面积,减少支撑结构。

钢化玻璃除可采用普通平板玻璃、浮法玻璃作为原片外,也可使用吸热玻璃、压花玻璃、釉面玻璃等作为原片,后者分别称为吸热钢化玻璃、压花钢化玻璃、钢化釉面玻璃。吸热钢化玻璃主要用于既有吸热要求又有安全要求的玻璃门窗等,压花钢化玻璃主要用于有半透视要求的隔断等,钢化釉面玻璃主要用于玻璃幕墙的拱肩部位及其他室内装饰。

钢化玻璃不宜用于有防火要求的门窗和可能受到吊车、汽车直接多次碰撞的部位。

2) 夹丝玻璃

(1) 夹丝玻璃的原理与种类

夹丝玻璃是安全玻璃的一种,也称为防碎玻璃或钢丝玻璃。它是将预先编织好的、直径一般为 0.4 mm 左右的、经过热处理的钢丝网或铁丝压入已加热到红热软化状态的玻璃之中制成。

与普通平板玻璃相比,夹丝玻璃具有优良的耐冲击性和耐热性。如遇外力破坏,即使玻璃无法抵抗冲击造成开裂,但由于钢丝网与玻璃黏结成一体,其碎片仍附着在钢丝网上,避免了碎片飞溅伤人。夹丝玻璃还被称为防火玻璃,因为当遇到火灾时,夹丝玻璃具有破而不缺、裂而不散的特性,能有效地隔绝火焰,起到防火的作用。

我国生产的夹丝玻璃产品分为夹丝压花玻璃和夹丝磨光玻璃两类。以彩色玻璃原片制成的彩色夹丝玻璃,其色彩与内部隐隐显现的金属丝相映,具有较好的装饰效果。夹丝玻璃按厚度分为 6 mm、7 mm、10 mm 三种。产品尺寸一般不小于 600 mm×400 mm,不大于 2 000 mm×1 200 mm。

(2) 夹丝玻璃的性能

在使用时夹丝玻璃应注意其物理性能的变化。但由于夹丝玻璃中含有很多金属物质,破坏了玻璃的均匀性,降低了玻璃的机械强度,使其抗折强度和抗外冲击能力都比普通平板玻璃有所下降。

金属丝网与玻璃在热膨胀系数、导热系数上的巨大差异,使夹丝玻璃在受到快速的温度变化时更容易开裂和破损,耐急冷急热性能较差。因此,夹丝玻璃不能用在温度变化大的部位。

(3)夹丝玻璃的应用

夹丝玻璃主要用于高层建筑、公共建筑的天窗、仓库门窗、防火门窗、地下采光窗以及其他要求安全、防振、防盗、防火以及建筑物的墙体装饰、阳台围护等。

3)夹层玻璃

夹层玻璃是在两片或多片平板玻璃之间嵌夹透明、有弹性、黏接力强、耐穿透性好的透明塑料薄片,在一定温度、压力下胶合成整体平面或曲面的复合玻璃制品,是一种常用的安全玻璃。夹层玻璃的原片可以是普通平板玻璃、浮法玻璃、钢化玻璃、彩色玻璃、吸热玻璃或热反射玻璃等,常用的塑料胶片为聚乙烯醇缩丁醛(PVB),厚度为 0.2~0.8 mm。夹层玻璃的原片层数有 2、3、5、7、9 层,建筑上常用的为 2~3 层。

(1)夹层玻璃的特点

① 抗冲击能力很强。夹层玻璃比同等厚度的普通平板玻璃的抗冲击能力高几倍。

② 由于 PVB 胶片的作用,夹层玻璃还具有节能、隔音、防紫外线等功能。

③ 具有良好的耐热、耐寒、耐湿、隔声、保温等性能,长期使用不变色、不老化。

④ 安全性十分突出。玻璃破碎时,由于中间有塑料衬片产生的黏合作用,因此仅仅产生辐射状的裂纹和少量的玻璃碎屑而不落碎片,大大提高了产品的安全性。由于夹层玻璃的安全性十分突出,使之成为使用范围较广的安全玻璃之一。

(2)安全型夹层玻璃的常见品种

① 减薄夹层玻璃。减薄夹层玻璃是采用厚度为 1~2 mm 的薄玻璃和弹性胶片加工制成获得的,具有重量轻、机械强度高、安全性好和能见度好的特点。

② 防弹夹层玻璃。防弹夹层玻璃是由多层夹层组成,主要用于对环境安全有特殊要求的特种建筑及具有强爆震动、浪涌冲击的地方,如银行、证券交易所、保险公司、机场等。

③ 报警夹层玻璃。报警夹层玻璃是在两片玻璃的中间胶片上接上一个警报驱动装置,一旦玻璃破碎时报警装置就会发出警报。主要用于珠宝店、银行、计算机中心和其他有特别要求的建筑物。

(3)夹层玻璃的外观质量与技术性能指标

① 夹层玻璃的外观质量。夹层玻璃的外观质量,按规定,在良好光照条件下,距试样正面约 600 mm 处进行目测检查,主要缺陷包括胶合层气泡、胶合层杂质、裂痕、爆边、叠边磨伤脱胶。

② 夹层玻璃技术性能

A. 耐热性,60℃±2℃无气泡或脱胶现象。

B. 耐湿性,当玻璃受潮气作用时,能保持其透明度和强度不变。

C. 机械强度,用 0.8 kg 的钢球自 1 m 处自由落下,试样不破碎成分离的碎片,只有辐射状的裂纹和微量的玻璃碎屑,碎屑最大边长不超过 1.5 mm。

D. 透明度。

（4）夹层玻璃的应用

夹层玻璃主要用于有振动或冲击作用的，或防弹、防盗及其他有特殊安全要求的建筑门窗、隔墙、工业厂房的天窗和某些水下工程，也可作为汽车、飞机的挡风玻璃等。

11.2.5　节能玻璃

随着人们对室内环境安全性、舒适性的日益重视，作为装饰材料的玻璃已经由单一的采光功能向着装饰、节能功能方向发展，建立绿色空间的作用也在加强。由于建筑中大面积玻璃窗、玻璃幕墙的应用，玻璃窗在建筑节能中的作用被广泛重视。有资料显示，建筑中采用银灰膜中空玻璃比采用单层玻璃每年节约能源 2/3，冬天降低采暖能耗25％～30％。因此，对传统玻璃进行节能化改造，成为人们的共识。

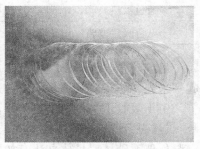

图 11-5　吸热玻璃

1）吸热玻璃

吸热玻璃是一种能控制阳光中热量透过的玻璃，它可以全部或部分吸收携带大量热量的红外线，从而可降低通过玻璃的日照热量，又可以保持良好的透明度。吸热玻璃可产生冷房效应，大大节约了冷气能耗。吸热玻璃的生产是在普通钠-钙硅酸盐玻璃中加入着色氧化物，如氧化铁、氧化镍、氧化钴及硒等，使玻璃带色并具有较高的吸热性能。也可在玻璃表面喷涂氧化锡、氧化镁、氧化钴等有色氧化物薄膜而制成。

吸热玻璃的特点如下：大量吸收太阳的辐射热；吸收太阳可见光；具有一定的透明度；能够吸收较多的紫外线；耐久性好，色泽经久不衰。

吸热玻璃常用的颜色为蓝色、茶色、灰色等，以蓝色吸热玻璃最为常用。吸热玻璃的厚度分为 2 mm、3 mm、4 mm、5 mm、6 mm、8 mm、10 mm 和 12 mm，其长度和宽度与普通平板玻璃和浮法玻璃相同。

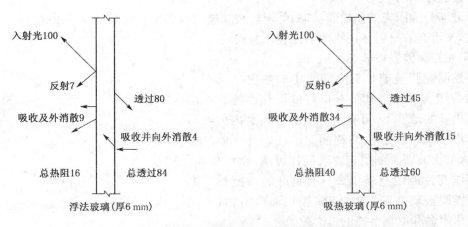

图 11-6　吸热玻璃和普通浮法玻璃对太阳光的阻挡与透射

表 11-3　普通玻璃和蓝色吸热玻璃的热工性能比较

品　　　种	透过热值(W/m²)	透热率(%)
空气(暴露空气)	879	100
普通玻璃(3 mm 厚)	726	82.55
普通玻璃(6 mm 厚)	663	75.53
蓝色吸热玻璃(3 mm 厚)	551	62.7
蓝色吸热玻璃(6 mm 厚)	443	49.2

目前,普通吸热玻璃已广泛应用于建筑装饰工程门窗、外墙及车、船等的挡风玻璃等场合,起到采光、隔热、防眩等作用。它还可以按不同的用途进行加工,制成磨光、夹层、中空玻璃等。

由于吸收了大量太阳热辐射,吸热玻璃的温度会升高,容易产生玻璃不均匀的热膨胀而导致"热炸裂"现象。因此,在吸热玻璃使用的过程中,应注意采取构造性措施,减少不均匀热涨,以避免玻璃破坏。具体办法有如下几种:

(1) 加强玻璃与窗框等衔接处的隔热。

(2) 创造有利于整体降温的环境。

(3) 避免在吸热玻璃上出现形状复杂的阴影。

2)镀膜玻璃

镀膜玻璃又称热反射玻璃,是将平板玻璃经过深加工后得到的一种玻璃制品,具有优秀的遮光性、隔热性和良好的透气性,可以有效节约室内空调能源的浪费。

(1) 镀膜玻璃的加工方法

热反射玻璃是在玻璃表面涂以银、铜、铝、镍等金属及其氧化物的薄膜,或粘贴有机薄膜,或采用电浮法等离子交换法,向玻璃表层渗入金属离子以置换玻璃表层原有离子,而形成的具有高热反射能力和良好透光性的玻璃。热反射玻璃有灰色、茶色、金色、浅蓝色、古铜色等,常用厚度为 6 mm,规格尺寸有 1 600 mm、2 100 mm、1 800 mm、2 000 mm 和 2 100 mm、3 600 mm 等。

(2) 镀膜玻璃的分类

镀膜玻璃分为阳光控制镀膜玻璃、低辐射镀膜玻璃和热反射玻璃,是一种既能保证可见光良好透过,又可有效反射热射线的节能装饰型玻璃。

① 阳光控制镀膜玻璃

阳光控制镀膜玻璃是对太阳光中的热射线具有一定控制作用的镀膜玻璃。其具有良好的隔热性能。在保证室内采光柔和的条件下,可有效地屏蔽进入室内的太阳辐射能,可以避免暖房效应,节约能源消耗。具有单向透视性,又称为单反玻璃。可用作建筑门窗玻璃、幕墙玻璃,还可用于制作高性能中空玻璃。具有良好的节能和装饰效果。单面镀膜玻璃在安装时,应将膜层面向室内,以提高膜层的使用寿命和取得节能的最大效果。

图 11-7　Low-E 玻璃

② 低辐射镀膜玻璃

低辐射镀膜玻璃又称"Low-E"玻璃,是一种对远红外热射线有较强阻挡作用的镀膜玻璃。

低辐射镀膜玻璃还可以复合阳光控制功能,称为阳光控制低辐射玻璃。低辐射镀膜玻璃对于可见光有较高的透过率,有利于自然采光,可节省照明费用。但玻璃的镀膜对阳光中和室内物体所辐射的热射线均可有效阻挡,因而可使夏季室内凉爽而冬季则有良好的保温效果,总体节能效果明显。低辐射镀膜玻璃还具有阻止紫外线透射的功能,可以有效地改善室内物品、家具等受阳光中紫外线照射产生老化、褪色等现象。低辐射镀膜玻璃一般不单独使用,往往与普通平板玻璃、浮法玻璃、钢化玻璃等配合,制成高性能的中空玻璃。

低辐射镀膜玻璃的镀膜层具有对可见光高透过及对中远红外线高反射的特性,使其与普通玻璃及传统的建筑用镀膜玻璃相比,具有以下明显优势:

A. 优异的热性能

外门窗玻璃的热损失是建筑物能耗的主要部分,占建筑物能耗的50%以上。有关研究资料表明,玻璃内表面的传热以辐射为主,占58%,这意味着要从改变玻璃的性能来减少热能的损失,最有效的方法是抑制其内表面的辐射。普通浮法玻璃的辐射率高达0.84,当镀上一层以银为基础的低辐射薄膜后,其辐射率可降至0.1以下。因此,用Low-E玻璃制造建筑物门窗,可大大降低因辐射而造成的室内热能向室外的传递,达到理想的节能效果。

室内热量损失的降低所带来的另一个显著效益是环保。寒冷季节,因建筑物采暖所造成的CO_2、SO_2等有害气体的排放是重要的污染源。如果使用Low-E玻璃,由于热损失的降低,可大幅减少因采暖所消耗的燃料,从而减少有害气体的排放。

B. 良好的光学性能

Low-E玻璃对太阳光中可见光有高的透射比,可达80%以上,而反射比则很低,这使其与传统的镀膜玻璃相比,光学性能大为改观。从室外观看,外观更透明、清晰,既保证了建筑物良好的采光,又避免了以往大面积玻璃幕墙、中空玻璃门窗光反射所造成的光污染现象,营造出更为柔和、舒适的光环境。

Low-E玻璃的上述特性使得其在发达国家获得了日益广泛的应用。我国是一个能源相对匮乏的国度,能源的人均占有量很低,而建筑能耗已经占全国总能耗的27.5%左右。因此,大力开发Low-E玻璃的生产技术并推广其应用领域,必将带来显著的社会效益和经济效益。

“Low-E”的优越性是无可置疑的。从1990年开始,“Low-E”的用量在美国以每年5%的速度递增。将来,“Low-E”是否能成为窗玻璃的主导地位还不可得知,但是业主和门窗公司都非常重视节能型的门窗。而且,现在的建筑物绝大多数是用它的节能效果来评定优劣的。还可以发展SUN-E玻璃,中间有一个吸收红外线,太阳辐射了以后就能够阻挡室外热量的传递。

③ 热反射玻璃

热反射玻璃是一种在普通浮法玻璃表面覆上一层金属介质膜以降低太阳光产生的热量,具有较高的热反射能力而又保持良好透光性的平板玻璃。

通常在玻璃表面镀1～3膜组成。热反射玻璃的遮阳系数为0.2～0.6。热反射玻璃表面的金属介质膜具有银镜效果,因此热反射玻璃也称镜面玻璃。镀金属膜的热反射玻璃还有单向透像的作用,即白天能在室内看到室外景物,而室外看不到室内的景象,提供了更好的隐私保护。目前市面上的热反

图 11-8　热反射玻璃

射玻璃有金色、茶色、灰色、紫色、褐色、青铜色和浅蓝等可选。热反射玻璃的热反射率高,如6 mm厚浮法玻璃的总反射热仅16%,同样条件下,吸热玻璃的总反射热为40%,而热反射玻璃则可高达61%,因而常用它制成中空玻璃或夹层玻璃,以增加其绝热性能。

热反射玻璃主要用于建筑和玻璃幕墙。低辐射玻璃是在玻璃表面镀由多层银、铜或锡等金属或其化合物组成的薄膜系,产品对可见光有较高的透射率,对红外线有很高的反射率,具有良好的隔热性能,主要用于建筑和汽车、船舶等交通工具。由于膜层强度较差,一般都制成中空玻璃使用。导电膜玻璃是在玻璃表面涂敷氧化铟锡等导电薄膜,可用于玻璃的加热、除霜、除雾以及用作液晶显示屏等。

(3)镀膜玻璃的主要技术性能

① 遮蔽系数小。热反射玻璃有较小的阳光遮蔽系数。遮蔽系数愈小,说明通过玻璃射入室内的光能愈少,冷房效果愈好。如果以太阳光通过3 mm厚透明玻璃射入室内的光量作为单位1,在同样条件下得出太阳光通过各种不同玻璃射入室内的相对光量,称为玻璃的遮蔽系数。

② 对太阳能的热反射率高。热反射玻璃对太阳辐射热有较高的反射能力。6 mm厚的透明浮法玻璃对辐射热的反射率为17%左右,而热反射玻璃的反射率可达60%左右。

③ 对太阳辐射热的透过率小。6 mm厚的热反射玻璃比同厚度透明浮法玻璃对太阳辐射热的透过率减少60%以上,比同厚度吸热玻璃减少45%左右。

④ 对可见光的透过率小。6 mm厚的热反射玻璃比同厚度透明浮法玻璃对可见光的透过率减少75%,比同厚度茶色玻璃减少60%。

(4)镀膜玻璃的特点

热反射玻璃因其良好的隔热性能,保证了日晒时室内温度的相对稳定和光线柔和,从而节约了用以供应空调制冷的电力,调节了建筑的光环境;镀金属膜的热反射玻璃,还具有单向透像的特征,这种特殊性能的玻璃运用在建筑外墙上,可在白天产生室外看不到室内情况,而室内却可以清晰地看到室外的情况,对建筑物内部起到遮蔽和帷幕的作用;热反射玻璃具有镜面效应,用热反射玻璃作幕墙,可将周围的景象及天空的云彩影射在幕墙上,构成一幅绚丽的图画。另外,热反射玻璃还具有化学稳定性高、耐刷洗性好、装饰性好等特点。

(5)镀膜玻璃的应用

镀膜玻璃中应用最多的是热反射玻璃和低辐射玻璃,基本上采用真空磁控溅射法和化学气相沉积法两种生产方法。国际上比较著名的真空磁控溅射法设备生产厂家有美国的BOC公司和德国的莱宝公司,化学气相沉积法的著名生产厂家有英国的皮尔金顿公司等。20世纪80年代后期以来,我国已经出现数百家镀膜玻璃生产厂家,在行业中影响较大的真空磁控溅射法生产厂家有中国南玻集团公司和上海阳光镀膜玻璃公司等,化学气相沉积法生产厂家有山东蓝星玻璃公司和长江浮法玻璃公司等。

热反射玻璃的太阳能总透射比和遮蔽系数小,因而特别适合用于炎热地区。热反射玻璃在建筑工程中,主要用于玻璃幕墙、内外门窗及室内装饰等。用于门窗工程时,常加工成中空玻璃或夹层热反射玻璃,以进一步提高节能效果。

3)中空玻璃

中空玻璃又称隔热玻璃,由两层或两层以上的平板玻璃组合在一起,四周以高强度、高气密性复合胶粘剂将两块以上的玻璃铝合金框架、橡胶条、玻璃条黏结密封,同时在中间填充干燥的空气或惰性气体。制作中空玻璃的玻璃原片大部分是选用普通平板玻璃,也可选用钢化玻璃、吸热玻璃、镀膜反射玻璃以及压花玻璃、彩色玻璃等。

中空玻璃中玻璃与玻璃之间留有一定的空气层,其一般的厚度在 6～12 mm 之间。正是由于空气层的存在,使玻璃具有了较高的保温、隔热、隔声等功能。前联邦德国就要求所有的建筑物必须采用中空玻璃,禁止直接将普通平板玻璃作为窗玻璃使用,并且收到了良好的节能效果。

(1) 中空玻璃的性能

① 热工性能。中空玻璃具有良好的隔热性能。两层的中空玻璃的热传导系数由普通玻璃的6.8 W/(m²·℃)左右降到 3.17 W/(m²·℃)左右,三层中空玻璃则更低,在某些条件下其绝热性甚至会优于混凝土墙。

② 光学性能。根据所选用玻璃原片不同,中空玻璃可以具有各种不同的光学效果和装饰效果,起到调节室内光线、防眩目等作用。

③ 隔声性能。中空玻璃有很好的隔音性能,一般情况下可以降低噪音 30～40 dB,使建筑物达到其所需要的安静程度。

④ 防结露功能。玻璃窗结露、结霜之后,会严重影响玻璃的透视性能等多种光学性能。中空玻璃的防结露能力很强。通常情况下,中空玻璃内层接触湿度较高的室内空气,但玻璃表面温度也较高。而外层玻璃的表面温度较低,但接触室外环境的湿度也低,所以不易于结露。由此可见,中空玻璃的传热系数和夹层内部空气的干燥度是检验中空玻璃性能的重要指标之一。

(2) 中空玻璃的品种

中空玻璃按制造方法可分为制造、焊接和熔接三种;按玻璃层数可分为两层、三层和四层三种;按用途可分为普通中空玻璃和特种中空玻璃。

(3) 中空玻璃的应用

中空玻璃主要用于需要采光,但又要求保温隔热、隔声、无结露的门窗、幕墙、采光顶棚等,还可用于花棚温室、冰柜门、细菌培养箱、防辐射透视窗及车船的挡风玻璃等。

11.2.6 其他类型玻璃制品

建筑环境及其功能的复杂性和人们审美情趣的个性化,都使得玻璃制品必须不断推陈出新,以满足人们的要求。因此,新颖的、具有特殊功效的装饰玻璃的品种越来越多,为室内设计师提供了更广阔的选择空间。由于这些材料品种繁多,现仅仅选择较有代表性的材料进行简单的介绍。

1) 玻璃砖

玻璃砖又称特厚玻璃,分为实心和空心两种。实心玻璃砖是采用机械压制方法制成的。空心玻璃砖是采用模具压制而成,它由两块玻璃加热熔结成整体的玻璃空心砖,中间充以干燥空气,经退火,最后涂饰而成。空心玻璃砖应用较实心玻璃砖广泛。

玻璃砖具有抗压强度高、耐急热急冷性能好、采光性好、耐磨、耐热、隔声、隔热、防火、耐水及耐酸碱腐蚀等多种优良性能,因而是一种理想的装饰材料,适用于宾馆、商店、饭店、体育馆、图书馆等建筑物的墙体、隔断、门厅、通道等处装饰。

空心玻璃砖按形状有正方形、矩形和各种异型产品。外观尺寸一般为:厚度 80～100 mm,长、宽边长有 115 mm、190 mm、240 mm、300 mm 等规格。空心玻璃砖按空腔的不同分为"单腔"和"双腔"两种。所谓"双腔",是在两个凹形砖坯之间再夹一层玻璃纤维网膜,从而形成两个空腔。因此,"双腔"空心玻璃砖具有更高的热绝缘性能。

空心玻璃砖属于不燃烧体,能有效地阻止火势蔓延。空心玻璃砖的隔热性能良好,导热系数为 2.9~3.2 W/(m·K)。因此,玻璃砖砌筑的外墙具有很好的隔热作用,在节约能源的同时,获得了冬暖夏凉的效果。空心玻璃砖还具有优良的隔绝噪音的作用,隔音量为 50 dB。空心玻璃砖具有独特的透光性能。使用玻璃砖砌筑墙体,能够形成大面积的透光墙体,并且能隔绝视线通过,从外部观察不到内部的景物。

空心玻璃砖一般用来砌筑非承重的透光墙壁,建筑物的内外隔墙、淋浴隔断、门厅、通道等处,特别适用于体育馆、图书馆等,用于控制透光、眩光和日光的场合。西餐厅、迪厅、咖啡厅、酒吧等空间环境要求光线较暗,同时重视室内光环境氛围的营造。所以,空心玻璃砖也常常配用在这些场所之中。用空心玻璃砖砌成外墙,能使室外光线通过砖花纹的散射产生随机性的光线变化效果和光影关系,成为一种创造室内空间视觉感受和新奇光环境的良好方法。

2)泡沫玻璃

泡沫玻璃是以玻璃碎屑为基料加入少量发气剂,按比例混合粉磨,磨好的粉料装入模内并送入发泡炉内发泡,然后脱模退火,制成的一种多孔轻质玻璃制品。其孔隙率可达80%~90%。

泡沫玻璃表观密度低,导热系数小,吸声系数为 0.3,抗压强度为 0.4~8 MPa,使用温度为240~420℃。泡沫玻璃有良好的物理和化学性能,不透气,不透水,抗冻,防火,有多种颜色可以选择。同时,它还有很好的可加工性,能够进行锯、钉、钻等操作。

3)玻璃马赛克

玻璃马赛克又称玻璃锦砖,是一种小规格的用于外墙和地面贴面的彩色饰面玻璃。

玻璃马赛克在外形和使用方法等方面都与陶瓷锦砖有相似之处。玻璃锦砖的单体规格,一般为 20~50 mm 见方,厚度 4~6 mm,四周侧边呈斜面,上表面光滑,下表面带有槽纹,以利粘贴。

玻璃马赛克有很多优良的特性,具体如下:

(1)色彩绚丽多彩、典雅美观。玻璃马赛克能制成红、黄、蓝、白、黑等几十种颜色,而且颜色是加入玻璃材质中的,所以有很高的色泽稳定性。各种颜色的小块锦砖有透明、半透明、不透明之分,还有的带金色、银色斑点或条纹。

(2)玻璃马赛克价格较低。玻璃马赛克饰面造价为釉面砖的 1/2~1/3,为天然大理石、花岗岩的 1/6~1/7,与陶瓷马赛克相当。

(3)质地坚硬,性能稳定。其熔制温度在 1 400℃左右,成型温度在 850℃,具有与玻璃相近的力学性质和稳定性。玻璃马赛克具有体积小、重量轻、黏结牢固、耐热、耐寒、耐酸碱等性能。

(4)施工方便,减少了湿作业与材料堆放地。施工强度不大,施工效率高,特别适合于高层建筑的外墙面装饰。

(5)不易玷污,无雨自洗,永不褪色。由于玻璃具有光滑表面,所以具有不吸水、不吸尘、抗污性好的特点,并具有雨自洗、经久常新的特点。这是玻璃马赛克优于陶瓷锦砖的重要方面。

4)玻璃幕墙

玻璃幕墙是以铝合金为边框,玻璃为外敷面,内衬以绝热材料的复合墙体。玻璃幕墙是现代建筑极为重要的装饰材料之一,是现代主义设计风格的标志性材料之一。它具有自重轻、保温隔热、隔声、可光控、装饰效果良好等特点。

所谓幕墙建筑,就是用一种很薄很轻的建筑材料把建筑物的四周围起来,代替墙壁。作为幕墙的材料不承受建筑物的荷载,只起围护的作用,施工人员只要将它悬挂或者嵌入建筑物的金属框架上就行了。目前多用玻璃做幕墙。

（1）玻璃幕墙的分类

玻璃幕墙按其框架的不同分类,可分为早期的钢框玻璃幕墙,现在常见的铝合金框玻璃幕墙,以及最先进的隐框玻璃幕墙。隐框玻璃幕墙又分为全隐框玻璃幕墙和半隐框玻璃幕墙。半隐框玻璃幕墙又分为竖隐横不隐和横隐竖不隐两种形式。

（2）玻璃幕墙的设计要点

保证幕墙结构的完整性和可靠性,是幕墙设计的首要任务。幕墙的自重可使横框构件产生垂直挠曲,而挠度的大小,决定着幕墙的正常功能和接缝的密封性能,甚至会导致玻璃的破裂。若竖梃和横框各自的惯性矩设计不当,挠曲将得不到平衡,缝隙则产生不同的挠度值,最终导致幕墙的渗漏。

在设计幕墙时必须考虑构件之间的相对活动和附加于墙和建筑框架之间的相对活动。由于幕墙边框为铝合金材料,膨胀系数比较大,故设计幕墙时,必须考虑接缝的活动量。温度变化产生的膨胀和收缩是产生活动量的重要因素。忽视这个问题,将有可能由于这些活动而导致了建筑框架变形或移位。

玻璃幕墙构造的主要特点之一,是采用高效隔热措施,嵌入金属框架内的隔热材料是至关重要的。如采用隔热性能良好的中空玻璃或热反射镀膜玻璃作为镶嵌热材料的透明部分,不透明部分多数是用低密度、多孔洞、抗压强度很低的保温隔热材料。因此,需进行密封处理和内外两面施加防护措施,一般由三个主要部分构成,即外表面防护层、中间隔热层、内表面防护层。

在幕墙施工和使用时,必须考虑将框架腔内的冷凝水排出,同时还要充分考虑防止墙壁内部产生的水凝结,否则会降低幕墙的保温性能,并产生锈蚀,影响使用寿命。此外,幕墙技术还必须要注意防止雨水渗透,考虑防火、避雷、隔音等其他措施。

【工程案例分析 11-3】

热弯夹层纳米自洁玻璃

现象:在长春市最古老的商业街——长江路,以热弯夹层自洁玻璃作采光棚顶。

分析讨论:该玻璃充分利用纳米 TiO_2 材料的光催化活性,把纳米 TiO_2 镀于玻璃表面,在阳光照射下,可分解黏附在玻璃上的有机物,并在雨、水冲刷下自洁。

11.3　建筑陶瓷

11.3.1　建筑陶瓷概述

1）陶瓷的概念

传统上,陶瓷的概念是指以黏土及其天然矿物为原料,经过粉碎混炼、成型、焙烧等工艺过程所制得的各种制品,亦称为普通陶瓷。

广义的陶瓷概念是用陶瓷生产方法制造的无机非金属固体材料和制品的统称。

由最粗糙的土器到最精细的细陶和瓷器都属于它的范围。对于它的主要原料是取之于自然界的硅酸盐矿物(如黏土、长石、石英等),因此与玻璃、水泥、搪瓷、耐火材料等工业,同属于"硅酸盐工业"(Silicate Industry)的范畴。

随着近代科学技术的发展,近百年来又出现了许多新的陶瓷品种。它们不再使用或很少使用黏土、长石、石英等传统陶瓷原料,而是使用其他特殊原料,甚至扩大到非硅酸盐、非氧化物的范围,并且出现了许多新的工艺。美国和欧洲一些国家的文献已将"Ceramic"一词理解为各种无机非金属固体材料的通称。因此,陶瓷的含义实际上已远远超越过去狭窄的传统观念了。迄今为止,陶瓷器可概括的作如下描述:陶瓷是用铝硅酸盐矿物或某些氧化物等为主要原料,依照人的意图通过特定的化学工艺在高温下以一定的温度和气氛制成的具有一定型式的工艺岩石。

2) 陶瓷的分类

(1) 按所用原料及坯体的致密程度分类

① 陶器。陶制制品为多孔结构,吸水率大(5%～22%),表面粗糙。根据原料杂质含量不同以及施釉情况,又可将其分为粗陶和细陶。

粗陶一般不施釉,它是最原始、最低级的陶瓷器,一般以一种易熔黏土制造,在某些情况下也可以在黏土中加入熟料或砂与之混合,以减少收缩。烧成后坯体的颜色,取决于黏土中着色氧化物的含量和烧成气氛,在氧化焰中烧成多呈黄色或红色,在还原焰中烧成则多呈青色或黑色。建筑上常用的烧结黏土砖、瓦均为粗陶制品。比如,我国建筑材料中的青砖,即是用含有 Fe_2O_3 的黄色或红色黏土为原料,在临近止火时用还原焰煅烧,使 Fe_2O_3 还原为FeO成青色。

细陶一般要经素烧、施釉和釉烧工艺,根据施釉状况呈白、乳白、浅绿等颜色。细陶器坯体吸水率仍有 4%～12%,因此有渗透性,没有半透明性,一般白色,也有有色的。细陶按坯体组成的不同,又可分为黏土质、石灰质、长石质、熟料质四种。黏土质细陶接近普通陶器。石灰质细陶以石灰石为熔剂,其制造过程与长石质细陶相似,但质量不及长石质细陶,因此近年来已很少生产,而为长石质细陶所取代。长石质细陶又称硬质细陶,以长石为熔剂,是陶器中最完美和使用最广的一种。现代很多国家用以大量生产日用餐具(杯、碟盘予等)及卫生陶器以代替价昂的瓷器。熟料质细陶是在细陶坯料中加入一定量熟料,目的是减少收缩,避免废品。这种坯料多应用于大型和厚胎制品(如浴盆、大的盥洗盆等),建筑上所用的釉面砖(内墙砖)即为此类。

② 炻器。炻器在我国古籍上称"石胎瓷",坯体致密,已完全烧结,这一点已很接近瓷器,但它还没有玻化,仍有 2%以下的吸水率,坯体不透明,有白色的,而多数允许在烧后呈现颜色,所以对原料纯度的要求不及瓷器那样高,原料取给容易。炻器具有很高的强度和良好的热稳定性,很适应于现代机械化洗涤,并能顺利地通过从冰箱到烤炉的温度急变,在国际市场上由于旅游业的发达和饮食的社会化,炻器比之搪陶具有更大的销售量。

③ 半瓷器。半瓷器的坯料接近于瓷器坯料,但烧后仍有 3%～5%的吸水率(真瓷器,吸水率在 0.5%以下),所以它的使用性能不及瓷器,比细陶则要好些。瓷器是陶瓷器发展的更

高阶段。它的特征是坯体已完全烧结,完全玻化,因此很致密,对液体和气体都无渗透性,胎薄处呈半透明,断面呈贝壳状,以舌头去舔,感到光滑而不被粘住。硬质瓷具有陶瓷器中最好的性能,用以制造高级日用器皿,如电瓷、化学瓷等。

④ 瓷器。瓷质制品煅烧温度较高,结构紧密,基本上不吸水,其表面均施有釉层。瓷质制品多为日用制品和美术制品。

(2) 按花面装饰方式分类

按花面特色可分为釉上彩、釉中彩、釉下彩和色釉瓷及一些未加彩的白瓷等。

① 釉上彩陶瓷。用釉上陶瓷颜料制成的花纸贴在釉面上或直接用颜料绘于产品表面,再经 700~850℃烤烧而成的产品。因烤烧温度没有达到釉层的熔融温度,所以花面不能沉入釉中,只能紧贴于釉层表面。如果用手触摸,制品表面有凹凸感,肉眼观察高低不平。

② 釉中彩陶瓷。它的煅烧温度比釉上彩高,达到了制品釉料的熔融温度,陶瓷颜料在釉料熔融时沉入釉中,冷却后被釉层覆盖。用手触摸制品表面平滑如玻璃,无明显的凹凸感。

③ 釉下彩陶瓷。我国一种传统的装饰方法,制品的全部彩饰都在瓷坯上进行,经施釉后高温一次烧成,这种制品和釉中彩一样,花面被釉层覆盖,表面光亮、平整,无高低不平的感觉。

④ 色釉瓷和白瓷。色釉瓷是在陶瓷釉料中加入一种高温色剂,使烧成后的制品釉面呈现出某种特定的颜色,如黄色、蓝色、豆青色等。白瓷通常指未经任何彩饰的陶瓷,这种制品市场上销量一般不大。

以上不同的装饰方式,除显示其艺术效果外,主要区别于铅、镉等重金属元素含量上。其中釉中彩、釉下彩和绝大部分的色釉瓷、白瓷的铅、镉含量是很低的,而釉上彩如果在陶瓷花纸加工时使用了劣质颜料,或在花面设计上对含铅、镉高的颜料用量过大,或烤烧时温度、通风条件不够,则很容易引起铅、镉溶出量的超标。有的白瓷,主要是未加彩的骨灰瓷,由于采用含铅的熔块釉,如果烧成时不严格按骨灰瓷的工艺条件控制,铅溶出量超标的可能性也很大。铅、镉溶出量是一项关系人体健康的安全卫生指标。人体血液中的铅、镉含量应越少越好。人们如长期食用铅、镉含量过高的产品盛装的食物,就会造成铅在血液中的沉积,导致大脑中枢神经、肾脏等器官的损伤,尤其对少年儿童的智力发育会产生严重的影响。

(3) 按用途的不同分类

① 日用陶瓷。为了满足人们日常生活所需的陶瓷制品,如餐茶具、缸、坛、盆、罐、盘、碟、碗等。

② 艺术陶瓷。因观赏和精神意味的需要而制成形象性形体和装饰的陶瓷,如花瓶、雕塑品、园林陶瓷器皿陈设品等。

③ 工业陶瓷。应用于各种工业的陶瓷制品,可分为四个方面。

A. 建筑、卫生陶瓷。如砖瓦、排水管、面砖、外墙砖、卫生洁具等。

B. 化工陶瓷。用于各种化学工业的耐酸容器、管道、塔、泵、阀以及搪砌反应锅的耐酸砖、灰等。

C. 电瓷。用于电力工业高低压输电线路上的绝缘子、电机用套管、支柱绝缘子、低压电器和照明用绝缘子,以及电讯用绝缘子、无线电用绝缘子等。

D. 特种陶瓷。用于各种现代工业和尖端科学技术的特种陶瓷制品,有高铝氧质瓷、镁石质瓷、钛镁石质瓷、锆英石质瓷、锂质瓷以及磁性瓷、金属陶瓷等。

（4）按照原料的来源分类

① 普通陶瓷。普通陶瓷又称传统陶瓷。以天然硅酸盐矿物为主要原料,如黏土、石英、长石等。主要制品有日用陶瓷、建筑陶瓷、电器绝缘陶瓷、化工陶瓷、多孔陶瓷等。

② 特种陶瓷。特种陶瓷是随着现代电器、无线电、航空、原子能、冶金、机械、化学等工业以及电子计算机、空间技术、新能源开发等尖端科学技术的飞跃发展而发展起来的。这些陶瓷所用的主要原料不再是黏土、长石、石英,有的坯体也使用一些黏土或长石,然而更多的是采用纯粹的氧化物和具有特殊性能的原料,制造工艺与性能要求也各不相同。所以,可以把特种陶瓷定义为以纯度较高的人工合成物为主要原料的人工合成化合物。如 Al_2O_3、ZrO_2、SiC、Si_3N_4、BN 等。

3）陶瓷制品的主要技术指标

（1）尺寸偏差

瓷砖的尺寸包括边长（长度、宽度）、边直度、直角度和表面平整度,尺寸偏差是指这些尺寸平均值对于工作尺寸的允许偏差。

① 边长。瓷砖的长度和宽度尺寸指标。

② 边直度。反映在砖的平面内,边的中央偏离直线的偏差。

③ 直角度。指瓷砖四个角的垂直程度（将砖的一个角紧靠着放在用标准板校正过的直角上,测量它与标准直角的偏差）。

④ 边弯曲度。砖的一条边的中心偏离该边两角为直线的距离。

⑤ 表面平整度。由瓷砖表面上的三点来测量的。

A. 中心弯曲度:砖的中心偏离由砖四个角中三个角所决定的平面的距离。

B. 翘曲度:砖的三个角决定一个平面,其第四个角偏离该平面的距离。

（2）表面质量

陶瓷制品根据其表面缺陷分为优等品和合格品。

① 优等品。至少有 95% 的砖距 0.8 m 远处垂直观察表面无缺陷。

② 合格品。至少有 95% 的砖距 1 m 远处垂直观察表面无缺陷。

缺陷一般指:如抛光砖黑点、针孔、阴阳色、缺花、崩角、崩边等;釉面砖还有落脏、针孔、熔坑等。

为装饰目的而出现的斑点、色斑不认为是缺陷。

（3）物理性能

① 吸水率。它是指陶瓷产品的开口气孔吸满水后,吸入水的质量占产品质量的百分比。国家标准规定吸水率≤0.5% 的称为瓷质砖（平均值不大于 0.5%,单个值不大于 0.6%）。吸水率＞10% 的为陶质砖（陶质砖的吸水率平均值为 $e>10\%$,单个值不小于 9%。当平均值 $e>20\%$ 时,生产厂家应说明）。

② 强度

A. 瓷质砖:厚度≥7.5 mm,破坏强度平均值不小于 1 300 N,断裂模数平均值不小于 35 MPa,单个值不小于 32 MPa。

B. 陶质砖:厚度≥7.5 mm,破坏强度平均值不小于 600 N,断裂模数平均值不小于 15 MPa,单个值不小于 12 MPa。

③ 抗热震性。经 10 次抗热震试验不出现炸裂和裂纹。

④ 抗釉裂性。有釉陶瓷砖经抗釉裂性试验后,釉面应无裂纹或剥落。

⑤ 光泽度。抛光砖的光泽度不低于 55。光泽度是衡量抛光砖烧结程度的参考指标之一,光泽度越高,烧结致密性越好。

⑥ 耐磨性。无釉砖耐深度磨损体积不大于 175 mm³。

⑦ 小色差。经检验后报告陶瓷砖的色差值。色差分两种:一种是单件产品自身上的色差;另一种是单件与单件之间出现的色差。前者出现的几率很小,而后一种色差较为常见。

物理性能质量指标还有抗冻性、耐磨性、抗冲击性、线性热膨胀系数、湿膨胀、地砖摩擦系数等。

（4）放射性和 3C 认证

国家标准《建筑材料放射性核素限量》(GB 6566—2010),规定了建筑材料中天然放射性核素镭-226、钍-232、钾-40 放射性比活度的限量和试验方法。

2005 年 8 月 1 日起,我国开始对吸水率≤0.5% 的瓷质砖进行强制性放射性检测。瓷砖生产企业必须通过此认证才允许产品销售,即所谓的 3C 强制认证。釉面砖、广场砖由于吸水率都大于 0.5%,所以不属 3C 认证范畴。

装修材料中天然放射性核素镭-226、钍-232、钾-40 的放射性比活度同时满足 IRa≤1.0 (内照射指标)和 Ir≤1.3 (外照射指标)要求的为 A 类装修材料,其产销与使用范围不受限制。不满足 A 类装修材料的要求但满足 IRa≤1.3 和 Ir≤1.9 要求的为 B 类装修材料,B 类装修材料不可用于 Ⅰ 类民用建筑的内饰面,但可用于 Ⅰ 类民用建筑的外饰面及其他一切建筑的内外饰面。不满足 A、B 类装修材料的要求但同时满足 Ir≤2.8 要求的为 C 类材料,C 类材料只可用于建筑物的外饰面及室外其他用途。

11.3.2 主要陶瓷制品

1）釉面砖

釉面砖是指吸水率大于 10% 小于 21% 的正面施釉的陶瓷砖,主要用于建筑物、构筑物内墙面,故也称为釉面内墙砖,俗称瓷砖。釉面砖采用瓷土或耐火黏土低温烧成,坯体呈白色,表面施透明釉、乳浊釉、无光釉、花釉、结晶釉等艺术装饰釉。釉面砖釉面光滑,图案丰富多彩,有单色、印花、高级艺术图案等。釉面砖具有不吸污、耐腐蚀、易清洁的特点,所以多用于厨房、卫生间。

釉面砖吸水率较高(国家规定其吸水率小于 21%),陶体吸水膨胀后,吸湿膨胀小的表层釉面处于张压力状态下,长期冻融,会出现剥落掉皮现象,所以釉面内墙砖只能用于室内,而不能用于室外。

釉面砖按其正面形状分为正方形、长方形和异形配件砖。异形配件砖有阳角条、阴角条、阳三角、阴三角、阳角座、阴角座、腰线砖、压顶条、压顶阴角、压顶阳角、阳角条一端圆、阴角条一端圆等。釉面砖的尺寸规格:正方形釉面砖有 100×100 mm、152×152 mm 、200×200 mm,

长方形釉面砖有 152×200 mm 、200×300 mm、250×330 mm、300×450 mm 等,常用的釉面砖厚度为 5～8 mm。

(1) 釉面砖的主要种类和特点(表 11-4)

表 11-4　釉面砖的种类和特点

种类		代号	特 点 说 明
白色釉面砖		F, J	色纯白,釉面光亮,粘贴于墙面清洁大方
彩色釉面砖	有光彩色釉面砖	YG	釉面光亮晶莹,色彩丰富雅致
	无光彩色釉面砖	SHG	釉面无光,不晃眼,色泽一致、柔和
装饰釉面砖	花釉砖	HY	系在同一砖上施以多种彩釉,经高温烧成,色釉互相渗透,花纹千姿百态,有良好的装饰效果
	结晶釉砖	JJ	晶花辉映,纹理多姿
	斑纹釉砖	BW	斑纹釉面,丰富多彩
	大理石釉砖	LSH	具有天然大理石花纹,颜色丰富,美观大方
图案砖	白地图案砖	BT	系在白色釉面砖上装饰各种图案,经高温烧成,纹样清晰,色彩明朗,清洁优美
	色地图案砖	YGTD-Y GTSHGT	系在有光(YG)或无光(SHG)彩色釉面砖上装饰各种图案,经高温烧成,产生浮雕、缎光、绒毛、彩漆等效果,做内墙饰面
瓷砖画			以各种釉面砖拼成各种瓷砖画,或根据已有画稿烧制成釉面砖,拼装成各种瓷砖画,清洁优美,永不褪色
色釉陶瓷字砖			以各种色釉、瓷土烧制而成,色彩丰富,光亮美观,永不褪色

(2) 技术要求

① 尺寸允许偏差。釉面砖的尺寸允许偏差应符合表 11-5 的规定。异形配件砖的尺寸允许偏差,在保证匹配的前提下由生产厂自定。

表 11-5　釉面内墙砖尺寸允许偏差

	尺 寸(mm)	允许偏差(mm)
长度或宽度	≤152	±0.5
	>152,≤250	±0.8
	>250	±1.0
厚 度	≤5	+0.4　−0.3
	>5	厚度的±8%

② 外观质量。根据外观质量分为优等品、一级品、合格品三个等级。表面缺陷允许范围应符合表 11-6 的规定。

表 11-6　表面缺陷允许范围

缺陷名称	优等品	一级品	合格品
开裂、夹层、釉裂	不允许		
背面磕碰	深度为砖厚的1/2	不影响使用	
剥边、落脏、釉泡、斑点、坯粉釉缕、桔釉、波纹、缺釉、棕眼裂纹、图案缺陷、正面磕碰	距离砖面1 m处 目测无可见缺陷	距离砖面2 m处 目测缺陷不明显	距离砖面3 m处 目测缺陷不明显

③ 色差。允许色差应符合表11-7的规定。供需双方可以商定色差允许范围。

表 11-7　允许色差

等级	优等品	一级品	合格品
色差	基本一致	不明显	不严重

④ 平整度

A. 尺寸不大于152 mm的釉面砖,平整度应符合表11-8的规定,表11-8中数值单位以对角线长度的百分数表示。

表 11-8　平整度允许偏差（一）

平整度	优等品	一级品	合格品
中心弯曲度	+1.4 −0.5	+1.8 −0.8	+2.0 −1.2
翘曲度	0.8	1.3	1.5

B. 尺寸大于152 mm的釉面砖,平整度应符合表11-9的规定。表11-9中的数值单位以对角线长度的百分数表示。

表 11-9　平整度允许偏差（二）

平整度	优等品	一级品	合格品
中心弯曲度	+0.5	+0.7	+1.0
翘曲度	−0.4	−0.6	−0.8

C. 尺寸大于152 mm的,其边直度和直角度应符合表11-10的规定。

表 11-10　边直度和直角度允许偏差

	优等品	一级品	合格品
边直度(mm)	+0.8 −0.3	+1.0 −0.5	+1.2 −0.7
直角度(%)	±0.5	±0.7	±0.9

（3）物理性能（表 11-11）

表 11-11 釉面砖主要物理指标

白度	吸水率	耐急冷急热性	弯曲强度	抗龟裂性	釉面抗化学腐蚀性
不小于 73 度	不大于 21%	经耐急冷急热性试验，釉面无裂纹	平均值不小于 16 MPa；当厚度大于或等于 7.5 mm 时，弯曲强度平均值不小于 13 MPa	经抗龟裂性试验，釉面无裂纹	供需双方商定级别

2）陶瓷墙地砖

陶瓷墙地砖是指建筑物外墙装饰和室内外地面装饰用砖。通常在室温下通过挤、压或其他成型方法成型，然后干燥，再在满足性能需要的一定温度下烧成。具有强度高、致密坚实、耐磨、吸水率小（≤10%）、抗冻、耐污染、易清洗、耐腐蚀、经久耐用等特点。陶瓷墙地砖品种较多，墙地砖根据表面装饰方法的不同，分为无釉和有釉两种。表面不施釉的称为单色砖；表面施釉的称为彩釉砖。彩釉砖中又可根据釉面装饰的种类和花色的不同进行细分。例如立体彩釉砖（又称线砖）、仿花岗石面砖、斑纹釉砖、结晶釉砖、有光彩色釉砖、仿石光釉面砖、图案砖、花釉砖等。近年来墙地砖品种创新很快，劈离砖、渗花砖、玻化砖、仿古砖、大颗粒瓷质砖、广场砖等得到了广泛的应用。

（1）彩釉砖

彩釉砖是彩釉陶瓷墙地砖的简称，系以陶土为主要原料，配料制浆后，经半干压成型、施釉、高温焙烧制成的饰面陶瓷砖。彩釉砖的常见规格尺寸见表 11-12，平面形状分为正方形和长方形两种，厚度一般为 8～12 mm。

表 11-12 彩釉砖的主要规格尺寸（mm）

500×500	600×600	800×800	900×900	1 000×1 000	1 200×600
100×100	150×150	200×200	250×250	300×300	400×400
150×75	200×100	200×150	250×150	300×50	300×200
115×65	240×65	130×65	260×65	其他规格和异型产品由供需双方自定	

（2）无釉砖

无釉砖是无釉墙地砖的简称，是以优质瓷土为主要原料的基料喷雾料加一种或数种着色喷雾料（单色细颗粒）经混匀、冲压、烧成所得的制品。这种制品再加工后分抛光和不抛光两种。无釉砖吸水率较低，常为无釉瓷质砖、无釉炻瓷砖、无釉细炻砖范畴。

无釉砖的主要规格有 300 mm×300 mm、400 mm×400 mm、450 mm×450 mm、500 mm×500 mm、600 mm×600 mm 和 800 mm×800 mm，厚度 7～12 mm。无釉瓷质砖抛光砖富丽堂皇，适用于商场、宾馆、饭店、游乐场、会议厅、展览馆等的室内外地面和墙面的装饰。无釉的细炻砖、炻质砖，是专用于铺地的耐磨砖。

（3）劈离砖

劈离砖是以软质黏土、页岩、耐火土和熟料为主要原料再加入色料等，经配料、混合细碎、脱水练泥、真空挤压成型、干燥、高温焙烧而成。由于成型时为双砖背联坯体,烧成后劈离开两块砖,故又称劈裂砖。20世纪60年代初,劈离砖首先在德国兴起并得到发展。

表 11-13　劈离砖的主要规格尺寸(mm)

240×52×11	194×94×11	194×52×13	190×190×13
240×71×11	120×120×12	194×94×13	150×150×14
240×115×11	240×115×12	240×52×13	200×200×14
200×100×11	240×115×12	240×115×13	300×300×14

(4) 新型墙地砖

随着建筑装饰业的不断发展,新型墙、地砖装饰材料品种不断增加,如麻面砖、大规格墙地砖、陶瓷艺术砖等。

① 麻面砖。麻面砖是采用仿天然岩石色彩的配料,压制成表面凹凸不平的麻面坯体后,经一次烧成的炻质面砖。砖的表面酷似经人工修凿过的天然岩石面,纹理自然,粗犷雅朴,有白、黄、红、灰、黑等多种色调。主要规格有 200 mm×100 mm、200 mm×75 mm 和 100 mm×100 mm 等。麻面砖吸水率<1%,抗折强度> 20 MPa,防滑耐磨。薄型砖适用于建筑物外墙装饰,厚型砖适用于广场、停车场、码头、人行道等地面铺设。

② 微晶玻璃陶瓷复合板。微晶玻璃陶瓷复合板是指将微晶玻璃熔块平铺于普通瓷质砖基板上,一起进行烧成处理,制备出表层为微晶玻璃、基底为普通陶瓷的复合材料。微晶玻璃陶瓷复合板生产工艺精细,产品具有强度高、防污、防碱等优点,适用于高级公共建筑的墙面和地面装饰材料。

③ 陶瓷艺术砖。陶瓷艺术墙地砖采用优质黏土、瘠性原料及无机矿化剂为原料,经成型、干燥、高温焙烧而成,砖表面具有各种图案浮雕,艺术夸张性强,组合空间自由度大,可运用点、线、面等几何组合原理,配以适量同规格彩釉砖或釉面砖,可组合成抽象的或具体的图案壁画。

【工程案例分析 11-4】

厨房釉面内墙砖裂纹

现象:某家居厨房内墙镶贴釉面内墙砖,使用三年后,在炉灶附近釉面内墙砖表面出现了一些裂纹。

原因分析:炉灶附近的温差变化较大,釉面内墙砖的釉膨胀系数大于坯体的膨胀系数,在煮饭时,温度升高,随后冷却。在热胀冷缩的过程中釉的变形大于坯,从而产生了应力。当应力过大,釉面就产生裂纹,为此此部位宜选用质量较好的釉面内墙砖。

【现代建筑材料知识拓展】

室内装修污染

室内装修污染是新出现的环境污染,简单来说,室内装修污染是指因装修行为对室内环境所产生的污染。它是近年来随着人们生活水平的提高对室内空间进行装修过程中出现的一种新的污染,主要是由于人们在室内装修过程中采用不合格装修材料以及不合理的设计造成的。

目前比较有代表性的一种观点认为:"室内装修污染是指室内空气中混入有害人体健康的氡、甲醛、苯、氨和挥发性有机物等气体的现象。"但是,这一定义仅将室内装修污染局限于空气污染,而忽略了其他的污染现象,不利于保证人们享有绿色的室内环境。众所周知,对室内空间环境进行装修,可以带来多种环境问题,比如,使用含有有毒、有害物质的建材会对室内空气质量产生影响,装修过程中会产生各种粉尘、废弃物和噪声污染,这些都会严重影响到人们的生活。

课后思考题

一、填空题

1. _____和_____组成了木材的天然纹理。

2. _____是木材物理性质发生变化的转折点。

3. 木材中所含的水分由_____、_____和_____三部分组成。

4. 木材随环境温度的升高其强度会_____。

5. 同一木材弦向胀缩_____,径向_____,而顺纤维的纵向_____。

6. 常用的木质人造板材有_____、_____、_____、_____、_____和_____等。

7. 常用的木质地板有_____、_____、_____和_____等。

8. 根据陶瓷制品的特点,陶瓷可分为_____、_____、_____三大类。

9. 陶瓷的表面装饰有_____、_____、_____三种。

二、单项选择题

1. 木材的导热系数随着表观密度增大而(   ),顺纹方向的导热系数(   )横纹方向。

A. 减少、小于 B. 增大、小于

C. 增大、大于 D. 减少、大于

2. (   )是木材的主体。

A. 木质部 B. 髓心 C. 年轮 D. 树皮

3. 当木材的含水率大于纤维饱和点时,随含水率的增加,木材的(   )。

A. 强度降低,体积膨胀 B. 强度降低,体积不变

C. 强度降低,体积收缩 D. 强度不变,体积不变

4. 木材的(   )强度最大。

A. 顺纹抗拉强度 B. 顺纹抗压强度

C. 横纹抗拉强度 D. 横纹抗压强度

5. 将预热处理好的金属丝或金属网压入加热到软化状态的玻璃中而制成的玻璃是(   )。

A. 夹丝玻璃 B. 钢化玻璃 C. 夹层玻璃 D. 吸热玻璃

6. 吸热玻璃主要用于(   )地区的建筑门窗、玻璃幕墙、博物馆、纪念馆等场所。

A. 寒冷 B. 一般 C. 温暖 D. 炎热

7. 钢化玻璃的作用机理在于提高了玻璃的(　　)。

A. 整体抗压强度　　　　　　　　　B. 整体抗弯强度

C. 整体抗剪强度　　　　　　　　　D. 整体抗拉强度

8. 下列材料中不是陶瓷制品的是(　　)。

A. 瓷砖　　　　　　B. 陶盆　　　　　　C. 砖　　　　　　D. 玻璃

9. 建筑装饰中,目前陶瓷地砖的最大尺寸为(　　)mm。

A. 500×500　　　B. 800×800　　　C. 1 000×1 000　　　D. 1 200×1 200

三、多项选择题

1. 影响木材强度的主要因素有(　　)。

A. 密度　　　　　　B. 含水率　　　　　C. 负荷时间　　　　D. 环境温度

2. 木材的疵病主要有(　　)。

A. 木节　　　　　　B. 腐朽　　　　　　C. 斜纹　　　　　　D. 虫害

3. 中空玻璃的使用范围是(　　)。

A. 节能要求的工程　　　　　　　　B. 隔声要求的工程

C. 防潮工程　　　　　　　　　　　D. 湿度大的工程

4. 钢化玻璃的主要性能特点包括(　　)。

A. 弹性好　　　　　　B. 隔声性好　　　　C. 保温性好　　　　D. 机械强度高

5. (　　)属于安全玻璃。

A. 中空玻璃　　　　　B. 夹丝玻璃　　　　C. 钢化玻璃　　　　D. 夹层玻璃

E. 吸热玻璃

6. (　　)不能自行切割。

A. 泡沫玻璃　　　　　B. 钢化玻璃　　　　C. 夹层玻璃　　　　D. 中空玻璃

E. 平板玻璃

7. 玻璃按在建筑上的功能作用可分为(　　)。

A. 普通建筑玻璃　　　B. 安全玻璃　　　　C. 平板玻璃　　　　D. 特种玻璃

E. 钢化玻璃

四、判断题

1. 胶合板可消除各向异性及木节缺陷的影响。　　　　　　　　　　(　　)

2. 木材的含水率增大时,体积一定膨胀;含水率减少时,体积一定收缩。　(　　)

3. 当夏材率高时,木材的强度高,表观密度也大。　　　　　　　　　(　　)

4. 针叶树材强度较高,表观密度和胀缩变形较小。　　　　　　　　　(　　)

五、问答题

1. 简述木材的优点与缺点。

2. 什么是木材的纤维饱和点? 它有何实际意义?

3. 什么是木材的平衡含水率? 它有何实际意义?

4. 木材的含水率变化对其强度、变形、导热、表观密度和耐久性有何影响?

5. 常见的木质人造板材有哪几种? 如何根据实际情况选用?

6. 木质地板有几种? 各有什么特点?

7. 试述玻璃的组成、分类和主要技术性能。

8. 试述平板玻璃的性能、分类和用途。

9. 安全玻璃主要有哪几种？各有何特点？

10. 试述中空玻璃的特点及其适用范围。

11. 吸热玻璃和热反射玻璃在性能和用途上有何区别？

12. 什么是建筑陶瓷？陶瓷如何分类？各类的性能特点如何？

13. 试述陶瓷的主要原料组成。

14. 什么是釉？试述其作用。

15. 釉面内墙砖为什么不能用于室外？

12

建筑功能材料

本章共 2 节,本章的教学目标是:

(1) 理解绝热材料、吸声材料、隔声材料的功能原理及影响因素。

(2) 掌握绝热材料、吸声材料、隔声材料的种类、性能与工程应用。

本章的重点和难点是绝热材料。建议在学习中注意类比,结合工程实例来理解不同类型材料的性能。

12.1 绝热材料

绝热材料是防止住宅、生产车间、公共建筑及各种热工设备中热量传递的材料。习惯上将用于控制室内热量外流的材料叫做保温材料,把防止室外热量进入室内的材料叫做隔热材料,保温材料和隔热材料统称为绝热材料。绝热材料主要用于墙体和屋顶保温隔热,以及热工设备、采暖和空调管道的保温,冷藏室及冷藏设备的隔热等。

在建筑物中合理采用绝热材料,能提高建筑物的使用效能,保证正常的生产、工作和生活,能减少热损失,节约能源。据统计,具有良好的绝热功能的建筑,其能源可节省 25%～50%。因此,在建筑工程中,合理地使用绝热材料具有重要意义。

12.1.1 绝热材料的分类与基本要求

在建筑工程中,绝热材料按化学成分可分为无机绝热材料和有机绝热材料;按材料的构造可分为纤维状、松散粒状和多孔状绝热材料。

无机绝热材料是用矿物质原材料制成的材料,常呈纤维状、松散粒状和多孔状,可制成板、片、卷材或有套管型制品。有机绝热材料是用有机原材料(各种树脂、软木、木丝、刨花等)制成。一般来说,无机绝热材料的表观密度较大,但不易腐朽,不会燃烧,有的能耐高温。有机绝热材料则质轻,绝热性能好,但耐热性较差。

表 12-1 常用建筑绝热材料的种类和性能

形 状	名 称	导热系数	应用范围
泡沫塑料	聚苯乙烯	0.031~0.047	屋面、墙体、复合板、夹层
	硬质聚氯乙烯	≤0.043	
	硬质聚氨酯	0.037~0.055	
纤维材料	矿棉(岩棉、矿渣棉)	<0.053	围护结构、填充材料
	玻璃棉	>0.035	
多孔材料	泡沫混凝土	0.082~0.186	围护结构
	加气混凝土	0.093~0.164	

12.1.2 常用绝热材料

1）纤维状绝热材料

（1）石棉及其制品。石棉是一种天然矿物纤维,是一种纤维状无机结晶材料,石棉纤维具有极高的抗拉强度,具有耐火、耐热、耐酸碱、绝热、防腐、隔音及绝缘等特性,常制成石棉粉、石棉纸板和石棉毡等制品。由于石棉中的粉尘对人体有害,因此民用建筑中已很少使用,目前主要用于工业建筑的隔热、保温及防火覆盖等。

（2）植物纤维复合板。植物纤维复合板是以植物纤维为主要材料加入胶结料和添加剂而制成。其表观密度为 $200\sim1\,200\ kg/m^3$,导热系数为 $0.058\ W/(m\cdot K)$,可用于墙体、地板、顶棚等保温,也可用于冷藏库、包装箱等。木质纤维板是以木材下脚料经机械制成木丝,加入硅酸钠溶液及普通硅酸盐水泥,经搅拌、成型、冷压、养护和干燥而制成。甘蔗板是以甘蔗渣为原料,经过蒸制、加压、干燥等工序制成的一种轻质、吸声、保温和绝热的材料。

（3）陶瓷纤维绝热制品。陶瓷纤维是以氧化硅、氧化铝为主要原料,经高温熔融、蒸汽(或压缩空气)喷吹或离心喷吹制成,表观密度为 $140\sim150\ kg/m^3$,导热系数为 $0.116\sim0.186\ W/(m\cdot K)$,最高使用温度为 $1\,100\sim1\,350℃$,耐火度 $\geq1\,770℃$,可加工成纸、绳、带、毯、毡等制品,供高温绝热或吸声之用。

（4）玻璃纤维绝热制品。玻璃纤维一般分为长纤维和短纤维。短纤维相互纵横交错在一起,构成了多孔结构的玻璃棉,常用作绝热材料。玻璃棉堆积密度约 $45\sim150\ kg/m^3$,导热系数约为 $0.035\sim0.041\ W/(m\cdot K)$。玻璃纤维制品的纤维直径对其导热系数有较大影响,导热系数随纤维直径的增大而增加。以玻璃纤维为主要原料的保温隔热制品主要有沥青玻璃棉毡和酚醛玻璃棉板,以及各种玻璃毡、玻璃毯等,通常用于房屋建筑的墙体保温层。

2）散粒状绝热材料

（1）膨胀蛭石及其制品。蛭石是一种天然矿物,经 $850\sim1\,000℃$ 煅烧,体积急剧膨胀,单颗粒体积能膨胀约 $20\sim30$ 倍。膨胀蛭石是将蛭石经焙烧膨胀后而制得的一种松散颗粒状材料。它的表观密度为 $80\sim900\ kg/m^3$,导热系数为 $0.046\sim0.070\ W/(m\cdot K)$,可在 $1\,000\sim1\,100℃$ 温度下使用,不蛀、不腐,但吸水性较大。膨胀蛭石可以呈松散状铺设于墙壁、楼板、屋面等夹层中,作为绝热、隔声之用。使用时应注意防潮,以免吸水后影响绝热效果。

膨胀蛭石也可与水泥、水玻璃等胶凝材料配合,浇制成板,用于墙、楼板和屋面板等构件的绝热。其制品通常用 10%～15%(体积比)的水泥,85%～90%(体积比)的膨胀蛭石,加入适量的水经拌和、成型、养护而成。水玻璃膨胀蛭石制品是以膨胀蛭石、水玻璃和适量氟硅酸钠(Na_2SiF_6)配制而成。

(2) 膨胀珍珠岩及其制品。膨胀珍珠岩是由天然珍珠岩煅烧而成的,呈蜂窝泡沫状的白色或灰白色颗粒,是一种高效能的绝热材料。其堆积密度为 $40～500 \ kg/m^3$,导热系数为 $0.047～0.070 \ W/(m \cdot K)$,最高使用温度可达 800℃,最低使用温度为 −200℃。具有吸湿小、无毒、不燃、抗菌、耐腐、施工方便等特点。建筑上广泛用作围护结构、低温及超低温保冷设备、热工设备等绝热保温材料,也可用于制作吸声材料制品。膨胀珍珠岩制品是以膨胀珍珠岩为主,配合适量的胶结材料(水泥、水玻璃、磷酸盐、沥青等),经拌和、成型和养护(或干燥,或焙烧)后制成板、块和管壳等制品。

3) 多孔性板块绝热材料

(1) 微孔硅酸钙制品。微孔硅酸钙制品是用粉状二氧化硅材料(硅藻土)、石灰、纤维增强材料及水等搅拌、成型、蒸压处理和干燥等工序而制成。以托贝莫来石为主要水化产物的微孔硅酸钙,其表观密度约为 $200 \ kg/m^3$,导热系数为 $0.047 \ W/(m \cdot K)$,最高使用温度约为650℃。以硬硅钙石为主要水化产物的微孔硅酸钙,其表观密度约为 $230 \ kg/m^3$,导热系数为 $0.056 \ W/(m \cdot K)$,最高使用温度可达 1 000℃。用于围护结构及管道保温,其效果比水泥膨胀珍珠岩和水泥膨胀蛭石更好。

(2) 泡沫玻璃。泡沫玻璃是由玻璃粉和发泡剂等经配料、烧制而成。气孔率为80%～95%,气孔直径为 $0.1～5.0 \ mm$,且大量为封闭而孤立的小气泡。其表观密度为 $150～600 \ kg/m^3$,导热系数为 $0.058～0.128 \ W/(m \cdot K)$,抗压强度为 $0.8～15.0 \ MPa$。采用普通玻璃粉制成的泡沫玻璃最高使用温度为 300～400℃,若用无碱玻璃粉生产,则最高使用温度可达 800～1 000℃,耐久性好,易加工,可用于多种绝热需要。

(3) 泡沫混凝土。泡沫混凝土是由水泥、水、松香泡沫剂混合后,经搅拌、成型、养护而制成的一种多孔、轻质、保温、绝热、吸声材料。也可用粉煤灰、石灰、石膏和泡沫剂制成粉煤灰泡沫混凝土。泡沫混凝土的表观密度为 $300～500 \ kg/m^3$,导热系数为 $0.082～0.186 \ W/(m \cdot K)$。

(4) 硅藻土。硅藻土是由水生硅藻类生物的残骸堆积而成。其孔隙率为50%～80%,导热系数为 $0.060 \ W/(m \cdot K)$,具有很好的绝热性能,最高使用温度可达 900℃,可用作填充料或制成硅藻土砖等制品。

(5) 泡沫塑料。泡沫塑料是以各种树脂为基料,加入各种辅助料经加热发泡制得的轻质保温材料。泡沫塑料目前广泛用作建筑上的保温隔音材料,其表观密度很小,隔热性能好,加工使用方便。常用的泡沫塑料有聚苯乙烯泡沫塑料、脲醛泡沫塑料、聚氨酯泡沫塑料、聚氯乙烯泡沫塑料、泡沫酚醛塑料等。

4) 其他绝热材料

(1) 软木板。软木板是用栓皮、栎树皮或黄菠萝树皮为原料,经破碎后与皮胶溶液拌和,再加压成型,在温度为 80℃ 的干燥室中干燥一昼夜而制成。软木板具有表观密度小、导热性低、抗渗和防腐性能好等特点。常用热沥青错缝粘贴,用于冷藏库隔热。

(2) 蜂窝板。蜂窝板是由两块较薄的面板,牢固地黏结在一层较厚的蜂窝状芯材两面而制成的板材,亦称蜂窝夹层结构。蜂窝状芯材是用浸渍过合成树脂(酚醛、聚酯等)的牛皮纸、玻璃布和铝片等,经过加工粘合成六角形空腹(蜂窝状)的整块芯材。芯材的厚度在 15～45 mm 范围内,空腔的尺寸在 10 mm 以上。常用的面板为浸渍过树脂的牛皮纸、玻璃布或不经树脂浸渍的胶合板、纤维板、石膏板等。面板必须采用合适的胶粘剂与芯材牢固地黏合在一起,才能显示出蜂窝板的优异特性,即具有比强度高、导热性低和抗震性好等多种功能。

(3) 窗用绝热薄膜。这种薄膜是以聚酯薄膜经紫外线吸收剂处理后,在真空中进行蒸镀金属粒子沉积层,然后与一层有色透明的塑料薄膜压粘而成。厚度约为 12～50 μm,用于建筑物窗玻璃的绝热,效果与热反射玻璃相同。其作用原理是将透过玻璃的大部分阳光反射出去,反射率最高可达 80%,从而起到了遮蔽阳光、防止室内陈设物褪色、减少冬季热量损失、节约能源、增加美感等作用,同时还有避免玻璃片伤人的功效。

(4) EPS 板。当 20 世纪 70 年代世界面临石油危机时,西方国家开始重视节约能源,特别是建筑物的节能,并规定了具体的墙体的节能指标。此时,欧洲国家开始从节能的角度,在外墙上应用该项技术。由于其集保温和装饰功能于一体,因此称之为外墙外保温及装饰系统。此项技术在美国仍然不断发展,所应用的建筑的最高层数达 44 层,并在美国炎热的南部和寒冷的北部均有广泛的运用。

① EPS 板(又称苯板)是可发性聚苯乙烯板的简称,是由原料经过预发、熟化、成型、烘干和切割等制成。它既可以制成不同密度、不同形状的泡沫制品,又可以生产出各种不同厚度的泡沫板材。广泛用于建筑、保温、包装、冷冻、日用品、工业铸造等领域,也可用于展示会场、商品橱窗、广告招牌及玩具之制造。目前,为响应国家建筑节能要求,主要应用于墙体外墙外保温、外墙内保温、地暖。

② EPS 板保温体系是由特种聚合胶泥、EPS 板、耐碱玻璃纤维网格布和饰面材料组成,集保温、防水、防火、装饰功能为一体的新型建筑构造体系。该技术将保温材料置于建筑物外墙外侧,不占用室内空间,保温效果明显,便于设计建筑外形。同时,这项技术是我国使用得最多的一种外保温墙体,其中聚苯板在基层墙体上的固定方式有三种:A. 采用黏结胶固定;B. 采用机械固定;C. 以上两种固定方式结合。

(5) XPS 保温板。XPS 保温板是以聚苯乙烯树脂为原料加上其他的原辅料与聚合物,通过加热混合同时注入催化剂,然后挤塑压出成型而制造的硬质泡沫塑料板,它的学名为绝热用挤塑聚苯乙烯泡沫塑料(简称 XPS)。XPS 具有完美的闭孔蜂窝结构,这种结构使 XPS 板有极低的吸水性(几乎不吸水)、低热导系数、高抗压性、抗老化性(正常使用几乎无老化分解现象)。

挤塑保温隔热板是以聚苯乙烯为主要原料,采用高温混炼挤压成型方法制造的轻质板材。产品具有连续均匀的闭孔式蜂窝状结构,每个微孔间的互联壁是一致的厚度。特殊的分子结构使产品具有极佳的保温隔热性能、高抗湿性能、极低的吸水率、良好的隔音性能、高抗压强度和较好的尺寸稳定性及抗蠕变性能。产品性能稳定,同时质量轻,便于运输,可以自由切割,是一种理想的建筑材料。XPS 板粘贴外墙外保温系统是集墙体保温和装饰功能于一体的新型结构系统,与其他几种建筑保温形式相比,XPS 板粘贴外墙外保温具有整体保温效果好、导热系数小、隔断冷热桥的产生、没有冷凝点、耐久性好等特点。同时,该类系统的自重轻,可以有效减轻建筑物外承重墙的荷载和地基荷载,减少抗震设防的基础处理费用。该类系统是可以大力推广和普及的建筑节能保温系统。

(6) ZL 胶粉聚苯颗粒保温体系。ZL 胶粉聚苯颗粒保温体系由保温层、抗裂防护层、防水层、饰面层等部分组成,保温层采用 ZL 胶粉聚苯颗粒保温浆料,抗裂防护层在抗裂砂浆中压入 ZL 涂塑抗碱玻纤网格布,放水层是将弹性底漆涂刷在防护层表面,饰面层为涂料和面砖。该体系是在采用美国、加拿大、德国等发达国家先进浆体材料及应用技术的基础上自行开发研制而成的。体系特点在于:①具有极好的耐候性能。导热系数低,保温性能稳定,软化系数高,耐冻融,抗老化。②采用柔性抗裂技术。各层材料弹性模量变化指标相匹配逐层渐变,允许变形与限制变形相结合,能够随时分散和消解变形压力。基层变形适应性强,有效地防止墙面裂缝的产生。③体系无空腔,抗负风压能力强,适用于多层及高层建筑。④透气性、呼吸功能强,既有很好的防水功能,又能排解保温层的水分。⑤耐火等级为 B1级。⑥施工方便。采用预混合干拌及轻骨料分装技术,可避免施工现场称量不准的问题,能多点多层面施工,速度快。⑦纠偏能力较强。对平整度不高的结构施工适应性好,能够有效地对局部偏差实施装饰纠正。⑧属生态建材。ZL 胶粉聚苯颗粒保温材料总体积的90%是利用回收的废聚苯,胶粉料中含有粉煤灰材料,实现了利废再生,在建造新型建筑的同时净化环境。⑨综合造价较低。

(7) 炉渣砖。弃炉渣的再生利用,是一项既经济又实惠的科研项目。利用高炉熔渣的高温条件,可加气吹制成矿渣棉,是具有保温、吸声和防火性能的建筑材料,可以制作保温板、吸声板和防火纤维材料。

【工程案例分析 12-1】

绝热材料的运用

现象:某冰库原采用水玻璃胶结膨胀蛭石而成的膨胀蛭石板做隔热材料,经过一段时间后,隔热效果逐渐变差。后以聚苯乙烯泡沫作为墙体隔热夹芯板,在内墙喷涂聚氨酯泡沫层作绝热材料,取得了良好的效果。

原因分析:水玻璃胶结膨胀蛭石板用于冰库易受潮,受潮后其绝热性能下降。而聚苯乙烯泡沫隔热夹芯板和聚氨酯泡沫层均不易受潮,且有较好的低温性能,故用于冰库可取得好的效果。

12.2 吸声与隔声材料

当前噪声已成为一种严重的环境污染,建筑物的声环境问题越来越受到人们的关注和重视,选用适当的材料对建筑物进行吸声和隔声处理是建筑物噪声控制过程中最常用、最基本的技术措施之一。

12.2.1　吸声材料

吸声材料是一种能在很大程度上吸收由空气传递的声波能量的建筑材料。在音乐厅、影剧院、大会堂、播音室及噪声大的工厂车间等室内的墙面、地面、顶棚等部位，选用适当的吸声材料，能改善声波在室内传播的质量，保持良好的音响效果和减少噪声的危害。

1）材料的吸声原理

声音起源于物体的振动，它迫使周围的空气跟着振动而形成声波，并在空气介质中向四周传播。声波在传播的过程中，一部分声能随距离增大而扩散，另一部分则因空气分子的吸收而减弱。当声波遇到材料表面时，被吸收声能与入射声能之比，称为材料的吸声系数。通常将材料的平均吸声系数大于 0.2 的材料称为吸声材料。

通常使用的吸声材料为多孔材料。多孔材料具有大量内外连通的微小孔隙，当声波沿着微孔进入材料内部时，引起孔隙中空气的振动。由于摩擦和空气的黏滞阻力，一部分声能转化成热能，孔隙中的空气由于压缩放热、膨胀吸热，与纤维、孔壁之间的热交换，也使部分声能被吸收。

2）影响材料吸声性能的主要因素

（1）材料的表观密度。对同一种多孔材料，表观密度越小，对低频声音的吸收效果越好，对高频声音的吸收有所降低。

（2）材料的孔隙特征。材料开口孔隙越多、越细小，则吸声效果越好。若材料的孔隙多数为封闭孔隙，则因声波不能进入，从吸声机理上来讲，不属于多孔吸声材料。当多孔材料表面涂刷油漆或材料吸湿时，则因材料表面的孔隙被涂料或水分所封闭，使其吸声效果大大降低。

（3）材料的厚度。增加材料的厚度，可提高对低频声音的吸声效果，而对高频声音的吸收则没有明显影响。

（4）材料背后的空气层。空气层相当于增加了材料的有效厚度，因此吸声性能将随空气层厚度的增加而增加，尤其是对提高低频声音的吸声效果更明显，但空气层厚度增加到一定值后效果就不明显了。

3）吸声材料的类型及结构形式

（1）多孔吸声材料。多孔吸声材料从表到里都具有大量内外连通的微小间隙和连续气泡，有一定的通气性。多孔吸声材料有呈松散状的超细玻璃棉、矿棉、海草、麻绒等；有的已加工成板状材料，如玻璃棉毡、穿孔吸声装饰纤维板、软质木纤维板、木丝板；另外，还有微孔吸声砖、矿渣膨胀珍珠岩吸声砖、泡沫玻璃等。

① 膨胀珍珠岩装饰吸声制品。膨胀珍珠岩装饰吸声制品是以膨胀珍珠岩为骨料，配合适量的胶粘剂，并加入其他辅料制成的板块材料。按所用的胶粘剂及辅料不同，可分为水玻璃珍珠岩板、石膏珍珠岩板、水泥珍珠岩板、沥青珍珠岩板、磷酸盐珍珠岩板等多种。膨胀珍珠岩板具有质轻、不燃、吸声、施工方便等优点，多用于墙面或顶棚装饰与吸声工程。膨胀珍珠岩吸声

砖是以适当粒径的膨胀珍珠岩为骨料,加入胶粘剂,按一定配比,经搅拌、成型、干燥、焙烧或养护而成的,具有吸声隔热、可锯可钉、施工方便的特点,常用于消声砌体工程。

②　矿棉装饰吸声板。矿棉装饰吸声板是以矿渣棉、岩棉或玻璃棉为基料,加入适量的胶粘剂、防潮剂、防腐剂,经过加压和烘干制成的板状材料。该吸声板质轻、不燃、吸声效果好、保温、施工方便,多用于吊顶和墙面吸声装饰。

③　泡沫塑料。泡沫塑料有聚苯乙烯泡沫塑料、聚氯乙烯泡沫塑料、聚氨酯泡沫塑料和脲醛泡沫塑料等多种。泡沫塑料的孔型以封闭为主,所以吸声性能不够稳定,软质泡沫塑料具有一定程度的弹性,可导致声波衰减,常作为柔性吸声材料。

④　钙塑泡沫装饰吸声板。钙塑泡沫装饰吸声板是以聚乙烯树脂和无机填料,经混炼、模压、发泡、成型制成的。该板一般规格为 $500\ mm \times 500\ mm \times 6\ mm$,有多种颜色,可制成凹凸图案、打孔图案。该板质轻、耐水、吸声、隔热、施工方便,常用于吊顶和内墙面。

⑤　穿孔板和吸声薄板。将铝合金板或不锈钢板穿孔加工制成金属穿孔吸声装饰板。由于其强度高,可制得较大穿孔率的微孔板背衬多孔材料使用。金属穿孔吸声装饰板主要起饰面作用。吸声薄板有胶合板、石膏板、石棉水泥板、硬质纤维板等。通常是将它们的四周固定在龙骨上,背后有适当的空气层形成的空腔组成共振吸声结构。若在其空腔内填入多孔材料,可在很宽的频率范围内提高吸声系数。

⑥　槽木吸声板。槽木吸声板是一种在密度板的正面开槽、背面穿孔的狭缝共振吸声材料,它由芯材、饰面、吸声薄毡组成,具有出色的降噪吸声性能,对中、高频吸声效果尤佳。常用于歌剧院、影剧院、录音室、录音棚、播音室、电视台、商务办公厅、会议室、演播厅、音乐厅、机房、厂房、高级别墅或家居生活等对声学要求较严格的场所。

⑦　铝纤维吸声板。铝纤维吸声板具有质轻、厚度小、强度高、弯折不易破裂、能经受气流和水流的冲刷、耐水、耐热、耐冻、耐腐蚀和耐候性能优异的特性,是露天环境使用的理想吸声材料。加工性能良好,可制成多种形状的吸声体。其材质系纯铝金属制造,不含黏结剂,是一种可循环利用的吸声材料,对电磁波也具有良好的屏蔽作用。

⑧　木丝吸声板。该板是以白杨木纤维为原料,结合独特的无机硬水泥黏合剂,采用连续操作工艺,在高温、高压条件下制成的。其抗菌防潮,结构结实,富有弹力,抗冲击,节能保温。导热系数低至 $0.07\ W/(m \cdot K)$,具有很强的隔热保温性能,经济耐用,使用寿命长。

(2) 薄膜、薄板共振吸声结构。它是将皮革、人造革、塑料薄膜等材料固定在框架上,背后留有一定的空气层,即构成薄膜共振吸声结构。某些薄板固定在框架上,也能与其后的空气层构成薄板共振吸声结构。当声波入射到薄膜、薄板吸声结构时,声波的频率与薄膜、薄板的固有频率接近时,薄膜、薄板产生剧烈振动。由于薄膜、薄板内部和龙骨间摩擦损耗,使声能转化为机械运动,最后转变为热能,从而达到吸声的目的。由于低频声波比高频声波容易使薄膜、薄板产生振动,所以薄膜、薄板吸声结构是一种很有效的低频吸声结构。

(3) 共振吸声结构。共振吸声结构又称共振器,形似一个瓶子,结构中间封闭有一定体积的空腔,并通过有一定深度的小孔与声场相联系。当瓶腔内空气受到外力激荡时,空腔内的空气会按一定的共振频率振动,此时开口瓶颈的空气分子在声波作用下像活塞一样往复振动,因摩擦而消耗声能,起到吸声的效果。如腔口蒙一层细布或疏松的棉絮,有助于加宽吸声频率范围和提高吸声量。也可同时用几种不同共振频率的共振器,加宽和提高共振频率范围内的吸声量。

（4）穿孔板组合共振吸声结构。这种结构是在各种穿孔板、狭缝板背后设置空气层形成吸声结构，其实也属于空腔共振吸声结构，它相当于若干个共振器并列在一起。这类结构取材方便，并有较好的装饰效果，所以使用广泛。穿孔板具有适合于中频的吸声特性。穿孔板还受其板厚、孔径、穿孔率、孔距、背后空气层厚度的影响，它们会改变穿孔板的主要吸声频率范围和共振频率。若穿孔板背后空气层还填有多孔吸声材料，则吸声效果更佳。

（5）空间吸声体。它与一般吸声结构的区别在于它不是与顶棚、墙体等壁面组成吸声结构，而是一种悬挂于室内的吸声结构，它自成体系。空间吸声体常用形式有圆锥状、圆柱状等，可以根据不同的使用场合和具体条件，因地制宜地设计成各种形状，既能获得良好的声学效果，又能获得建筑艺术效果。

（6）帘幕吸声体。帘幕吸声体是用具有通气性能的纺织品，安装在离开墙面或窗洞一段距离处，背后设置空气层。这种吸声体对中、高频声音都有一定的吸声效果。帘幕的吸声效果还与所用材料种类和褶皱有关。帘幕吸声体安装拆卸方便，兼具装饰作用，应用价值高。

4）吸声材料的选用

在室内采用吸声材料可以抑止噪声，保持良好的音质（声音清晰且不失真），故在教室、礼堂和剧院等室内应当采用吸声材料。选用吸声材料应注意以下几点：

（1）吸声材料必须是气孔开放且互相连通的材料，开放连通的气孔越多，吸声性能越好。为充分发挥材料的吸声性能，应安装在最容易接触声波和反射次数最多的表面上，而不应把它集中在天花板或某一面的墙壁上，应比较均匀地分布在室内各表面上。

（2）吸声材料强度一般较低，应设置在护壁线以上，以免碰撞破损。

（3）多孔吸声材料往往易于吸湿，安装时应考虑到湿胀干缩的影响。

（4）选用的吸声材料应不易虫蛀、腐朽，且不易燃烧。

（5）应尽可能选用吸声系数较高的材料，以便节约材料用量，降低成本。

（6）安装吸声材料时应注意勿使材料的表面细孔被油漆的漆膜堵塞而降低其吸声效果。

（7）注意吸声材料与隔声材料的区别，不要把隔声材料当作吸声材料用，因为材料吸声和隔声原理不同。

有些吸声材料的名称与绝热材料相同，都属多孔性材料，但在材料的孔隙特征上有着完全不同的要求。绝热材料要求具有封闭且互不连通的气孔，这种气孔愈多其绝热性能愈好；而吸声材料则要求具有开放且互相连通的气孔，这种气孔愈多其吸声性能愈好。至于如何使名称相同的材料具有不同的孔隙特征，这主要取决于原料组分中的某些差别和生产工艺中的热工温度、加压大小等。例如泡沫玻璃采用焦炭、磷化硅、石墨为发泡剂时，就能制得封闭的互不连通的气孔。又如泡沫塑料在生产过程中采取不同的加热、加压温度，可获得孔隙特征不同的制品。

12.2.2　隔声材料

能减弱或隔断声波传递的材料称为隔声材料。隔声是阻止声波透过的措施，隔声性能以隔声量表示,隔声量是用一种材料入射声能与透过声能相差的分贝数表示,数值越大,隔声性能越好。

人们要隔绝的声音,按传播途径有空气声(通过空气传播的声音)和固体声(通过固体的撞击或振动传播的声音)两种,两者隔声的原理不同。

对空气声的隔绝,主要是依据声学中的"质量定律",即材料的表观密度越大越不易受声波作用而产生振动,其声波通过材料传递的速度迅速减弱,其隔声效果越好。所以,应选用表观密度大的材料(如钢筋混凝土、实心砖等)作为隔绝空气声的材料。

对固体声隔绝的最有效措施是隔断其声波的连续传递。即在产生和传递固体声的结构(如梁、框架、楼板与隔墙以及它们的交接处等)层中加入具有一定弹性的衬垫材料,如软木、橡胶、毛毡、地毯或设置空气隔离层等,以阻止或减弱固体声的继续传播。

【工程案例分析12-2】

吸声材料工程应用

现象:广州地铁坑口车站为地面站,一层为站台,二层为站厅。站厅顶部为纵向水平设置的半圆形拱顶,长84 m,拱跨27.5 m。离地面最高点10 m,最低点4.2 m,钢筋混凝土结构。在未做声学处理前该厅严重的声缺陷是低频声的多次回声现象。发一次信号枪,枪声就像轰隆的雷声,经久不停。使用有关的吸声材料完成声学工程以后,其声环境大大改善。

原因分析:该声学工程采用了以下几种吸声材料:

(1) 阻燃轻质吸声材料。该材料是由天然植物纤维素,如碎纸、废棉絮等经防火和防尘处理,其吸声保温性能接近玻璃棉。现场喷粘或成品铺装而成。

(2) 矿棉吸声板。矿棉吸声板是以矿渣棉为主要原料,加入适量胶黏剂、防尘剂和憎水剂经加压成型、烘干、固化、切割、贴面等工序而成,具有保温、吸声、抗震、不燃等特性。

(3) 穿孔铝合金板和穿孔FC板。经钻孔处理后的材料,因增加了材料暴露在声波中的面积,既增加了有效吸声表面面积,同时使声波易进入材料深处,因此提高了材料的吸声性能。在穿孔板后面贴附玻璃棉更增加了吸声效果。

【现代建筑材料知识拓展】

吸声混凝土

噪音是现代社会一大公害。多孔、透水性的混凝土路面可降低车辆行驶所产生的噪声。吸声混凝土具有连续多孔结构,入射声波通过连通孔被吸收到混凝土内部,小部分由于混凝土内部摩擦作用转换为热能,大部分透过多孔混凝土层到达多孔混凝土背后的空气层和密实混凝土板表面再被反射,此反射声波从反方向再次通过多孔混凝土向外发散,与入射声波有一定的相位差,因干涉作用部分互相抵消而降低噪音。

请思考还有哪些技术可降低混凝土路面的噪声。

课后思考题

一、填空题

    1. 影响材料吸声性能的主要因素有_____、_____、_____、_____等。

    2. 绝热材料按化学成分可分为_____和_____。

    3. 绝热材料要求具有_____的气孔；而吸声材料则要求具有_____的气孔。

    4. 应选用表观密度_____的材料作为隔绝空气声的材料，对固体声隔绝的最有效措施是_____。

二、简答题

    1. 什么是绝热材料？影响绝热材料导热性的主要因素有哪些？

    2. 工程上对绝热材料有哪些要求？

    3. 在使用绝热材料时为何要防潮？常用的绝热材料品种有哪些？

    4. 什么是吸声材料？材料的吸声性能如何表示？

    5. 吸声材料和绝热材料的性质有何异同？使用绝热材料和吸声材料时各应注意哪些问题？

    6. 什么是隔声材料？哪些材料适宜用作隔绝空气声或隔绝固体声？

13 现代建筑材料试验

（1）熟悉现代建筑材料性能试验基本方法，加深学生对土木工程材料性能的理解，培养学生试验技能。

（2）培养综合设计试验的能力和创新能力，为从事科技工作打好基础。

本部分列出了 3 个综合设计试验和 10 个单项试验。学生可在教师指导下根据所学内容和专业方向作选择，也可以自己根据所学内容设计相关的综合设计试验。建议学生在了解所给出的工程和原材料条件要求后，认真思考相关问题，自行设计相关的问题，自行设计相关的试验方法步骤。

13.1 普通混凝土配合比设计试验

13.1.1 实验目的与要求

本综合设计试验目的：了解普通混凝土配合比设计的全过程，培养综合设计试验能力，熟悉混凝土拌合物的和易性和混凝土强度试验方法。

根据提供的工程条件和材料，依据《普通混凝土配合比设计规程》（JGJ 55—2000）设计出符合工程要求的普通混凝土配合比。

13.1.2 工程和原材料条件

某工程的预制钢筋混凝土梁（不受风雪影响）。

混凝土设计强度等级为 C25，要求强度保证率为 95%。

施工要求坍落度为 30～50 mm（施工现场混凝土由机械搅拌机机械振捣）。

该施工单位无历史统计资料。

原材料：①普通水泥：强度等级为 32.5；表观密度 $\rho_c = 3.1$ g/cm³；②中砂；③碎石；④自来水。

步骤提示：

（1）原材料性能试验

① 水泥性能试验：包括安定性试验、胶砂强度试验等，参照试验 3 进行。

② 砂性能试验：砂的表观密度测定、堆积密度测定以及筛分析试验，参照试验 4 进行。

③ 石性能试验：石的表观密度测定、堆积密度测定以及筛分析试验，参照试验 4 进行。

（2）计算配合比。根据给定的工程条件、原材料和试验测得的原材料性能进行配合比计算，计算依据《普通混凝土配合比设计规程》(JGJ 55—2000)规定进行。

将每立方米混凝土中水、水泥、砂和石子的用量全部求出，供试配用。

（3）配合比试配参照试验 5 进行。

（4）配合比调整和确定参照试验 5 进行。

13.2 泵送混凝土配合比设计试验

13.2.1 试验目的与要求

本综合设计实验目的：了解泵送混凝土配合比设计的过程，培养综合设计试验能力；研究粉煤灰在混凝土中的作用；熟悉其和易性和强度的试验方法。

试验时根据提供的工程和材料条件，依据《普通混凝土配合比设计规程》(JGJ 55—2000)中泵送混凝土的规定，设计出符合要求的泵送混凝土配合比。

本试验难度较大，故讨论的问题作较详细的解答。

13.2.2 工程和原材料条件

某商住楼的大型基础，属于大体积混凝土。

混凝土设计强度等级为 C30，要求强度保证率为 95%，工期紧。

施工要求坍落度为 110~130 mm 的泵送混凝土，泵送高度为 60 m。

该设计单位无历史统计资料。

原材料：①普通水泥：强度等级为 32.5；表观密度 $\rho_c = 3.1$ g/cm³；②中砂；③碎石(碎石最大粒径与输送管径比小于 1:4.0)；④粉煤灰，Ⅰ级灰，质量符合《用于水泥和混凝土中的粉煤灰》(GB 1596—2005)的规定；⑤自来水；⑥泵送剂或减水剂。

·步骤提示：

（1）原材料性能试验

① 水泥性能试验：包括安定性试验、胶砂强度试验等，试验方法参照试验 3 进行。

② 砂性能试验：砂的表观密度测定、堆积密度测定以及筛分析试验，参照试验 4 进行。

③ 石性能试验：石的表观密度测定、堆积密度测定以及筛分析试验，参照试验 4 进行。

（2）基准配合比的确定。建议按照《普通混凝土配合比设计规程》(JGJ 55—2000)计算出供试配的配合比，视情况进行配合比的试配，作为泵送混凝土配合比设计的基准配合比。可由指导教师提供基准配合比。

（3）根据工程特点，选择合适的粉煤灰掺入方法。粉煤灰的掺入方法有：超量取代法、等量取代法和外加法。因工期紧，要求混凝土的早期强度较高，且为泵送混凝土，流动性好，故采用超量取代法更为有利。

（4）进行本泵送混凝土配合比的试配和调整，并确定最终配合比。配合比试配中涉及的试验方法参照试验 5 进行。

13.3 热拌沥青混合料目标配合比设计试验

13.3.1 试验目的与要求

本综合设计试验的目的：了解热拌沥青混合料配合比设计的过程，培养综合设计试验能力；熟悉沥青与沥青混合料的基本性能试验方法。

设计沥青路面层用细粒式沥青混凝土混合料配合组成。热拌沥青混合料配合比的设计方法根据《沥青路面施工及验收规范》（GB 50092—1996）。

13.3.2 工程和原材料条件

道路等级：一级公路；路面类型：两层沥青混凝土路面上面层；气候条件：最低月平均气温为−10℃。

原材料：①石油沥青，AH−90；②粗集料：碎石粘附性 4 级，表观密度 2 720 kg/m³，符合《沥青路面施工及验收规范》（GB 50092—1996）的沥青面层用粗集料质量要求；③河砂，中砂，表观密度为 2 660 kg/m³，符合规范对沥青面层用细集料的质量要求；④矿粉：石灰石粉，表观密度 2 590 kg/m³，符合规范对沥青面层用矿粉的质量要求。

步骤提示：

（1）沥青基本性能试验。沥青基本性能试验包括针入度试验、延度试验、软化点试验。试验方法参照试验 10 进行。

（2）集料筛分试验及矿质混合料配合比组成设计。集料筛分试验参照试验 9 进行。

（3）沥青混合料组成设计。根据规范推荐的相应沥青混凝土类型的沥青用量范围，通过马歇尔试验的物理力学指标，确定沥青最佳用量。马歇尔试验参照试验 10 进行。

10 个单项试验见配套教材《建筑材料实验指导》。

参 考 文 献

［1］苏达根.土木工程材料［M］.第二版.北京:高等教育出版社,2008

［2］张亚梅.土木工程材料［M］.第四版.南京:东南大学出版社,2013

［3］齐杰.建筑材料［M］.南京:南京大学出版社,2011

［4］李柱凯,胡驰.建筑材料与检测［M］.武汉:华中科技大学出版社,2013

［5］魏鸿汉.建筑材料［M］.第 4 版.北京:中国建筑工业出版社,2012

［6］丁以喜,戚豹.建筑材料［M］.北京:机械工业出版社,2013

［7］姜志青.道路建筑材料［M］.第 4 版.北京:人民交通出版社,2013

［8］邵元纯,杨胜敏.建筑与装饰材料［M］.北京:人民交通出版社,2011

［9］钱觉时.建筑材料学［M］.武汉:武汉理工大学出版社,2010

［10］《通用硅酸盐水泥》(GB 175—2007)

［11］《建设用砂》(GB/T 14684—2011)

［12］《建设用卵石、碎石》(GB/T 14685—2011)

［13］《普通混凝土配合比设计规程》(JGJ 55—2011)

［14］《砌筑砂浆配合比设计规程》(JGJ/T 98—2010)

［15］《烧结普通砖》(GB 5101—2003)

［16］《钢筋混凝土用钢　第 1 部分:热轧光圆钢筋》(GB 1499.1—2008)

［17］《钢筋混凝土用钢　第 2 部分:热轧带肋钢筋》(GB 1499.2—2007)